建筑、景观与记忆（Buildings, Landscapes, and Memory）

图 2.1 马奎斯·德·拉斐德（Marquis de Lafayette），1824 ~ 1825 年，Samuel F.B.Morse 绘，1824 ~ 1825 年。纽约艺术委员会。

Stone Crusher, Rockland Lake, N. Y.

图 6.4 河畔地区计划提出大幅度清
理项目并建设一座高架广场停车场。
规划师，哈兰德·巴塞洛缪（Harland
Bartholomew），1928 年规划，取自河畔
中央地区规划，圣路易斯，密苏里州（圣
路易斯：城市规划委员会，1928 年）。

对面页图
图 9.1 夏洛茨维尔法院广场（Charlottesville
Court Square），阿尔比马尔县法院
（Albemarle County Courthouse）位于中间;
克拉克办公楼（Clerk's Office）位于左边。
克拉克办公楼（Clerk's Office）正后面
的建筑在 2009 年添加了古典柱廊并被用
作法院。21 世纪早期的改造工程添加了
砖砌的人行道、大街以及殖民风格的灯
柱。联邦纪念碑（Confederate Memorial）
位于前广场。托马斯·杰克逊（Thomas
Jackson）的骑马雕塑位于左侧边缘。作者
摄于 2010 年。

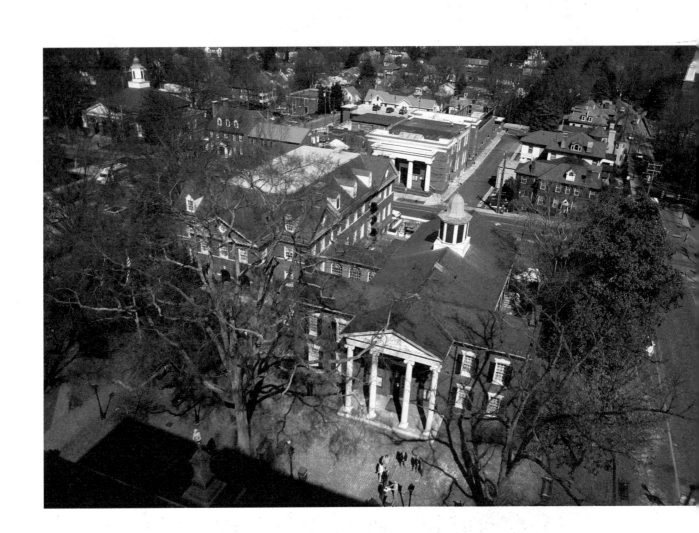

THE TOURIST GUIDE BOOK OF
VIRGINIA
FEATURING THE INSCRIPTIONS ON
THE OFFICIAL MARKERS ALONG
THE HISTORIC AND ROMANTIC
HIGHWAYS OF THE MOTHER STATE

J·69

PRICE
35c

VIRGINIA HIGHWAY
HISTORICAL MARKERS

对面页图
图 10.4 道路导航的概括描述，弗吉尼亚高速
公路历史标志。1931 年，第四版。

图 11.1 弗雷斯诺市（Fresno）卫生填埋场地，
1937 ～ 1987 年间堆放了 790 万立方码垃圾，
2001 年被指定为国际历史地标（作者摄于 2010
年）。

图 11.6　马里兰州，黑格斯城，环境保护局超级
基金场地中央化工公司（2003 年，弗吉尼亚大学
建筑学院摄）。

建筑、景观与记忆
——历史保护案例研究

[美]丹尼尔·布鲁斯通　著

汪丽君　舒　平　王志刚　译

中国建筑工业出版社

著作权合同登记图字：01-2011-7325号

图书在版编目（CIP）数据

建筑、景观与记忆——历史保护案例研究／（美）布鲁斯通著；汪丽君，舒平，王志刚译.
北京：中国建筑工业出版社，2015.6
ISBN 978-7-112-17861-2

Ⅰ.①建…　Ⅱ.①布…②汪…③舒…④王…　Ⅲ.①建筑-文化遗产-保护-研究-美国
Ⅳ.①TU-87

中国版本图书馆CIP数据核字（2015）第042491号

Buildings, Landscapes and Memory: Case Studies in Historic Preservation/Daniel
M.Bluestone, ISBN-13 978-0393733181
Copyright © 2011 by Daniel M. Bluestone
Through Bardon-Chinese Media Agency
Translation Copyright © 2015 China Architecture & Building Press

本书经博达著作权代理有限公司代理，美国W.W.Norton & Company，Inc.出版公司
正式授权我社翻译、出版、发行本书中文版

责任编辑：董苏华　张鹏伟
责任设计：董建平
责任校对：李欣慰　赵　颖

建筑、景观与记忆——历史保护案例研究
[美] 丹尼尔·布鲁斯通　著
汪丽君　舒　平　王志刚　译
*
中国建筑工业出版社出版、发行（北京西郊百万庄）
各地新华书店、建筑书店经销
北京嘉泰利德公司制版
北京中科印刷有限公司印刷
*
开本：850×1168毫米　1/16　印张：20　字数：526千字
2015年10月第一版　2015年10月第一次印刷
定价：**72.00**元
ISBN 978-7-112-17861-2
　（27096）
版权所有　翻印必究
如有印装质量问题，可寄本社退换
（邮政编码　100037）

目 录

致谢

第1章 绪论 1
建筑、景观与记忆

第2章 场所中的爱国主义 6
拉斐德的美国凯旋之行，1824~1825

第3章 归于文脉 28
托马斯·杰斐逊所创建大学中建筑的创新与守旧

第4章 现代布鲁克林的荷兰家园 67
不朽的历史

第5章 保护哈得孙 93
拯救帕利塞兹

第6章 大拱门和邻里社区 121
圣路易斯西进运动

第7章 芝加哥的保护与拆除 147
在建城过程中诉说历史

第8章 芝加哥麦加蓝色公寓 174
场所政治中的建筑、音乐、种族

第9章 一个弗吉尼亚的法院广场 199
殖民复兴

第10章 被历史驱动 228
弗吉尼亚州的历史性公路标志计划

第11章 有毒的记忆 244
关于环境保护局（EPA）超级基金场地（Superfund Sites）的保护

注释 257

索引 298

致　谢

这是一本历经新千年前后十几年才得以完成的著作。在此,我要衷心地感谢很多很多的人。首先,我想要感谢罗伯特·A·M·斯特恩(Robert A.M.Stern),是他的鼓励,我才开始了本书的写作。我还要感谢内德·考夫曼(Ned Kaufman),他支持我完成了写作,并给我以启发。理查德·朗斯特雷思(Richard Longstreth)通读了全书,他对于本书的慷慨付出与建设性的评论远远超出了我的期望。他们中可能没有人会接受这一切,但是,他们每一个人都通过他们各自明确的立场使本书的解析更加的犀利。

菲利普·S·克朗(Philip S.Krone)和我在芝加哥历史保护项目上的合作开始于二十五年以前。对于人、场所以及观念的联系,菲尔(Phil,Philip的昵称)有其杰出的方式。虽然本书的案例研究来自芝加哥和美国,但菲尔,一个来去如风般的环球旅行者,他总能及时地提醒我国际研究环境的重要性。他引导了我们遍布各大洲的旅行,从巴塞罗那和毕尔巴鄂到丹吉尔和马拉喀什,从布宜诺斯艾利斯和马丘比丘到普里吉和婆罗浮屠。

这些旅行和本书有着始终不变的同伴,他们是芭芭拉·克拉克·史密斯(Barbara Clark Smith),哈蒂·布鲁斯通(Hattie Bluestone),和亨利·布鲁斯通·史密斯(Henry Bluestone Smith)。有时,旅行的时光显得很长;有时,研究和写作可能由于更紧迫的事情而分心;然而,他们幽默的天赋让这些我们一起分享的时间和地点充满欢乐、喜悦和独特的记忆。这本书也是属于他们的,我对他们的爱与感激难以言表。

弗吉尼亚大学(University of Virginia)的同事和学生,以及其他来自研究和历史保护领域的人们,为本书提供了难以计数的观点和见解,激发了本书的写作灵感;正是通过他们的努力支持了本书的完成。在他们之中,我想要特别感谢:朱莉·巴格曼(Julie Bargmann)、约翰·比尔兹利(John Beardsley)、贝琪·布拉克马尔(Betsy Blackmar)、凯西·布莱克(Casey Blake)、莉迪亚·勃兰特(Lydia Brandt)、蒂科·布劳恩(Tico Braun)、罗伯特·布吕格曼(Robert Bruegmann)、乔恩·加农(Jon Cannon)、理查德·柯林斯(Richard Collins)、希拉·克瑞恩(Sheila Crane)、罗宾·德瑞普斯(Robin Dripps)、艾瑞克·菲尔德(Eric Field)、埃米莉·吉(Emily Gee)、弗吉尼亚·吉尔米诺(Virginia Germino)、戴维·格拉斯贝格(David Glassberg)、劳伦·古德(Laurin Goad)、尼尔·哈里斯(Neil Harris)、泰德·希尔德(Ted Hild)、彼得·霍尔斯滕(Peter Holsten)、迈克·杰克森(Mike Jackson)、格雷格·梅西(Gregg Macey)、兰德尔·梅森（Randall Mason）、马丁·梅洛西（Martin Melosi）、朱迪·梅措（Judy Metro）、贝丝·迈耶（Beth Meyer）、文斯·迈克尔（Vince Michael）、费尔南多·奥普雷（Fernando Opere）、马克斯·佩吉（Max Page）、琼·鲍威尔（Joan Powell）、雷本·雷尼（Reuben Rainey）、珍妮特·雷（Janet Ray）、已故的罗伊·罗森茨魏希（Roy Rosenzweig）、蒂姆·塞缪尔森（Tim Samuelson）、恰克·沙那布拉克（Chuck Shanabruck）、比尔·谢尔曼（Bill Sherman）、霍华德·辛格曼（Howard Singerman）、彼得·瓦尔德曼（Peter Waldman）、迈克·华莱士（Mike Wallace）、卡罗尔·威廉·韦斯特福尔（Carroll William Westfall）、克里斯·维尔逊（Chris Wilson）、理查德·盖·维尔逊（Richard Guy Wilson）和亚伦·文斯奇（Aaron Wunsch）。

我感谢所有为本书提供素材的历史档案和藏品管理者，特别是弗吉尼亚大学的特殊藏品图书馆（Special Collections）和设施管理资源中心（Facilities Management Resource Center）、阿尔比马尔-夏洛茨维尔历史协会（Albemarle-Charlottesville Historical Society）、弗吉尼亚图书馆（the Library of Virginia）、国家档案馆（the National Archives）、国会图书馆（the Library of Congress）、芝加哥历史博物馆（the Chicago History Museum）、布鲁克林历史协会（the Brooklyn Historical Society）、纽约公共图书馆（the New York Public Library）、哥伦比亚大学艾弗里图书馆（Avery Library, Columbia University）和哥伦比亚大学档案馆（Columbia University Archives）。

很多机构为本书的出版发行提供了重要支持，包括弗吉尼亚大学一百五十周年纪念基金项目（the Sesquicentennial Fellowship Program at the University of Virginia）、国家人文学科捐助项目（the National Endowment for the Humanities）和格雷厄姆基金会艺术高端研究项目（the Graham Foundation for Advanced Studies in the Fine Arts）。

很高兴能够和 W·W·诺顿（W.W.Norton）的编辑们一起工作。南希·格林（Nancy Green）深刻细致的工作对本书做出了清晰、耐心、准确的修改。弗雷德·维默尔（Fred Wiemer）的校审帮助我避免了那些令人惭愧的失误。利比·伯顿（Libby Burton）保证了我们的工作始终处于正轨。

绪　论

建筑、景观与记忆

1986 年，建筑师菲利普·约翰逊（Philip Johnson）将保护称为一项"虚伪的运动"（phony movement）。[1] 而保护主义者则奋力对抗地保护着约翰逊认为的那些危害了纽约时代广场（Times Square，New York）和波士顿后湾街区（Back Bay neighborhood，Boston）的历史特色的建筑。[2] 约翰逊的反击令人吃惊，这彻底颠覆了他四分之一世纪以来与保护主义者的一致，颠覆了他曾经反抗，甚至站在最前线对抗纽约市拆除富有纪念意义的麦金，密德和怀特（McKim，Mead & White）的宾夕法尼亚车站（Pennsylvania Station，New York）的企图。那时，约翰逊认为宾夕法尼亚车站是一个足以与欧洲伟大的大教堂相媲美的建筑。[3] 1963 年拆除宾夕法尼亚车站引发的愤怒推动了美国现代保护运动的进程，直接导致了 1965 年纽约市纪念物保护委员会（New York City Landmarks Preservation Commission）的成立、1966 年国家历史保护法案（1966 National Historic Preservation Act）的通过和 1978 年美国最高法院（United States Supreme Court）对运用公共行政力量保护建筑、历史和文化纪念物的支持。然而，到 20 世纪 80 年代，约翰逊认为保护的蔓延已经远远超过了他曾经的预想，他认为："保护是一把双刃剑。如果它变得过于宽泛，如果每一位穿着网球鞋的女士都认为任何事物都应该被保护，那么保护将失去它应该有的判断力。"约翰逊的这个观点不仅仅体现了他的性别歧视（一个他与许多当代保护主义的反对者们共同拥有的观点），更体现了他的精英主义观点。约翰逊认为，保护运动应该依据"建筑质量"和美学价值，符合权贵的利益，并且仅限于最具有建筑价值的建筑；[4] 而普通民众的想法，或者说，非建筑师的想法，都是毫无意义的。而真正基于场所、情感与历史联系的保护揭露并斥责了约翰逊的观点，认为约翰逊的观点充满了主观性和个人感情色彩，缺乏应有的责任感。[5]

约翰逊并不愿承认美国的保护植根于人与场所的联系的观点，因为这与他所宣扬的鉴赏、或是建筑欣赏有很大不同。[6] 人与人在历史场所能看到的与不能看到的差异巨大；正确理解保护需要综合考虑历史建筑、景观的命运与文化、经济、政治、历史价值的紧密联系。[7] 而事实上，即使不考虑约翰逊所追求的保护运动形式，历史保护在美国现在不会，也从来不曾仅仅关乎建筑价值。通过分析十个不同案例中关于保护与拆除的辩论，本书旨在探讨那些在过去影响了历史保护的进程、并在未来也将与其密切相关的核心价值。十个案例分布广泛，从哈得孙河（Hudson River）纽约市以北的大岩壁（Palisades）到密西西比河（Mississippi

River）沿岸圣路易斯（St.Louis）的杰斐逊国家开拓纪念馆（Jefferson National Expansion Memorial），从伊利诺伊州芝加哥（Chicago, Illinois）的麦加公寓（Mecca Flat Apartment）到弗吉尼亚州夏洛茨维尔（Charlottesville, Virginia）的法院广场（Courthouse Square）。事实上，保护主义者并不是每时每刻都能清楚地说明为什么他们认为特定的场所值得保护：他们关于历史、遗产和场所重要性的假设尤其重要，却时常未能阐述。然而，我们却能细细琢磨，揭开那些保护主义者与他们的反对者所坚持的原则。从根本上说，无论是保护主义者还是他们的反对者，都关注于那些具有明确界限的场所——无论是有明确财产边界的建筑，如宾夕法尼亚车站；或是城市尺度以及村镇尺度中杰出的区域或街区，如波士顿的后湾；抑或特别重要的有明确边界的景观，如北卡罗来纳州阿什维尔（Asheville, North Carolina）的比尔特莫尔庄园（Biltmore Gardens）、宾夕法尼亚州葛底斯堡（Gettysburg, Pennsylvania）的南北战争（Civil War）战场、或是科罗拉多大峡谷（the Grand Canyon）。所有这些地方都具有一种为保护主义者所珍视，却为其反对者所不屑的共性——可触性、有形性与物质性。而本书，如同保护本身，也主要针对真实场所的分析，并通过分析将讨论形成一个更广阔的思想与价值体系；而并不考虑那些与抽象环境相关的保护，如重要的历史记忆，或是私人财产的特权等。[8]

15   保护通常需要包含对于熟悉的历史场所的维持；然而，作为一个学科，维持所带来的停滞却是保护最不应该有的特质。随着时间的变化，关于究竟什么才是保护的合理目标的理解千差万别；而同时发生变化的还包括如何在保护中合理利用私人与公众的力量。[9] 最重要的是，随着时间与地点的变化，个人、组织与社会所接受到的关于什么能使保护受益的观点也不断变化。本书的讨论将始于对 1824 ～ 1825 年拉斐德侯爵（Marquis de Lafayette）在美国进行凯旋游行所经地点的纪念，并终于对美国《综合环境反应、赔偿和责任法案》（Superfund，《超级基金法案》）所涉及有毒废弃场所的历史解读的政治意义。这两个主题，无论在时间与地点上，看似迥异，却描绘了场所的保护与公民的持久联系。拉斐德游行发生于公认的美国历史保护起点一代之前。[10] 该章节主要关注了拉斐德游行所经地点与其早年参与美国独立战争的联系，而这种联系无论对追忆历史还是引导美国当时的市民生活都有着特殊的力量。当拉斐德抵达这些历史场所，崇敬之情在人群中油然而生，这也直接构成了之后充满爱国热情的对与美国国家成立有关历史场所的保护。而这种对场所的历史与保护的虔诚方式也同样被应用在了《综合环境反应、赔偿和责任法案》所涉及的场所中，帮助这个处于环境污染与全球变暖的时代建立了一个全新的生态为本的公民观念。人们在对建立继而清除这些有毒废弃场所时人类行为的反思中获益良多。无论是拉斐德还是对《综合环境反应、赔偿和责任法案》所涉及场所历史的解说者们，都对保护进行了深刻的思考与努力，而这些思考和努力无一例外都处于菲利普·约翰逊所建立的美学至上的保护理论框架之外。这两个案例，以及本书的其他案例，正如前文所述，生动地刻画了人们在他们所生活的环境中挖掘场所与历史的意义的丰富手段。

　　1986 年末，约翰逊将他位于康涅狄格州新迦南（New Canaan, Connecticut）的乡村庄园捐献给了美国"历史保护国家基金会"（National Trust for Historic Preservation），希望借此缓和他对于保护的否定与批评。[11] 然而，即使此举动确实产生效果，也只是更加巩固了约翰逊对于保护的片面看法。正是在这座约翰逊终生保有的庄园里，保留着约翰逊那著名的现代主义建筑玻璃住宅（Glass House，1949 年），它与密斯·凡·德·罗（Mies van der Rohe）的范斯沃斯住宅（Farnsworth House）和弗兰克·劳埃德·赖特（Frank Lloyd Wright）的流水别墅（Fallingwater）齐名，堪称美国现代主义风格建筑的纪念碑。而约翰逊的捐献更加证实了他关于保护的看法——保护运动应该投入到那些公认具有美学价值的建筑。确实，玻璃住宅的设计，包括它的玻璃幕墙，它的高度可见的、一体的、仅有零星装饰的室内设计，被人们广泛地认为重视美学远远超过住宅本身的舒适性和宜居性。[12] 这是一项为艺术而生的作品，也只应该被作为一项艺术品所保存，或可为未来的建筑师和他们的客户提供艺术创作的灵感。然而，情感因素和捐献所带来的税务减免也正在约翰逊的考量之中。约翰逊说："可能是我自以为是地认为它具有历史价值，但是我确实希望国际主义风格能够在它过时之前被认为具有历史价值。"[13] 约翰逊决心使用建筑的力量、他的个人财力以及保护的力量来为他个人的建筑遗产保驾护航。情感因素正是他所有努力的根本原因。他认为"所有建筑师都希望能够名留后世。如果一片土地上的空间能够容纳 12 个建筑，我却宁愿保留这片土地也不要建造那个平庸的街区。我希望能够建设一个国家性的古迹。"[14] 同时，这次捐献还缓和了约翰逊和保护主义者们——特别是那些约翰逊任职"历史保护国家基金会"理事期间的同事们——之间的紧张关系。

菲利普·约翰逊于 2005 年逝世。随后，在 2007 年，"历史保护国家基金会"将他在新迦南的庄园和玻璃住宅对公众开放。庄园中约翰逊的遗产，尽管按照它们的保护状况，都将导向其观点的对立面，其初衷却旨在执着地坚持约翰逊关于保护的观点，建筑美学应该成为保护运动以及"历史保护国家基金会"工作的核心。美学确实处于本书所涉及的保护争论之中，然而，它却并不能成为本书的中心。例如，涉及 19 世纪末 20 世纪初纽约市北部哈得孙河大岩壁保护运动的章节，毫无保留地直接切入了将大岩壁美好的自然与地貌景致作为保护核心的观点。而这种对自然景致的保护，当其在某一案例中升华为历史保护与自然保护的相互依存时，将显得尤为重要；作为大岩壁保护倡议的领导组织之一，于 1895 年在纽约成立的美国自然与历史保护协会（American Scenic and Historic Preservation Society）将历史保护与自然保护共同列入了其协会使命。设想倘若美学成为其组织成员考虑的中心，自然保护当然仍将成为重点，而历史保护却将失去其本该被赋予的关注。而同时，大岩壁保护运动还很好地描述了当人们所珍视之处却为私人所拥有并希望对其进行开发与破坏时所产生的矛盾。沿着哈得孙河两岸，众所关注的大岩壁的自然之美不得不忍受着采石场开发者的破坏之手。

当面对以情感推动的保护运动时，菲利普·约翰逊将保护视为一柄双刃剑；然而，在很多案例中，以美学准绳推动的保护却将其缺陷暴露无遗。二战后的芝加哥，保护的重心从曾经的历史联系转向了那些具有美学价值的建筑，特别是那些被历史学家们认为与芝加哥建筑学派（Chicago School of Architecture）崛起有关的建筑。正如本书谈及芝加哥的章节认为，保护关注重心的转移意味着保护将仅仅包含一部分的建筑——那些路易斯·沙利文、弗兰克·劳埃德·赖特、或是伯纳姆和鲁特建筑师事务所的著名建筑，却放弃了芝加哥这座 19 世纪的美国城市；1871 年的芝加哥火灾使这个时期成为芝加哥历史上拆除密度最大的时期，而在这个时期发生的这次保护，其关注重心的转移对于这座城市无疑是一次保护的灾难。事实上，具有讽刺意味的是，保护主义者，无论他们关注于美学、联系或是其他因素，他们却总是在保护的同时也进行着拆除。在 50 ~ 60 年代的芝加哥市中心，整片的街区遍布着那些无论在哪个年代都应该被认为是极其重要的建筑，而它们却毁于了那个年代的城市更新与公路建设。那些曾经矗立的建筑，却无法为保护所触及而最终倒下——是那些自以为是的保护主义者们造成了这场悲剧，他们无视了社区活动者和当地历史学家对于那些与芝加哥学派并无联系的场所的诉求。

在批判性的对保护进行思考的过程中，对其对立面——拆除的批判性思考必不可少。分析那些企图推动拆除的价值观或可成为我们学习和研究历史保护的一条便捷之路。[15] 保护与拆除都包含了人们对现存场所的研究与描述，而这些描述则最终成为决定是保留还是拆除的决定性因素。例如，在芝加哥与其他美国的主要城市，特别是处于二战期间时，城市更新项目的确定通常都包含了一个必不可少的程序："虚构破败景象"，并极力夸大对这些特定建筑与街区脏乱环境的描述。[16] 对美国城市的这种变化，我在本书有关芝加哥麦加公寓保护运动的章节中，从微观层面进行了详细的描述。麦加公寓，作为一个建筑设计上的出色案例，保护的观点则认为其价值还存在于一些其他的领域，与住宅供应、社会公平以及保护非裔美国人的文化与本土生存空间等主题有关。在本书关于布鲁克林（Brooklyn）弗拉特布什地区（Flatbush）荷兰裔居住地消失的章节中，我研究了面对布鲁克林区的城市化进程，传统荷兰裔民居建筑逐渐失去其原有价值的主要方式。在这个过程中，布鲁克林荷兰裔居住地幸存的建筑遗产，如果这能当作是成功的保护，仅仅是因为它们被单独地从原有的环境与景观中移往了当地的公园与博物馆。这些住宅被收藏在与他们历史无关的环境与景观中，只能作为装饰艺术的大尺度范例。保护通常需要个人或社区与场所和谐共处，以保证能够抵御那些企图推动拆除的强大的自然与文化影响力。[17] 而本书关于芝加哥和弗拉特布什拆除方式的描述却多少凸显了保护主义者在面对将拆除形容为"着眼于摆脱过去的束缚、有益于建设美好的未来"时的束手无策与无可奈何。

保护或是拆除建筑和景观不仅仅涉及对特定场所进行的取舍。保护主义者普遍认为场所的实体特征对于建立现在和未来社会与重要历史片断之间的联系至关重要，他们也因此设定了一系列的保护原则与政策，规范如何最好地维护、使用与改建历史建筑、景观以及它们周边的环境，以达到保护历史场所的"完整性"的最终目的。[18] 20 世纪，保护组织制定了针对如何控制历史遗址的改变或加建的政策细节。例如，在 1975 年至 2008 年之间，美国国家公园管理局认为如果缺乏相关的参考与准则，历史场所的意义、重要性与可识别性将很容易受到危害，并因此发布了四十七项保护简报以引导历史建筑与景观的保护、维修、修复和扩建。这些参考与准则通常关注于历史遗产本身，然而它们试图对历史遗址邻近区域的新建建筑与新建景观的形式与特点进行管理与约束。在本书有关于弗吉尼亚大学 [弗吉尼亚大学由托马斯·杰斐逊（Thomas Jefferson）设计并于 1987 年被联合国教科文组织列入世界遗产名录（United Nations Educational, Scientific, and Cultural Organization's World Heritage list）] 的保护与设计的章节中，我特别关注一个历史遗址本身对其中新建建筑的形式与特点的影响。由于受强大的保护理念与情感的引导，弗吉尼亚大学通常将校园内的新建建筑首先归结为对于杰斐逊主义（Jeffersonian）建筑遗产的意义与可识别性的威胁。而这种思维所导致的结果令新建建筑更多时候被迫地企图融入历史而最终沦为平庸，却无法从杰斐逊原有的出色设计中汲取灵感。在这所杰斐逊的大学以及其他许多企图保护历史"特征"与历史"完整性"的历史场所中，认为我们应该严谨地控制历史遗址的环境、令过去凌驾于现在与未来的思想，最终导致了这些历史场所中无处不在的平庸。此时此刻，保护主义者亟需反思，无论他们对于历史的看法以建筑或是景观的形式对新场所的形成达到何种程度的影响，新场所本身终究无法具有历史或是引人注目的价值。

弗吉尼亚大学的例子涉及保护的多种范畴，引人入胜，值得寻味。正如菲利普·约翰逊所期望的那样，校园的保护要求保留其独有的建筑效果，并与此同时，希望能在校园与其创始人托马斯·杰斐逊之间建立一种有形的、具有特殊启示性的联系。保护只是表达与保护历史的一种手段，其他的手段还涉及历史文字、口头流传和有关历史的出版展览物——包括戏剧、电影和博物馆展览等。被保护的建筑和景观并不能表达它们自身的历史，这一切通常需

17

要依赖于来自此建筑与景观之外的人、物、或是历史文字所形成的历史叙述。拉斐德在独立战争期间的历史既保留在了那些纪念性的历史场所里，同时也为许多的历史文字、绘画以及雕刻所记录。许许多多的美国城市、镇区、乡村以及地标通过冠以拉斐德的名字来保护关于这位英雄的记忆，而这些地名也确实蕴含着一种力量，将我们与历史相联系。本书的第10章讨论了弗吉尼亚州对保护所进行的努力，他们通过最古老却应用最广泛的手段设置了一项公路标志系统以唤起人们对本地历史的记忆。而通过对其他历史保护实践中历史叙述的研究，本书还进一步探讨了历史纪念物以及其有形的建筑形态与历史所产生的共鸣。例如，拉斐德游行所涉及的多处独立战争纪念碑的奠基仪式，其中著名者如邦克山纪念碑（位于马萨诸塞州波士顿市）。本书第6章，涉及圣路易斯的杰斐逊国家开拓纪念拱门的章节，进一步讨论了在密西西比河岸所爆发的纪念物建造者与历史保护主义者之间的争论：纪念物的建造者们企图夷平包括历史建筑在内的一整块场地用以建设他们所计划的国家纪念物；而历史保护主义者们则认为，这种对场地的破坏违背了当时正在施行的纪念与保护历史的策略。本书第9章，有关弗吉尼亚夏洛茨维尔法院广场及其周边保护运动的章节，同样也关注了类似的拆除历史建筑与建造历史纪念物之间的矛盾：原本位于此地的几幢夏洛茨维尔市最早的建筑被一个公园与位于其中心的南北战争英雄托马斯·杰克逊（Thomas Jackson）的骑士雕像所取代。在夏洛茨维尔法院广场，与芝加哥麦加公寓类似，种族与认同感取代历史与纪念成为争论的中心。这些关于纪念物及其所处的城市与政治环境的思考拓展了历史保护的范畴。历史保护此时与纪念物在公共历史的表达上达成了高度的一致。当纪念建筑与景观并不能清晰地表达遗址的完整性与场所的真实性的时候，人们希望能够发掘一种新纪念物方式，能够对历史建筑和景观进行持久性的保护。

在圣路易斯和夏洛茨维尔所发生的纪念建筑的建造和拆除，显而易见是将国家与地区的事件置于首位，却忽视了对本地事件的记录。历史保护，在这些地方，与其他对建筑与景观进行纪念的形式类似，都包含了大量对历史回忆的选择与编辑。在这个过程中，个人、协会与社区运用私人与公共的力量强调特定的历史而对其他避而不见；这个过程是历史保护和公共历史研究的一个重要范畴。[19]

在本书研究的案例中，我试图阐明一些能够客观叙述场所历史的过程，也对一些由于破坏而导致历史叙述遗失的场所进行了讨论。与保护的实践类似，本书同样以保护所针对的特定场所为根本。本书并不希望成为一次对历史保护方法与实践的概述，也不打算在地理或年代上全面覆盖，更不会完全随着时间的发展对影响历史保护的社会、文化、经济问题进行全盘的讨论。通过这些案例，本书希望直接对菲利普·约翰逊仅仅重视建筑美学鉴赏的狭隘保护观点提出质疑。保护不仅在过去是，在将来也应该继续成为有关于场所的政治研究以及民权研究；而那些作为保护对象的建筑和景观，则将成为研究中全面而细致地理解过去与未来关系的平台。自然与历史之美，毫无疑问，也将是本书研究的部分。因着眼于对历史保护的研究，其中人们将更倾向于从他们的日常生活与生存环境对他们自身与他们的社区进行定义，本书所涉及的历史，将关注更为广泛的过去记忆。

第 2 章

场所中的爱国主义

拉斐德的美国凯旋之行，1824 ~ 1825

　　历史保护通过场所中的显著特征与历史本身产生契合，其目的是维护和诠释那些与特定的建筑及景观有着深刻关联的历史。从这个方面讲，历史保护在记录历史的一系列方式中占有不同寻常的地位。这一系列记录历史的方式包括了从个人讲述到公开演说，从民间家族图谱到学术性历史专著，从肖像画到纪念碑，从博物馆展览到电影制作。与这些形式相比，历史保护从场所的实体特征中唤起更大的共鸣。那些与历史事件相关联的实体特征通常增加了历史记载的可信性，帮助体验者获得全方位的感知，促进了当代及未来的人们对关于过去历史的叙述的理解和感悟，加强了历史保护工作在社会、政治与文化生活中的作用。

　　在独立战争后的数十年间，美国的历史保护工作并未普及。事实上，建国初期的许多公众舆论和诉求没有与历史产生任何形式上的实质关联。国家相对较短的历史，来自于不同地区为了分享崭新开始而不愿背负过去的国民，以及公众对于欧洲君主政体和阴魂不散的历史的批判态度，所有这一切都使得当时的人们对历史话题缺乏兴趣。大多数学术性的保护研究都回避了这个时期，而把美国最初的保护活动定义在整整一个时代之后。[1]但无论怎样，在这个时期仍然有一些美国人试图通过对构成和反映国家记忆、历史和政治的建筑和景观的保护，来推动城市秩序的改进。[2]

　　马奎斯·德·拉斐德（Marquis de Lafayette），美国独立战争期间的大陆军总司令，这位法裔英雄（图 2.1）在 1824 ~ 1825 年间进行的美国凯旋之行，为思考美国的过去以及探索保留美国记忆的模式提供了一种国家层面的立场。这个特别的行程历时 13 个月，它促使不同组群的美国人关注与独立战争历史相关联的特殊场所，其中某些场所被视为是承载着值得庆祝和保护的历史。这些关于历史保护可能性的观点随后成为历史保护运动的核心要素。这次凯旋之行激发了独立战争时期特殊历史遗迹的保护。更重要的是，拉斐德行程的计划者和参与者思考了多种历史保护的方式，这些方式也丰富和拓宽了纪念活动的范畴，因为行程推动了可移动的历史古物、艺术画作、肖像画法、纪念品以及临时或永久的城市纪念碑的产生，也促使那些关注与保留独立战争时期公共记忆的人们思考这些纪念形式的影响力。本章将分析拉斐德历史性行程对当代历史保护观点的影响。拉斐德的活动揭示出尊重历史形式与渴望现代革新之间的微妙甚至紧张的关系。这种活跃的文化纪念活动同样反映了美国人对于他们历史和未来的相关性的审视。他们对历史及其相关场所的接受，相当于建立了历史保护运动的基石。

图 2.1 马奎斯·德·拉斐德（Marquis de Lafayette），1824～1825 年，Samuel F.B.Morse 绘，1824～1825，纽约艺术委员会

拉斐德：政治与保护

　　1824 年 8 月的一天，马奎斯·德·拉斐德在庆祝他荣耀返回美国的波士顿酒会上举杯祝词。他说道："波士顿，自由的摇篮——愿法尼尔厅（Faneuil Hall）永远像纪念碑一般矗立，以告诫世人反抗压迫是一种责任，并将在一个真正的共和体制下得到祝福。"[3] 除了法尼尔厅，拉斐德的行程同样也促进了对费城独立会堂、数个战地遗址以及许多独立战争时期物品的保护。拉斐德相信，美国地景中那些特定的历史性场所可以帮助人们绘出美国历史和政治的大框架，这也是后来许多历史保护者所持的观点。对历史的保护和认知可以培养爱国的民族主义情感，给在政治和地区冲突中的成长着的国家带来和谐与统一，使得独立战争时期的理想在美国乃至世界范围内被持续传播。[4] 这些遗产、教训和景观清晰地将历史保护与其他大多数国家历史记忆相区别。可以说，在定义历史建筑和景观的政治和社会角色意义上，拉斐德走在了他那个时代的前面。例如，在 1805 年，波士顿官员曾委托建筑师查尔斯·布尔芬奇（Charles Bulfinch）扩建法尼尔厅，因为该厅对于日益增多的市政会议及不断扩大的公共市场来说显得太小了。布尔芬奇的设计增加了一倍的宽度，加建出了第

三层楼，使室内空间扩大了三倍（图 2.2）。尽管布尔芬奇从"符合原有建筑风格"出发进行设计，却使这个被誉为"摇篮"的建筑看起来更像是四柱床。这个扩建增强了大厅的实际功能，但却削弱了它的历史形象。[5] 在 1816 年的费城，宾夕法尼亚的官员打算拆除独立会堂，将其土地卖给私人发展使用。[6] 拉斐德关于历史场所能量的理念有力地驳斥了鼓吹改变和拆毁历史遗存的论调。

　　一份 1824 年来自詹姆斯·门罗（James Monroe）总统和美国国会的邀请函开启了一件 19 世纪美国最值得一提的城市大事记。[7] 在 1824 ~ 1825 年期间，正值独立战争周年纪念的临近，拉斐德访问了所有 24 个州并引发了大规模的庆祝活动。在一些主要城市，由于他前往酒会、舞会、招待会的路线被安排与群众的游行路线一致，数以万计的游行人群欢迎着这位"国家的客人"（图 2.3）。拉斐德的行程包括邦克山、约克镇、华盛顿墓等战场遗迹以及他早年在美国旅行的一些地标，以朝圣旅行为框架，他探索了美国特定场所的历史共鸣。这次旅行促进了历史记忆与历史场所之间的本质联系，这种联系也贯穿在随后的美国历史保护运动之中。实际上，这次旅行恰恰发生在对于美国独立战争的直接历史记忆开始消退的时候。到 1824 年，拉斐德是最后一位在世的大陆军将军。正因如此，他扮演了历史性地标讲述者的角色。在他重访历史场所时，他给人们传达了一堂又一堂关于爱国责任、牺牲、团结和胜利的课程。这样的讲述可以保持历史记忆的鲜活，但在独立战争 55 年后，许多人则担心这种直接的历史叙述将会随着像拉斐德这样被人爱戴的人物的消逝而消失。这种担心使历史建筑和景观与其他形式的历史记忆，例如纪念碑、肖像画、雕塑之间形成一种有趣的张力。实际上，历史性场

图 2.2　法尼尔厅，建于 1742 年，在 1806 年进行大规模扩建。扩建部分由建筑师查尔斯·布尔芬奇（Charles Bulfinch）设计。照片摄于 1906 年，资料来自国会图书馆。

图 2.3　迎接拉斐德，法国平板印刷，1825 年，Blancheteau Collection，康奈尔大学。

所似乎具有自身的权威性：那些拉斐德曾拜访过的具有明显特征的建筑和景观似乎使得这位将军讲述的历史事件更加真实可信。但是来自个人的视觉亲历者的讲述，比如那些贯穿于那次旅行的讲述，现在更需将其替换为另一些形式，这些新的形式要能够唤起后代对于在那些地方都发生了什么事情的批判性探究。在此背景下，领导者们开始认真对待不断浮现出的历史场所与更宽泛的纪念性事业之间的关系。

那些拉斐德旅行中的名胜承载着一系列相关历史事件。拉斐德对于法尼尔厅的兴趣也正是出于这种历史关联性，而与审美喜好无关。拉斐德所关心的是场所与历史事件的关联性，而非形式美学的历史。因此其旅行中还包括了精心编排的纪念舞蹈。几乎每个主要的州和地区都指派了筹备委员会，欢迎代表团和随行人员，安排住宿事宜，装饰和美化庆祝地点。尽管这次旅行展示出丰富多彩的纪念活动，但是形成了主导性的模式。拉斐德和旅行的策划者们认为特定场所对于与之相联系的历史来说有着特别的意义，而这些与地点相联系的历史又 成为直至 19 世纪末美国历史保护的中心焦点。同样重要的是，拉斐德和那些接待他的人们以两种相异的方式看待历史性场所。他们关注熟悉的历史性地区，但同时也由衷地赞许那些具有明显进步和改进的全新地区。毕竟，对发展进步的热衷常常威胁到那些历史性建筑和景观的存在。为纪念独立战争而建的纪念物在显示历史性和显示进步性这两种方式间徘徊。这样的纪念物既要展现历史性，同时也要代表繁荣和进步。理解拉斐德旅行中体现的历史保护意义，很重要的一点就是要探寻所参观的那些景点相对于其他当时盛行的纪念方式的作用。这些纪念方式包括了宴会、老兵团聚会、游行、历史遗物展览、肖像画、雕塑以及其他手工艺品和纪念品的制作、展览和销售（图 2.4）；当然最后还有临时性和永久性的纪念物的建造。可以说，所有这些不同的努力都是为了延续历史记忆，旨在帮助市民们将独立战争时期的那段历史和教训融入到他们的市井生活中去。

图 2.4 英国拉斐德陶器水罐，R. Hal 1825 年设计，拉斐德学院斯基尔曼图书馆收藏。

作为政治性场所和遗迹的存在

历史场所和遗迹协助人们在 1824 年的拉斐德旅行中找到独立战争的记忆，但是对历史记忆最直接的感受则是靠拉斐德个人本身所唤起的。一名来自肯塔基州特兰西瓦尼亚（Transylvania）大学的学生曾用一首有趣的诗来说明这个现象；他宣称拉斐德是"当今宝贵的历史见证者，来自古代的贤人，在历史中闪耀。"[8] 在亚拉巴马州，拉斐德的接待者们宣称，"将军阁下，您的到来唤醒了我们对国家那些早期场景的珍贵记忆，那时的国家年轻而贫瘠，却大胆而果断的面对暴政与压迫。"[9] 一家康涅狄格州的报纸曾将拉斐德将军的到来形容为历史记忆的传播："通过对这四十多年来事件的回顾，沉睡的记忆被唤醒，时代的变迁考验着人们的灵魂，困惑的杂声，胜利的呐喊，失败的恐惧……涌入脑海……在我们面前，是拯救我们的英雄。"[10] 尽管观察家 对于历史记忆是否准确这一问题存在分歧，但拉斐德简单而高贵的现身则清楚地将历史反映在人们面前。

在拉斐德公众活动的核心存在一个棘手的问题：对于民主共和国家的公民来说，他们能否对那些曾经支持和资助过他们的人感恩不忘。流行规则的躁动是否会阻止拥戴民主的人们感恩或回忆，而把自己的兴趣局限于当前？[11] 拉斐德的接待者们竭力对抗共和党人的忘恩负义。全国的人民都对拉斐德报以热情而慷慨的迎接。国会为他提供了价值 20 万的股票和一座小镇。更多对拉斐德和他后代的象征性和社会性的感激行为越来越普遍。在纽约的一次晚宴上，近 50 个祝酒词都是涉及拉斐德的，"我们杰出的贵宾"、"纪念乔治·华盛顿"、"沃伦（Warren）将军记忆的延续，他的鲜血滋养了自由之树，"、"1781 年十月份的第十九件大事：在约克镇俘虏康沃利斯（Cornwallis，英军军官，他的被捕标志着英军的彻底失败）"，对于其他许多战役和这些战役中的英雄们来说，"美国的宪法，正如它被颁布时一样，希望它能一直得到很好的贯彻，为了所有人的利益。"还有的祝酒词是这样说的："愿我们的共和制度同样被后代所推崇，为了使国家向那些杰出的贡献者表达感激和敬意，也同样为了使国家坚持自由民主的原则。"[12]类似的祝酒词在公众的庆祝中被一遍遍提起。这些祝酒词精辟短小但意味深长，述说着历史、爱国和感恩，并随着新闻报道成为个人和社会的记忆。

当拉斐德偶遇幸存的战友和他们的家庭时，独立战争事件的影响就体现得更戏剧化。1824年8月的一天，当拉斐德在罗得岛普罗维登斯（Providence，美国罗得岛州的首府）市议会大楼前面对"人山人海的观众"，一位曾追随他参加约克镇维多利亚战役的上尉斯蒂芬·奥尔尼（Stephen Olney）走到他旁边。根据报纸报道，拉斐德"立刻认出了"奥尔尼，并以"最为真挚而热烈的方式拥抱和亲吻了他，引起了人群的激动，人们都渴望看到这一幕，起初是较为缓和的欢呼，之后被整个场景感染，人们都表现出深深的感动和自豪"。[13]在拉斐德旅途中的很多地方，他都遇见了退伍老兵。他们的重逢和故事使得那种历史性的爱国主义讲述和"骄傲的情感"被赋予了人性化的色彩。报纸评论对这些老朋友的重逢给予了特殊的重视，而这些做法正鼓舞了美国的下一代爱国热情。

纪念性艺术和遗迹

除了酒会和重逢中的短暂纪念，肖像画和雕塑也是另一个维度上对历史的有力回应。肖像画本身就代表了对历史人物所作贡献和事迹的认可。实际上，历史学家马克·米勒（Marc Miller）认为，在18世纪那些拉斐德以及其他独立战争时期英雄们的画像就开始被委托制作，旨在显示当时人们对独立战争领导者的功绩和英勇事迹的认可和感激。被邀请作为肖像画作画对象的人是非常荣耀的。肖像画同样对现代和未来的人们宣扬着爱国主义情怀。那些肖像画和反映历史事件的油画在划分拉斐德之旅的不同时期上扮演着重要的支持角色。在1824年，当拉斐德在巴尔的摩的纪念广场参观布坎南（Buchanan）大楼时，他发现了华盛顿和汉密尔顿的大理石半身像、查尔斯·威尔逊·皮尔（Charles Willson Peale）在1784年的画作"占领约克镇"，以及华盛顿和他自己的全身肖像画。在耶鲁演讲堂的图书馆中他看到了约翰·特朗布尔（John Trumbull）所绘制的华盛顿全身像。在波士顿货币兑换所的咖啡厅中他看到了汉考克（Hancock），亚当斯（Adams）等独立战争时期人物的画像。在1824年当拉斐德在纽约城堡花园出席一个舞会时，他看到了汉密尔顿的半身像。在旅行中的不同城市，拉斐德与因旅行聚集在一起的人们通过艺术家的作品同过往的伙伴和事件进行着交流。这些历史场景的再现使拉斐德与华盛顿得以重逢，并将他们带回到了众多胜利的场景中。在拉斐德最终离开美国之前，许多州和地方政府，包括纽约、费城、肯塔基州和纽约州，都制作了这位老将军的肖像画。阿里·谢佛尔（Ary Scheffe）所画的拉斐德肖像画背景是美国国会大厦圆形大厅附近的一片荣誉之地。这些关于拉斐德和其他独立战争时期英雄的艺术画作展现了这次荣耀之旅的盛况和人们对英雄们的感激之情，而这次旅程本身则表达了对那些历史性场所的崇拜。[14]这些肖像画成为构成历史记忆的载体，并因此与那些祝酒辞和老兵聚会在与历史的联系上是又同等效应的。

拉斐德的肖像画和艺术虚构作品作为一种纪念物，用物质形式表达出了公众爱国主义情感和尊重历史的信仰。肖像画和记录历史事件的油画作品大多因一种历史荣耀的延续感而被创作出来。相比之下，对待独立战争时期存留下来的物件，那些拉斐德庆祝活动的策划者们则发展了一种与众不同的与历史的重要联系——一种能够得到公众认可的联系，而这种联系正基于其假设的物质原真性。在那次旅行的很多地方，拉斐德的个人魅力无疑给人们留下了

24

深刻印象。当拉斐德拜访"被华丽装饰"的纽约国会大厦时，一条排出的横幅吸引了"广泛的注意力"，这条横幅是由陆军准将彼得·甘斯沃尔特（Peter Gansevoort）的纽约民兵团所准备的。当地报纸虚构了拉斐德与这件有关独立战争的工艺品之间的明确关联："随着那个带来荣耀的伟人逝去，一个历史年代过去了。对那些日子的回想，总会把人们带回到为自由而战的充满鲜血和艰辛的圣战年代。"[15]同样的，拉斐德似乎也对康涅狄格州展出战役中从英军缴获的一面旗帜以及马里兰展示的孔特·普拉斯基（Count Pulaski，拉斐德的战友，骑兵部队指挥官，在战争中阵亡）军团的旗帜感到高兴。[16]一些据称从萨拉托加（Saratoga）、约克镇（Yorktown）以及其他战役中存留下来的火炮烘托着这次旅行的气氛，甚至在公众庆祝活动中鸣炮致礼。在宾夕法尼亚州政府大楼，拉斐德坐着约翰·汉考克（John Hancock）曾经使用过的一把椅子。[17]这些物品无不强有力地将人们的思绪"带回到过去"。

乔治·华盛顿的行军帐篷，或许是拉斐德之旅所展示的纪念物中最值得一提的了。乔治·华盛顿收养的孙子乔治·华盛顿·帕克·卡斯蒂斯（George Washington Parke Custis）将这顶"珍贵的"帐篷提供给了拉斐德设在巴尔的摩的一个办事处，帐篷被安放于华盛顿国会大厦的前方，以及约克镇战役的战场。在接下来的日子里，卡斯蒂斯每逢 7 月 4 日国庆日就在他的波托马克河（Potomac）畔的宅院中使用这顶帐篷。[18]对于那些对独立战争没有任何记忆的美国人来说，拉斐德的行程和其中涉及的纪念物，如华盛顿的帐篷，可以为公众提供一个历史事件的关注对象，可以帮助人们重塑历史记忆和国家自豪感，并使得过去的故事在人们心中具象化。拉斐德在文物保护方面表现出很大的兴趣，同时也有很敏锐的洞察力。在康科德（Concord），当他参观那把曾在独立战争时期杀死第一个英国士兵的枪时，他指出"这把枪将警醒全世界"，并建议"在枪托处放置一个金属牌，刻上与该枪相对应的历史事件，以便实现永久保存。"[19]这个提议，如同展示独立战争本身的纪念物一样，避免了记忆的淡忘。因为时间会侵蚀记忆，会使故事的真实性受到质疑。

在这个旅程中出现的一些情况显示，历史场所和独立战争时期的纪念物是同等重要的。拉斐德在康科德（Concord）战役的遗址处查看了那支康科德枪。不论是画像还是雕塑，抑或是其他文物，被运来移去，虽有时已经远离其原所在地，却丝毫没有减少它们同历史的关联。华盛顿的帐篷曾被搭建在它从未被使用过的地方，但仍然吸引着市民们对它的崇拜。然而，当拉斐德和他的接待者们在不同的地方庆祝时，他们发现历史场所本身作为一种特殊的不可移动的文物，也同样蕴含着大量的历史信息并具有重要的历史意义。一家报社曾报道说，在康科德，拉斐德"曾多方打听我们部队打响第一枪的特殊地点。"[20]在莱克星顿，拉斐德拜访了那个"被追求自由的烈士们鲜血染红的圣地"——"纪念之地"。拉斐德说道，他对自己能够拜访"如此值得纪念的地点"[21]表示特别激动。在拉斐德对莱克星顿进行访问时，十四个幸存老兵的出席提升了这次活动的意义。这些老兵，如同历史文物一样，走到哪里都会引发对历史的回忆。被认可的历史场所有着不同的情况。它们，当然不能被移动。但更重要的是，历史场所有种特殊的叙事感———些曾影响历史进程的事件曾发生于此。事实上有很多因独立战争而被纪念的地点都是当年士兵们战死沙场之处，士兵们的牺牲使得这些地点的历史关联更加明显，历史意义更加突出。而在画像和独立战争被记录下来的历史中，那些被艺术家或作者刻意表现出的人物无疑是置于纪念中心的。一个类似的解说或叙事式的说明对于传达历史地点的重要意义也是十分必要的。那些拉斐德曾到访过的历史建筑和景观是不会自己讲述的。然而，不像画像或是历史记录，历史地点并没有处于纪念的中心，而是被边缘化了。解释的力量似乎来源于地点本身，就好像地点自己是重要历史事件发生的见证人。[22]

随着亲历革命并能够代表独立战争的人越来越少，在拉斐德之旅的协助下，传播和延续历史记忆的重任已经戏剧性地从人转换到历史地点上。拉斐德在这个过程中扮演了转化者的角色：他作为一名漫游者来到那些历史区域；同时他自己和那些他拜访的历史地点又变成了城市漫游者的目标，并激发了他们的好奇心和爱国热情。拉斐德点燃了人们对历史地点关注的热情。

纪念物：创造场所，植入记忆

除了对法尼尔厅（Faneuil Hall）、莱克星顿以及康科德（Concord）的关注，拉斐德对波士顿的访问还包括一场前往邦克山（Bunker Hill）的游行和一系列的庆祝活动。很多年来邦克山一直在参观者中享有盛誉和很高的认可度，并在独立战争早期扮演着至关重要的角色。在1817年，詹姆斯·门罗总统，一位弗吉尼亚人，在这个历史地点表达了他对历史的敬意。他说道："在这边土地上洒下的鲜血唤醒了整个美国，使他们为了捍卫权利而团结起来"。[23]当拉斐德参观邦克山时，A·R·汤普森（A. R. Thompson）博士认为"这次参观使得国家情感和回忆都得到了唤醒。"汤普森认为波士顿的人们分享了由邦克山访问而带来的"喜悦的激动"；他还认为在由"具有很高历史纪念意义的邦克山"和"涌现诸多独立战争英雄的圣地"而产生的"特殊的情感"是不能被压制的。拉斐德以他自己的庆祝活动回应了历史地点的重要性："带着深深的尊敬，先生，我踏上这片神圣的土地，在这里美国的英雄们——沃伦（Warren）和他的追随者们泼洒了高贵的鲜血，这唤起了300万人的力量，保证了一千万人以及后来的众多人的幸福"。[24]

拉斐德对邦克山的兴趣促进了丹尼尔·韦伯斯特（Daniel Webster）、爱德华·埃弗雷特（Edward Everett）、威廉·都铎（William Tudor）和其他波士顿公共事业领导者为保护邦克山而努力，并使得一座永久纪念碑在邦克山战场遗迹处被建立起来。尽管在一些人看来那个地方好似"圣地"，但在19世纪20年代，并不能保证这片土地不被私人拥有者瓜分并开发。韦伯斯特曾担心"子孙后代的冷漠"可能会使"这片荣耀之地被亵渎，并最终消失"。[25]的确，在1797年，波士顿的共济会（Masons）建造了一座18英尺高的塔斯干式木制圆柱纪念碑，为纪念约瑟夫·沃伦（Joseph Warren）博士，一位邦克山战役中牺牲的烈士。该纪念碑由8英尺见方、10英尺高的砖砌底座支撑，柱顶摆放着镀金的瓮，瓮上刻有 J. W., AGED 35 的字样。然而，在1822年那个战场遗址开放区及沃伦纪念碑的所有者声称，这片土地将要被拍卖。这次拍卖促使了韦伯斯特，埃弗雷特，都铎以及其他人成立邦克山纪念联合会，以此更好的保护遗址和那段历史。联合会成员希望拉斐德能够推动他们的项目。他们精心安排了拉斐德于1824年前往邦克山的访问，并将他的名字置于纪念碑定制名单上。他们同样也得到了拉斐德将军的许诺，他将在1825年会回到查尔斯城参加该战役50周年的纪念庆祝活动，并为新的邦克山纪念碑奠基。[26]

重返邦克山的计划决定着拉斐德在1825年冬季和春季西行线路的速度和方向。当拉斐德回到波士顿时，他为一个即将建设的纪念碑奠基（图2.5），但实际上却没有付诸实施。在一场公开的建筑竞赛之后，邦克山纪念联合会决定在战役原址建造一座220英尺高的方尖碑，以纪念那次战斗。巴尔的摩为纪念华盛顿而建的160英尺高的胜利柱的设计者罗伯特·米尔斯（Robert Mills），坚称胜利柱是这个纪念性建筑代表胜利的最好部分，而拱券又是凯旋的象征。[27]因为有着特殊的形式和历史意义，这些建筑与拉斐德之旅产生不解之缘也就不足为奇了。这

图 2.5　拉斐德为邦克山纪念碑奠基，法国 1825 年 6 月平版印刷，拉斐德学院斯基尔曼图书馆收藏。

种方尖碑的形式被誉为最合适和经典的纪念碑形式。

　　邦克山项目的特殊历史显示出因历史而被尊重的地方与因进步而被颂扬的地方的紧张关系。在 1824 年和 1825 年，邦克山纪念联合会购买了 15 英亩的战场土地。州政府认可了邦克山项目，并授予联合会较高权限，使其有权处理当地拒绝出卖所占有的战场土地的情况。这次联合会的购买土地行为，有效地保留了这片土地，使它能够为后代提供教育和纪念的场所。无论如何，简单的保护并不是该项目的目的。联合会的成员们认为仅仅一个历史场所的力量是不足以保持独立战争故事的流传和未来市民们关注的。所以联合会着手一项雄心勃勃的计划，建造一个能够在波士顿天际线上标识出历史战场位置的纪念碑，同时也给缺乏对独立战争了解的后代以想象的空间。[28] 霍雷肖·格里诺（Horatio Greenough），邦克山纪念联合会组织的建筑竞赛的获胜者，提议建造高 227 英尺的方尖碑。格里诺后来也坚持认为这种形式拥有足以反映这片土地的历史意义和历史地位的力量。他写道：" 对我来说，在引起公众注意力方面方尖碑拥有独特的优势，它的建筑形式和特点会使更多的人对一个历史上值得纪念的地点加以关注。它简单而有力的形象述说着这个地点的历史，吸引着人们的注意。它传达出一个词，那就是'这里'！"[29] "这里" 在格里诺的话中实际上就是指的是"值得记忆"的地点，即那次战役发生的现实场所。方尖碑形式的确提升了纪念碑的历史意义，并使得纪念碑的形象更加清晰。

　　但是，尽管拥有一个顺利的开端以及拉斐德的现身支持，这种纪念活动很快就超出了资金可承受的范围。在 1825 年 6 月拉斐德为纪念碑奠基后，真正的基础开挖直到 1827 年才在波士顿的建筑师所罗门·维拉德（Solomon Willard）的指导下进行。由于资金缺乏，建设于 1829 年停滞，当时纪念碑只完成了原计划设计高度 220 英尺中的 37 英尺。建设工作停滞五年后重新开工，但一年后又因资金问题再次停工。这项工程就这样断断续续进行了六年多，并于最初开工的十七年后，即 1842 年 7 月最终完工（图 2.6）。在此过程中最重要的是，资金的困难使得联合会对他们保护的初衷有所妥协。1834 年为了提高建设资金以便继续纪念碑的建设，联合会卖掉了 15 英亩战役纪念地中的 10 英亩，将其用于城市发展，而这种做法最

图 2.6　邦克山纪念碑，于 1825 年由拉斐德为其奠基，1842 年完工。图片，摄于 1899 年，国会图书馆。

初是被联合会的成员们所抵制的。最后，纪念碑屹立在一个 400×417 英尺面积的范围内，但却并没有完全达到早些时候保护这片战场的目的。[30]

那些与邦克山项目相关的做法都清楚地表达了对历史的尊重，对独立战争历史的保护使其区别于那些将战役纪念地改为街道、联排住宅和商业空间的开发商们。尽管如此，1843 年一位研究该纪念碑项目的学者概括了始终围绕着该项目的两种全然不同的意见："使这个地方的历史记忆永存，保护它们不因时间的流逝而模糊，也许是建造这个昂贵的纪念碑的最好理由。未来将会而且现在也会有许多很不同的针对这个构筑物的意见。一个开放的、历经沧桑而未被打扰、未被改变的战役纪念地，将远比任何形式的纪念物更具魅力。"[31] 因此，人们不同意在这个历史地段增加或移除纪念碑。邦克山纪念联合会的成员们实际上扮演了保护者和开发者两种角色；当他们建起了纪念碑的时候，他们也出卖了构成更为矛盾和更为简单的保护计划的这块土地。

对于某些人来说，对战场遗址的简单保护并不能很好地表达出这些地区对于他们这一代的价值和意义。将历史战役发生地从现代地产市场中移除必将证实保护者的价值观和他们对独立战争历史的尊重。但这并不能使得当代社会对历史保护的承诺像纪念碑一样具体和现实。丹尼尔·韦伯斯特（Daniel Webster），一位联合会的领导者，同时也是爱国演说家，在项目开工和竣工的庆祝会上强调了这一观点。韦伯斯特对纪念物本身是否承载和传承城市记忆的最有效方式首次提出了质疑。他提出，"我们都知道，实际上，对杰出事件的记录是世界范围内人类对记忆最好的保留方式。我们知道，如果我们可以使这个构筑物上升，不仅仅是上升到触及天空的高度，更是穿破天空达到宇宙，它的广阔表面将会散播到全球，使得这段

27

历史永为人所知。"他说道，"我们的这项大型工程，显示出我们对先人所做成就的价值和重要性的深刻认识；同时，通过这项工作，我们延续了那段情感，孕育了对独立战争原则恒久不变的崇敬。"韦伯斯特强调建造纪念碑既是一种对历史感恩的表现，也是一项发展工程。他用时代进步标准为信条，同时将历史保护作为己任："大量的历史保护工作留给了我们，这是我们的义务，这是我们神圣的使命，时代的精神在召唤我们。最适合我们的事业就是发展和进步。让我们的时代成为一个发展和进步的时代……让我们开发我们土地上的资源，唤起土地的力量，在其上建立机构，提高土地的效益，我们能否也创造出值得纪念的事迹，让我们拭目以待。"[32] 随着 19 世纪"开发年代"的发展，进步的力量不那么容易如邦克山事件那样向历史纪念和保护力量妥协。历史建筑和历史景观被出卖，不是为了提供建设历史纪念碑的资金，而是向商业活动和设施建设提供资金流通。一座纪念碑，按照这个说法，是不足以纪念 1776 年的大事件的。然而，对于韦伯斯特来说纪念碑的重要性在于当时和过去。因此韦伯斯特希望未来的拜访者们能够记住 1776 年的爱国者和 1825 年的纪念者。按照他的构想，纪念碑将为当时的热情和成就作证。

拉斐德侯爵在康沃利斯领主投降纪念日参观了约克镇战役纪念地。这次参观拜访虽在形式上等同于之前拉斐德对邦克山的造访庆祝活动，但实际上还有另一层意义。因为拉斐德当年曾参加了约克镇战役。约克镇战役的胜利和英国军队的投降，多次成为这次胜利观光之旅的宴会中人们的祝酒话题；然而当周年纪念日到来之际，祝酒话题则转到了战场本身留给个人和城市的记忆。比如在弗吉尼亚的亚历山大（Alexandria, Virginia），塞缪尔·史密斯（Samuel Smith）将军以弗吉尼亚和约克镇的"圣地"为祝酒对象，"在这里获得的成功，注定会唤起我们这些宾客对其历史荣耀的回忆，同时也引起数以千万自由者的共鸣。"[33] 当拉斐德抵达约克镇时，他的接待者们感到特别荣耀，并对发生在这里的历史事件产生了浓厚兴趣。B.W. 利（B.W.Leigh）欢迎了拉斐德，并代表约克镇的人们向他表达了幸福喜悦之情："您的到来赋予了这片土地的荣耀历史以新生命……您能到来使我们感到如此自豪……我们欢迎您，因为您是华盛顿的挚友，更因为我们将您视作共和国的一位开国之父。"[34]

人们曾在 1781 年约克镇的战场还没清理完之前，就前瞻性地坚持认为这片土地对子孙后代有着特殊意义。当时的国会通过了一系列决议来感谢参与约克镇胜利战斗的海军和陆军的领导者。国会还认可了从战场上收集的战斗遗物的纪念意义。他们认定了在约克镇战场上从英军处缴获的两件武器作为罗尚波伯爵（Count de Rochambeau，支援美国独立战争的法国军官，因在约克镇战役中击败英军而功勋显赫）的代表，并将"一段简短的文字刻在上面，指出国会出于对纪念英军投降这一历史事件的考虑而对那两件武器器械进行展示。"[35] 而最终，国会承认了战场本身的历史意义。他们决定在约克镇竖立一座"大理石圆柱碑，并饰以象征美国和法国克里斯蒂安国王友好同盟的图案；内刻简短文字说明康沃利斯伯爵的投降事件。"[36] 至此，在该历史事件发生两周后，国会确认了历史事件发生地对于历史记忆保存的重要性，还表达了感激之情，并要将约克镇历史传承给后代。不仅如此，一个世纪后人们又在这片土地上建立了国家性的纪念碑；1824 年当拉斐德重回约克镇时，他的造访更是展现了人们对历史之地的持续敬仰，再一次唤起了人们的爱国热情。

事实上，拉斐德将军的造访使得历史和现在戏剧性地联系起来。他访问约克镇时所停留的纳尔森别墅（Nelson House），在 1781 年曾是康沃利斯的司令部。建筑中还依稀可见当年战斗造成的弹孔和伤痕。奥古斯特·勒瓦瑟（Auguste Levasseur），拉斐德的秘书，注意到约克镇的条件"很适合标示出当时的战役。"约克镇"从未从独立战争的战争灾难中恢复过来，因为它处于兵家必争之地，无法吸引新的居住者来此定居。"约克镇"房屋有的被毁，有的被战火烧黑，有的布满弹孔；土地上随处散落着武器的零件，爆炸后的弹片，废弃的火炮"[37]，约克镇的这些场景总会引起人们对战争的痛苦回忆。这片土地就这样被原真地保留下来；罗伯特·泰勒（Robert Taylor）将军，将约克镇的历史遗物收集整理并定位后，发问："我们就这样坐等那些赋予新政治制度方向和性格的历史道德力量被遗忘吗？"[38]在为迎接拉斐德做准备时，接待者们在康沃利斯司令部别墅里有了惊人的发现——在地下室找到了一大盒四十三年前为康沃利斯作补给的蜡烛。于是在约克镇庆祝活动之后的晚间舞会上，这些康沃利斯蜡烛被点亮。这些蜡烛，作为历史的遗物，照亮了对历史的记忆，也照亮了遍布于拉斐德整个拜访过程中对历史地段的戏剧性回忆。[39]参与者可以感受到，至少在约克镇，历史的记忆被照亮，自由的火焰被燃起了。

拉斐德本人也表达有幸在战斗周年纪念日中来到这个历史场所的感激之情。拉斐德的秘书也同样表示出自己的兴奋，"能够穿越在当年赢得美国独立战争胜利的土地上，我激动得无法入睡。"穿过那些当地人的花园和农田，勒瓦瑟可以很容易地找到当年镇子城墙和防御工事的遗迹。当勒瓦瑟正在进行"研究"时，他遇到了一位"陷入沉思"的人。后来发现，那人就是当年参加过约克镇战斗的一位老兵，如今他在约克镇附近的一个小农场工作。那人在每年约克镇战斗纪念日都来此来追思历史和独立战争的记忆，并"表达崇敬之情"。在注意到勒瓦瑟对这片土地有着强烈的兴趣，老兵回忆道："让我们一起从矗立在废墟迷雾中的那些部分开始追溯这场战争。从那里我们可以一窥当年的战斗计划，我也可以更好地把战斗经过讲清楚。"这次拉斐德的秘书和老兵之间的会面无疑代表了不同时代的人之间的交流——历史纪念地的拜访者和历史事件的亲历者。在这次会面中，战场的地景本身为历史回忆提供了重要而权威的诠释；勒瓦瑟写到他"带着极大的兴趣倾听老兵的讲述，在老兵回忆的过程中从不敢去打断他。"[40]融于约克镇战场环境的那种历史的真实性正是当年国会希望通过刻有战斗简介的大理石圆柱碑所表达的。

在约克镇，拉斐德的接待者们并没有单靠历史场所的力量来培养历史记忆和爱国情感。实际上，他们在当年的战场上建造了多处临时性的纪念物来强调那段历史。一个"优雅的凯旋门"标识出纪念点，在这里拉斐德曾成功攻下英军据点。一只5～6英尺高的雄鹰雕刻在45英尺高的罗马式凯旋门拱顶上方。拱门高24英尺，拱券上有13个拱心石，象征着最初的13个州。艺术家沃瑞尔（Warrell）与建筑师斯温（Swain）合作设计出了这个临时性的拱门。拱门采用木头建造，并饰以仿大理石花纹。在拱门之后矗立着两座26英尺高的方尖碑，一座标识出当年维奥梅尼（Viomenil）男爵攻下第二处英军据点的位置，另一座标识出康沃利斯投降之处。[41]至少有一个讲述者，泰勒（Taylor）将军，在这些修饰物之外，向拉斐德和聚集的人群讲述了战斗发生地的历史影响力。

> 在这里，我们周围的每样事物都在诉说着历史，唤醒着记忆。在这片还未被和平之犁抚平的战争土地上，被推倒的防御工事，位于弹坑之间的村庄废墟，向我们讲述着那场战争的漫长、艰巨和不确定性。在那里，小山丘上的最后一场血雨腥风的战斗落幕了，随之而来的是我们永远的自由。在这些历史记忆面前，我们要如何延续对那些为保卫自由而英勇战斗的英雄们的感激之情？现在我们所开发的土地曾是敌军占领的战壕，而这片土壤也即刻唤起了我们对当时年轻的战斗领导者英勇杀敌的生动想象。[42]

泰勒将约克镇简朴而真实的欢迎与其他地方的那些新奇而壮观的欢迎仪式相对比，他明确鼓励保护历史战场的现场景观，而非仅仅建造一些诸如凯旋门和方尖碑之类用以标识出战场的临时性纪念物。"谨代表我的同志们，欢迎您的到来。"他对拉斐德说。"他们来欢迎您，没有盛大的欢迎仪式，没有新奇而令人眼花缭乱的惊喜活动，但是将军，他们带给您的是一种买不到也抢不走的财富。在这个日子里，带着如此之多令人难忘的回忆，他们来到这书写着胜利者英勇事迹的土地上，呈现给您的是他们的一片赤诚之心。"[43]

正如泰勒所述，约克镇在独立战争之后的衰败事实意味着发展并没有对那个地方的历史遗迹形成明显的摧毁威胁。在1838年国会委员会认为必须建造一个纪念碑，因为国会"意识到一个标志着前辈们完成对争取自由和独立之战的事件的重要性；因为在我们的历史上没有比这个更值得纪念的了……这个纪念碑要由政府建造，它的形式要能与事件的重要性以及从该事件中获得的重要历史意义相符合，要能显示出该成就主要参与者，并表现出国家的自豪感、爱国热情和国家尊严。"[44]建造纪念碑的呼声时断时续，但最终没能付诸实践。美国南北战争时约克镇又成为战场，这进一步使得约克镇的殖民地历史以及对建造纪念碑的支持复杂化。1879年，随着约克镇战役一百周年纪念日的到来，国会委派了一个研究小组重新对整个历史事件进行梳理。来自全国的呼声坚持让国会履行它百年前就对于标识出这块战场的承诺。1880年，国会拨款10万美元并由战争委员会委托建筑师理查德·莫里斯·亨特（Richard Morris Hunt）和亨利·范·布伦特（Henry Van Brunt），以及雕塑师约翰·昆西·亚当斯·华德（John Quincy Adams Ward）设计约克镇胜利纪念碑。纪念碑建成时，一个大理石圆柱坐落在一个宽阔的台基上，圆柱顶端是自由之像。关于战役的简介、与法国的结盟，以及最后与英国签署的和平协议都刻在了纪念碑的台基上，代表着国家、战争、联盟和和平。共济会（Masons）在战役百周年纪念当天为纪念碑奠基，而自由之像则是在1884年被放置在纪念碑顶端的。[45]纪念碑所在的6英亩用地位于当年康沃利斯防御线之内，居高临下俯瞰整个战场。1930年，在约克镇战役一百五十周年到来之际，国会和赫伯特·胡佛（Herbert Hoover）总统采纳了新的约克镇计划，旨在增强约克镇的纪念意义和诠释其在当年战役中的重要性。之后联邦政府购买了近2000英亩的原战场用地，使得约克镇成为国家殖民历史公园，用来保护那段历史，留住那段记忆并教育后代人。[46]在这长达一百五十年的约克镇纪念事业中，最引人注目的就是被一代代执政官员和公民们始终如一贯彻下来的历史价值观，这种价值观反映了一代代人聚集挖掘出来的深植于约克镇土地上的历史力量。而这也正是当年拉斐德以及他的接待者们于1824年在拉斐德访问约克镇时所回应的历史价值观。

场所的重要性

像波士顿和约克镇的官员一样，其他地方的领导者也同样利用他们的历史场所作为保证和强调吸引拉斐德来访的方式。1824年新泽西市民代表团邀请拉斐德"来看看这片土地"——这片他曾于1778年6月在蒙茅斯（Monmouth）战斗过的土地。[47]与此做法相似，普林斯顿的居民们也获得了对他们土地的特殊关注，因为休·默瑟（Hugh Mercer）将军牺牲于那片土地。在费城，居民们将独立大厅建在拉斐德造访过的区域中心。庆祝胜利的队伍穿过城市，到达独立大厅（图2.7），就是在这里拉斐德接见了重要代表团。而这个事件恰恰造成了独立大厅重要性的下降趋势。随着联邦政府搬往华盛顿，州政府移往哈里斯堡，独立大厅逐渐失修衰

图 2.7 描绘了拉斐德在 1824 年抵达费城独立大厅及纽约城的亚麻手帕。德国镇（Germantown）印花工厂制造，1824 ～ 1825。亨利·弗朗西斯·杜邦·温特图尔（Henry Francis du Pont Winterthur）博物馆。

落。1781 年塔楼上显要的尖塔结构被移除。1802 年查尔斯·威尔逊·皮尔（Charles Willson Peale）众多的自然史和绘画收藏成了那里的主要藏品，而独立大厅中的这一收藏博物馆一直保留到拉斐德到此拜访。1816 年宾夕法尼亚的官员们甚至打算为了私人开发而出售大厅土地及临近的广场，并拆掉这座大厅，用售地所得资助哈里斯堡新州政府大楼的建设。在 18 世纪晚期和 19 世纪早期，政府拆掉了这座建筑的东西两翼并除去了首层曾开过国会大会的大会议室里的镶板，换以现代的石膏和涂料。原来位于栗树（Chestnut）街的门廊也被拆除并被一个更为时髦的入口取代。

当时，那座建筑很难被当作历史的圣物对待，而拉斐德的凯旋之行则改变了这种情况。拉斐德之行不仅促进了对独立大厅的修整，更为重要的是它引发了人们对于该建筑历史保护和修复的持续兴趣。费城市长指出这座"神圣大厅"，国会的会议场所，宣布独立的地方，起草同盟纲领的地方，是"独立的诞生地"。拉斐德表达了他对"神圣之墙"的特别赞许，正是这些"神圣之墙"围合的空间承载了"委员会工作之地和敬爱的爱国英雄们的活动场所。"[48]1828 年建筑师威廉·斯特里克兰（William Strickland）应公众复原建筑尖塔的要求提供了修改设计方案。1831 年建筑师约翰·哈维兰（John Haviland）为了使之"恢复原有风貌"而绘出了建筑修复方案。哈维兰的大会议室实际修复设计方案包括了相当多的主观推想，因此他对大会议室的改动在随后的一次更为深入专业的研究性修复中被拆除了。然而，这一切都清楚地说明拉斐德的造访使得公众注意力集中于这个有着唤醒历史力量的建筑上，并去支持建筑的修复工作。保护理念和对独立大厅 16 世纪 70 年代样式的尊重，为保护和修复该建筑提供了实践操作的基本原则。[49]

对历史场所的认可从历史好奇感到对历史的追思等多种形式。在威廉姆斯堡（Williamsburg），拉斐德饶有兴趣地参观了国会第一位主席佩顿·伦道夫（Peyton Randolph）的家。[50] 在北卡罗来纳的哈利法克斯，拉斐德的接待者们在被称为"北卡罗来纳自由的诞生地"的建筑中欢迎其到来，因为他们认为那里有着"令人满意的环境"——在此地北卡罗来纳通过了它的第一部州宪法，同样是在这里当地人投票决定援助独立战争。[51] 但

图 2.8 拉斐德在华盛顿之墓，平版印刷画，N. 科利尔（Currier），1845 年。拉斐德学院斯基尔曼图书馆收藏。

是在那次旅程中能够让拉斐德缅怀华盛顿的情感的场景并不多。华盛顿墓本身（图 2.8），并不适合拉斐德事先拜访。但是在他前往华盛顿墓的途中，经过了很多适合拜访的地方，而这些地方也是拉斐德与乔治·华盛顿共同到访过的。在新泽西的卑尔根，他收到了一个刻有苹果树图案的手杖。1779 年正是在那棵苹果树下拉斐德和华盛顿共进一餐。虽然 1821 年那棵树被炸毁，但那根手杖却成了一个可携带的历史。[52] 在安纳波利斯（Annapolis），旧的州政府大楼作为一种固定的历史遗迹而存在。在这里华盛顿重新签署了陆军委任状，同样也是在这里华盛顿和拉斐德于 1784 年最后分别；这个历史地点被完好地保留下来。华盛顿自愿放弃他作为军队首领权力这一事件在美国共和历史上有特殊的历史地位。安纳波利斯市长宣称此刻拉斐德站的"那个地点"，正是华盛顿重新签署了委任状的地点——"这一举动成为世界史中独一无二的抉择。"拉斐德将华盛顿的这一行为形容成"毫不动摇的纯粹的共和主义。"在造访安纳波利斯后，拉斐德感受到此地对于他个人记忆的影响力量。"沉浸在那些庄严的回忆中，"拉斐德说道，"那些令人欣慰和自豪的个人记忆都涌上心头，城市的场景，尤其是这个州政府大楼给我留下了深刻印象，使我切实感到一种责任和义务。"[53] 城市的景象和州政府大楼协助拉斐德和他的追随者们了解历史事物的意义和历史场所的价值。

在拉斐德的行程中，许多接待者都认为具有历史意义的场所比现代成就或非圣地要重要得多。拉斐德在其旅程经过的很多地方都听到这种观点。比如弗吉尼亚州的弗雷德里克堡，市长就直接承认他们镇上有限的人口"不足以举行大型华丽的欢迎会"也无法"同姐妹城市争夺凯旋门的建立，或是进行军事游行，或举办其他宏伟的展示活动。"但是弗雷德里克堡是华盛顿童年时生活的地方，默塞尔（Mercer）将军的故乡，也是乔治·威登（George Weedon）将军去世的地方。这里居住的人们不应该在城市荣誉感或对拉斐德的"纯粹的敬爱"之情上输给其他城市。弗雷德里克堡，按照拉斐德的说法，"使我们多次回忆起那些独立战争中最光荣的名字"，并且与其他地方拥有相当的城市现代资源，但却没有得到同等的历史重视。[54] 南卡罗来纳州的卡姆登（Camden），也有同样情况，那里历史遗产丰富，但经济发展则不尽如人意。在将军到达卡姆登的当天，接待者们把注意力转向那个"被英雄身影守护着的""经典之地"，那个"洒满英雄鲜血"的地点。一个前来欢迎拉斐德的当地居民认为历史遗迹的存在弥补了本地经济财富的不足；他说道"将军，您的到来，极大地激励了我们；我们重温了此地早期历史那些场景，尽管没有宏伟的建筑，没有壮观的教堂，也没有留存的大炮；但我们仍能够感觉到那段历史，因为您的到来比那些都令人印象深刻。"[55] 不过，拉斐德的确是捐建了一座朴素的纪念碑（图

图 2.9 位于南卡罗来纳州卡姆登的德·卡尔布纪念碑,拉斐德在 1825 为其奠基,罗伯特·米尔斯,詹姆斯·希尔(Robert Mills.James Hill)设计,雕版,1827 年。来自纽约公立图书馆。

2.9),为了纪念约翰·德·卡尔布男爵(Baron Johann de Kalb),一个牺牲的陆军德裔士兵。像弗雷德里克堡和卡姆登这样的小镇,由于没有赶上 19 世纪的经济大发展,而将希望寄托于拉斐德的来访上,靠吃历史老本儿来发展自己。

作为遗产的现代进步

在拉斐德游历美国的过程中,他和他的接待者们对那些众多缺乏丰富独立战争历史的城市也表达了敬意。当然,旅行促成了人们对历史场所的兴趣,也婉转地支持了历史保护理念。尽管如此,在前往每个州时,拉斐德发现很多地区已很难再找到独立战争时期的影子,于是他开始对那些缺乏与独立战争联系的地点采取措施。拉斐德对新、旧地方发展进步的热情表明他对城市其他方面的兴趣。一城接一城,拉斐德重拾回忆,并审视着在他离开的四十年来这个国家经济和社会的发展。此时,回忆唤起的不单是历史爱国主义感,更多的是对现代成就和未来前景的赞美。在 20 世纪,一些历史保护人士为保护尺度、特定地域的形式与现代的结合而争论。相反,却没有人联系结合拉斐德之旅所表达的历史保护兴趣;在多数情况下,他们只是对那些由现代进步的各种形式所替代的早期历史场景感兴趣。

这次旅行的盛况涉及历史保护和现代发展——现代进步的盛景,这些进步可反映出民主和共和成果。当拉斐德访问马里兰州的弗雷德里克(Frederick)时,威廉·罗斯(William Ross)直率地说该镇"没有能够使您回想起英勇胜利的神圣地点,没有经过战火洗礼的城堡;没有前哨遗迹;没有沾染鲜血的土地。"但是弗雷德里克的居民们可以展示"这些民主自由带来的现实成果,四万人口,分散在这平静的山谷,他们耕种着自己的土地,收获

33 着自己的作物，而这些来自独立的护佑是您的贡献所带来的。"[56] 在独立战争中的缺席使得那些新拓展的区域和州很难将他们自己同拉斐德的世界联系起来。在伊利诺伊州的肖尼镇（Shawneetown），詹姆斯·霍尔（James Hall）法官注意到欧洲裔的美国定居者在独立战争时期还未建此镇。霍尔了解到那些本地历史较短、历史遗存较少的城镇多分布于美国东部。"在我们周围没有纪念推翻专制的纪念碑，也没有救国英雄的战利品，"他说。"这没有能够唤起记忆的事物——但这些历史已在我们心中——在心中筑起的纪念碑要比现实中的铜质纪念物更长久。我们享受着您的勇气带给我们的成果，领悟着榜样的力量。我们是战斗中您那一方的战士的后代——我们吸收了他们对自由的爱——我们继承了他们对您的爱戴。"[57] 对于弗雷德里克和肖尼镇欢迎活动的主办方来说，将历史和现代通过思想体系联系起来能够带来明显的利益；然而，这些对现代的溢美之词更强调了历史保护的局限性。在华盛顿特区的一次拉斐德接待会上，他站在新的国会大楼前，在乔治·华盛顿的行军帐旁边，赞扬了他所目睹的这个国家的现代变化。他说道"在美国的每一步愉快的旅程，都使我为这些巨大而美好的进步感到无法表达的喜悦，这远远超过了我的那颗美国心对这个国家发展的期望。"[58] 他将这些发展归因于优于其他国家政治的"良好的制度和自主的政府"。[59] 在波基普西（Poughkeepsie，纽约州东南部城市），拉斐德表达了他对在村庄中所见的"伟大而令人惊讶的变化"的赞美。[60] 他同样告诉从尤蒂卡（Utica，纽约州中部城市）来的代表团重回这些地方使他感到"十分满意"，因为1784年当他来到斯凯勒要塞（Fort Schuyler）时，那里还是"一片荒芜"。现在他看到那里已发展成"繁荣而人口兴旺的

34 城镇"。[61]

很多拉斐德之旅的接待者们分享了他对进步的热情和他对他们政治主张的理解。一家报纸写道，"他重回美国的每一步，都将会遇见那些深藏于他记忆的事物；而这些事物又将唤起他心中最真挚的情感，将会用最纯粹的愉悦之情充满他的灵魂。他在我们还虚弱、无序、蹒跚学步的幼儿时期离开了我们；现在他回来了，看到了遍野的耕地、繁忙的航船，我们的城市壮大了、繁华了、富有了，他曾参与建立的自由政府，正在不断完善着。"[62] 在巴尔的摩，一位拉斐德的接待者说道："将军，您正要进入巴尔的摩城，一座您曾经认识的城市。在她的成长和发展中，您将会看到在良好制度和代表人民的政府统治下我们国家繁荣昌盛的象征。"[63]

尽管社会进步也许在像巴尔的摩那样的城镇中更为显著，但是富饶的农耕区同样也在展示着发展和进步。在北卡罗来纳州，一位州最高法院法官曾指出那些拉斐德访问过的"蛮荒之地"现在被"怀着质朴爱国精神的农民们"改造为了"富饶田地"。[64] 在密西西比，独立战争时期被称为"一片沙漠"、"自然障碍"的土地被建以雄伟建筑，而"曾经的荒林"变成了"硕果累累的果园"。[65] 在宾夕法尼亚，人们在曾被描绘成"印第安野蛮之地"和土著人死亡之地的蛮荒土地上建立家园，发展进步——"在森林中人们逐猎买卖之处，城镇和村庄产生了——农业和艺术发展了起来——替代了土著人象征和平的烟斗和贝壳念珠，今天我们所能展示给您的是怀着由衷感激，经过良好教育的人民，他们享受着来自自由政府和正义法律的和平和护佑"。[66] 对于拉斐德不甚熟悉的地方，一种想象出来的荒野景象可以很容易替代现实记忆为赞美现代发展打下铺垫。就多数城镇而言，任何与旅程相关的人都不会将荒芜之地的保护，提议为一种可为后代评价发展进步成果的方式。在那次旅程中，拉斐德及其接待者所推崇的那些发展很好的地方，并没有同国家历史相协调。在本文所涉及的发展活动中，对历史区域的保护实际上只为该地区的税收工作提出了相对适度的要求。

经典的纪念碑：作为进步成果的独立战争遗产

当拉斐德游历美国时，他发现一些美国人正雄心勃勃地开发针对一个地区的第三种尊重之情。拉斐德的一些接待者构建了一个纪念性的地景，这种地景将对历史区域的尊敬和对现代发展的歌颂相结合，如邦克山纪念案例。他们建立了临时或永久的纪念碑，用来纪念独立战争中的人和事。通常纪念建筑采用欧式风格，尤其是罗马风格。这种形式的纪念建筑不仅被建立在历史地点，而且在与独立战争没有直接联系的地点也同样被建立。所以那些美国人很可能已经把历史发生地所具有的历史力量转化成不局限于空间的更广义的历史性意义。比如在佐治亚州的萨凡纳，拉斐德为纳撒尼尔·格林（Nathanael Greene）将军和普拉斯基伯爵（Count Pulaski）将军的两个纪念性墓碑奠基。纪念墓碑建在公众广场上，而并没有建在埋葬两位英雄的地方。无论如何，它们的所在地及其意义，就像拉斐德访问的那些历史场所一样，同样具有爱国主义教育意义。萨凡纳的报纸报道说，"当代或是后代为了纪念伟大事件或杰出人物所建立的纪念碑，教育着后人，同样也表达着对纪念碑建造者的敬意"。[67] 这意味着纪念碑的建设同样可以提升与历史相关区域的重要性。实际上因为历史建筑和景观不能自己讲述历史故事，纪念碑可以帮助将人们的好奇心和注意力集中到发生历史事件的地点；它们可以提供给人们一种认识历史地点的美学切入点，告诉人们"是这儿"，正如霍雷肖·格里诺（Horatio Greenough）在谈到邦克山方尖碑所说的。纪念碑通过对英雄人物和历史事件的颂扬而发挥着自己的力量，它们同所在地的进步景象相协调，亦被拉斐德所提倡。

在拉斐德的费城之行中，当地居民表现出一种积极地将历史地点同纪念性地景相结合的历史情感。充满着爱国氛围的拉斐德之旅并没有缓和在不同城市之间发展进步的竞争。费城，一个在国家早期经济政治发展中处于统治地位的城市，现在其统治地位已被纽约和华盛顿所取代。费城市民在迎接拉斐德到来的准备工作中表现了极大热情。像其他地方一样，这个城市培养出了对本地历史的记忆和新的传统。宾夕法尼亚的老州政府大楼，建于18世纪30年代，后来被称为独立大厅，是拉斐德接待会的重点接待场所。簇拥着拉斐德的队伍在他到访的第一天便径直来到具有罗马风格的老州政府大楼前。队伍超过了两万人，包括现役的民兵、独立战争时期的老兵、民选代表、杰出人士，还有城市各行各业的人，比如造船者、制绳者、制桶工人、屠夫等，还有来自附近村庄的农民。簇拥的队伍穿过了13座仿古的城市拱门（图2.10），从而唤起了人们对罗马的回忆。那矗立在独立大厅前的最后一个拱门是最华丽的。建筑师威廉·斯特里克兰（William Strickland）写道，他是根据罗马的塞普提米乌斯·赛维鲁（Septimius Severus）拱门设计的。拱门的仿石制效果和雕塑覆盖了整个拱门的木框架。面宽45英尺，进深12英尺，高35英尺，拱顶雕有象征智慧和正义的木质雕塑，并绘有费城军队军服；雕塑为雕塑师威廉·拉什（William Rush）设计，彩绘为托马斯·萨利（Thomas Sully）所绘画 [68]（图2.11）。

独立大厅与拱门之间的反差很大——乔治王时期地方风格的历史现实遇到了画出来的古罗马宏伟风格的幻象。事实上负责建设和验收斯特里克兰设计的拱门的委员会认为基于欧式纪念风格建造的纪念建筑可以强化历史场所的意义并能与历史地点产生共鸣。费城的报纸也充分肯定了拱门所贡献的意义。纪念碑"雄伟的外表"是费城"高贵和富有"的象征。它显示了"难以用语言形容的最动人的景象。"无论能否充分用语言表达那种雄伟景象，报纸都在纪念碑同城市发源方面的关系作了描述——"它以罗马风姿态矗立着并将矗立下去，并展示出整个州的崇高地位和繁荣现状。"[69] 共和政体朴素的特点在此则被抛掷一旁了。

图 2.10 拉斐德费城游行路线上的临时拱门，1824 年。塞缪尔·荷里曼（Samuel Honeyman Kneass），水彩画家，1824 年。来自独立国家历史公园，国家公园服务处。

图 2.11 向拉斐德致敬的巨大的城市拱门，建于费城独立大厅前。木刻，1824 年。拉斐德学院斯基尔曼图书馆收藏。

美国各个社会团体精心策划了欢迎拉斐德运动，街道被装饰得富丽堂皇。新奥尔良学习了费城的古罗马风做法。场景画家弗戈里亚蒂（J.B.Fogliardi）和约瑟夫·菲立（Joseph Pilie）建造了大量临时的古罗马式凯旋门。在特伦顿（Trenton 美国新泽西州首府），人们重建了 1789 年华盛顿去纽约会见国会时曾经通过的那个拱门。那些"被小心从废墟中保留下来"[70]的拱门的柱子、扶壁和框架现在都被自然或人造的花朵及常青藤所覆盖。特伦顿欢迎拉斐德活动的组织者们跳过了美国人对于来自独立战争一代纪念物的兴趣。而还有一些团体，他们并没有建造罗马式的拱门，而是简单地用松树枝和鲜花制作了乡土的拱门。但即便是这些设计也蕴含了丰富的形象学意义。比如，在新泽西州的纽瓦克，一座直径 35 英尺的圆形庙宇全部以花建造，庙宇四周是 13 座 15 英尺高的拱门，代表着最初的 13 个州，庙宇顶上是一只雄鹰和一个由橄榄枝制成的穹顶。[71]同样的，建造在约克镇战场上的临时性罗马式凯旋门强调了发生在当地的独立战争时期的故事，并且使之更具崇高性。

除了标明独立战争时期的历史事件，美国的古典式和罗马式的建筑景象也注明了世界历史上发生在美国的事件。长期以来，罗马风格影响着美国的建筑师和规划者。1791 年，托马斯·杰斐逊就指出古典风格形式是建设新美国新国会大厦的唯一合适形式。他在给皮埃尔·朗方（Pierre L'Enfant）的信中写道，"不论何时探讨新国会大厦的建设，我都更倾向于采用几千年来一直魅力不减的某些古典形式。"[72]美国新古典主义风格已经影响到了美国宗教建筑、商业建筑和居住建筑。尽管如此，美国公共建筑和市政设计主要沿袭了 18 世纪晚期到 19 世纪早期的古典主义风格形式。美国民众和政治理念也融合了对古典共和体制建筑的兴趣。作为共和政府的一项现代实验，美国以其肤浅的历史，培育出形式上"千年的积淀"，并构建了人类历史的一段故事，一段新兴国家的故事，这个国家以一个古代共和制度继承者的姿态出现，并将这种崇尚共和的理想体现在了建筑。在独立大厅、约克镇以及众多拉斐德经过的地方，古典风格的建筑标识出美国共和的巨大胜利。在美国，模仿欧洲古典风格的建筑要比模仿欧洲现代风格的建筑多；拉斐德之旅的策划者和艺术家们也从根本上参与了美国公共建筑的拨款和建设，旨在将美国定位在早期共和图谱之中。在这篇文章中提到的城市建筑和纪念性建筑，即使是临时性的，也都加强了拉斐德所参观或战斗过的历史地点的爱国主义和民族主义含义。

永久性的愿望：在地点和纪念性建筑中

在欢迎拉斐德的活动中建造的临时性建筑，说明美国现有的建筑资源并没有达到某些人为了表现城市荣耀和纪念而追求的建筑目标。国家当时所处的状态和那些小镇一样，都是通过将注意力转向其丰富的"历史圣地"来强调它们所拥有的资源。古典的纪念建筑，临时性的和永久性的，都将美国定位成一个古代共和历史继承者的角色。拉斐德之旅将根植于美国一些特定地方的对独立战争的纪念同反映在古典建筑形式中的更深层次的共和历史相并置。那些纪念建筑不仅追溯着独立战争发生之前的共和血统，还代表了建设典雅、高贵城市以及最重要的进步城市的现代志向。只不过那些现代志向也同样威胁着历史保护。实际上，拉斐德在很多场合表示，对现代进步的热情，以及出于扩大独立战争的影响力的现代纪念建筑，最终会削弱特定历史场所保护的合理性。代表历史和现代进步的纪念性建筑并没有给历史场所保护和建设带来便利，因为这些纪念建筑不像历史绘画、雕塑或是小规模的历史物件那样可以被方便地移走。当邦克山纪念联合会将战场划分出卖，使之变为街道和房屋时，再一次

37

图 2.12　描绘有拉斐德于 1824 年 8 月抵达纽约城堡花园的陶瓷盘。制造于 1825 ~ 1830 年。美国国家历史博物馆，史密森协会收藏。

凸显了历史场所保护同区域发展进步的潜在矛盾。

　　拉斐德之旅促使人们将暂时性纪念活动转化为城市荣耀塑造活动。那些城市纪念性拱门刚被从费城街头移走，当地居民就开始谋划更长久的城市纪念建筑了。费城代表团实际上当时已将建造纪念独立战争和华盛顿的永久性建筑的计划告诉了拉斐德。[73] 然而，在 1830 年，本杰明·西利曼（Benjamin Silliman）的美国自然和艺术杂志则对拉斐德之旅没有留下任何可以继续激发市民爱国热情的"实物性纪念"表示惋惜。在带有"个人利益"、"无止境"，并且在"商业压力"下表现脆弱的美国商业面前，美国人需要某种"能够将国家力量凝聚起来，统一公众目标，使人们齐心协力"的力量。该报认为这个"某种"——在期刊杂志社和那些城市景观设计者们看来——包括诸如拉斐德之旅在内的重大城市事件，公共纪念建筑、普通建筑和城市空间的建设等可以长久的激发出的相似的城市景象。[74] 拉斐德之旅对所反映出的感激、怀念、纪念碑建造提议和整个历史，都显示了一种对商业市场和现代进步的超越。那个期刊的编辑们显然希望在当代文化中推进这种超越。当然，这些历史性的超越可能会容易转化为市场优势。年复一年的进步发展将会带给那些建造伟大纪念物的城市巨大的财富。从某种意义上讲，纪念性建筑提升了整个城市吸引人口和财富的能力，而纪念建筑本身也成为商业市场中的一种广告宣传形式。这种纪念建筑的商业吸引功能同样也在个人消费层次打开了市场，拉斐德之旅就形成了很大的纪念品市场。从印有拉斐德头像的手绢、手套到陶瓷器、小酒瓶、画作、雕版印刷品，都向公众展示着拉斐德之旅。购买者从所购买的纪念品中体会到了唤起历史的力量（图 2.12，图 2.13）。[75] 历史学家莎拉·珀塞尔（Sarah Purcell）认为这种纪念品贸易和"历史记忆商品化"现象为作为消费者的女士们提升她们的公民属性提供了

图 2.13　向拉斐德致敬的辛辛那提舞会的请柬，1825 年。印刷于丝绸，1825 年。康奈尔大学收藏。

坚实基础。[76]

　　纪念性建筑的商业意义以及纪念品购买，有时能够使得公民、团体和国家超越 "私利性狭隘视野" 的羁绊。实际上，邦克山纪念碑延期完工的原因之一，就是纪念联合会认为这项工程需要因马萨诸塞州和新英格兰首创而被资助，以强调这个地区而非强调整个国家对独立战争的贡献。[77] 而且，昂贵的拉斐德纪念品和工艺品市场将人们凝聚起来，尽管在这种凝聚过程中，人们因购买力的不同而被划分成不同集合。有趣的是，那些期刊并没能将历史建筑和地景看作是拉斐德之旅的 "有形记忆" 而保护。在拉斐德之旅中，其最有意义的遗产之一便是历史地段的那种强大力量，"能够将国家力量凝聚起来，统一公众目标，使人们齐心协力"。[78] 在那些拉斐德曾经访问过的独立战争战场上，伟大的社会和政治的历史事件显露了出来。对这些地方的认识和保护，在美国社会面临逐渐分化的情势下，为反映公众意识、推动政治团结提供了潜在力量。与纪念建筑和纪念品不同，这些历史场所似乎受市场的波动影响不是那么明显；并且对这些地点的保护实际上对开发本地区的常规市场操作是一种阻碍。历史地区的保护运动很久后才成为旅游经济的奠基石。因为在拉斐德的时代，历史保护运动还缺乏社会信任度。拉斐德之旅将历史建筑和地景所具有的历史力量具体化，从而使得美国独立战争的意义和真实性能够延续。具有重要意义的事件在那些特定地区发生着，而市民们则传述着那些事件的意义，因此也就共同形成了具有同样爱国情感的团结基础。拉斐德之旅不仅强调了市民的重要性，同时也直接导致了美国初步历史保护运动的兴起。那些历史地区因而变得重要起来，而对那些地区的尊重和保护也随着拉斐德胜利之旅逐渐展开。

39

归于文脉

托马斯·杰斐逊所创建大学中建筑的创新与守旧

在 20 世纪的前三十多年里，对历史场所的保护方法已从之前广为接受的对单个地标的关注转变为对其周边环境的宏观控制。由于社会和经济的快速发展，许多保护主义者担心相邻地区的不和谐发展将会影响到人们与历史场所及其所体现的文化遗产之间的联系。为了维护这种重要的联系，保护工作将重心转向了珍贵的地标建筑所处的更为广阔的环境。例如在修复了查尔斯·布尔芬奇（Charles Bulfinch）设计的建于 1798 年的马萨诸塞州议会大厦之后，波士顿政府于 1899 年通过决议限制比肯山（Beacon Hill）[1] 临近街区的建筑高度，从而保护这座地标建筑的视野和效果。而在 1931 年，由于担心加油站和其他现代建筑物形式与该州 18 世纪和 19 世纪早期历史民居建筑的协调问题，南卡罗来纳州的首府查尔斯顿（Charleston）成立了相关机构专门监督"历史街区"的建设。[2] 在同一时期，圣塔菲（Santa Fe）在 20 世纪初达成了一个不成文的共识，即新建筑要沿用具有当地特色的印第安 – 西班牙风格（Pueblo-Spanish），以保证与历史建筑的协调一致。此外，在约翰·戴维森·洛克菲勒（John D.Rockefeller）资助的弗吉尼亚州威廉斯堡（Williamsburg）复建中，拆除了 1790 年后建成的 720 座房屋，以腾出完整地段重建 341 座殖民地式（Colonial）建筑。[3] 上述这些对历史场所环境文脉的雄心勃勃的调控举措，为保护性设计纲要和建筑审议机构在 20 世纪后期的兴起奠定了基础。

为促进历史场所与其周边环境的协调，建立和谐的城市整体，历史保护工作与同时期的诸多现代性尝试一道做出了共同努力。住宅私有化及其契约合法化、城市美化运动（City Beautiful Movement）中各种市政中心的建设，以及 20 世纪初的分区规划，都通过组织相互协调的城市功能和建筑形式而促进了城市秩序的形成。[4] 在保护工作方面，根据各个地区的历史保护行动出台的一系列国内外法规，以确保在历史街区增建和新建建筑与传统的相协调。1931 年第一届历史纪念物建筑师及技师国际会议（First International Congress of Architects and Technicians of Historic Monuments）起草的《雅典宪章》（Athens Charter），其中提议"建筑应尊重其所处城市的外部环境与城市风貌，尤其是当毗邻历史建筑时，更应对周边环境给予特殊的考虑"。[5] 随后于 1964 年第二届会议上通过的《威尼斯宪章》（Venice Charter）及 1977 年美国内政部（United States Secretary of the Interior）制定的关于历史建筑更新标准（Standards for Rehabilitation）均重申了上述基本原则。国际古迹遗址理事会（International

图 3.1　从路易斯山上眺望弗吉尼亚大学校园。爱德华·萨克斯（Edward Sachse），画家，1856，卡斯米尔·波恩（Casimir Bohn 出版），平版印刷。弗吉尼亚大学特别展藏图书馆收藏。

Council of Monuments and Sites）澳大利亚国家委员会（Australia National Committee）于 1979年通过的《巴拉宪章》（Burra Charter）中提出了重要文化遗址的保护原则。其中同样也提出了尊重周边环境的原则："保护工作基于对地区现存肌理、功能、关联与意义的尊重。为此需采取审慎措施，尽量减少对其不必要变动。"关于历史地段特定文脉方面，宪章指出，"包括视觉形象在内的各种有助于历史场所文化意义的联系均需受到保护。房屋新建、拆除、改建及其他任何可能破坏上述联系的行为均是不合适的。"[6] 自从历史地区周边环境纳入保护工作范畴，各种物质或非物质历史遗存就成了保护的重中之重；然而在保护法规下也产生了各种新奇的建筑形式和城市意象。它们如今是历史遗存的当代重要构成，但自身也存在问题。由于定位成"文脉"后它们相对历史遗存而言处于次要位置，因而其谦卑姿态一定程度上阻止了自身闪耀、充满想象乃至引人注意的机会。这样看来历史保护是否要对平庸建筑的出现负有责任，否则新建筑为何往往从最初的体现自身设计意图，降格为使历史地区访客不致分散注意力的默默存在？倘果真如此，则保护主义者们需重新审视历史地区及其周边发展之间的关系。

弗吉尼亚大学：杰斐逊和他留下的珍贵遗存

本章以弗吉尼亚大学这一极具历史价值的地区为例探讨上述问题。它由托马斯·杰斐逊（Thomas Jefferson）创立并设计，于 1825 年正式开课（图 3.1）。杰斐逊杰出的设计给学校留下珍贵遗存的同时也给管理者带来了挑战。这些年来对其建筑和景观的保护一直深受重视，并被视为连接学校现在的教职员及最初创建者之间的重要纽带。更为重要的是，学校当局在多次保护过程中体现出一种观念，即保护杰斐逊设计的校园不仅在于保护其原有建筑，还在

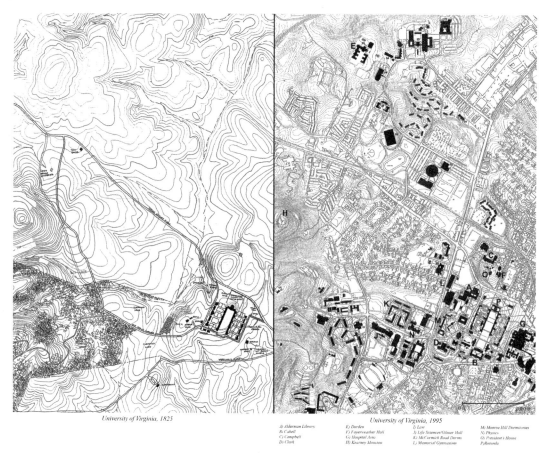

University of Virginia, 1995

A) Alderman Library   E) Dorden   I) Law   M) Monroe Hill Dormitories
B) Cabell   F) Fayerweather Hall   J) Life Sciences/Gilmer Hall   N) Physics
C) Campbell   G) Hospital Area   K) McCormick Road Dorms   O) President's House
D) Clark   H) Kearney Memorial   L) Memorial Gymnasium   P) Rotonda

图3.2　1825年至1995年弗吉尼亚大学的扩建情况。文化地景调查，弗吉尼亚大学建筑师办公室。劳伦·古德（Laurin Goad）和埃里克·菲尔德（Eric Field）绘制。

于校园新建时沿用杰斐逊式古典建筑风格。然而随着校园人数的增长和扩建以及社会、经济、文化的重要变迁，为简单维持校园风格的延续性带来了难题。校园初创之际只有10名教授和220名学生。而到了20世纪中后期教职工数和学生数已分别增长到1800人和逾20000人。于是学校官方及建筑师面临着一个棘手问题，即如何保持历史建筑及景观与大量必要的新建筑之间 "合适" 的关联，而这些历史建筑及景观具有美学价值和历史底蕴（图3.2）。杰斐逊对弗吉尼亚大学的深刻影响使得围绕上述议题的激烈讨论随之展开。这些讨论在19世纪最后十年已非常突出，远早于其后对现代保护运动的讨论。学校在协调新旧建筑关系上的举措，揭示出的种种可行性及潜在问题，在当今进行历史建筑周边地区设计时广为采用。

　　在对学校185年历史的探寻中，我们可以清晰地看出，学校管理者、教职工及校友分别持有的对传统的看法是交叠于更为广阔的建筑思潮下，并相互产生复杂的作用。对学校建筑、制度及规划层面的讨论始于19世纪末，持续至21世纪初。本章旨在通过研究校园内的几座重要建筑，描绘出学校历史保护的全貌，这其中包含学校对特定传统观的坚持，保护实践大环境的转变，以及用历史建筑形式指导新设计的兴起。一百多年来建筑潮流不断变化，因而学校的历史保护立场有时处于建筑界主流，有时则似乎在与其艰难对抗。

　　学校长期以来在保护工作上的成效于1987年受到了一定程度的肯定，彼时联合国教科文组织（UNESCO）将弗吉尼亚大学连同学校附近的杰斐逊故居蒙蒂塞洛（Monticello）一道列入世界遗产名录。于是它们在当年成为全球第442处以文化和自然意义上 "重大普世价值" 闻名于世的名胜。在联合国教科文组织（UNESCO）看来，托马斯·杰斐逊对弗吉尼亚大学的设计从建筑层面上体现了他本人的启蒙思想和民主制追求。[7] 在分析学校建筑师及官方是如何热忱地保护杰斐逊的建筑遗存时，有一点需谨记于心，即杰斐逊自身对建筑古典先例存在着一定情结。例如，位于草坪尽端的圆厅是校内最重要的建筑，它是将公元 126 年建成的罗马万神殿（Roman Pantheon）尺度缩小近二分之一后仿建而成。至于草坪两侧供教授入住和授课的 10 座馆阁（教授住所兼教室），则主要参考了 16 世纪文艺复兴时期（Renaissance）的设计理念及当时意大利建筑师安德烈亚·帕拉第奥（Andrea Palladio）采用的建筑元素，其中帕拉第奥又深受罗马古典建筑影响。杰斐逊对建筑和场地关系的处理也堪称熟练，使得建筑不光与附近花园视线通透，还拥有面朝四周田园山峦的良好景观。[8]上述设计整体上形成引人入胜的图景，杰斐逊称之为"学术村"，围绕草坪的馆阁彼此间由一列柱廊连接，教授们住在

图 3.3　弗吉尼亚大学圆厅，1822 年动工，1826 年建成。泰森（Tyson）和佩里（Perry）于 1880 年所摄。弗吉尼亚大学特别展藏图书馆收藏。

馆阁二层，廊后是一层高的学生宿舍，男女学生分开居住。草坪尽端的圆厅作为图书馆，统领学校整体布局。草坪两侧靠外各是一列学生宿舍，其中分布着数座旅馆，内作膳食宴会之用。馆阁同内侧宿舍，及客房同外侧宿舍间由开放和私密性花园联系。难怪弗吉尼亚大学能入选联合国教科文组织（UNESCO）的世界遗产名录（World Heritage List），它的确是建筑与历史的伟大成就。

　　上述伟大成就使随后的建筑师和学校官方以迥异的方式诠释新建筑与历史传统的联系。第一种是将杰斐逊的设计视为创造新杰作的动力。换句话说，通过探索新的设计方式、新材料、新技术和新功能而诞生的建筑，或许能在建筑和文化艺术性上媲美杰斐逊的设计，并使两者相得益彰。同样，新建筑也可不事张扬，充满尊重，与杰斐逊的设计融为一体。出于对历史地区的尊重，第二种设计方式在《关于历史性纪念物修复的雅典宪章》（Athens Charter）及其后的保护式设计纲要中均得到了明文规定。不过在这些纲要出现前很长一段时期内，弗吉尼亚大学便一直遵循特定的杰斐逊式设计传统，并发展出一套我们称之为"极致遵循式文脉主义"的设计策略。自 1890 年代起学校始终偏好安静不招摇的设计，以期与杰斐逊的设计保持一致（更不用说与之争夺关注）。弗吉尼亚大学的建筑传统主要体现于红砖、白色饰边及佐治亚风格的古典细部，这也是典型的杰斐逊式风格。上述设计方式主导了学校的建筑设计和校园规划，直至 1950 年代末。当时短暂兴起了现代主义建筑实验，但后来围绕美国独立两百周年纪念活动而产生的全国古典复兴热潮，以及后现代主义建筑思潮的兴起，使上述实验半路夭折。那一时期历史主义再次成为建筑界主流，于是学校的传统倾向便一直保持，至今也未曾易帜，即便今日建筑界已经转向了新的理念和建筑形式。

44

创伤和传统

学校官方在设计新建筑时主要顾及往届校友对传统和对杰斐逊的深刻追思，并常常体现于建筑风格中。在谈论具体建筑设计前，有必要认清促使学校建筑传统形成的大文化背景。传统的形成不单出于文化自信或学校体制的一脉相承，也不单来自惯性作用或对历史保护的长久支持。相反，处处采用杰斐逊式设计元素的目的在于化解过往一系列重大社会和文化创伤。保护和仿建历史建筑历来有抚慰人心的作用，学校旨在以上述行为缓和各种动荡给人们造成的影响。

学校的增建过程本身已带来某种程度的创伤，因而官方筹备新建设时态度审慎，不将之视为新杰作诞生的机会，反倒担心其对建筑及学校传统的潜在破坏。然而1890年以来对建筑传统的长期坚持部分源于19世纪两次重大集体创伤。第一次创伤来自美国内战，影响深远，给学校乃至弗吉尼亚州造成巨大财政损失，并严重破坏了其社会经济体制。内战期间学校仍在运作，但在籍学生从逾600人锐减至不足百人。[9]2500名在校及毕业生加入南方联盟军，500余人阵亡。1865年3月北方联邦军抵达夏洛茨维尔市（Charlottesville），学校的投降连同北方联邦军少将乔治·阿姆斯特朗·卡斯特（George Armstrong Custer）的直接干预，使校园建筑免遭毁坏。[10]

南方联盟军于1865年4月在阿波马托克斯（Appomattox）向北方联邦军投降，美国内战结束。此后学校在学人数有了短暂回升，但不久又缩减并在几十年内维持在战前人数的三分之一至二分之一，直到1899年才恢复到1850年代水平。圆厅图书馆那时甚至有过每天只开两小时的日子。其余诸多建筑修缮屡遭延误，摇摇欲坠。[11] 由于州内农业经济体制状况堪忧，弗吉尼亚州政府甚至无力偿还公债利息。学校财政同样捉襟见肘，战后30年基本再无新的建设。这导致同阶段充斥于其他校园的建筑美学新观念及折中主义设计在弗吉尼亚大学罕见踪迹，相反之前繁荣时代的建筑形式得到了传承。因而1926年建筑师及博物馆馆长费斯克·金博尔（Fiske Kimball）曾称"战后绝少有大学免遭维多利亚风格这一'黑暗时代'的荼毒。但是因为当时南方缺乏资金展开修复重建工作，弗吉尼亚大学得以幸免于难。自此杰斐逊精神及相应美学观念在其校内重新确立，其后新建筑均与之保持一致。"[12]

除开上述确定了学校的历史保护基调的限制条件，另一个决定因素在于，弗吉尼亚州在战后重建结束后，历史建筑为该州在国家舞台上的再度亮相发挥了新的作用。殖民地式和建国初期建筑风格在该州寻求国内主流话语权过程中扮演着重要角色。例如1892年为庆祝哥伦布发现新大陆400年而举办的芝加哥万国博览会上，弗吉尼亚州展馆便仿建自国父华盛顿故居弗农山庄（Mount Vernon）。上述行为内含文化和政治图谋，即希望借此使国民回想起该州在建国时期的重要地位，同时试图淡化人们对内战时该州立场的介怀。[13]

弗吉尼亚州参加芝加哥万国博览会具有重要意义，因为该州之前曾拒绝出席1876年为纪念美国独立一百周年而举办的费城世界博览会。费城世博会（Centennial）举办前几年，弗吉尼亚州州长詹姆斯·肯珀（James Kemper）曾督促州议会拨款81万美元修建能体现该州历史文化的参会展馆。肯柏内战时作为南方联盟军一方历经征战，曾参与第一、二次布尔溪之役（Battles of Bull Run）及安提塔姆会战（Antietam），后于葛底斯堡战役的皮克特在冲锋行动中重伤遭擒。他在敦促州议会拨款的致辞中承认，反对弗吉尼亚州参加费城世博会的意见值得"尊重和理解"。对于该州在内战中"受到百万军队的野蛮践踏"[14]，他感同身受，并指出内战及战后重建"延长了人民的创伤期"，对自认是州内合法统治者的白人阶层是一

图 3.4 1895 年火灾后圆厅图书馆和草坪面貌。Wampler Excelsior 艺术画廊所摄。弗吉尼亚大学特别展藏图书馆收藏。

次"基督教文明史上罕有先例的残酷侮辱"。他随后对反对参展的意见做出了扼要总结："只要法律条款仍建立于统治者和被统治者的关系上，或将战争看作胜者为王败者寇，以及将某一群体视为劣等，那么即便在世博会这一欢乐祥和的国家盛会上，各个与会州仍不会心手相连。"[15]

肯珀尽管对反对参展的意见表示理解，他仍认为弗吉尼亚州的人民与文化需在费城得到展现。对该州历史的简要回顾使他相信该州在费城世博会上应比其他各州都更有显赫地位。

> 看看弗吉尼亚之子们给他们的城市带来的历史荣耀吧，国内除了它还有哪处值得在费城拥有更高的赞誉？最早独立的十三个州中又有谁更有资格在这百年庆典中接受最崇高的致意？弗吉尼亚以外还有哪个州拥有一系列不朽的英名？国父乔治·华盛顿、独立宣言起草者托马斯·杰斐逊、宪法之父詹姆斯·麦迪逊、美国法律建设者乔治·梅森（George Mason）和埃德蒙·伦道夫（Edmund Randolph），以及首席大法官约翰·马歇尔（John Marshall）。[16]

历史地区及建筑的保护和仿建，连同杰斐逊式风格的延续，均能为弗吉尼亚州追求全国认可发挥作用；它们作为可直接感知的意象，维系着战后萧条社会同之前光辉时代间的联系——毕竟战前十一州脱离联邦、内战及南方投降等为人民带来了巨大创伤。尽管如此，1875 年州议会仍拒绝资助该州参加费城世博会。[17] 当时关于如何参与，甚至是否参与这一盛会均意见不一，难以达成共识。

二十年后的又一次重大创伤的发生更加促进了学校对杰斐逊式风格的严格遵守；1895 年 10 月 27 日，一场"沉重灾祸"降临校园。大火使圆厅图书馆这一最珍贵的杰斐逊遗作付之一炬（图 3.4）。穹顶和楼层的倾塌惨状促使人家呼吁要以杰斐逊原先的设计方式重建。火灾过后几天内，教务处便联系校旅游管理处和相关负责人，请他们雇用一名建筑师起草"圆厅重建"的总体规划，并要求重建须"严格遵守其原先的建筑比例"。[18]不久教务处就此征求校友们及其他各界人士的同意。其公告书中写到"各方就重建问题几乎达成一致，即重建须使其内外都保持和火灾前的样子一致。"[19]其核心思想在于"虔诚"地恢复圆厅的灾前形式。此思想不仅被那些与学校有着直接或间接情感寄托的人所认同，麦金·米德与怀特事务所（McKim，Mead & White）的纽约建筑师威廉·米德（William Mead），在灾后与学校官方的回信中也谈到："我们都对贵校发生的灾祸深表遗憾，它导致我们失去了国内最重要的建筑纪念物之一——同时我们希望重建工作由对其充满尊敬的人承担——倘该设计者旨在标新立异或想要提升原有建筑水准，则实在将给重建工作带来不幸。"[20]正因为担心上述不幸可能发生，学校官方迅速将工作重心转向重建，放弃选择现代建筑风格。

"和谐共存"的建筑

对圆厅图书馆损毁的感伤及重建的迫切愿望还促使部分教职工提议，对当时即将新建的六座建筑也采用杰斐逊近四分之三个世纪前确立的风格。在当值主席和其余教职工看来，新建筑需"与杰斐逊的美妙规划融为一体……严格遵守古典构成法则……以强化原有……建筑群的意象。"[21]其公告书中写到"在新建筑上采取古典设计原则，并使之同杰斐逊原先的规划建立和谐关联的提议令人印象深刻。反观杰斐逊之后诸位设计师的校园新建和增建，我们不得不承认没有一件作品能给原有建筑组团增添哪怕一丝和谐及魅力，这实在令人汗颜。"[22]火灾催生了学校教职工对校园建筑的批判考量，1826 年杰斐逊去世至 1895 年圆厅火灾之间的校园新建部分尤其难逃法眼。在他们眼中这些建筑不单没给整体场景增添亮色，其破坏反而惨绝人寰。比如他们要求灾后彻底拆除而非重建 1850 年代罗伯特·米尔斯（Robert Mills）依圆厅北面设计的附楼（Annex）。该楼正是火灾发源处，其设计充满争议，被认为破坏了"杰斐逊先生设计的圆厅的庄严及魅力"，如同"一个庞然大物矗立在圆厅身后，似乎当砖料用完时其体量延伸才戛然而止。"[23]可以说这场火灾使学校整合了对历史建筑保护、修复和杰斐逊风格复兴的认识，并达成统一观点。

就教职工和学校官方而言，同时修复圆厅图书馆和新建杰斐逊式风格的建筑势在必得。重建和新建工作决定着学校能否获得国内话语权，因而它们成为学校向慈善界和爱国人士、甚至与学校毫无瓜葛之人募捐的重要筹码。尽管这次全国范围内的募捐部分在于筹集新项目建设费，但学校仍将募捐宣传册看作弗吉尼亚大学申请修复经费的请求。册内强调学校是国家珍贵遗存。"这所学校的历史、特点及总体规划均和创始人托马斯·杰斐逊，我国独立战争时期的伟大政治家紧密相连。"并谈到内战给学校带来"毁灭性破坏"，由于"内战导致整个国家的财富旦夕间蒸发，学校运营也岌岌可危，学生人数减少了逾三分之二……同时弗吉尼亚州也为沉重债务所困，无力再为学校做出更多补助。"在论证完募捐对学校各部门及当地的重要性后，这份请求将话题转向了杰斐逊设计的建筑对整个国家的意义："弗吉尼亚大学既是伟大领袖杰斐逊的巅峰之作，也是他给后世的珍贵馈赠。很难想象我国遭受了破坏带来的重大损失，并面临重建工作因缺乏慷慨支持而无以为继的尴尬局面。"[24]这次火灾中应运而生的论调结合了历史保护、杰斐逊式建筑传统及修复经费募捐，并在 20 世纪中长久作为学校建筑实践的总体讨论框架。

图 3.5　火灾后经斯坦福·怀特（Stanford White）修复后圆厅图书馆的室内面貌，原先的两层空间被新的纪念性中央大空间取代。摄于 1912 年，由霍尔辛格工作室（Holsinger Studio）提供。弗吉尼亚大学特别展藏图书馆收藏。

沿袭与变化：圆厅图书馆的内部和外部修复

尽管最初的修复意见呼吁恢复圆厅图书馆原貌，但麦金·米德与怀特建筑事务所主持的实际修复工作未照搬以前的形式，而加入了一些重要变化。其中在圆厅北立面增加的门廊取代了米尔斯灾前在该处设计的附楼，对校园北面陆续出现的街道和民居肌理作出了回应。更重要的变化在于，圆厅的中间楼层被完全移除，使原先的两层空间合并为一处具有强烈纪念性的通高大空间（图 3.5）。这种改建方式使图书馆的流线功能组织更清晰，不过是以牺牲之前上层的功能为代价。中央大空间的立柱不再是以前的纤细双柱，而改为尺度远超杰斐逊式古典元素的科林斯柱式。上述变化某种程度上使圆厅更加接近罗马万神殿的范式，并催生出一种后来成为主流的趋势，即建筑师们开始在新建校内建筑时以"杰斐逊也会赞成我这种设计方式"作为自己的设计依据；比如修复工作主持者斯坦福·怀特（Stanford White），在 1898 年评价自己设计的圆厅中央纪念性大空间时便指出，"修复过程中…只有这一处和最初设计不同，但倘若当初条件允许，杰斐逊本人无疑会采用这种设计方式，并且即便换作他主持修复工作，他也只会对这种方式更加认同。" [25] 在怀特看来，为满足圆厅实用性和功能多样性而增加楼层的做法，使杰斐逊的圆厅设计不得已偏离了万神殿范式。然而截至修复工作结束，不少学生和校友仍强烈反对修复给圆厅造成的改变。原因在于他们被要求捐助修复工作，却未能参与评估圆厅改建造成的椭圆形讲演厅的消失，而这其中"蕴含的记忆是他们与母校及他们曾经生活场景的感情维系。" [26] 正因如此，杰斐逊式传统建筑对校友们始终有着强烈的吸引力。

对圆厅外部形象的尊重和修复，以及倡导新建筑与"早先杰斐逊式组团"和谐共融的举

47

动不单源自灾后创伤和后来筹集复建资金的迫切性。事实上火灾发生当时建筑界正兴起杰斐逊式建筑修复热潮。火灾发生前几年已有意见颇受关注，它们主要批评校内众多违背了古典式样的 19 世纪建筑。比如在 1893 年，教工主席威廉·明·索顿（William Mynn Thornton）曾提议雇一位建筑师或景观师进行校园扩建的总体规划，其中力图避免之前的新建部分在"美学和卫生条件方面铸成的大错"。[27] 索顿批评杰斐逊时代之后的校内建筑时，对 1893 年建成的费耶维泽体育馆（Fayerweather Gymnasium）却不吝赞美（图 3.6），认为其设计"继承了校园内杰斐逊建筑风格的要旨"。[28] 他还专门褒扬了其设计师约翰·凯文·皮布斯（John Kevan Peebles），评价这位校友是发扬杰斐逊式风格的杰出典范。皮布斯自己则在 1894 年的校友刊物中撰文指出，读者们常对杰斐逊"建筑中无与伦比的纪念性遭到校园新建的亵渎"感到不满，他还观察到 1892 年芝加哥万国博览会上的建筑偏离了古典风格。[29]

布鲁克斯博物馆：维多利亚风格，古典主义批判

皮布斯将他对"杰斐逊式"建筑风格的推崇和美国文艺复兴式风格及巴黎美术学院古典主义风格联系在一起，其中后两者当时十分盛行，芝加哥万国博览会上紧邻弗吉尼亚展馆弗农山庄的名誉法庭（Court of Honor），便是典型例证。它还体现了城市美化运动理念的萌芽，该思想后来日益强调市政建筑中对古典及和谐秩序的追求，这明显体现在城市空间的向心式布置中。皮布斯进而批判米尔斯的圆厅附楼设计、医学化学实验室等校内功能性建筑，以及查尔斯·艾默特·卡塞尔（Charles Emmet Cassell）设计的，1884 ~ 1890 年兴建的哥特式教堂（Gothic-style Chapel）。但他唯独没有批评布鲁克斯博物馆（Brooks Museum）（1876 ~ 1877 年修建）。这座建筑属于维多利亚风格（Victorian-style）中的法国第二帝国（Second Empire）样式，由约翰·罗切斯特·托马斯（John Rochester Thomas）设计，被皮布斯认为"是第一座与杰斐逊建筑传统完全割裂的建筑"，"设计师要么没有在设计前深入考察学校的风格，要么怀揣打破对杰斐逊的偶像崇拜的心理，以避免像其余多数设计者一样流于平庸。"[30]

图 3.6　费耶维泽体育馆（Fayerweather Gymnasium），1892 ~ 1893 年修建。卡彭特与皮布斯建筑事务所（Carpenter & Peebles）设计。照片摄于 1920 年，由霍尔辛格工作室（Holsinger Studio）提供。弗吉尼亚大学特别展藏图书馆收藏。

图 3.7　布鲁克斯博物馆，1876～1878 年修建。约翰·罗切斯特·托马斯（John Rochester Thomas）设计。其形式怪异，不具备古典样式，因而在建成十五年内受到各方尖锐批评。1970 年代末已近乎损毁。照片摄于 1914 年，由霍尔辛格工作室（Holsinger Studio）提供。弗吉尼亚大学特别展藏图书馆收藏。

　　此番批评对 19 世纪末杰斐逊式古典主义的复兴运动意义重大。布鲁克斯博物馆是内战后贫困年代中建成的几座校内建筑物之一，由纽约州罗切斯特市的大商业家路易斯·布鲁克斯（Lewis Brooks）捐资兴建。他对杰斐逊心怀景仰，并对自然科学教育颇感兴趣。[31] 尽管在建筑竣工前逝世，但他对内战揭示的"人类天性最丑恶一面"感到"愤怒"，并试图修复其创伤的善举仍被历史铭记。在学校领导看来，这一慷慨馈赠体现了布鲁克斯"超越所有恶之天性，受基督教（Christian）博爱胸怀驱动"的"伟大人格"。[32] 博物馆建成后获誉为"校园土地上的瑰宝"。[33] 考虑到上述赞美，它后来被指责为与杰斐逊建筑传统及美学观"完全割裂"实在是莫大的讽刺。不过由于它的设计在重建时期正式结束之前，因而其竣工后受到的尖锐批评或许可以用南北间战后的持续敌意来解释。这体现在 1878 年布鲁克斯博物馆交付仪式的致辞中，我们可以看到其中一处颇具意味的修辞转折，使现场焦点从设计师和捐赠者布鲁克斯这位北方派转向了与会的当地显要。主持仪式的校领导在致辞中指出即便是"人类创造出的""最伟大的建筑物""也将在时间之手的拂拭中迅速消亡"。而博物馆最重要的意义在于激发"对人类浩瀚知识领域的诚挚贡献"。因而这致辞的潜在含义是要求各位与会人士感谢一位特殊的"建筑师"，他既不是博物馆捐赠者，也不是设计者，而是馆墙内那些构建"人类知识体系"的巨匠们：

　　　　这座知识丰碑是如此崇高，它的伟岸胜过最庄严的柱式，它的永恒胜过埃及金字塔。足以胜任其设计和建造的建筑师无疑须在弗吉尼亚土生土长，血液间都流着她的一点一滴，周身渗透着对家乡的情结，这样他的建筑才能将对弗吉尼亚的情感体现得淋漓尽致。此外他还须是弗吉尼亚大学校友，对母校充满爱与感恩，并曾受她卓越的教育体系滋养，在文学和科学研究方面都达到相当造诣。[34]

49

上述引言出现于詹姆斯·C·索思尔（James C.Southall）——律师、报纸主编和弗吉尼亚大学校友——在博物馆交付仪式上的致辞中。之后不到15年，美国建筑界萌发文艺复兴及古典主义复兴热潮，这导致与学校存在感情联系的人们对布鲁克斯博物馆与当地传统风格的背离日益不满。皮布斯则通过高度评价自己设计的费耶维泽体育馆（Fayerweather Gymnasium）结束了对校园新建筑的尖锐批评。至于学校监事会（Board of Visitors）则对体育馆"作出官方回应"，说它"沿袭了杰斐逊的建筑风格，在整体意象和细部样式方面都具有古典特征。"[35]

50 兄弟会建筑设计："与其他建筑风格保持一致"

尽管校园生活的诸多方面早已和杰斐逊创校之初的设想大相径庭，但学校仍将"杰斐逊式"风格视作正统。这使得1853年教学部门拒绝批准一个早期兄弟会组织的建立，因为官方认为其制度和活动所具有的秘密结社的性质很可能造成"其严重泛滥"，"社会不公"，以及"兄弟会的狭小交际圈使成员脱离正常社会生活的消极趋势"。[36]学校监事会最终还是批准了兄弟会的成立，并于1892年同样以"官方回应"列举了其活动场所在校内的建立须满足的种种条件。监事会称这些建筑应"满足耐用性、安全性，并在外观、样式和整体尺度上同校内其他建筑保持一致……还须为砖砌以金属板或石板覆顶……其规划及其他具体要求均须由监事会批准"。[37]这些要求均强调了对杰斐逊式风格的遵守。上述建筑规范缓解了学校对兄弟会秘密结社、其时常不安分举动的担忧，以及双方逐渐升温的敌对情绪。

兄弟会建筑通过呼应杰斐逊式建筑形式打消了学校担忧，在兄弟会特性和学校传统间界定出自身的合适角色。曾有组织在校内的麦迪逊大道（Madison Lane）边购地建房，结果土地所有者试图以签订契约方式对其活动进行一定程度的社会约束，"在此任何时候都不允许出售……酒精性饮料"，以及"任何时候屋内外的行为都不能扰民，而应安静得仿佛是一位绅士及其家庭在此居住"。[38]将杰斐逊式建筑形式作为兄弟会活动场所最早出现在1904年，当时一位教拉丁语，名为威廉·E.·彼得斯（William E.Peters）的退休教授在麦迪逊大道边建

图3.8 麦迪逊草坪旁的兄弟会建筑和学生宿舍。照片最右侧的建筑即由威廉·E.·彼得斯教授（Professor William E.Peters）出资于1904年所建，以供兄弟会租赁。其形式模仿了中央草坪两侧的馆阁（Pavilions）。照片摄于1914年，由霍尔辛格工作室（Holsinger Studio）提供。弗吉尼亚大学特别展藏图书馆收藏。

了处房屋供兄弟会租赁（图3.8）。他曾居于草坪边的馆阁，因而那处租赁房屋的设计参考了早先住所的样式。如此一来学生宿舍的形式添入了馆阁这一新样式，这无疑和之前杰斐逊设计的单层柱廊式学生宿舍有了明显不同。上述情况中，对正统"杰斐逊式"风格的刻意保持掩盖了实际生活中逐渐产生的重大变化。

沿袭与变化：草坪与山峦

在灾后重建过程中，学校官方和麦金·米德与怀特建筑事务所一道，不仅虔诚地恢复了圆厅图书馆的原貌，还加建了三座新建筑——卡贝尔（Cabell）馆、考克（Cocke）馆和劳斯（Rouss）馆——它们均采用了杰斐逊式古典风格，在美学上与学校早期建筑融为一体。其中对传统风格的保持主要体现在其建筑材料和样式上。尽管卡贝尔馆（Cabell Hall）（图3.9）的尺度远超之前的建筑，但事务所仍然成功地在这三座建筑上采用了杰斐逊式古典元素，比如红砖、白色古典柱式、门廊及山墙等校园常见要素。此外新建筑砖料的尺寸、颜色及组砌图样均经过仔细考虑。事务所坚持用砖尺寸"须和圆厅用料保持一致，其色泽和粗糙度必须和中央草坪周围建筑统一"，并采取惯用的荷兰式砌合法（Flemish bond）。当负责人斯坦福·怀特看到来自林奇堡市（Lynchburg）一个厂子的砖块时，他对其色泽及纹理的悬殊差异并不满意，并成功地说服了校方使用与老建筑相同的黏土制作新建筑的面砖，以保证其融于学院的基色。[39]

与上述情况形成对比的是，校方忽视了历史地段所处的更广阔的景观特性，未能妥善保护杰斐逊原有设计的校园空间结构。杰斐逊之前将中央草坪南端特意留空，以获得周边的山

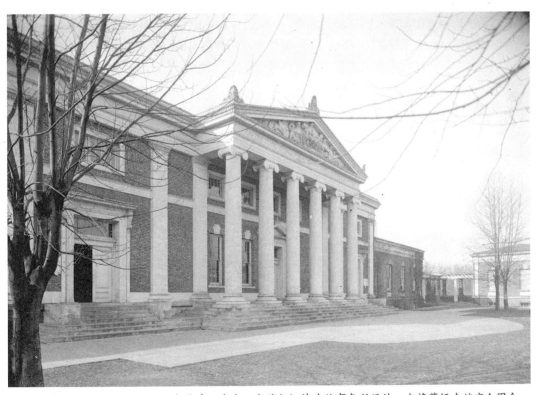

图3.9　卡贝尔馆，1896～1898年修建。麦金·米德与怀特建筑事务所设计。它将草坪南端完全围合，阻断了之前朝向周边山峦的视野。照片摄于1914年，由霍尔辛格工作室提供。弗吉尼亚大学特别展藏图书馆收藏。

图 3.10 卡贝尔馆，1896 ~ 1898 年修建。麦金·米德暨怀特建筑事务所设计。照片显示建筑的主要部分远低于草坪标高。照片摄于 1920 年。弗吉尼亚大学特别展藏图书馆收藏。

峦景观，但学校将上述三座新建筑置于该处，堵死了这些绝佳视野。麦金·米德与怀特建筑事务所因而备遭诟病，[40] 但他们当初与学校官方讨论新建方案时其实是反对上述做法的。斯坦福·怀特在 1896 年二月曾提出一个更合适的方案，即将新建筑置于草坪一侧，并认为将草坪完全围合的做法虽然能"给杰斐逊设计的组团做出最自然又最有建筑感的点睛之笔"，但"我们认为给新建筑换一块基地更合适，比如在草坪一侧；否则新建筑将阻碍人们远眺山峦，对此我们一定会感到遗憾"。[41] 倘若怀特的此番提议建立在对杰斐逊式空间结构而非南向景观的妥善保护上，或许他的保护意见会更令人信服。但学校官方无视他的提议，新建筑最终矗立于草坪南端，隔断了美妙的山峦视野。

如果不是为了赢得了这三座新建筑的设计委任，麦金·米德与怀特建筑事务所对校园景观特别是草坪周边山峦地形的敏感和重视，将促使他们维护杰斐逊式空间结构的独立和完整以保留校园的原有景观特征。他们在 1896 年曾指出草坪南端的重要特点："这块地具有向南倾斜的特性……使该处的新建筑看起来至多为一层高，不过由于坡地原因建筑实际为两层。这样草坪的围合感及圆厅的主导地位都能得到保护"。[42] 上述观点认为新建筑在视觉方面需刻意降低自身存在感的看法，是前文所述"极度审慎式文脉主义"（tiptoe contextualism）的早期体现，这既能视作对传统的尊重，也显示出在传统面前缺乏自信的态度。尽管如此，上述看法无疑包含了校园设计层面中一种非建筑专业的观点——通过部分隐藏建筑达到增加使用空间的目的（图 3.10）。这种旨在将新建筑视觉形象最小化的设计方式成为后来校内规划及建设的标志性手法。

增建：杰斐逊，曼宁和布拉德伯里

尽管麦金·米德与怀特建筑事务所在校园修复及新建过程中对周边更广阔的地景特性有所考虑，但他们的工作重心仍在校内单座建筑设计上。1908 年学校新聘了著名景观设计师沃伦·H·曼宁（Warren H.Manning）对学校增建进行总体规划。与其前任怀特事务所一样，他也提倡新旧建筑间的风格统一。他尤其推崇"沿袭佐治亚（Georgian）时期殖民地风格的建筑，特别是当时的杰斐逊式风格"。[43] 他指出新建筑设计必须"建立在对杰斐逊创校时规划和设计的深入考量上"。他还仔细研究杰斐逊留下的文本和图纸，以寻找杰斐逊当初对学校增建预想的种种线索。他的增建方案选取的基地位于"中央草坪西侧靠外的建筑序列（West Range）"以西，在其上规划了杰斐逊组团外又一个大型"方形"组团，并将怀特事务所之前设计的校长馆（President's House）作为"组团中轴线的'视觉'终点"。[44]在他看来，被其设计者称为"体现了些许家长制特性，并与校园历史建筑的整体风格保持一致"的校长馆，担得上新组团轴线终点的角色。[45]此外曼宁在中轴线上设计了新的校园正式入口。他还敦促校当局"不要背离杰斐逊的设计理念"，特别是其学生宿舍的小尺度规划方式。

曼宁对学校景观的整体考虑、新旧建筑风格统一的观点，以及利用新建筑作为其规划组团的轴线终点的做法均旨在使校园增建同既有建筑保持一致，同时维持杰斐逊最初设计的主导地位。他的规划及设计方式本质上可视为虔诚保护及和谐发展，并妥善维护了杰斐逊设计的纪念性。校园新建部分从空间规划层面来看是从中心向周边发展，从杰斐逊最初的设计过渡至后来的新建项目。这种以杰斐逊设计为核心的系统性空间层级观，激发了曼宁后来在学校附近的一处重要私宅委任中采用的设计观。1909年他与建筑师尤金·布拉德伯里（Eugene Bradbury）合作，为大企业家约翰·沃茨·科尔尼（John Watts Kearney）设计一座位于路易斯山（Lewis Mountain）上的宅邸。路易斯山是学校附近的制高点，科尔尼在山麓和山顶处拥有152英亩地产。合作过程中布拉德伯里负责房屋设计，曼宁作为选址和场地设计顾问，并明显将此次设计看作学校景观规划的延伸。他在同科尔尼会面时与其商讨了学校的增建方案。这可以解释为何后来不少来夏洛茨维尔的观光客将科尔尼宅邸误认作杰斐逊故居蒙蒂塞洛，并无疑体现出该宅邸已成为学校宏观构成中不可分割的一部分。事实上科尔尼的路易斯山地产中有多处均可作为宅址。最终科尔尼、曼宁和布拉德伯里达成一致，选择了东侧山脊上距山顶300英尺高的一处高地。它在学校以东一英里开外，其位置与学校有着最强的视觉联系。

确定了选址之后，布拉德伯里为宅邸朝向学校的立面设计了一座四柱门廊，山墙板上开半圆窗。这种建筑形式明确传达出他的历史及古典倾向，以及将建筑植根于当地传统的文脉主义策略。校园规划及设计则显示出对建筑纪念性和庄严感的强烈关注。事实上科尔尼宅邸处于以圆厅为起点的东西向轴线终点上，这与之前曼宁将卡尔山上的校长馆作为以学校新入口为起点的轴线终点十分类似。上述做法将学校周边也纳入其辐射范围，在此情况下圆厅不仅统领中央草坪及其两侧学生宿舍、教授馆阁和柱廊；而且以它为中心生出新的建筑轴线，穿越整个田园山峦，直达路易斯山山顶。此外科尔尼宅邸和校长馆的立面尽管尺度不同，但其四柱门廊和山墙做法类似，其古典形制和草坪两侧十座教授住所中的五座有异曲同工之效。

除去上述与学校相关的设计考虑，布拉德伯里在宅邸的具体设计中并没有采用杰斐逊式红砖风格，而是更倾向于田园风光式风格以及一种与众不同的回应地区文脉的方式。建筑外表所用石材为手工切割而成，其原料采自路易斯山（图3.11），外观上并非常见的杰斐逊式风格或"弗吉尼亚殖民地式"风格。但建筑对景观、基地、地质条件等宏观因素的强烈回应无疑是杰斐逊式的。必须指出的是，对杰斐逊式建筑的理解往往囿于其风格化的古典形式，而它的真正魅力及伟大之处恰在于其对地形和场所的回应。我们只要回顾一下便可感受到杰斐逊通过推敲建筑各维度以回应场所社会和地理特性的天才哲思：校内中央草坪高差变化及草坪两侧馆阁之间的学生宿舍的数量调整，保证了场地透视效果，增加了场所的纪念性；馆阁和学生宿舍间通过花园完成的联系和整合；学校组团和故居蒙蒂塞洛朝向及视野的精心设计，以及蒙蒂塞洛中附属功能的巧妙布置。此外他写于1782年的伟大著作《弗吉尼亚笔记》

图3.11 约翰·沃茨·科尔尼（John Watts Kearney）宅邸，1909～1910年修建。尤金·布拉德伯里（Eugene Bradbury），建筑师；沃伦·曼宁（Warren Manning），景观设计师。设计不但采用了学校常见的古典元素，还与场地的地质及地形条件建立了强有力联系。照片摄于1912年，由霍尔辛格工作室提供。弗吉尼亚大学特别展藏图书馆收藏。

（Notes on the State of Virginia）某种程度上也掩盖了他作为思想家之外对弗吉尼亚景观的深刻理解。而相比他对古典建筑的理解，其对景观的理解影响更深远，后世对其发展也更成功。这在科尔尼宅邸中体现于府前盘山道上，它绕山二周半，道边时现怪石院墙、花园露台，似乎所有绝美景致都被收入宅邸中。

在科尔尼宅邸设计中，曼宁和布拉德伯里对房屋和场地设计充满实验精神。但这种高质量的设计效果从不曾出现其他建筑师所做的校内建设项目中，即便是布拉德伯里本人，他在1912～1914年设计校园主入口建筑（图3.12）也是乏善可陈。这座建筑内设一个书店，一个茶室和几间办公室，其整体形式借用了草坪靠外侧建筑序列中的拱廊，馆阁经常采用的突出式门廊，单双层体量的变化，草坪周边常见的中式齐本德尔栏杆（Chinese Chippendale balustrades）设计，校园建筑惯用的荷兰式砖砌图样及白饰边。它的设计遵守了早先曼宁倡导的与杰斐逊式风格保持一致原则，反映了校园历史建筑特性，但缺少之前在科尔尼宅邸中体现出的对材料和场地回应的创新；建筑与景观关联不明晰，对如何进入屋内及在屋外活动也未巧妙设计。这导致建筑徒有"校园入口"的美称，其设计、规划及场地关系却都名不副实。所以虽然其细部样式比之科尔尼宅邸更具杰斐逊式风格，但它对杰斐逊更深层次设计理念的探讨远远不够。

图 3.12 弗吉尼亚大学入口建筑，1912 ~ 1914 年修建。尤金·布拉德伯里（Eugene Bradbury）设计，采用了旁边杰斐逊最初设计的草坪及周边建筑中常见的古典样式、材料搭配及体量尺度。照片摄于 1915 年，由霍尔辛格工作室（Holsinger Studio）提供。弗吉尼亚大学特别展藏图书馆收藏。

调和新旧建筑间冲突的美学观

　　1890 年代当威廉·明·索顿教授和建筑师约翰·凯文·皮布斯一道批判后杰斐逊时代的校园建设时，他们并未针对建筑师威廉·艾伯特·普拉特（William Abbott Pratt）1850 年代的校园设计工作。普拉特来自弗吉尼亚首府里士满（Richmond），在 1858 ~ 1865 年任学校建筑设计和场地规划的主管。尽管如此，索顿和皮布斯对杰斐逊之后校内建筑的普遍轻视，仍清楚表明在他们眼里普拉特当时的设计工作令人不屑。当时正值古典主义风靡校内中段，普拉特却采用了与之矛盾的 19 世纪设计美学；他将建筑依场地条件做出别具一格的调整，这与杰斐逊式设计常见的规整对称几何形式大相径庭。例如他设计的位于中央草坪东南向的校医疗所，其建筑轴线做了旋转，以直接呼应基地山势而非临近的学术村（Academical Village）的古典中央轴线。1850 年代末普拉特还设计了 6 座学生宿舍，它们被称为道森序列（Dawson's Row），位于草坪最南侧，可容纳约一百名学生居住，将校内当时住宿学生总数提升了近 50%。每个宿舍包含 8 个宿舍房间，其双层砖砌体量的小尺度恰与杰斐逊最初设计的学生宿舍尺度保持一致。然而在体量组织方面，它们并不像杰斐逊式设计一样遵循严谨几何图式，而是沿蒙罗山（Monroe Hill）呈弧状散布。此组织方式考虑了不规则山势，有意避免了杰斐逊组团轴线式的古典排列。同年普拉特还为夏洛茨维尔市内阿尔伯马尔县法院（Charlottesville's Albemarle County Courthouse）设计了带塔楼的哥特式新立面。这同其所做的校园建筑一样，均与当地的古典建筑传统形成对比。[46]

图 3.13　道森序列（Dawson's Row），1859 年修建。建筑师威廉·艾伯特·普拉特（William Abbott Pratt）设计。其中单层古典门廊于 1911～1912 年加建，以使这六座建筑与校园草坪两侧序列的古典风格保持协调。卢德洛暨皮博迪建筑事务所（Ludlow & Peabody）设计加建。照片源自明信片，摄于 1915 年。弗吉尼亚大学特别展藏图书馆收藏。

　　不久后学校及其建筑师开始推崇对杰斐逊建筑的虔诚保护和在新建筑中采用杰斐逊式古典风格，因而普拉特的独特设计美学未能持续太久。1910 年时任校长埃德温·埃尔德曼（Edwin Alderman）委任建筑师威廉·沃尔·卢德洛（William Orr Ludlow）和查尔斯·萨缪尔·皮博迪（Charles Samuel Peabody）为道森序列中的 6 座建筑设计"殖民地式新立面"（图 3.13），并认为此设计"能使整个序列与学校建筑风格保持一致"。此外为"提升和美化"整个校园环境，在 6 座建筑上特意增加了"和草坪两侧建筑样式相仿"的古典门廊。其中还有一项未实施的设计，即将 6 座建筑以柱廊相接，廊后为单层学生宿舍，以填补这六座双层体量的间隙。这将使整个序列呈现"与草坪两侧序列类似的景象，只不过其轮廓近乎半圆形"。[47] 因而可以发现，提倡新旧建筑风格和谐统一的政策除作用于新建筑外，还影响到对现存建筑的改造。

"弗吉尼亚之子们"：优秀设计需要良好的教育背景

　　长久以来，委任建筑师校友进行校内建筑设计使学校最初的传统主义观念得以维持并不断巩固。20 世纪 20 年代学校官方为节省建设花费，邀请约翰·凯文·皮布斯，沃尔特·达布尼·布莱尔（Walter Dabney Blair）以及罗伯特·E·李·泰勒（Robert E.Lee Taylor）等建筑师校友组成委员会，作为顾问指导校园建设，而绘图工作和施工监督则由建筑系教员及学校教工负责。校监事会下的建筑及场地委员会（Board of Visitors'Buildings and Grounds Committee）认为上述方式能"最大程度保护校园建筑传统"。[48] 据时任校长埃尔德曼称，校官方均认为这一将"弗吉尼亚之子"，"这些一致对学校怀有认同感的人们"组织起来的行为"实在是件美妙的举动"。[49] 后来州议会也通过类似决议，立法规定只有弗吉尼亚本地建筑师才能参与州内及校内建设。

　　沃尔特·达布尼·布莱尔认为凭借他以前在大学的工作应该赢得直接委任的权利，他强烈反对自己作为顾问服务于委员会。他写信给校长：

当我们回顾校内布鲁克斯博物馆或兰道尔会馆（Randall Building）时，我们会感到讶异，即学校官方竟然会允许此等毫无优点可言的建筑立在校园土地上。我们会扪心自问：为何会出现这种忽视建筑美学的情况……如此看来你们委员会显然将本能承载更多意义的建筑仅仅看作房屋，似乎不管建筑师有无经验都能设计好。你们从不认为伟大建筑的高质量设计及其喷薄而出的情感是个人智慧和心血的结晶。[50]

布莱尔在给建筑及场地委员会主管威廉·A·兰贝斯（William A.Lambeth）的信件中进一步表明了自己的反对："当东岸其他大学纷纷聘请才华横溢的建筑师们进行校园建设，并诞生出具有无上纪念性和美感的杰作时，你们却仍坚持优秀建筑出自委员会手中，而非由个人创造，这实在令人沮丧。你们的行为最后必然没有好结果"。[51] 上述尖锐异议围绕的问题某种程度可视为：倘若以学校早已界定好的传统风格进行项目建设，那么是否还有"个人智慧和心血"的发挥余地。也可视为：正在红火建设东岸其他大学的"优秀建筑师们"对弗吉尼亚来说是否过剩——或者是否根本不受欢迎。学校已受杰斐逊这位伟大天才福泽。那么鼓励校内新建筑的创造性设计对杰斐逊的遗存究竟是一种崇敬还是亵渎？

依地形条件新建以保护原有建筑：隐藏图书馆、学生宿舍和体育馆

布莱尔最终还是放弃了他对个人创作的追求，加入了建筑顾问委员会（Architectural Advisory Commission），参与设计了纪念体育馆（Memorial Gymnasium）及其他众多校内建筑（图3.14）。体育馆项目的巨大体量和设计理念本来足以挑战杰斐逊式建筑美学，但委员会仍沿袭自麦金·米德与怀特建筑事务所的设计观，即将新建筑部分隐藏。于是纪念体育馆最终坐落于杰斐逊中央组团西侧尽端，其基地标高比圆厅、草坪及两侧建筑序列都低出许多。

新建筑设计中有意降低其可视性的策略在校内逐渐广为采用。这导致委员会后来设计增建学生宿舍时，时任校长埃尔德曼反对其蒙罗山西侧选址，认为它地处偏远，被中央草坪和

图3.14　纪念体育馆（Memorial Gymnasium），1924年修建。学校建筑师委员会（University's Architectural Commission）设计。其选址远低于杰斐逊组团标高，因而建筑的大体量得以与其协调。照片摄于1930年，由霍尔辛格工作室（Holsinger Studio）提供。弗吉尼亚大学特别展藏图书馆收藏。

图 3.15　埃尔德曼图书馆（Alderman Library），1936～1938 年修建。学校建筑师委员会（University's Architectural Commission）设计。照片右侧可见校解剖实验室（Anatomical Amphitheater）西立面；实验室于 1939 年拆除，以打开图书馆前方形空地。照片摄于 1938 年。弗吉尼亚大学特别展藏图书馆收藏。

两侧序列阻隔，"简直消失在视野范围之内"。[52] 于是纪念体育馆设计主持人费斯克·金博尔（Fiske Kimball）提出一个使体育馆与校园建筑联系更紧密的方案——即将四座增建的学生宿舍建于体育馆和圆厅北侧广场间。这一方案将宿舍以两列对称布置，并使之完成从体育馆低标高至圆厅标高的过渡。[53] 金博尔的另一个提案是将宿舍组团设于麦迪逊会馆（Madison Hall）北面的运动场和网球场区域周边。他将之称为"中央草坪组团外又一处草坪组团，和前者一样由馆阁和柱廊构成，只不过均作宿舍之用……其最主要考虑在于保护校内空间结构的独特属性，即单层宿舍序列中间隔排列两层馆阁的方式"。[54] 但上述两种提案均未采用，新宿舍最终仍建在了蒙罗山西侧。

　　校园规模的增长使学校亟需合理利用杰斐逊组团周边进行新建。20 世纪 30 年代体育馆和圆厅广场间的空地被用作埃尔德曼图书馆（Alderman Library）的建设，这块地之前恰被金博尔建议用作学生宿舍增建。新图书馆建设主要源于校内馆藏书目增加，当时藏书已达 250000 册，比圆厅最大容纳量还多出 150000 册。[55] 在校方看来选址于该处的最大好处是其坡地地形方便藏书。1932 年图书馆主管哈里·克莱蒙斯（Harry Clemons）在解释该选址优点时写道，"如果新建筑想要呼应校内杰斐逊式风格，那么过于高大的立面是不合适的"。图书馆委员会（Library Committee）尤其赞成该选址，因为它使图书馆"从正常标高看是两层，但从低标高看其下还有三层……因而通往馆内纪念大厅（Memorial Hall）的正入口位于正常标高处。这样建筑师得动番脑筋解决图书馆背立面因过高而类似厂房的问题。但好在背立面只冲向体育馆，而正立面与其同标高处周边建筑正好围合出'正方形'组团形式"。[56] 竣工后的图书馆确实呈现出克莱蒙斯预言的景象。图书馆在正方形组团标高处的正剖面包括八根多立克式巨柱构成的柱廊，这些柱子形成七个拱形开口，上开两层高窗，并在中央处设一主入口通往馆内纪念性的通高大厅（图3.15）。朝向正方形组团的图书馆正立面仅两层高。建筑师通过为图书馆中部体量设计两侧翼，并使侧翼与中部的连接部分退后于正立面，使正立面体量感进一步缩小。正立面上的装饰元素、巨柱、拱洞、带有齿状线脚的重檐，以及开窗方式同样使用在侧立面和背立面。但底下三层无甚装饰，其砖立面确如克莱蒙斯预计呈现出的厂房样式（图3.16）；开窗也仅为简单的平拱。

图3.16 埃尔德曼（Alderman）图书馆，建造于1936～1938年。最上两层处于草坪和周边序列的标高处，其下三层位于山坡下，处在学校原有建筑和花园视野外。照片摄于1938。弗吉尼亚大学特别展藏图书馆收藏。

图3.17 小型特别展藏图书馆（Small Special Collections），建造于2002～2004年，建筑师为哈特曼·考克斯（Hartman-Cox）。这座建筑80%位于地下，采光基本上由前部天窗提供，作者摄于2007年。

在埃尔德曼图书馆及之前的卡贝尔大厅和蒙罗山宿舍设计中明显体现了一种设计策略，即利用校内山势隐藏新建筑和大型建筑的部分体量。这种做法同样影响到后来图书馆的相关增建。建筑师联合会（Architects'Collaborative）在1979～1982年设计修建了一座供本科生阅读的图书馆，并以哈里·克莱蒙斯命名。它在杰斐逊中央组团标高以上只有一层高，不过有三层藏在坡地下，其中包含大部分书库和图书馆空间。如此看来以往策略的确影响到了建筑师对该图书馆的设计考虑。事实上学校原本聘请纽约市建筑师乌尔里希·弗兰岑（Ulrich Franzen）设计该项目，但由于他不赞同隐藏图书馆体量的做法而终止了双方的合作。他最初的提案要求拆除埃尔德曼图书馆方形组团西侧的米勒大厅（Miller Hall）。但校方认可大厅体量的"舒适"尺度，并偏向设计一座在组团标高以上仅为单层的图书馆，而被否定的弗兰岑提案将阻隔西向的路易斯山和科尔尼宅邸之间的视线。[57] 相反，建筑师联合会的设计对以上因素均有考虑。最终米勒大厅得以幸存，并帮助淡化克莱蒙斯图书馆的轴线对杰斐逊组团的影响。

后来，米勒大厅被拆除，以腾出空地新建哈特曼-考克斯建筑事务所（Hartman-Cox）设计的阿尔伯特与雪莉珍稀藏品图书馆（Albert and Shirley Small Special Collections Library）（2002～2004年修建）。它毗邻克莱蒙斯和埃尔德曼图书馆，其尺度对过去设计者而言足称"舒适"，但其古典要素的缺乏使之难称典雅。[58] 不过事务所在此沿袭了后杰斐逊时代隐藏图书馆体量的做法。新建筑提供了72700平方英尺的空间，其中80%位于地下，包括特别馆藏阅览室、展示空间以及容纳总计300000册珍本书和1600万份手稿的书库。

此外，小型特别展藏图书馆（Small Special Collections）遵循着谨慎消隐建筑体量的理念，在埃尔德曼图书馆建成后的75年来，校方坚持这一原则意在使这些大体量的新建筑与杰斐逊式风格及校园原有尺度相协调。具有讽刺意味的是，这种以极度审慎式文脉主义为原则的设计策略恰恰忽视了杰斐逊设计的思想精髓。当杰斐逊选择将图书馆设置在圆厅的位置时，他的目的正是希望把知识和书籍而不是宗教作为学术村中具有里程碑意义的核心。实际上，当时多数大学仍将宗教视作校义，杰斐逊却未在校内设计宗教场所。这种以图书馆为核心和象征的方式体现了其将启蒙思想视作建校基础的理念，这也体现在当时校解剖实验室（Anatomical Amphitheater）的设立。学校之后通过减小图书馆尺度、将其设在山坡下及埋在地下等建筑手段尊重了杰斐逊式风格，但似乎与杰斐逊珍视的高于建筑——或至少与其密不可分——的理念渐行渐远。真正的杰斐逊式设计更可能是使图书馆新建更具纪念性，使它们如同圆厅主导的最初组团一般，只不过它们统领的是扩建后的校园地景。这种做法本质在于延续杰斐逊的知识核心观，并将之作为学校教育和更广阔启蒙运动的基础。

上述消隐于视野之外的图书馆和那些所谓"杰斐逊式"建筑一样试图与学校传统发生关联，但实际上恰恰证明了自身的肤浅。哈特曼·考克斯事务所为特别展藏图书馆设计了与之前解剖实验室中类似的半圆窗，以使之与周边建筑产生联系。解剖实验室（图3.18）是杰斐逊设计的建筑中唯一被拆除的，它之前毗邻特别展藏图书馆，1939年被拆除以给埃尔德曼图书馆及其前广场建设腾出用地。这座建筑曾是解剖学训练和临床医学实验的重要场所。由于实验室所用尸体曾盗自非洲裔美国人（African-American）坟墓，该建筑的使用在早期充满争议。具有讽刺意味的是，对历史的回忆在于实验室（图3.19）地基就在新图书馆往下几英尺的位置。这种忽视原有建筑地基的行为使这一作品失去了紧密契合环境、诠释丰富历史及将原地基作为新图书馆重要展藏的机会。而对实验室半圆窗的简易模仿体现了诸多校内新建筑为与历史建筑发生关联而采取的肤浅设计。

图 3.18　校解剖实验室（Anatomical Amphitheater）。1825 ～ 1826 年修建，托马斯·杰斐逊设计。建筑为医学学生提供尸体解剖场所。图中为医学院 1873 级学生。建筑于 1939 年拆除。照片摄于 1873 年。弗吉尼亚大学特别展藏图书馆收藏。

图 3.19　解剖实验室南墙在 1997 年为特别展藏图书馆建设而进行的基地考古挖掘中部分出土。弗吉尼亚大学特别展藏图书馆收藏。

战后：传统文脉下的现代设计

　　校内建设在 20 世纪 30 年代大萧条和二战中停滞，在战后大规模兴起。当时现代建筑逐渐充斥于美国的城市和村镇中，而校院建筑顾问则重申了沿袭佐治亚风格和杰斐逊传统的重要性。这也可以被理解为，当地建筑师和校友通过他们对杰斐逊式建筑的熟悉来对抗那些企图承担校内建筑项目的外来建筑师。罗伯特·E·李·泰勒作为自 20 世纪 20 年代就任职于校园建筑委员会的建筑师，曾于 1944 年对一名校监事会成员说："如果校园建设落入无能或对学校没有感情的人手里，这将不啻为一场犯罪，对此后世也永难原谅我们。"[59] 战后首批重要新建之一即为 1200 名学生提供宿舍空间。项目尺度极为庞大，促使设计者思考它与旧有建筑间的关系。1947 年，纽约建筑师路易斯·A·考芬二世（Lewis A.Coffin，Jr.）在给学校教授罗伯特·古奇（Robert Gooch）的信中写道，"传统尽管在短时期内来看显得有些老掉牙，但从长远角度讲是极其重要的"。[60] 由于希望获得校内建设委任，考芬也写信给时任校长的考尔盖特·达登（Colgate Darden），表示自己曾"长期浸润在佐治亚和弗吉尼亚风格建筑中"。[61] 考芬最终未能获得宿舍项目委任，它由纽约艾格斯与希金斯建筑事务所（Eggers & Higgins）获得。1951 年项目完工，十座三层高的宿舍在麦考密克（McCormick Road）路边围绕一系列方形庭院形成组团。该建筑设计侧重于经济性。混凝土框架作为结构系统，但砖立面将其完全掩盖。标志出建筑入口的屋顶山墙、古典门套样式、8 乘 8 的窗玻分划、突出的烟囱、红砖及白饰边等均使这一大型建筑组团与校内杰斐逊传统保持一致（图 3.20）。

图 3.20　航拍校园西侧。照片前景为索顿馆（Thornton Hall），属工程系，1930 ~ 1935 年修建，校建筑委员会设计。中景为物理楼，1952 ~ 1954 年修建，艾格斯与希金斯建筑事务所（Eggers & Higgins）设计。远景为麦考密克路宿舍群（McCormick Road dormitories），1946 ~ 1951 年修建，艾格斯与希金斯建筑事务所设计。照片摄于 1955 年。弗吉尼亚大学特别展藏图书馆收藏。

然而出于多种原因，开始有声音质疑佐治亚和殖民地式风格从 20 世纪之前直至战后校内建设潮期间的不断持续。尽管杰斐逊式传统或许能够满足居住空间的要求，但在一些人看来它被用在容纳前沿自然学科的建筑上是不合适的。反对声最初集中在含放射性实验室的物理楼新建方案上。毕竟，物理学是现代社会中一门极其重要的学科。它在二战中扮演了核心角色，这从原子能利用及原子弹使用中便可见一斑。战后包括弗兰克·海尔福特（Frank Hereford）这位曾参与曼哈顿计划（Manhattan Project）的科学家在内的物理系教职员都对系里发展寄予很大期望。系里亟需新空间，就此杰西·宾姆斯（Jesse Beams）教授在 1951 年表示，"物理系发展已临近一个重要的十字路口，这将决定它是走向低等平庸之路还是帮助学校在国内教育体系中获得一席之地。"[62] 起初，校园建筑师将物理楼选址定在毗邻劳斯馆（Rouss Hall）的位置，该馆即麦金·米德与怀特建筑事务所于圆厅火灾后在中央草坪南端新建的三座馆之一。但该处基地面积有限，此外出于加强物理系和工程系联系考虑，选址改在麦考密克路旁，这里与工程系馆一街之隔并与新的宿舍组团毗邻。这一建筑的传统样式（图 3.21）与宿舍风格颇为一致。这使负责批准学校所有建设方案的弗吉尼亚艺术委员会（Virginia Art Commission）大为惊讶。委员会向校长达登指出，麦考密克路宿舍群设计已使学校"失去"了一个建造当代建筑的机会。他们还担心物理楼设计现有提案的通过将终结路边建筑未来的审美发展，而这一区域本为校园扩建的主要区域。委员会当时的会议记录体现了这一观点的主要内容：

62

63

> 委员会成员指出，他们一致认同一个转向当代建筑风格的机会已经来临，而如果物理楼按现有提案建造，则很可能失去这个机会。建筑师设计当代建筑样式时能更充分发挥自身能力，使设计与功能、空间关系、动线及基地间的关系更为紧密。上述方面均经过仔细设计后，建成的建筑便承载了意义和表达。此种建筑使建筑师在设计时能采用简单形式，而避免了使用昂贵的檐口装饰，同时也能更多运用无需时常养护的材料，比如石材、玻璃砖和铝制窗框。[63]

图 3.21 物理楼，1952 ~ 1954 年修建。艾格斯与希金斯建筑事务所（Eggers & Higgins）设计。照片摄于 1955 年。弗吉尼亚大学特别展藏图书馆收藏。

所以换句话说，现代物理学科似乎更需要与之相称的现代建筑。

不久校长达登邀请艺术委员会成员于 1952 年 4 月 11 日同校监事会会晤，共同探讨校内现代建筑问题。艺术委员会主席埃德温·肯德鲁（Edwin Kendrew）来自威廉斯堡，以其在威廉斯堡的殖民地式风格复建工作中的丰富经验而闻名。他在会晤中重申了艺术委员会的观点，即学校在物理楼设计中需采用现代样式。他指出，"委员会认为倘学校还有从古典风格中求变的打算，那么此时是谋求突破的最好时机；委员会同样认为学校应当在设计策略方面采取这一重大变革"。监事会成员托马斯·本杰明·盖伊（Thomas Benjamin Gay）同时也是里士满市律师，他则回问艺术委员会成员，如果对方处于监事会立场，并且面临"改变这一沿袭了逾 125 年的古典建筑传统"的要求时，将对此采取何种行动。肯德鲁回应道"我理解这确实是个很艰难的决定，但我认为从长远角度来讲学校会因此改变而受益匪浅，所以这是我们委员之所以推崇的原因"。监事会当时的会议记录写到"校长感谢艺术委员会成员百忙中抽出时间与监事会探讨，然而他们的主张没有被采纳"。监事会最终投票就保留物理楼提案中的传统式设计达成一致。[64] 这无疑是一个重大时刻：圆厅火灾后 57 年来，尽管校内新建的尺度和功能已发生重大改变，监事会仍坚持物理楼的新放射实验室及教室这些致力于现代物理研究的设施及空间需隐藏于杰斐逊式要素的装扮下——比如屋顶山墙，古典门套，殖民地式开窗等。最终物理楼临麦考米克路的三层高砖立面共 286 英尺长，几乎是最初中央草坪侧边的一半长。

64　　物理楼设计者建筑师西奥多·扬（Theodore Young）被认为是反对采用现代性设计方式的，对此他做出了快速的回应，并写信给校长达登澄清这一事件，阐明他们事务所之所以沿袭"杰斐逊式建筑传统"，仅仅是因为他们认为学校当时的设计指导原则已经"完全固定"在这一风格上：

> 我们欢迎现代建筑，尤其是当它能同时体现对周边的保护性态度，与旧建筑和谐共存，而且并非一定与杰斐逊式建筑有密切联系时。用于科学教育和研究的建筑倘仍采用校内旧建筑风格是极不合适的。然而当受指导原则限制而必须采用之前的历史风格时，建筑的规划和设计则很难充分利用现代技术优点。

尽管如此，扬最终指出自己不应当承担改变学校建筑设计指导原则的重任。[65]

关于物理楼的争论并未改变其设计，但或许为后来校内对现代主义设计的尝试打下了基础。1959 年里士满建筑师及校友、同时也是弗吉尼亚艺术委员会成员之一路易斯·W·鲍卢（Louis W.Ballou），为学校在麦考密克路边另一块地上设计了生命科学楼（吉尔莫馆）（图 3.22）。通过将两层的实验室同三层的教室和办公室分开，并通过一个单层礼堂连接，这个礼堂有一面对着大街的蛇纹石砖墙，随意地模仿了馆阁花园里的蛇纹石砖墙。在进行设计的过程中，艺术委员会曾一度想将礼堂的蛇纹石砖墙替换成为简单的弧墙。委员们最终一致同意方案对待传统的方式并且保留了蛇纹石砖墙立面。[66] 该建筑的主要立面由简单的混凝土框架支撑，以混凝土煤渣砌块做填充，这种方式于 1956 年建筑师爱德华·德雷尔·斯通（Edward Durell Stone）在其纽约的联排别墅中使用时曾饱受争议。之前流传的关于物理楼将终结麦考米密路的命运的传言被证明不是真的。路易斯·巴鲁在向他艺术委员会的同事们介绍他的设计时说：

图 3.22　吉尔莫大厅（Gilmer Hall），即生命科学楼，1959～1963 年修建。建筑师路易斯·鲍卢（Louis Ballou）设计。艾德罗斯贝里摄于 1964 年。弗吉尼亚大学特别展藏图书馆收藏。

　　尽管在这个设计中采取当代风格是可取的，但是建筑在材料和颜色的选择上仍考虑与校园内老建筑的和谐。此外，大体量的建筑注意了其尺度不与已存建筑形成过大的反差。窗前的屏风做法使得开窗方式更为灵活，掩饰了建筑立面上必需的格栅和风道等，使建筑整体上给人一种轻盈的感觉。[67]

　　在物理楼方案中受到建筑体量限制的礼堂，现在成为跳出主力面的一个现代且具有活力的元素。然而，这种以功能为基础的现代审美，却与蛇纹石外立面相互结合。巴鲁坚持项目应以 1/16 而不是 1/8 为比例的立面渲染图为基础申报初步批准，因为他觉得通过提供"尽可能少的信息"，他将"在设计中获得更多的自由"。[68]

一个化学问题：对路易斯·康的聘用和辞退

　　1961 年，那些探寻如何在科技和教育建筑中引入现代主义的设计者们面对的难题更为明确，因为学校准备为化学专业在吉尔莫馆东侧建一座学院楼。由全体教职工、校园规划成员组成，且负责向校方推荐建筑师的建筑顾问委员会，批准由现代建筑师路易斯·康设计化学楼方案。在埃德加·莎伦（Edgar Shannon）校长的支持下，化学系希望以此提升其在国内的声誉。一座由先锋建筑师设计的现代的化学楼可以恰当地表达学校对于化学专业的发展预期。正如化学系的系主任所说，"这座楼的修建计划意味着 15 位化学系教师的毕生愿望，借此契机我们可能有机会吸引更多的青年才俊，并通过他们的努力使本校的化学专业跻身于美国大学的前列。"在他看来，"莎伦领导下的弗吉尼亚大学将声誉押注在这个系的建立上。"[69]

　　但是学校和康的关系并不融洽。康在工作中常常因灵感爆发而彻底改变计划。由于他的工作进度落后于预期时间表，财政拨款受到威胁，甚至超过预算。经过两年的犹豫和斗争，

65

图 3.23 化学楼模型，1961～1963 设计，未建成 . 建筑师路易斯·康。迈克尔·J·贝德纳拍摄，弗吉尼亚大学特别展藏图书馆收藏。

大学辞退了康。[70] 历史学家斯蒂芬·詹姆斯通过调查，将这次项目的建设失败主要归结于建筑师和校方的紧张的工作关系。[71] 然而，档案显示康的多个方案的审美特征对此项目造成的影响要大于产生矛盾的设计过程。例如在 1962 年莎伦校长给康写了一封长信抱怨那个方案，并强调在杰斐逊的影响下创作现代建筑的困难。

> 我必须诚恳地说我对这个设计很失望……正如你所知道的，托马斯·杰斐逊成功地为大学提供了宝贵的环境品质。据我回忆，我们第一次讨论设计时，你曾说"中央草坪"将启发你用所谓的现代风格做出诠释。但是我在你完成的设计中并没有看到这些。建筑的体量太过庞大而且有些冷漠。那些可怕的塔楼会让我联想到一座有着令人敬畏的塔楼的诺曼式城堡。我由此对于礼堂的设计很是担心，相对于它的选址其体量显得过大，角楼似乎破坏了它的形象。

莎伦没有回避将这个设计描述为诺曼式。康对于城堡的迷恋明显地体现于设计中，一个大礼堂打破建筑，插入面对麦考密克路的开放院落（图 3.23）。从某种意义上说，康将大礼堂作为立面的独立要素的做法，回应了毗邻的由巴鲁设计的吉尔莫馆。但是，巴鲁将大礼堂的现代表达同校园内蛇纹石砖墙传统相联系。康还曾从更遥远的地方提炼素材，但他的委托人并未接受。莎伦校长强调这个项目是我们都渴望实现的卓越建筑。如果你能完全理解其重要性，那么我们的首座当代建筑务必取得成功。[72] 康坚信他将努力回应那些批评的言论，但补充说，"我能感受到大众想要的是那种我没有太大兴趣的'红白相间'的传统建筑"。[73] 大学官员随后抱怨说他们担心会出现"粗野的"建筑，出现令他们不满意的形式，更重要的是与学校的建筑精神不符。康在 1963 年被辞退，继任的建筑师，[74] 安德森、贝克维兹及海博尔（Anderson，Beckwith & Haible）所做方案在建筑预算方面甚至超过了康的。

卡贝尔馆：总体规划和隐形的现代

康的化学楼设计反映了弗吉尼亚大学对于提升国际知名度，尤其是在研究生课程及研究方面的努力，而现代建筑可能有助于这些愿望的实现。事实上，一份调查研究表明，现代建筑更容易与研究型科学及专业研究生教育相符合，总之就是特别适合体现前沿发展方向。尽管康的设计惨遭失败，但是其中体现的现代建筑热情与校园总体规划采取的新理念是一致的。杰斐逊式的核心区域被保护起来避免受到现代建筑的破坏，但位于大学扩展边缘的更远的区域是愿意接受对杰斐逊遗迹的开放式解读，甚至是现代形式。在 1965 年由佐佐木（Sasaki），道森（Dawson）和德梅（DeMay）所做的总体规划中，对核心区域采取专门的设计要求，对边缘区域采取放松的设计要求，以期"实现和谐发展"。[75]

同佐佐木合作的建筑师理查德·杜伯（Richard Dober）写到，"大学校园面对的主要问题是用何种方式协调新老建筑，既不妥协于当前的建设要求，又不亵渎老建筑的价值。校园历史区域的精髓在于对空间组织的细心处理。建筑尺度与开放空间的尺度及植被情况相匹配。杰斐逊选择的建筑材料与环境协调一致。我们相信类似的设计特点可以用于校园的其他部分。仿制的方式是不可取的，因为仿制品会贬损原作的价值。"这个理念是应用在远离校园核心区域的地区，在这里建筑师可以探索不同的现代审美，体现了"在功能要求的基础上采取更为自由的发展方式。"[76]

这种工作引发了多次实验。我们可以看到，在这个世纪的早些时候，校方致力于将新建筑隐藏在杰斐逊式中心区之外。在 20 世纪 60 年代，随着现代科技和专业学校的蓬勃发展，校方开始考虑并容许新的建筑形式出现，但是传统的隐藏新建筑的方式还是占据了优势地位。作为建筑系馆的卡贝尔大厅是一个明显的例子。由麻省理工建筑学院院长彼得罗·贝鲁奇（Pietro Belluschi）与佐佐木，道森及德梅事务所的肯尼斯·德梅（Kenneth DeMay of Sasaki，Dawson & DeMay）设计的这座建筑，采取了非常现代、新颖的手法。莎伦校长在项目之初聘请弗吉尼亚艺术委员会作为顾问，以便尝试当代的设计。1965 年，他提出卡尔山北侧的丘陵地区的"难以处理的地形"如果采用现代方式将会有"更多的自由"，并且更易于与美术中心形成一个整体。莎伦校长承认在这一问题上与校监会的意见存在分歧。艺术委员会赞同莎伦的观点并指出"从传统到现代的风格转变并不会导致建筑之间的冲突，这是由于地形不仅为两地提供了视线屏障，使处于不同位置的两座建筑不会被同时看到。"他们随后一致作出结论："我们尝试各种努力来建造一座最具吸引力和协调性的现代建筑，因而，这座建筑将会像以前的建筑一样对大学产生积极的意义。"[77] 这个信息清楚地表明大学至少在历史核心区的视域之外会继续现代建筑的实验。但是这样的发展趋势依旧受到严格的限制。1971 年，当佐佐木、道森及德梅事务所提议在卡尔山北侧的兰贝斯区（Lambeth Field）建造一个 12 层高的宿舍时，校监会成员坚决反对"任何高层建筑物"以及拆除老的兰贝斯柱廊。[78] 高层建筑可以隐没于中央草坪的视线之外，但是这个项目中的当代审美被彻底去除了。与之相反，兰贝斯项目选择建造低层宿舍，采取了老足球场的传统柱廊形式。

尽管卡尔山为建筑学院的用地形成了保护屏障，但贝鲁奇还是尽力关注杰斐逊式核心区域的建筑特征，并在他的设计中使用核心区的要素。和之前的斯坦福·怀特相似，他致力于研究砖结构的特点，以使他设计的墙面与校园原有的砖墙相协调。他仔细观察了"砖的颜色，灰泥的颜色以及连接点的特征"，吸收了早期建筑采用大型砖石砌筑的方式。除此以

67

图 3.24　正在建造的卡贝尔馆，现代混凝土板、平板玻璃与传统的砖结合使用于建筑学院系馆（1965~
1970 年）。建筑师为彼得罗·贝鲁奇（Pietro Bellusch）与佐佐木，道森及德梅事务所（Sasaki, Dawson
& DeMay），照片摄于 1969 年，弗吉尼亚大学特别展藏图书馆收藏。

图 3.25　卡贝尔大厅和约瑟夫·N·包瑟曼校长办公室
的透明现代材料，照片摄于 1970 年，弗吉尼亚大学特别
展藏图书馆收藏。

外，贝鲁奇和同事试图寻找一种"与有着丰富内涵的杰斐逊式建筑相一致的建筑语汇"，他们"从现存建筑中提炼出那些营造出安静氛围的必不可少的要素：合适尺寸和颜色的红砖，白色屋顶饰带和柱廊的视觉效果，窗边精致的细节，以及锈蚀为绿色的铜屋顶。"在他的项目中可以看到校园建筑设计的新方式——新材料的使用，如局部采取喷砂法结束的外露混凝土框架来呼应老建筑的特点，并适应新形式、新功能以及新的更大的尺度要求。卡贝尔大厅显然是一座大型现代建筑，相对于旧建筑采用了更多的玻璃以及外露混凝土结构。

（图 3.24）然而，它在材料搭配上衔接了新老建筑。贝鲁奇力求使用"敏感微妙的方式"处理"朴素的建筑和令人关注的并置的建筑体量"，而不是采用"浮华壮丽的设计"。[79] 在方案设计中，覆盖铜皮的天窗受到了质疑。建筑学院的院长约瑟夫·包瑟曼（Joseph Bosserman）（图 3.25）立即表示反对一切修改——他坚持认为这个方案试图将天光引入进深大的工作室，更为重要的是"从审美角度将建筑的上层空间定义为工作室空间"。[80] 于是天窗被保留了。于是在 20

世纪 60 年代的卡尔山，在众多关于现代主义建筑的定义中，一种基于功能和结构的建筑审美以更为熟悉的、传统的方式实现了建筑的表达。

法学院与达顿商学院：红砖建造的现代卫星校园

伴随着入学人数的增长，避免新建筑及发展破坏杰斐逊风格的核心区域的持续努力，促进了校园的城郊化。在 20 世纪 70 年代，法律和经济学院的研究生从原来住的毗邻中央草坪（图 3.2）的宿舍搬到 1.5 英里外的柯普雷山（Copeley Hill）。搬迁凸显了这种保护历史建筑的方法将扰乱社会和学校的机构模式。在 1967 年，校监会成员弗兰克·W·罗杰斯（Frank W.Rogers）游历了校园周边地区后认为："除非大学希望成为远离城市的孤岛，否则我们必须在老校区内部或附近寻找用地……很显然，这不仅仅是个费用问题，也将保证这两个重要的学院成为校园核心区域不可或缺的组成部分。"[81] 尽管对于向外扩张有这些关于经济性和学校经费的顾虑，校方仍坚持将商学院与法学院从校园历史核心区域分离出去。

这样做的原因在于柯普雷山的位置有利于未来的扩建，而且相比于法学院原来的克拉克馆的选址具有一定的纪念性。法学院院长哈迪·迪拉德（Hardy Dillard）公开表示"我们当然非常热切地期待着新的开始，而不是根据有限的空间来进行加建。我们也希望规划方案是一个真正的精彩的复合体，而不是可以接受但毫无特点的。"[82] 在校园的核心区周围已经有足够多的可以接受但毫无趣味的建筑了。即便新建筑无法从中央草坪看到，其设计也应考虑与这一区域的美学标准协调。[83] 迪拉德认为当法学院逐渐像弗兰克·罗杰斯所预想那样成为"远离城市的孤岛"，它注定会失去一些有价值的东西。迪拉德写到"我们决心本着法学院的精神恢复杰斐逊先生的'学术村'理念。"[84] 幸好迪拉德的理想没有实现，杰斐逊的学术村并不是像法学院那样一个专业化的群体，反之是一个跨学科的综合体。尽管在一定程度上保留了历史建筑的丰富性，将法律专业和商业专业从校园中心区域分离出来的行为明显削弱了传统布局的历史丰富性。弗兰克·罗杰斯显然也从建筑角度更加全面地看到了这个问题。1966 年，他参加一个建筑委员会的会议，并委婉地表达了"如果这里建设其他项目，将使杰斐逊先生死不瞑目。"[85]

校方在 1967 年 4 月选择现代建筑师休·斯塔宾斯（Hugh Stubbins）负责法律与商业学院的设计。[86] 斯塔宾最终从杜克地区（Duke tract）选择了一块用地，这个占地 590 英亩的地区是校方在 1963 年花费 8390000 美元买来的，包括了卡普雷山。斯塔宾斯选择了这个地区的有利地带，这个用地不仅是地形的一个截面，同时也是距离校园中心区最远的部分。斯塔宾斯将他的综合体称为"卫星校园"。[87] 法律与商业学院采取了与贝鲁奇的建筑学院同样的现代手法。外露的混凝土结构模仿了杰斐逊所做建筑中的饰带；自由排列的混凝土柱标记出入口。1968 年，莎伦校长（图 3.26）建议斯塔宾斯"在一定程度上采用校监会偏好的砖元素。"[88]

这个建议与学校财务主管文森特·谢尔（Vincent Shea）前些年的提议不谋而合，他曾鼓励负责教育学院的建筑师吸收了"杰斐逊风格"来迎合校监会及艺术委员会的设计偏好，即"融入中央草坪区域的建筑风格"。[89] 斯塔宾斯尊重莎伦的要求，在立面上采用了砖、大面积玻璃和混凝土。尽管如此，当法学院在 1974 年投入使用的时候，建筑的悬挑处理、立面中占主导地位的混凝土材料，以及建筑的尺度都标明其显而易见的现代风格。这座建筑与杰斐逊式建筑的差距就像"卫星校园"与中央草坪及中心场地的距离一样巨大。天时和地利的要素为斯塔宾斯及其法律与商业学院创造了采用现代形式的基础与可能。

图3.26 正在建造的法学院，建于1968～1974年。休·斯塔宾斯（Hugh Stubbin）建筑师事务所，科尔盖特·W·达顿爵士（Colgate W.Darden Jr.）（右），和校长埃德加·F·莎伦二世（EdgarE Shannon,Jr）（左）从后面看可以看到现代的混凝土结构系统，戴夫·思金（Dave Skinner）拍摄于1973年。弗吉尼亚大学特别展藏图书馆收藏。

建筑学院、商学院和法学院的新楼建设之后不久，在20世纪60年代建造了的阿德尔曼（Alderman）路宿舍。这个建筑的立面同样采用了露石混凝土和砖作为主要元素。新宿舍由约翰逊、克雷文和吉布森（Johnson, Craven and Gibson）设计，其最吸引人的建筑元素是外部悬挑并且连接学生宿舍的阳台。在原设计方案中，这个引人注目的现代主义的悬挑处理被阳台前的一列柱廊弱化了。当弗吉尼亚艺术委员会讨论去掉柱子的修改方案时，"有相当多的人赞成保留这些柱子"。然而，这座建筑的建筑师之一，也是艺术委员会的成员之一的弗洛伊德·约翰逊（Floyd Johnson）劝说他的同事们批准取消这些柱子。[90] 去除了这些柱子之后，这座建筑的现代特征变得显而易见。这些现代特征不仅仅适合专业学校，也在新宿舍中标志着大学本科的生活体验。

男女同校和建筑传统的复兴

然而，大学本科的生活体验将发生戏剧性的变化，这导致建筑风格趋向于简化。事实上，尽管20世纪六七十年代现代建筑在建筑学院、法学院与商学院等项目中取得了成功，弗吉尼亚大学对于现代主义建筑的尝试并未延续很久。向更为传统的建筑回归在广泛的范围里成为流行趋势，最明显的体现就是后现代主义建筑的兴起。这一趋势与学校制度缺陷导致的特别时期相交错，涉及挑战弗吉尼亚大学本科只招收男生的传统。校领导在20世纪曾经几次否决男女同校。促进他们重新思考这个问题的原因是1964年的民权法案提出的男女平等和种族平等。1965年春，莎伦校长请大学未来委员会考虑男女同校，1966年12月，委员会接受了全部实行男女同校。[91]

大学中的一些人把男女同校看作是对珍贵的传统及观念的威胁。校监会从教职工中得到了对于男女同校的广泛支持；学生目前对这一问题的态度存在分歧；正如预料到的那样，很多校友对此非常反感。校友在反对招收女性学生时，经常以维护传统、维护杰斐逊的观念、避免大学教育的平庸化（州立大学的兴起）为由。弗吉尼亚大学的校友，里士满律师W·戴维森·科尔（W.Davidson Call）给委员会写信说："让女生进入艺术和科学学院让我感到很惊骇……这件事让我想起杰斐逊先生 1787 年 1 月 30 日致信给詹姆斯·麦迪逊（James Madison 美国前总统）时提到'一点点的反抗是一件好事情。'但是，我严重质疑杰斐逊先生怎会容许穿着短裙的年轻女性在他的校园中从中央草坪跑到卡贝尔大厅去上课呢？当然，我知道时代变了，我也知道大学即将发生巨大的变化。但是如果它一定要转变，为什么不能让其在创始人预想的接受范围中转变呢？"[92] 在这封信中，科尔设法从正反两种角度阐述杰斐逊对大学改革历史和前景展望的观点，在理论上赞成"改革"而实际上反对男女同校。科尔对于学校创始人意图的推测引起了不同的反响，进而影响到校园建筑的建设。其他人也表达了对于男女同校会打破"传统"的核心内容的担忧。1948 年毕业生比尔·莱尔（Bill Lyle），反对"大学宝贵的传统特征将因小规模的女生数量改变而被淡化是一个错误的观点。"[93] 其他人担心学生管理的荣誉委员会将做出妥协："两性之间的邂逅常常充满欺诈……这可能最终导致荣誉委员会成为一个可耻的离婚圣地。"[94] 在 20 世纪 60 年代晚期，美国社会的传统在各种因素的围攻下发生了彻底的改变。很多弗吉尼亚大学的校友觉得大学显然是他们希望保卫的传统且具有男性权威的地方。

在那个年代，上述情况是普遍存在的，其他的大学也面临着招收女生的巨大压力。很多学校也收到了来自校友的相似的反对意见，同样表达着对于女生影响正常教学秩序的担忧。弗吉尼亚大学则通过坚守材料、建筑和景观等传统对这些改变作出反应。换言之，弗吉尼亚大学的特殊之处正是其特定的历史建筑和其创始人兼设计者严格的定义了"传统"。也就是说，建筑与社会传统之间的联系在建校之初就被建立起来。例如，在 20 世纪 50 年代校监会的成员托马斯·本杰明·盖伊（Thomas Benjamin Gay）就坚持物理楼采用"古典建筑"形式，并且根据记载他"坚定不移地反对"男女同校。[95] 尽管学校在逐渐扩大和改变，一些人仍旧认为忠于现有建筑的美学特征是必要的、可行的。

值得注意的是，当 20 世纪 60 年代大学中的某些传统面临着招收女生的冲击时，管理者试图通过修复圆厅来加强杰斐逊式的传统。大学希望去除斯坦福·怀特设计的游离于圆厅之外的单一大体量，将这座建筑改建成想象中的传统杰斐逊形式，将一层改建为两层。将圆厅"改回到原始的杰斐逊形式"的想法并不新鲜。艺术与建筑系教授弗雷德里克·达富顿·尼科尔斯（Frederick Doveton Nichols）早在 20 世纪 50 年代中期就曾提出过一个相似的计划。[96] 尼科尔斯在 20 世纪 50 年代早期曾主持过几个将馆阁和花园整修为杰斐逊形式和布局的小项目。圆厅的修复远远超出了他之前主持的修复项目的重要性。尼科尔斯坚信杰斐逊对于大学的最终关注是大学图书馆的书籍选择和圆厅的建造细节——这是"大学的至高无上的荣耀。"[97]

1955 年 1 月，校监会与尼克尔斯会晤，商讨他的圆厅修复计划。当委员会全体成员听取了尼克尔斯的报告以后，作为委员会成员及联邦法官的阿尔弗雷德·巴克斯代尔（Alfred Barksdale）回应道，"年轻人，我已为这个委员会服务了 11 年之久，每当我们有一些大型的改动时，校友们就会说我们将要做的事会毁了圆厅。如果我的理解是对的，你是不是现在就在做这样的事呢？"[98] 一个月后达顿校长以及校监会以及尼克尔斯教授一同会见了弗吉尼亚艺术委员会来商讨一种"初步的、可信的方式"来进行圆厅修复计划。尼克尔斯断言圆厅是仅次于国会大厦的保存最好的美国早期公共建筑。艺术委员会"由衷地赞同……一种忠实可靠的修复方式。"[99] 尼克尔斯教授得到了费斯克·金博尔（Fiske Kimball）的支持，据称金博尔认为杰斐逊是"一位比斯坦福·怀特更伟大的建筑师。"[100]1957 年校监会正式批准了圆厅修复计划但坚持这项计划应由私人基金资助。这项计划搁置了很多年，

71

图3.27 伊丽莎白女王在圆厅（Rotunda）的两百周年庆典及内部修复仪式后站在其踏步上，修复时间为1973～1976年。女王的到场体现了弗吉尼亚大学，杰斐逊和与英国有关的那场革命之间的密切联系。她的出席也标志着1970年恢复招收女大学生。照片摄于1976年。弗吉尼亚大学特别展藏图书馆收藏。

直到1965年9月莎伦校长成立圆厅修复委员会。这个委员会成立于大学未来发展委员会负责研究招收女生这一事件之后的几个月。历史与未来似乎在相互牵制，而大学的传统与建筑也前途未卜。

　　1966年，尽管受到圆厅修复项目使用公共基金这一问题受到质疑，校方仍说服政府拨款55000美元用来将圆厅的屋顶按照计划修复成杰斐逊式的原有形式。[101] 几年后卡里·D·兰霍恩信托公司（Cary D.Langhorne Trust）同意为修复计划募集钱款。作为美国独立200周年庆典活动之一，修复计划得到了美国房屋与城市发展委员会提供的将近110万美元，这个委员会因其城市更新计划的破坏性而备受批评。在里士满建筑师巴鲁与贾斯提斯（Ballou and Justice）的指导下，圆厅如1895年火灾后一样拆除了外部墙体，进行了彻底的重建。工程始于1973年，结束于1976年。伊丽莎白女王为修复后的圆厅题字（图3.27）。女王的参与是适宜的，她引发了英裔美国人的共同文化传统。但是她的出现也忽略了或者说减弱了独立战争对于杰斐逊而言极为重要的政治意义。作为一位女性，女王可能代表了1970年入学的女性，这是一种传统中的现代存在。

　　圆厅的修复也受到了一些批评。华盛顿邮报的建筑评论家沃尔夫·冯·埃卡尔特（Wolf Von Eckardt）对修复计划持批评态度，他在一篇评论文章中假设自己是杰斐逊，表示自己"担心"这次修复计划会"造出一个仿制品。"[102] 纽约时代周刊建筑评论家保罗·戈德伯格（Paul Goldberger）指出修复中有很多"推测出的"的内容，没有或者说缺乏足够多的关于圆厅早期形式的真实证据提供指导。他认为校方的选择"不是在怀特与杰斐逊之间，而是在真实的怀特与不完全真实的杰斐逊之间"，在这种保护方式下"通过回顾历史来赞美传统的同时，弗吉尼亚大学必然会掩盖另一部分历史。"[103] 这些批评并未对修复计划产生很大的影响。修复工作让大学中的很多人认为在全新的建筑中可以重新使用杰斐逊的设计。这种想法与宏观的建筑及城市设计思潮一同作用，使弗吉尼亚大学长期以来恪守传统建筑及极度审慎式文脉主义。

后现代主义的困境：处于前所未有时期的相似形式

在圆厅的首次提出修复计划到其二百周年献词的二十年间，根深蒂固的现代主义建筑及城市化趋势逐渐衰退了。渐渐的，建筑大师们通过借用历史保护理论和实践中的关键要素，呼吁用更为开放的态度对待历史与城市文脉、更新的历史主义与风格多样性，以及对美国建筑遗产的关注。这种重新定位大大激励了那些将新建筑与城市化视为对自己学科的指导原则的生命力和相关性的证据的保护主义者。例如耶鲁的建筑历史学家文森特·斯卡利（Vincent Scully）认为历史保护应当"与新观念和本地传统复兴共同发展"。在斯库利看来，历史保护"毫无疑问是过去的两百年中最普遍的建筑趋势"。[104]斯库利赞赏像罗伯特·文丘里（Robert Venturi）、安德雷斯·杜安伊（Andres Duany）、伊丽莎白·普拉特（Elizabeth Plater-Zyberk）以及罗伯特·A·M·斯特恩（Robert A.M.Stern）等人的工作，他们在后现代建筑设计、历史研究以及新城市主义发展等方面致力于对历史与传统的保护和延续。似乎20世纪晚期设计的最核心问题，已经在1890年代的弗吉尼亚大学进行了探索和改良。

在20世纪60～70年代，随着建筑学的主流实践向新的方向转变，弗吉尼亚大学及其建筑师再次质疑了自己对于杰斐逊式传统的维护。在这二十年里，建筑师和评论家都开始批判现代建筑及其对于历史及传统的忽视。许多建筑师打算对他们的设计方式进行重大的改变。建筑设计进入和一种新的方式，即在外观和表达上更为复古、更为折中，并且重视与周围环境的协调。建筑保护也从当代设计实践的边缘上升到更为中心化的位置。最值得注意的是，大学关于传统和遗产保护已成为建筑研究的主流。罗伯特·A·M·斯特恩（Robert A. M. Stern），这位拥护上述转变的建筑师及教育家在1977年写道："在执着于形式的纯净性以及机器的神秘性的过程中，现代主义运动的建筑师们放弃了与熟悉的日常生活环境产生任何联系……而后现代主义……是折中的。"[105]斯特恩认为，后现代建筑师尝试从其他事物中寻找一种方法，以解决"现代建筑和既有城市环境之间长期存在的自以为是的敌意。"[106]其目的是建立一种设计方法，使当代建筑与历史之间更为和谐，融入既有环境而不是与之对立。这些解决建筑问题的方法可以追溯到弗吉尼亚大学的校园实践，在这里一代又一代建筑师尝试着遵循的"杰斐逊确定下来的设计准则。"[107]

随着独立战争胜利二百周年纪念活动、圆厅修复以及后现代主义潮流所带来的对传统的重新确认，校园内的建筑恢复了对传统的关注。1986年，华盛顿邮报的建筑评论家本杰明·弗盖（Benjamin Forgey）参观了校园并对吉尔莫大厅，阿德尔曼街宿舍、建筑学院、法学院及商学院等建筑作出了"沉闷枯燥的……灾难"等负面评价。他似乎认为"反对装饰、反对传统的现代主义建筑师缺乏在弗吉尼亚大学做好设计的方法"。弗盖高度赞扬了弗吉尼亚重新选择了后现代主义以及杰奎琳·罗伯逊（Jaquelin Robertson）的能力，这位建筑学院院长鼓励"对杰斐逊的成就的尊重"，吸引"关注校园环境"的建筑师来到这所大学。弗盖的文章提到罗伯特·A·M·斯特恩（Robert A. M. Stern）在1984年所做的天文台餐厅的加建项目（图3.28），称其为新建筑的优秀典范。斯特恩所做的餐厅采取了现代主义风格，看似"没有考虑杰斐逊创造的校园"，加建的两翼都由四座有四坡屋顶、圆顶

73

图3.28　天文台餐厅加建的馆阁，建于1984年，罗伯特·A·M·斯特恩设计，照片摄于1995年，弗吉尼亚大学特别展藏图书馆收藏。

天窗及塔斯干柱式的馆阁组成。斯特恩这一著名的后现代主义的加建设计，同1911年道森序列建筑的门廊加建一样，使建筑摆脱混乱重归为人熟知的校园环境。弗盖也称赞由克里门特与霍斯班德（Kliment & Halsband）在1984～1986年间所做的吉尔莫大厅扩建是"节俭而优雅"的。[108] 这一项目包括一座有着抽象的帕拉迪奥窗的两层半圆形砖建筑，巧妙地为战后建造的麦考米克路宿舍的一个方形院落做了结尾。这一圆厅的加建项目使中央草坪（区域）不再作为加建项目的参考先例。

　　本杰明·弗盖赞赏的后现代项目都用谦逊的尺度和复杂的细部来提升其效果。虽然新建筑的规模在增大，建筑界也在后现代主义之后继续向前发展，但弗吉尼亚大学依然坚持回归早期的传统主义。1997年，监事会以"与杰斐逊式建筑不相符"为由，否决了斯蒂文·霍尔（Steven Holl）设计的现代风格的建筑学院加建方案。[109] 建设投资超过十亿美元，弗吉尼亚大学继续采纳弗盖称赞的设计风格，这种以红砖、白饰边及柱式构成的平庸建筑似乎取代了设计的严谨与智慧。斯特恩在天文台餐厅加建项目赢得当之无愧的赞扬之后，得到了达顿商业学校修建一座巨大的后现代综合体的项目（图3.29，图3.30）。这一后现代设计顺应了杰斐逊式风格的主旨，而不是彻底违背其基本原则。达顿商业学校项目是一个有

图3.29　罗伯特·A·M·斯特恩与达顿学校，建于1992～1996年。建筑师：罗伯特·A·M·斯特恩，Mark Rosenberg拍摄于1996，弗吉尼亚大学特别展藏图书馆收藏。

图 3.30 达顿学校，建于 1992 ~ 1996 年。建筑师：罗伯特·A·M·斯特恩。亭子、柱廊、红砖和白色饰边以及巨大的体量，使这一建筑成为校园内最具代表性的后现代主义设计。作者摄于 2010 年。

着四柱门廊和中庭圆顶天窗的大型中心建筑，八座伸出的馆阁如翅膀一般连接两座主楼与庭院。杰斐逊认为他设计的馆阁为古典形式提供了本质的多样性，中心草坪两侧的馆阁没有任何两座是一模一样的。但是在达顿学校没有两座馆阁是不同的；一个单一的设计以杰斐逊的 74 第九座馆阁为基础而重复使用了八次。杰斐逊利用中央草坪和这些馆阁来营造景观和远景，然而在达顿学校这种复制是毫无效果的。达顿学校的草坪以一个因平整场地而形成的土堆作为结束，斜对着中部一座巨大的废弃的综合体建筑。弗吉尼亚大学的中央草坪通过使所有的居民和访客使用草坪旁的柱廊，创造出一种强烈的世界大同的氛围。这些人的来来往往激活了这个场所，并营造出一种社区的氛围。而在达顿学校，那里也做了柱廊，但是内部巨大的走廊提供了综合体的主要流线，使柱廊失去了用途和活力，完全没有遵照之前经典案例的主旨。上述失败与迈克尔·格雷夫斯（Michael Graves）为布莱恩（Bryan）礼堂（1990 ~ 1995）所作的后现代设计形成了鲜明的对比。布莱恩礼堂最成功的元素便是它的柱廊——尽管在古典手法的处理上有些笨拙，但它确实成为联系蒙罗山和中央草坪的主要流线。在达顿综合体的设计中，艾尔斯／塞恩特／格劳斯（Ayers/Saint/Gross）设计的停车场借鉴了道森序列中学生宿舍（图 3.31）的理念，体现了学生与汽车之间的矛盾。当它在校园一角建成不到 20 年的时候，达顿学校及其建筑师做了一件更为惊人的狂妄举动：他们视图在校园的边缘地区重塑杰斐逊风格的核心；问题是除了红砖、白饰边及经典细部装饰，他们一直在将杰斐逊风格变得破损和琐碎。

达顿学校及其他很多校园新建建筑中，私人捐献者和校友承担了建设所需的大部分费用。 75 经费来源的变化导致建筑对于传统的考虑成为唤起捐献者对校园情感的一种途径。建筑传统主义成为一种汇集现有资金、未来建筑及尊重历史的有力方式。这种努力有时会陷入盲目，例如达顿学校以及由 VMDO 事务所和埃勒贝·贝克特（Ellerbe Becket）设计的约翰·保罗·琼斯体育馆（John Paul Jones Arena，2001 ~ 2006 年）。一座拥有 16000 个座位的杰斐逊式篮球场究竟应当是什么样子的呢？正如一位记者所描述的："在托马斯·杰斐逊建造的校园中

图 3.31 达顿学校停车场，建于 2001~2001 年。建筑师：艾尔斯 / 塞恩特 / 格劳斯（Ayers/Saint/Gros），设计这一杰斐逊式的停车场是为了与罗伯特·A·M·斯特恩的早期所做的达顿学校相配合。作者摄于 2010 年。

新建一座新的约翰·保罗·琼斯体育馆的压力大的难以想象。但是埃勒贝·贝克特和 VMDO 的建筑师们接受了挑战，完成了赞助方期待的将杰斐逊时代的风格与现代化的体育馆及音乐会设施相融合的建筑。"[110] 杰斐逊时代的设计精髓在于正门入口处巨大的白色柱廊，以及包裹着钢和混凝土砌块结构的大量的砖。体育馆的规模是校园核心区其他杰斐逊式建筑的 10 倍。尽管在尺度上有所变化，这座体育馆大胆而不当地沿用了所有的杰斐逊式的经典细部。华盛顿邮报在头版用作者自己的话描述它是："杰斐逊加强版"。[111] 在建筑角度上说，这一项目留下了很多值得改进的问题。尽管建筑的耗资巨大，但却又在设计和审美上乏善可陈。约翰·保罗·琼斯体育馆被音乐杂志波斯达（Pollstar）音乐协会评选为"最佳新音乐厅"以及被体育商业杂志评选为"最佳设施奖"，这似乎是合适的，因为这些奖项很少颁发给建筑设计作品。

大尺度建筑使用杰斐逊式细节，这导致了达顿学校及约翰·保罗·琼斯体育馆等项目的特殊问题。2003 年，大学在卡贝尔大厅南侧为艺术和科学两个专业进行扩建。经过大量的调研，校领导们选定了加利福尼亚建筑师摩尔·鲁布尔·约德（Moore Ruble Yudell）来主持这个 1.1 亿美元的南草坪项目。共同参与的还有弗吉尼亚大学的校友约翰·鲁布尔（John Ruble），大学似乎回到了 20 世纪 20 年代那个毕业生可以对于学校加建项目提出个人见解的时代。但是约德的设计灵感主要源自斯特恩的达顿学校。他采用一系列突出的、退后的体量以打破两座建筑的巨大尺度，这些有着独立屋顶的馆阁式的建筑围合了草坪。由于场地的这种围合关系，这片草坪甚至比达顿学校的草坪显得更为空旷。材料的选择由面砖改为金属，这样做只是不想让顶层过于突出，巨大的半圆形礼堂位于小草坪一端，其体量与圆厅及毗邻的卡贝尔大厅的礼堂相近。一个细节拙劣的玻璃幕墙围住了半圆形礼堂最不可见的一个立面，以一个半心半意的态度来迎接 21 世纪的现代主义。校方准备投资数百万元资金来建立一座草坪覆盖的高架桥来连接杰斐逊式的历史核心区和杰斐逊公园大街这一城市干道南侧的新建筑。学校更愿

76

意修建草坪而不是一座建筑，因此这个项目有了这样的名称和建造景观高架桥的信心。这个实际上将服务于几千人的项目似乎仅仅是一片草坪的扩建，那片草坪属于一个包括230学生和员工的原有社区。考虑到原有草坪的复杂条件以及它对于学生、员工宿舍与教室、图书馆的联系作用，南草坪项目显然误解了历史建筑的丰富性，也没有为任何学生或员工提供居住场所，尽管这两者都是学校所紧缺的。然而，校方似乎满足于从传统建筑的仿制品中吸取养分，而不是深入思考这些经典作品或创作优秀的设计。

卡贝尔大厅扩建：向前发展的典范

在南草坪（South Lawn）项目的前期，校方坚持自身的想法并解雇了著名的纽约建筑师詹姆斯·斯特瓦尔特·波谢克（James Stewart Polshek）。波谢克是一位在处理加建项目与传统建筑及综合体方面颇有建树的设计师。这件不愉快的事情发生在2005年，与之前发生在校方和路易斯·康（Louis Kahn）之间在审美上的矛盾有些类似。当波谢克被辞退而摩尔·鲁布尔·约德被留用时，长期以来存在于管理者和建筑学院教职员之间矛盾开始公开化、白热化。建筑学院一直在学校内有着很好的口碑。在2005年9月，学院全体教职员向弗吉尼亚大学委员会发表了一封公开信，建议他们对学校进行调研，并询问他们"为什么杰斐逊在建筑设计方面的创新被转变成了死板的程式化沿袭？这种虚假的杰斐逊式建筑……死板的沿袭历史，以至于在过去的一个世纪里并未反映社会、政治以及环境发展的进程。"这封信明确地质疑道："大学究竟能否接受卓越的建筑？那些看似是杰斐逊式建筑的房子是否使建造杰斐逊式的建筑更为困难？程式化的模仿真的是对于过去的尊重，还是贬低了历史遗存的原真性？"[112]

这封信引起了一些积极讨论，包括校长及校监会表现出来的模棱两可，以及来自新传统主义先锋派的激烈评判。第二封由建筑学院教职员发表的公开信作为"现代主义建筑建立"的一部分，宣称"大学和建筑学院之间的公开对话刻不容缓，学校再不能以现代建筑与校园环境匹配与否来作为建造的标准"。建筑师安德雷斯·杜安伊作为代表签署了协议书。建筑历史学家卡罗尔·威廉·威斯特法（Carroll William Westfall）也签署了这一协议。威斯特法也对于弗吉尼亚大学的建筑不满意，他认为保护杰斐逊的建筑最好的方式是"无为的是最好的"。在威斯特法看来，建筑学院在古典主义教育上的失误其根源在于VMDO建筑事务所，哈曼考克斯（Hartman–Cox）以及迈克尔·格雷夫斯（Michael Graves）。[113]

在他们看来，建筑学院的教职员虽然在校园建筑的规模、利用新技术与材料上跨越了杰斐逊划定的界限，但并未与传统建筑针锋相对。此外，现代建筑师和市民关注生态学、水文学以及可持续的建筑实践，以此来发展建筑的创新性与可变性。他们坚信杰斐逊将会支持他们的改革创新。他们认为完全不同的建筑也可以建造在校园的周围，并不会威胁这一世界遗产的特色、历史或整体性。建筑学院教职员通过卡贝尔大厅的两个加建项目诠释了他们对于杰斐逊及其杰出建筑的理解，并与新传统主义者的做法形成对比。建筑师 W·G·克拉克（W.G.Clark），威廉·谢尔曼（William Sherman）和景观设计师沃伦·伯德（Warren Byrd）、托马斯·沃尔茨（Thomas Woltz）以及全体教职员合作，设计了这两座反应新的社会关系、社会环境以及社会资源，并与传统有机融合的优雅的现代建筑范例。新工作组回顾了学校现有建筑的情况，并认为仅仅依靠杰斐逊式的手法无法清晰有效地处理卡贝尔大厅的入口（图3.32）。新建的办公室围绕这阳关充足的室外公共门廊，教室设计结合了可达的室外空间，

图 3.32　卡贝尔大厅东翼，加建于 2006~2008 年。建筑师 W·G·克拉克，为进入建筑的人们提供了连接艺术工作室的视觉联系，戏剧性地营造了校园生活氛围，斯考特·E·史密斯摄于 2008 年。斯考特·E·史密斯提供。

并且框定了远处路易斯山和蓝岭（Lewis Mountain and the Blue Ridge）的视野。雨水汇入一个雨水花园而不是流入最近的下水道中。这些方式在建筑与景观、社会三者间建立了强有力的互惠关系，较之前期平凡、狭隘的古典主义学者更深刻地接近了杰斐逊的设计核心。卡贝尔大厅项目小心翼翼地绕过了校监会对于非传统建筑的敌意，没有重蹈早先因设计这一项目而被辞退的斯蒂文·霍尔的覆辙。

从弗吉尼亚大学的经验中学习

历史研究与保护者需要更深入地了解弗吉尼亚大学为保护遗产所做的一切。我们对于历史遗迹的尊重以及建筑师对于历史遗迹的平庸化表达很难令人接受。在过去的十年里，弗吉尼亚大学在建设项目的投资超过了 810 亿，但是很显然，他们并未建造出可供两个世纪后的后辈渴望保护的建筑或者场所。但愿那些社会及学校的创伤教训、保护典范以及保护主义者的贡献，可以帮助我们从中发现属于我们自己的正确方式。这不仅仅是弗吉尼亚大学发展的问题，这所大学或许只是比我们正在保护和尊崇的地方有着更深的传统。当我们面对珍贵的遗迹或传统时，确实需要投入更多的谨慎与想象，而追求卓越最终也将创造卓越。

第4章

现代布鲁克林的荷兰家园

不朽的历史

　　建筑是人类创造的最大最奢华的东西。人类活动、天气变化、热学第二定律和日益衰弱的维护与保存制度、各种形式的退化，这些因素都影响着建筑遗产保护。目前最可靠的保护途径就是在他们自己的文化遗迹范围内积极地为个人、社会以及机构建立可以继续使用历史和遗迹的地方。但即便如此依然不能保证有效地保护历史遗迹。对建筑遗产的保护需要智谋和洞察力，这个过程既有文化特性、自然特性，也有政治特性和经济特性。因而熟悉地方区域的飞速发展以及不确定变化反而可以推动保护活动的进行。地理学家戴维·罗温索（Geographer David Lowenthal）已注意到"保护的推动力"产生自对变化的反应上。他认为，"面对巨大变化时我们都倾向于对熟悉的遗迹进行维持，那只不过是我们保持了一种对已经失去的历史的兴趣！"[1] 同样地，历史学家迈克尔·科曼（Michael Kammen）指出，在 19 世纪晚期至 20 世纪早期美国抵制变化活动实际上给保护遗迹运动提供了强有力的推动力。[2] 纵观纽约城 19 世纪晚期至 20 世纪早期的大混乱局面，保护规划者及历史学家兰德尔·曼森（Randall Mason）认为除了抵抗之外，遗迹保护事实上通过融合对过去的传承精神和对未来持乐观态度这种方式，缓解都市由传统到现代化的转折。[3] 保护是抑制还是促进变化，这无疑需要掺杂一些文化的、社会的以及经济的观点。保护并不会自主进行，在面对自身单纯的退化或较广泛的价值改变时，那些我们熟悉的和有价值的历史遗迹往往处于相当危险的局面中。

　　本章重点放在纽约布鲁克林弗拉特布什（Flatbush）区，在 19 世纪晚期到 20 世纪早期的一段价值转变时期。弗拉特布什是一片广阔的农业区，荷兰移民最早移居到那里并建立了独特的构架房屋，居民数也由 1880 年的 6000 人增加到 20 世纪 20 年代的 200000 人。伴随着 1878 年弗拉特布什和布鲁克林中心之间的一条铁路线的建成，其随后扩展到曼哈顿，开发商带给这个镇乡村农业景观越来越多的城市近郊区甚至都市景观形式。1894 年时弗拉特布什镇是附属于布鲁克林的而后在 1898 年与纽约城合并。[4] 在这样一个大转变时期，人们期待着一场聚焦在荷兰家园的重要保护运动的出现。然而，19 世纪 80 年代到 20 世纪 20 年代期间，超过 50 个建于 18 世纪至 19 世纪早期的经典荷兰美式庄园被毁坏，留下一大片完全抹掉了 250 年历史建筑痕迹的土地。弗拉特布什的例子突出了保护过程中难以克服的困难和来自于社会、文化、经济方面不断变化的形态的严重影响。事实上，在弗拉特布什很多正在开发的土地中，比起前述建筑、景观、经济法规的遗迹完全且持续的严重贬值，单独的保护几乎没

图 4.1　莱弗茨住宅（Lefferts）建成于 1785 年。在 1918 年将它迁往展望公园（Prospect Park）前，保护学家移除了建于 19 世纪的左侧部分。照片摄于 1895 年。（来自）展望公园档案馆（Courtesy Prospect Park Archives）。

有显著的成效。要了解历史保护的过去并促进其未来建设，不单单源于列举遗迹保护成功案例，更要从文化遗产的贬值和破坏中反省。

即使是在变动和怀旧大背景下，那些已经被罗温索和科曼明确作为保护性质的土地，弗拉特布什地区大部分的保护努力要么就从来没实施，要么就是很快销声匿迹。长期以来，弗拉特布什的居民和新进的部落群体即使是在关乎他们现代生活的方面，也不重视切实存在的地方历史和遗迹的保护。很多弗拉特布什的居民忽视保护学家的劝告，很少付出行动来保护通过保护旧建筑形式展现的历史。拉斐德 1824 ～ 1825 年的旅行帮助建构了关于当地和国家地区的描述并且成为那个时期城市与政治事件的核心。这给了保护运动和纪念工作很大的动力。在弗拉特布什，呈现了一个与过去根本不同的局面。住在独立木架房屋的人们在弗拉特布什新建立了一块繁荣的独立地区，他们对此地区的荷兰历史没有多大的兴趣。对于这些新移居的城郊居民和那些占用弗拉特布什大街上砖材公寓以及多功能商业大楼的人来说，对当前时代表述的重要性已经明显超过触手可及的历史的社会重要性，这体现在对待传统建筑和当地景观上。

弗拉特布什的保护工作正是置于这样的背景下，本章首先归纳出当地历史景观贬值的四种基本途径。第一，资产阶级关于时尚、方便、高品质的建筑的观点的改变，削弱现存建筑传统。第二，当地农业的衰弱抑制了曾经在荷兰家园中占据核心地位的复杂家庭关系网。在弗拉特布什尽管很多人们和家庭提倡保护他们的历史遗迹，但其实也曾参与遗迹的破坏。第三，在那些只对保护感兴趣的人们眼中，把这片家园改为新的社会公共空间和具有不同经济用途的方式加速了社会价值与建筑价值的贬值。最后，弗拉特布什地区资深的建筑师和保护学家试图建设肤浅的历史遗迹，开发历史记忆，实现肤浅的目标，即普及建立中产阶级郊区睦邻关系。当他们在社区传播这些破坏历史遗址做法时，弗拉特布什保护主义者将会遭受邻居和家人的冷漠。尽管这些破坏途径对于弗拉特布什仍起到了很多特别作用，但是他们更看重的是保护过程中面临的更广泛的文化和经济挑战。

　　经过对荷兰美式家园建筑遗址贬值的探索，本章把重点放在两场荷兰家园保护运动中。保护范德维尔庄园（Vanderveer homestead）的努力在 1911 年 9 月失败了，1918 年 1 月，荷兰古建保护委员会成功地将莱弗茨住宅从原址的弗拉特布什大街移动四个街区到达布鲁克林展望公园。短时间内，街道车辆停下它们的脚步，工人沿着大街吊起房屋，这好像是 18 世纪要替代 20 世纪一样。同时，与 18 世纪的历史相比，家园中那些从房屋到遗迹的转变与 20 世纪迫切关注的问题有更大联系。1909 年，一个弗拉特布什的保护学家意识到社区快速惊人的变革，当今的建筑和地标很明显已经不再存在。他认为"这种老式荷兰居民点的每个记录和提示都有着丰富神秘的传奇故事，新奇有趣，古色古香，但是这些都将很快消失并被遗忘，除非现在采取行动使他们的遗芳永存。" [5] 如何把这种断层的感知转化为行动以确保莱弗茨住宅保存至今将近一个世纪之久呢？什么样的行动和无行动在莱弗茨住宅的幸存和范德维尔庄园以及几乎所有的其他荷兰住宅的破坏之间形成鲜明的区别。一个非常不同的社会和制度框架围绕着莱弗茨住宅的保护与周围家园毁灭形成对比模式。本章对现有居民住宅和取代早期荷兰住宅的睦邻住宅的保护作了一定的总结。

时尚与传统贬值

　　20 世纪早期，弗拉特布什编年史学家描述改变社区的力量来自外界。他们认为随着铁路沿线新移居者的到来，那些人会对当地历史和遗迹的重要性漠不关心。然而，大部分的建筑改变很早就已经在社区内的家庭中发生，追溯这些家庭的血统至 17 世纪都是荷兰农民移民。这些家族的成员在社区独特建筑的贬值过程中扮演着重要的角色。他们是这个社区的最早建设者，创立了从传统的荷兰美式住宅到不拘一格的时尚高品质的建筑风格。他们的行动表明了他们居住的当地住宅的不足和逐渐过时的文化特性。19 世纪早期，弗拉特布什的历史学家已经察觉到了这一社区模式。1839 年，本杰明·托马森（Benjamin Thompson）在他的著作《长岛的历史》（History of long island）中指出，这一建筑特色已经从历史上统治了弗拉特布什地区这片多产和高度开发的土地。除了农业，弗拉特布什作为居民点，似乎也没有其他优点。"改造精神"是很明显的，[6] 一些私人豪华住宅已经拔地而起，拥有了高品位与奢华的象征。从主导农业的社区外在看来，这些建筑和景点改造表明社区的强烈重组。

　　没有人会把高品位与奢华格调摆在荷兰美式住宅的门前。相反，弗拉特布什的居民和编年史学家坚决认为道德与艺术的质朴形成于他们的住宅以及住宅建造者。一个简单的一层半的木结构住宅，有着上凸式双坡屋顶，避免暴露承重梁柱的内部设计，大型开放式壁炉，多功能房间，壁床以及大片的点缀，这些体现"朴素、节约、勤劳"的风格——引自荷兰改革先驱和早期弗拉特布什历史学家托马斯·斯特朗（Thomas Strong）的话。斯特朗欣赏荷兰居民"朴素、自然、节俭的习惯"所体现出来的凝聚力和社会持续性。[7]

　　这些令人钦佩的荷兰美式建筑在 17 世纪和 18 世纪经历了重大变迁和创新。事实上，他们的创新开始于合并，例如，英美木架构造技术取代了在荷兰占主导地位的砖混结构和锚曲式木结构技术。典型的中世纪模式采用无特定功能的房间，通常是在一套两居室加上集吃饭、睡觉、做饭、娱乐于一体的一楼主厅，逐渐被更分化的房间功能所替代。独立主厅的引进，分离了主体大空间并创造了一种有四种全新的特殊功能的一楼居室空间，基本改变了传统荷兰住宅设计。在莱弗茨住宅中，特色鲜明的悬挑式屋顶（overshot roof）和低矮不规则的平面设计（low rambling plan）结合了 18 世纪晚期的一种时尚的建筑风格——由拱门建一个中央走

图 4.2 马修·克拉克森庄园（Matthew Clarkson House）建于 1836 年。建筑和景观完成于 1880 年。（图片来自）布鲁克林博物馆（Brooklyn Museum）。

廊。弗拉特布什农民的后代明显采用了创新和时尚元素建造更大、更均匀对称的房屋。他们创造了一种混合型构架模式，与先前从荷兰引进的模式截然不同，但同时，他们大体上也继承了当地传统。[8]

18 世纪晚期至 19 世纪早期，他们在革命前的地方建立了新住宅，他们依然继续着那样的传统。但是，很多弗拉特布什居民放弃了农场，大胆地加入了更加国际的都会潮流中，采用最新的时尚和高品质的建房风格，这样的风格极大地削弱了当地建筑传统中的保守元素。

基于对历史的明显尊敬，瑞瓦伦德·斯特朗（Reverend Strong）在标题为"当代变迁与改进"的章节中以乐观的态度总结了弗拉特布什的历史。斯特朗明确指出原始的景点和建筑条件的改变。最近，乡村居民建造一种"高贵、壮观、宏伟、宽敞"的公寓和"宫殿"，很多都有古希腊风格的前门。尽管斯特朗对早期建筑和社会模式感兴趣，他也并不批判荷兰美式风格的奢华公寓。实际上，他期待着出现一个能够作为长岛骄傲与美丽代表的乡村。[9]

19 世纪 40 年代早期，当瑞瓦伦德·斯特朗调查弗拉特布什地区的改造时，马修·克拉克森（Matthew Clarkson）的努力引起了他的注意。克拉克森已赫然为郊区占主导地位的农业地位印上了标签。在 1836 年，克拉克森建造了一种时尚的希腊复兴木架房屋，其前门和后门都有六角科林斯柱廊。[10]一定程度上，克拉克森属于弗拉特布什的外来者，而后被认为是乡村改革中的一个核心人物。作为美国革命战争领导以及杰出的纽约客商的儿子，克拉克森并不是在弗拉特布什长大的，而是在曼哈顿白宫街道旁的一栋住宅中，后来到普林斯顿大学就读。克拉克森成为一个著名的曼哈顿商人和经纪人，他于 1821 年与他第二个表妹——凯瑟琳·克拉克森（Catherine Clarkson）结婚并定居弗拉特布什，成为弗拉特布什的居民。凯瑟琳父亲一

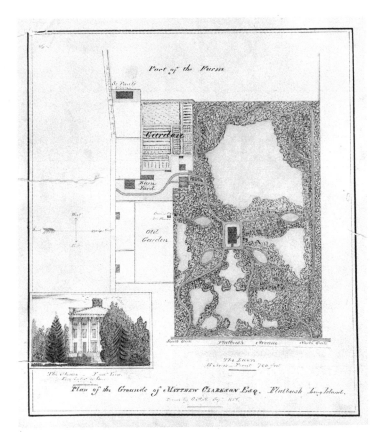

图 4.3　1858 年马修·克拉克森庄园的平面，展示了公园直接贴近住宅。（照片来自）布鲁克林博物馆。

家在大革命前移居弗拉特布什，她的母亲是范德比尔特人，其宗系可追溯到弗拉特布什镇最早的荷兰移民。事实上，在 1828 年，克拉克森一家居住的 80 英亩地是凯瑟琳家族的。

克拉克森用 40000 美元购买了凯瑟琳两个哥哥继承已故父母的土地股权。[11] 与主导荷兰的改革教派做法相比，克拉克森把对圣教的敬仰带到弗拉特布什。他花了接近四分之三的积蓄建造了圣保罗圣公会教堂（St.Paul's Episcopal Church），首个建立在弗拉特布什的荷兰改革教教派统治范围外的教堂。尽管马修·克拉克森与凯瑟琳结婚了，他依然与弗拉特布什家族保持着长久的关系，他和他妻子建造的房子坐落在当地景点的同时得到了家族内部和外部购买力的帮助。

当马修·克拉克森于 19 世纪 30 年代在自己的土地安顿下来，这里的建造模式已经改变。他妻子的哥哥继续打理着农场并和他们一起居住在那栋住宅。马修·克拉克森把农场前面的土地开发为一个花园同时更像是一个度假公园，这伴随着 1 英亩的曲径设计的完工。他把高产的农地开发成一片点缀住所的区域，其中有一块非常漂亮的草坪。[12] 随后，马修·克拉克森为了突出对这块草坪的喜爱，将自己拥有的土地减少到 12 英亩。[13] 弗拉特布什传统模式是将房屋直接置于与道路邻近的地方，但他的方法有很大不同，他是将房屋向弗拉特布什主道后退 360 英尺来加强场所的观赏性。除了这种退后的手法，克拉克森也着手于道路自身的改善。他在自家宅地上的平整和铺装上花了一笔可观的数目。其他居民后来也模仿克拉克森首次正式的定义街道的分离，最终人行道成为乡镇范围内的改善行为。同样地，在大革命之前，在弗拉特布什的克拉克森家族开创的尖木桩栅栏的围墙代替了用石头和种有报春花的土桩组成围墙。这尖木桩栅栏、人行道、越来越时尚的住宅都透露了弗拉特布什农村景观更加明确地（走向）次城镇化。[14]

图 4.4 范德比尔特庄园（Vanderbilt House）建于 1846 年。建筑师为亚历山大·杰克森·戴维斯（Alexander Jackson Davis）。照片摄于 1900 年。（来自）布鲁克林历史协会。

　　1846 年，距马修与妻子建造他们的居所已有十年之久，约翰·范德比尔特（John Vanderbilt）和妻子格特鲁德·莱弗茨（Gertrude Lefferts）也修建了居所，与克拉克森家族一道成为弗拉特布什建筑改进者的先驱。与克拉克森一家不同的是，范德比尔特和莱弗茨都在弗拉特布什出生并在那里长大。与马修·克拉克森一样，约翰·范德比尔特在这村庄外面接受教育并获取了财富和名誉。作为哥伦比亚大学的学生代表，并随后成为一名县法官，范德比尔特在法院变得富裕起来，在金斯县以及整个州的民主党政治圈里享有良好的荣誉。[15] 远离农村地区和乡村的民间风格，范德比尔特一家也像之前的克拉克森一家一样，在昂贵的景点区域修建了时尚的住宅。范德比尔特和莱弗茨都是弗拉特布什农民的后代。莱弗茨在有荷兰民族风格的住宅里长大，此住宅就在她位于弗拉特布什主道路上的新宅对面。范德比尔特在他爷爷建造于 1800 年的房子里长大，那房子还有早期木匠设计模式的痕迹。建筑为两层半，正中间为帕拉第奥建筑式样的窗户，同时也有木制护墙板和一个陡峭的坡屋顶和天窗，木架构造与位于弗拉特布什道路边沿的地理位置，与这区域老式的农家住宅形式相呼应。

　　1846 年范德比尔特和莱弗茨委托制作的住宅和周围邻居之间几乎没有联系。作为纽约最著名的建筑师之一的亚历山大·杰克森·戴维斯（Alexander Jackson Davis）帮助设计了他们的别墅。采用垂直哥特式的建造风格，别墅促进了建筑与周围景观的相互映衬。景观设计者安德鲁·杰克森·唐宁（Andrew Jackson Downing）采取了与戴维斯一样的设计风格，他认为这样的别墅不应该只站在自己的位置，相反，应和大众的地点位置去比较，从而提倡一种像保护完好的公园或游乐场那样的种植景观。唐宁和戴维斯构想出用更广泛的设计组成表现一种元素的房屋。在 12 英亩宽的范德比尔特区域内很容易提供这样一种景象。[16]别墅的门廊、凸窗和阳台加强体现出当代建筑能够传达中产阶级对舒适家庭生活的理想追求。[17]在那里，传统的习惯与做法主导着弗拉特布什房屋建筑近两个世纪之久，一个关于时尚和品位的强有力的体系开始影响房屋设计决策。唐宁和戴维斯看重农业景观高尚温和的审美特质，以及多余土地本身的实用价值。[18]在不断壮大的中上层阶级当中，时尚化与商品化趋势明确定义着自身特性并协调着人们之间的社会关系。在这样的背景下，房屋与其装饰成为最昂贵、最重要的商品。

这种风格的别墅不像农场，观赏性园艺学也不属于农业范畴，虽然约翰·范德比尔特和莱弗茨直接占用当地遗迹，但他们的住宅似乎黯然失色。从建筑学角度看，他们没有建造简单哥特式的别墅，而是建造了荷兰式的有山墙的房子。这种历史特色以一种抽象、世界性、有趣的方式论述了弗拉特布什的荷兰历史。阶梯式山墙并不是弗拉特布什镇荷兰美式农庄的组成元素，相反，他们出现于曼哈顿的荷兰乡镇住宅中，在那里亚历山大·杰克森·戴维斯在年轻时的草图中记录下了它们。不仅如此，戴维斯可能参考了栽植理论（cultivated literary）和一些建筑资源作为设计灵感的来源。把阶梯式山墙、凸窗和景点并列，仿效华盛顿·欧文（Washington Irving）在纽约塔里镇哈得孙河阳光地带居民点的设计。戴维斯住宅建于 1835 ~ 1837 年间，其核心是与一个朴素的荷兰农庄合并，引进了像阶梯式山墙这样的新的荷兰建筑元素。[19]

格特鲁德·莱弗茨·范德比尔特（Gertrude Lefferts Vanderbilt）定居以后以一种更直接的方式从事她家乡的历史工作。作为一个历史学家，她开始拿起她的笔记录历史。1880 年，她发表著作《弗拉特布什的社会历史》。她在面对重大变革时以一种建构和强化记忆的方式表达了她的观点。她在序言部分介绍了她的计划："我们的荷兰祖先不轻易接受创新。很有可能在 21 世纪之初她们的风俗习惯还保留着原始面貌。但事情已经不再是这样了。我们仅需回顾几年前去寻找那些不复存在的风俗……几乎每个荷兰后裔的痕迹已经一扫而空了。"写到早期荷兰居民，包括社区的建筑、物质文化以及它的社会、经济、社区生活，格特鲁德·莱弗茨·范德比尔特希望在那些失去自身文化特性与关联性的荷兰后裔的大家庭生活圈中培养凝聚力。[20]

范德比尔特忧愁地描述着过去。然而，就像在她之前的斯特朗一样，并没有逐步展开对当代变革的批评，尽管她自己的别墅完全成为典型示例。引用一部分她在 1881 年的叙述，它位于一个和弗拉特布什的主街相类似的大街上（这条路在 19 世纪被叫作弗拉特布什街（Flatbush Street）），用 1842 年斯特朗历史出版社出版的地图做指导，范德比尔特还是用"俊朗"来赞美很多建在弗拉特布什的现代房子，即使这些房子的建造涉及拆毁旧宅基地。她非常关注建筑品位的现代表现形式，同时对在新房子周围作为观赏性园艺陈列的上流社会精巧的标示表示赞同。这就反映了她由触及建筑学开始，逐步到达时尚潮流的早期迈步，范德比尔特写道："年轻夫妇们不依据旧家园的模式开始她们的生活……这种旧的模式不再满足现代生活的种种变化，我们现在需要不同的安排。"现代采暖技术没有理由要求低天花板，人造纱线（的出现）取代了存放纺轮的阁楼的需求；邻里模式的衰退和当地街道不断增加的交通压力，[21]决定了住宅选址直接临近街道是不尽如人意的。

有时候，如果我们是改造他们的传统农庄而不是着手于新建筑物，农民的孩子将会对现代的潮流比对传统表现出更多的热情。约翰·H·迪马斯（John H.Ditmas）是在那座由他祖父在 1795 年建在弗拉特布什路的房子中长大的。这所房子代替了一个从 17 世纪后期就开始存

图4.5　约翰迪马斯庄园（John Ditmas homestead），建成于18世纪，左边增建部分建于1835年，右边的主要部分在19世纪80年代被大面积的改造。照片由约翰迪马斯在1911年拍摄。（来自）布鲁克林历史协会。

在的早期家庭农庄形式。迪马斯记得这所房子的一些要素，如一个宽大的明火壁炉，一个砖灶，和一个能够照亮中心走廊的上下分开的门。在19世纪80年代重建时他同样消减了这样一些特征。出生于1830年的迪马斯，成为一名银行家并在结婚之后，还继续和在那座具有荷兰本地风格的房子后面耕地的父母一起居住。在19世纪80年代，他父亲去世后，他就大幅度地改造了那所房子。他加高了屋顶，建起了第二层，扩大了前面门廊的宽度，并在第二层增加了设计好了的天窗和阳台。他还用复杂的磨光工作对增建部分加以修饰。在1916年，因为迪马斯的房子被拆除，一家报社报道说，一扇荷兰的门，说的就是这些建筑样式完全改变成了安妮女王时代的样式，避开了对古老的荷兰殖民地式农舍的复原。[22] 实际上，1835年在房子一翼加上配楼，这样确实比没加之前更加忠实地体现了传统风格。

除了范德比尔特，莱弗次和迪马斯之外，其他很多荷兰后裔仍旧定居在弗拉特布什，但在职业上和文化意义上已经放弃了荷兰的农业历史和社区物质文化。由于他们采用现代的和高品质的形式，支持国际化时尚概念，使得社区中比较老的建筑物贬值，进而为它们遭受最终的毁坏开辟了道路。例如，法官约翰·A·罗特（Judge John A.Lott）是约翰·范德比尔特的合伙人，用他自己宽敞和谐的立有圆柱的住所，代替巴伦特范德文特（Barent Van Deventer）历史悠久但外观沉闷的房子。[23] 在19世纪早期，一位农民的律师儿子杰瑞特·马顿斯（Gerrit Martense），拆除自己家族的农庄，建造自己宏伟的希腊复兴式大厦。直到1878年，他唯一的孙女与商人约翰·威伯尔（John Wilbur）结婚并在他的房子旁边建造了一栋时尚的美洲木结构建筑式样（Stick Style）的房子。一个相似的发展历程也在查尔斯·A·迪马斯（Charles A.Ditmas）的家族进行着。既是约翰迪马斯的远房表哥同时又是居住在布鲁克林的一个原始荷兰居民的后裔的查尔斯·A·迪马斯，成为20世纪早期弗拉特布什保护协会的主要倡导者。他生于1887年，他一生都住在那个宽敞、现代、具有独特结构的两层半的郊区住宅里，这所住宅是由他的父母建造的，位于弗拉特布什南边的艾默斯堡 60 号。迪马斯手上有一个关于荷兰本地的非常好的例子。艾默斯堡 150 公里之外的地方有一座朴素的一层半的荷兰美式房子，建于 1827 年。迪马斯的母亲玛格丽特·迪马斯·范·布伦特（Margaret Ditmas Van Brunt）就是在这里长大的。此外，迪马斯的父母在他们建属于自己的房子之前，也一直住在这里。迪马斯的舅舅艾伯特·范·布伦特（Albert Van Brunt）也在这里长大，并建了一座附近社区中最大的房子之一。这座房子坐落在艾默斯堡的 G 大街，这座给人留下深刻印象的两层半的结构房屋有大量角楼和一座著名的环绕门廊。迪马斯家族和范·布伦特家族都可以从他们现代的折中主义的郊区公寓窗户中俯视他们早期的传统建筑形式，直接观察这些住宅形式的变迁。那些雄伟别墅和豪宅的主人有很多亲戚还会继续从事农业耕作，并发现了老式农舍的可持续实用性。[24]但是一场兴起于 19 世纪 30 年代和 40 年代，并在 19 世纪末 20 世纪初飞速发展的有许多弗拉特布什居民们参加的，并由格特鲁德·莱弗茨·范德比尔特倡导的"各种非正式协议"，在更广阔的社会、政治和经济领域逐渐地接受了新的建筑模式和潮流。他们本可以继续留居在旧房子里，或者是自己当地的传统模式来建造房屋；相反，他们趋向于新的模式并且会建造新模式的房子。即使以后有人倡导保护，他们也会将传统建筑贬值的，他们这些做法都会导致传统建筑被淘汰的命运。这些过程将会促成各种各样的保护危机的发生，特别是当那些拥有资源的人们不再渴望运用和维护古老建筑。

改变中的家族债券和农庄的贬值

通过时尚潮流对抗传统的方式，弗拉特布什的郊区化促进了该地区历史建筑物的贬值。而传统的农庄还提供了另一条通往贬值的道路。由于男性主导的家庭经常远离他们的别墅到外面的社区游历经商，因此郊区的住宅和房子一般不会成为一个家庭经济生活的中心，但相反的是，这在早期农庄中却很典型。所以，新的房子普遍都缺乏更加错综复杂的构成荷兰农庄特点的家庭关系。举例来说，实际上约翰·范德比尔特在表达不与父亲和岳父同住之前，他已在家中独立占有一席之地。在他父亲 1842 年的遗嘱上表达了他的遗愿说明，留给妻子莎拉衣服、家具、银器、陶瓷和土瓦罐，7000 美元和她作为一名寡妇留在他农场和住所里的生活趣味。在莎拉的管理下，农庄的田地被传到她的儿子杰里·迈克和寄宿在她家的雇农艾里什的手上。[25]此外，在他的遗嘱里约翰的父亲强调分给孩子的家宅的最终分配，约翰会得到的比其他兄弟姐妹少 2000 美元，因为"他接受了自由式教育当然也是因为其他方面的考虑。"[26]30 年之前约翰·范德比尔特的祖父并没有在遗嘱上区分他的儿子们得到的家产。他简单地在他们之间平分了一下耕地用具和每一种类的农事设备。他也想过他的房子是这个复杂的父系关系家庭的中心，他吩咐兄弟在使用这些工具耕地时要付钱给姐妹，同时，他希望未婚的姐妹可以使用二层正面的两间房间并且拥有果园和菜园的水果等产物。[27]相反地，当他列出他的遗嘱后，约翰·范德比尔特的父亲在这相互独立的模式中免除了接受过自由教育 87 而成为律师的儿子的继承农庄的资格。

格特鲁德·莱弗茨·范德比尔特已经感觉到了某种联系本地形式和高风格形式的纽带，这种高风格的形式将她成年时期的别墅和她的童年家园区分出来了。她哥哥的孩子也在她成长的那个农庄长大，她写信给孩子，对他说出了她儿童时的记忆："我们就像住在两栋房子的一个家庭，所以我们之间有不断的交往。"我们都是全身心投入到彼此的兴趣上去，所以我们之间并没有不和谐的事或纷争发生。[28]尽管具有这种共存的场景，范德比尔特在 1880

图 4.6　约翰·范德维尔庄园，建于 1787 年，19 世纪的增建部分在它的左右两边明显可见。照片摄于 19 世纪，（来自）布鲁克林历史协会。

年调查发现众多的农场"缺少维修，即将濒临毁灭"，其他的却已经被推倒并且为时尚现代的房屋所取代。1902 年格特鲁德去世之后，她的遗嘱指示执行者卖掉她在弗拉特布什的资产。尽管事实是她和她儿子的遗孀（已经为她准备好了物质上的遗赠）在那所房子住了好几年。她认为在她死后，家族在社会和经济方面的相互依赖型和连续模式将不会像早期农庄那样围绕着住宅展开。范德比尔特的执行者发现她对那片土地并没有表现任何的感情，她最关心的是荷兰的"家族圈"。[29] 范德比尔特把她的遗产留给她哥哥第一任妻子所生的孩子，而没有留给第二任妻子所生的孩子。如果她的住宅曾是家族代代相传的世代农田的一部分，而不是花园中的郊区别墅，这住宅的命运很可能卷入一个发生在农田继承人中的如演算般复杂的相互依赖关系中。这就是范德维尔庄园的实例。在 1787 年这个家族就已经为他们木构架的荷兰美式庄园构建了一条简单的发展轨迹。房屋包括一个突出的双坡悬挑式屋顶和非对称放置的一边加建，它的山墙端毗邻弗拉特布什道路。在超过百英亩的领域范围内范德维尔家族种植了马铃薯、小麦、玉米、黑麦、燕麦，还养殖了肉牛、奶牛、马和猪。但就其他当地农民家庭而言，住宅成为家庭和经济关系的焦点。1845 年约翰·C·范德维尔（John C.Vanderveer）去世之后，他的遗嘱直接表明他的配偶伊丽莎白直接保留所有的碟子、家居用品和家具。她还被允许住在向西的房间。这份遗嘱赋予继承农场的两个儿子责任，要为伊丽莎白和未婚的妹妹提供有馅的面包、牛肉和猪肉还有蔬菜以及已经砍好的足够用于两个壁炉的柴火。第三个儿子放弃耕作而学医，并且占用了附近的住宅，这份遗嘱只是缓和了一部分他欠父亲的经济债务。[30]

　　20 世纪 90 年代约翰·范德维尔的儿子和孙子继续在这片土地耕作。在 1892 年，约翰·范德维尔的继承人向亨利·A·迈尔（Henry A.Meyer）的德国房地产及修缮公司售出三分之二的耕地，由家园自身产生的家庭相互依存模式开始衰退。迈尔开发了严格限制住宅出售的范德维尔庄园，获利丰厚。[31] 十年内，迈尔和大家族的其他成员一起仍然占据着他的农舍，他放弃了农业，自己开始了真正的房地产开发。在广告中，他描述庄园的特色是范德维尔的"336 个合格的建筑用地"。范德维尔援引庄园的历史性作为卖点："自 1652 年起，范德维尔家族就拥有的财产，现在由继承人约翰·范德维尔提供销售。"[32]在弗拉特布什的荷兰家园从历史的角度提供了错综复杂家族社会网的实际场所，由于销售"合格的建筑用地"取代了传统农业耕地，家园被严重贬值了。萦绕在这个过渡时期的问题是古老农舍能否在新的郊区景观中找到一席之地。

审视弗拉特布什郊区的变化，更多地从耕地的角度，而不是荷兰本地住宅，历史学家马克·林德（Marc Linder）和劳伦斯·S·撒迦利亚（Lawrence S. Zacharias）注意到一个走向贬值的相似运动。在弗拉特布什甚至在君主制的国家调查更普遍的"非农业化"的过程，林德和撒迦利亚注意到，荷兰农民注意到日益增长的市场倾向鼓励他们放弃家族世代耕种的农地。在19世纪20年代前，许多农场生产谷物并且一般都是以奴隶提供劳动的农业生活模式为主。1790年，三分之二的弗拉特布什农场拥有奴隶。到了19世纪80年代，许多农民放弃谷物生产而转向更密集的蔬果市场形式。他们生产的新鲜蔬菜可以很容易地被运输，并被快速消耗，特别是在布鲁克林和纽约市等人口稠密的地区。事实上，来自这些城市街区的马粪为密集型蔬果园提供肥料，不必担心土地因贫瘠而没有产量。随着蔬果园市场的扩大，许多荷兰后裔的农民家庭实际上停止了农地工作，并将它们租给了从爱尔兰和德国移民过来的佃农。对荷兰农民的后代来说，出租他们的土地仅仅成为个人和家庭资产投资的集合地之一。他们投注了他们所有的时间，直到住房对土地的需求将土地的价格提高到"白菜产量不会比像剪报优惠券上的农场大规模抛售的更加有利可图。"在这个意义上，对土地的不断治理作为一种单纯的商品，并能够被兑现成"稳定的年金"，这也在情感和逻辑上脱离了和当地传统的联系，削弱了保护荷兰原始家园的需求和愿望。[33]1910年纽约时报调查了弗拉特布什景观，报道说荷兰居民的痕迹在很大程度上"被迫屈从于新改进进程。"虽然小规模的土地仍可能满足保护的愿望，但是像弗拉特布什这样大规模区域无疑会成为一个新的居住街区，当年大面积的农业用地被成千上万的房屋占领。[34]

矛盾的使用，破碎的血统和贬值的村舍

弗拉特布什的历史性建筑物贬值的第三个主要原因来自社会感知力，在当地所保留的建筑物中，目前差异性的使用状况以及建筑物的所有制模式减小了个别建筑物的价值。在弗拉特布什，20世纪主要的保护活动是为了保留莱弗茨和范德维尔的庄园，主要集中于自17世纪以来被同一个家族占有的土地上的那些建筑物。然而，由于人们重视这些场所及庄园，他们就忽视了许多类似的建筑物，而这些建筑物或是因为荷兰殖民或农用的过去与现在之间缺少明确的血统上的关系，又或者是因为在他们使用的期间已经发生了本质上的变化。保护主义者常常坚持建筑的重要性，认为建筑是过去的符号，是历史记忆链上的纽带，从那以后，当代人的使用和所有权情况本不应该特别的有价值。虽然如此，当地的保护主义者仍紧密地致力于这些议题，面对工人阶级的使用或是商业上的住宅再开发，他们常常屈服于对保护理想的挑战。

举个例子说，19世纪90年代马顿斯庄园住宅转变到公寓式建筑，推倒建筑战胜了微弱的保护兴趣。18世纪末19世纪初所建造的那些农舍符合当地木结构建筑物的普遍模式，这些木结构建筑物的山墙端面对弗拉特布什道路：就像约翰·范德比尔特成长的地方，这所房子为两层半建筑。在19世纪40年代，当苏珊·卡汀（Susan Catin）把土地遗赠给她女儿玛格丽特时，她就设法想要保护好这房子和土地，以免它落入女婿菲利普·克鲁克（Philip S.Crook）的现代商业公司的陷阱中。卡汀给女儿她财产的唯一的使用权和获益权，财产不受制于她丈

89

图 4.7　伯兹奥尔庄园（Birdsall homestead）建成于 1800 年。在 19 世纪 80 年代屋子左边上的那个谷仓改造为木工车间。随后，生意扩展到了建筑本身。照片摄于 1915 年，（来自）于布鲁克林历史协会。

夫的控制，也不能受制于任何与他相关的债务或债权人。[35] 作为拥有 96 英亩的农场，马顿斯庄园一带的土地大量生产红萝卜、土豆、小麦、玉米、黑麦、燕麦以及灵巧的牛群、奶牛、马和猪这些家畜。菲利浦·克鲁克自己没有在农场工作，最后他的孩子就把农场转变为培养房地产价值的东西而不是谷物了。直到 1880 年，克鲁克一家出售了 88 英亩的土地；然后在 1890 年，他们把房子也给卖了。五年后，一名叫马丁·兰河（Martin Lahn）的德国移民把这个住宅转变为在弗拉特布什的第一所公寓楼。兰河住在有六个单元中的一个；在 1900 年，他的房客包括以经纪人为首的一家，另外就是以布商为首的一家以及以事务员为首的三家人。改变是翻天覆地的：1850 年克鲁克住宅为 12 个人提供了住宿，包括家人和仆人；1900 年为了迎合革命，[36] 同一个房子容纳了 27 人。当它被推倒并且被一所现代砖材公寓建筑替代时，从始至终，没有一个人呼吁保护它。

在 19 世纪末伯兹奥尔庄园同样地因新的用途而被夺去了历史方面的关注。1800 年伯兹奥尔庄园搭建了有两层半高的木结构双坡屋顶的农场住宅，这幢农场住宅的山墙端面对着弗拉特布什的大道。大概早在 1845 年，当房子和农场转到一个名叫托马斯·墨菲（Thomas Murphy）的爱尔兰人移民农夫手上时，它的没落从善意开始。墨菲一家在 80 英亩的农场上种植了荞麦、土豆、小麦、玉米和燕麦，还饲养了小数目的牛群、奶牛、马和猪这些家畜。[37] 在 19 世纪 60 年代末和 70 年代的时候，墨菲和他的子孙们变卖了部分农场。在接下来的十年中，一名叫约翰·马可埃威利（John McElvery）的爱尔兰移民木匠就把谷仓改为了木工车间。一段时间内，马可埃威利一家人都居住在农舍里，后来那个木工车间就扩展到住宅本身的首层。1880 年格特鲁德·莱弗茨·范德比尔特发现"这所房子缺少修理并且很快就会腐朽。这房子传到过许多人手上，它没有在最初持有人的后代手中待过多少年。"[38]35 年后布鲁克林《老鹰报》报道说，曾经给人深刻印象的房子很快就变成了废墟，这是由于它多年来被作为木工车间的不恰当使用。此外，在现在持有者看来，这个问题是个谜。最后，这块地轻易地就被摒弃了："毫无疑问，它很快就让位于革命。难道除了它的年代，人们就没有丝毫的兴趣吗？"[39] 尽管这幢建筑物又得以幸存了十年，可仍然没有一个人提议把它作为保护或尊敬的对象。

90

1800 年耶利米·范德比尔特（Jeremiah Vanderbilt）在弗拉特布什大道上建造了一所新的农舍。就像附近的伯兹奥尔庄园，在 19 世纪末 20 世纪初这幢建筑物的所有制形式和商业用途的改变，促使推倒范德比尔特庄园战胜了保护性关注。尽管它是一所木结构的住宅，有着双坡悬挑式的屋顶，类似于早期荷兰地方房子的外部形式，但这还是发生了。1800 年，回看

图 4.8 耶利米·范德比尔特庄园（Jeremiah Vanderbilt homestead）建于 1800 年，在 20 世纪初它就被改造为加油站。照片拍摄于 1920 年，（来自）布鲁克林历史协会。

这所由她爱人的祖父建造的房子，格特鲁德·莱弗茨·范德比尔特评价说，"它已经不再属于最初业主了，也没有被修护，并且目前几乎不适于居住了。"[40] 建立者的儿子耶利米·范德比尔特在 19 世纪 50 年代去世，他的孩子还太小，不足以接管农场，所以遗嘱执行者就把住宅和土地出售了。后来的业主把范德比尔特农舍从农场中给分裂出来，有一名英国移民五金器具经销商，一名瑞典的机械工，一名美国的印刷工和广告人居住在这所房子。[41]1908 年，彼得·J·柯林斯（Peter J.Collins）购买了这所房子，打算建起连栋住宅，就在这房子所在的弗拉特布什大街（以前叫弗拉特布什街道）上的住宅和公寓以及商店的后面。在 1911 年当柯林斯把陈旧的大门，壁炉架和配件卖给了个古董经销商的时候，感觉这庄园就"日益接近进步与发展"了。[42] 虽然如此，柯林斯仍然没有拆毁这所具有荷兰地方特色的房子；而是在院子里支起广告牌，还在屋顶上为他附近住宅区的发展做广告，后来这房子就租来用做加油站了（图 4.8）。尽管它屹立于 20 世纪 30 年代，在众多其他的当地住宅被拆毁后，它是少有的幸存下来的一所房子，但这个地方还是没有引起保护运动的注意。

商业上的再开发趋向阻碍了人们对个人建筑物的保护关注。弗拉特布什街道上，作为贯通村庄最老的道路和坐落着大多数荷兰农庄房子的道路，在郊区化期间，发展成为社区主要的商业和交通枢纽。由于它具有了商业性质，弗拉特布什大街为保存下来的庄园提供了很少的庄严背景，还进一步割裂了保存下来的荷兰家族的连贯性。在 19 世纪 80 年代约翰·迪马斯（John Ditmas）就把他的庄园改造为时尚的安妮女王风格，在世纪之交时他发现，在弗拉特布什大街上合理位置的住宅越来越少。例如在 1904 年，一名建筑师在从迪马斯家穿过的街道上建造了两栋各自住八个家庭的四层公寓楼。这些建筑从约翰父亲的农场中区分出来，为更多中等收入人群提供了更高密度的住宿，而不是为那些在迪马斯公园分区的大街上占据着独栋别墅的人。1905 年，约翰·迪马斯和他的妻子玛利亚·肯温妮（Maria Convene），还有他的 40 岁的女儿玛丽和他们家来自爱尔兰的三个仆人——玛丽·卡罗尔（Mary Carroll），玛丽·梅森（Mary Mason），詹姆斯·哈克特（James Hackett），搬出了迪马斯家占有了 75 年历史的房子。[43] 他们搬的不远，大约 200 英尺，但是他们离开弗拉特布什大街是因为迪特马斯街道华丽的居住区和大量的两层半的现代郊区住房，这些房子在角落设计有炮塔及环绕的门廊。

崇拜或不崇拜，迪马斯庄园的特色已经跟随着弗拉特布什街的改变而改变。1914 年，迪马斯把他的房子租给乔治·S·杜兰德（George S.Durand）先生。杜兰德先生是一个职业屠夫，他跟他妻子，在上学的 14 岁儿子和在干货店上班的 18 岁女儿住一起。因为居住在弗拉特布

91

什街的居民越来越多，杜兰德一家没有住在他家的仆人。[44]

杜兰德先生一家是迪马斯庄园最后的居住者。1914 年，就在他去世前，约翰·迪马斯与农民物业协会签订协议，以 51750 美元出售庄园和它附近的土地。这个地方不久就会建造一栋集商店和廉价出租公寓于一体的建筑物。面对着即将消亡的迪马斯家族的土地，一家报纸为弗拉特布什的发展辩护，认为保留这些土地是古文物研究者的工作，在布鲁克林发展的过程中他们过于感性，所以这些房子必须消亡。[45] 相应地，布鲁克林《老鹰报》回顾了导致迪马斯庄园毁灭的发展模式。报纸上说，拆除老房子是古老的既有事物面对其无情敌人撤退时的第一步。[46] 当然，这个无情的敌人已经在约翰·迪马斯庄园找到一个盟友。这个盟友自从 19 世纪 80 年代房子重建以来，给他带来了更多舒适、时尚、进步及无感情发展的房地产价值，而非对过去的尊敬，表达了对祖传农庄和父辈相传的土地的忠诚。[47] 面对和土地、建筑物和他们设置的商业化的关系，几乎没有保护主义者坚持他们对这些地方历史被破坏的看法。

92　　　由于弗拉特布什大街由乡村路线转变成了专门服务街道内部居民区的商业化景观，历史悠久的居住区的贬值转向改变个人住宅的观点及更广泛背景下的文化观念。历史上建造的被认为是这个村庄最文明的地方，如今成为堆积废料和废弃的货物的现代化郊区景象，它包括服务业、交通和商业空间。1651 年荷兰人沿着弗拉特布什街道建立了中心线性居住区。他们在已建立的美国本土小路的两旁建造了有他们自己特色的荷兰式房子并且在他们房子后面开辟了农田。当荷兰统治者皮特·施托伊弗桑特（Peter Stuyvesant）颁布城镇土地基金时，设想这个计划会提升邻里和合作关系。这个基金大体上使居民在有需要的时候能尽快和有效地帮助到对方。[48] 接下来街道和交通运输的改善，增强了作为直接便捷的唯一的邻里间沟通途径的主导性（图 4.9）。19 世纪末 20 世纪初，因为开拓者给了严格限制的中等和中上阶层土地，

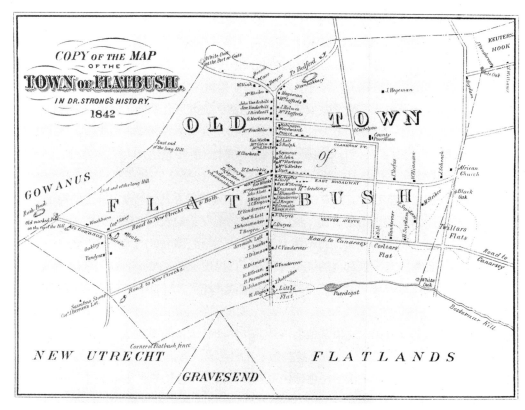

图 4.9　1842 年弗拉特布什的地图，明显可见沿着后来的弗拉特布什街定居的线性模式。地图出版于格特鲁德·莱弗茨·范德比尔特，（来自）1881 年弗拉特布什社会历史。

图 4.10　1930 年的弗拉特布什大街，右侧是建造于 1785 年的荷兰归正教（Dutch Reformed Church）教堂。这个两层和三层的混合建筑，融合了商业和住宅空间。在 20 世纪早期，它主导了这条街道的发展。（照片来自）布鲁克林历史协会。

他们促进了作为"弗拉特布什未来的百老汇"的弗拉特布什街道的再发展。[49] 在 1900 年和 1930 年之间，土地拥有者、营造商和建筑师在弗拉特布什大街的"百老汇"上建立了一系列的商业店面、雄伟的银行、电影院及工人阶级居住的多户住房。[50] 接近这段时期末尾时，一个充满热情的保护主义者对这个社区进行了调查，发现几乎所有的地标都消失了。18 世纪晚期的两个特例，是公建——伊拉兹马斯（Erasmus）学院大楼和荷兰归正教教堂以及庄园——莱弗茨庄园和范德比尔特庄园（图 4.10）。[51] 如果施托伊弗桑特（Stuyvesant）建立了一个更加分散的居民模式，那么 19 世纪末 20 世纪初荷兰当地民居的转变很可能将不会像事实中的由于大量商业压力导致弗拉特布什街道两旁再次发展那样剧烈。

荷兰庄园的郊区价值评估和贬值

　　因为新兴郊区和城市居民不断壮大着弗拉特布什的人口，他们对于荷兰传统的物质遗迹的矛盾心理和冷漠，代表了荷兰庄园贬值的第四条主要途径。在某种程度上来说，保护坚持了家谱、古迹和相对于其他家族来说荷兰居民的"家庭圈"的重要性，它没那么容易刺激新来的居民努力赶上，去建造一个稳定的中产阶级的郊区邻里。有关历史和记忆的简单观点容易聚焦于那些日渐减少的拥有完整血统的，与分散的社会团体和经济用途联系的无污点的庄园，反映出对弗拉特布什的保护是以狭隘的种族观念为基础的。然而，20 世纪初期弗拉特布什最主要的保护运动——那些要拯救范德维尔和莱弗茨庄园的运动，确实超越了地方观念；事实上，荷兰庄园的价值如今很大程度了增强了郊区妇女主导的本国意识，同时也支持了弗拉特布什新郊区邻里的道德和情感的特性。在这些有限的案子里，保护看起来和社区现代化生活相关。进入 20 世纪，通过继承而非商业交换所得到的庄园呈现了超越民族联合的重要性，从具有侵略性地破坏地标、记忆和情感的商业主义中限定出本国的领域，他们现在对其历史价值共鸣重要性的努力，抑制了保护主义者和农庄拥有者在非商业价值领域兴趣的重叠。同时，1911 年范德维尔运动的失败也揭示了这样一个兴趣同盟的现实局限性。

约翰·范德维尔庄园结合了自 17 世纪以来不间断的所有那个时期的人们对建筑纯粹度的观点。1908 年，作为弗拉特布什主要的保护主义者，查尔斯·A·迪马斯写了一篇介绍范德维尔庄园"近乎完美的构造"的短文（图 4.6）。或许这就反映了对约翰·H·迪马斯推行改革的批评，他提到，几乎没有后裔拥有让建筑保持祖先建造时模样的智慧，但是他们改变建筑的轮廓并利用工具增建怪异建筑，而不是添加现代改进元素和留下智慧的建筑师看来弥足珍贵的表现原创者意图的简洁线条，这些让他们变得滑稽可笑。[52] 这些话预示了一代人对荷兰遗产态度的改变。

起源于 19 世纪 90 年代，在范德维尔继承者为了住宅发展而卖掉农田之后，它们的农舍就成了保护关注的核心所在了。最初，美国革命女儿会 DAR（the Daughters of the American Revolution）尝试通过从家庭那里买下庄园来保护它。尽管他们的努力失败了，后来他们以公共机构保管人的身份帮助莱弗茨庄园。弗拉特布什保护中 DAR 的参与意味着在保护运动中被地方努力迅速且明显推动着的显著发展。尽管 DRA 本身以及他们的工作在装点了美国革命战争战士的坟墓和历史上著名的战役地点中具有强烈的（保护）兴趣。[53] 但在弗拉特布什，最显著的保护是支撑这个战争历史的边缘部分。1776 年英国军队在长岛战役中席卷了弗拉特布什的反抗力量。弗拉特布什居民生活在战争中，被英国人占领并且有时和英国人合作。19 世纪，关注的中心转移到战争毁灭的报道上；然而，保护主义者并不把他们的工作看成是连接未来一代和有些不光彩的遏制改革的政治和军事历史的一种手段。相反地，弗拉特布什保护所关注的中心转向本国历史和殖民风俗问题以及建筑材料的风格上。

弗拉特布什保护方面兴趣的出现配合了国家保护运动重点的转变。和政治人物以及军事约定有关的地方已经形成了 19 世纪保护工作的基础。在世纪之交，保护运动扩大了它的范围，引入了主要在美学特征方面或者在联系过去的本地日常生活和活动上有价值的建筑物。[54] 这个改变让妇女更加直率地对待当地历史事业工作。格特鲁德·莱弗茨·范德比尔特在荷兰保护的书面工作上铿锵有力。尽管她仰慕斯特朗教士（Reverend Strong）的历史贡献，她还是"从一个不同的立场书写了弗拉特布什历史，作为一个女人，我倾向于生活的社会性，并且努力去记录时间给人们家庭和炉边所带来的变化。"[55] 19 世纪 90 年代，约翰·金·范·伦斯勒夫人（Mr John King Van Rensselaer）的写作从同一个立场调查了荷兰殖民历史。她声称"历史一般是男人写的，详述了政治、战争以及男性的功绩。家庭事务，女人的影响、社会风俗和礼节，这些都很少记载……《曼哈顿歌尔德妇人》的生活是以同时代的历史为脉络；我只是在文章中把她放在一个显著的位置，让男性变得暗淡而成为她的背景，而不像往常那样男女地位反转过来。"通过强调观察本地家庭中妇女的工作而不仅仅是男人耕作方面的事情来培养历史记忆，荷兰住宅的保护运动扩展了故事的思路。DAR 加入保护领域以及他们对许多历史建筑的修复性管理工作，都让人们反思在历史中什么才是重要的。在文章中，这种反思将女性置于一个重要的角色，反过来，在历史中也呈现出这样一种情况。[56]

聚焦于本地的、家庭的、女性的以及日常的庄园保护尤其证明了扩张运动的重要性超过了荷兰家庭圈。在 DAR 没有成功掌控范德维尔庄园后，弗拉特布什纳税人协会独自组织了一个保护运动。这是一个人数超过 800 人的协会，专门开展有关市民游说和街区的服务，管理

94

大部分的能源和资源以确保能成功地把街坊重新开发成一个舒适的、适宜中等及以上中阶级居民居住的郊区。常务委员会从事铁路、交通运输、街道、灯光、下水道、学校和图书馆、健康和环境卫生、公共事务、隧道和桥梁、立法和城市法规方面的工作。这种目前和未来的定向在许多方面为弗拉特布什历史建筑和农业景观的大规模摧毁提供了借口。然而，荷兰庄园的保护强调本地与家庭的事实意味着它恰巧与纳税人协会对中心社区建筑的担忧相一致。[57]

小街区和开发商在资本主义意识形态的基础上建造现代的弗拉特布什，这个理念强调在闹市的商业区为中层和上层阶级的男性建造位置独立的空间，与女性对孩子道德和智力教育的理想化的，稳定的管理的本地范围分开。[58]纳税人协会促进弗拉特布什成为一个当地完美的且有益于对孩子们的感性道德教育的区域，以此来实现它的目标。一些保护主义者设想着荷兰庄园可以作为孩子们壮丽而客观的历史课程。[59]这些庄园似乎为那些在物欲世界中成长的人提供着重要的经验教训。为那些总是秉承单纯与温文尔雅的人的故事，它们用个人诚实以及团体的爱提供了一个令人愉快的荷兰背景。[60]

不仅是道德教育，荷兰庄园的保护更能平衡商业化的世界，因此，加强了作为弗拉特布什郊区的市民对自己文化的认同感和经济利益形象。庄园的保护能很好地表明社区的文化和道德重要性，它们为保护历史和地标避开了所谓进步的发展。1906 年纳税人协会副主席曾抱怨道，如果不采取行动，证明它是"古典的荷兰村庄"的证据将会完全被人们忽略以至被下一代所淡忘。对于街坊的现代化发展和改善，他宣称："我们希望它尽可能快速地发展和改善，但是难道我们应该完全忽视在进步进程中的情感吗？"[61]面对商业贸易补充的道德和家庭生活的价值，在专门的居住社区逐渐灌输了对这种情感的坚持。一些人将这些庄园视为令人清醒的现代主义的经验教训。1908 年查理斯·A·迪马斯曾设想把莱弗茨庄园作为一个加强郊区景色的独立区域。他这样写道：黄昏时分一个疲惫的业务员困倦地骑车回家后，站在弗拉特布什庄园的门口，当他跨进庄园时第一个看到的就是一座美丽而古老的荷兰房子，坐落在一群宏伟而古老的枫叶林的下方，那么他疲惫的心则会因他将要回家而重新振作欢快起来，这家在典雅而且如纽约荷兰后裔的血统那般古老的郊区里。[62]家庭生活的记载能为那些刚刚搬来这个社区，且希望能尽快融入这个社区的人创造了可靠的历史。

1909 年弗拉特布什纳税人协会承认了范德维尔继承人对庄园的监护权，但是他们必须意识到该组织将会把范德维尔有价值的财产迁移到弗拉特布什大街的对面。该协会的主席约翰·J·斯奈德（John J.Snyder）认为这座房子是永久的历史纪念，是一座见证了我们伟大的城市由沉睡走向繁荣的发展进程的房子。自 1906 年以来，范德维尔庄园的保护已变成了一个备受斯奈德关注的工程。尽管他的一生都在弗拉特布什生活，但是弗拉特布什的荷兰人并没有在斯奈德家族中形成支系。事实上，斯奈德的父亲是一个德国移民，他 1871 年白手起家，之后因创建了繁荣的硬件业务而使家业兴旺起来。

据说，当他在弗拉特布什定居时，斯奈德的父亲是当时社区中唯一的德国人。他通过广泛的广告宣传来建立了自己的贸易并且自称为"弗拉特布什的斯奈德"。当自己接触家庭事务时，约翰·斯奈德发展了这种有教养的姿态的同化范畴。他热情地加入到当地弗拉特布什历史学家的队伍以及市民领导者当中。[63]像其他的纳税人协会成员一样，斯奈德积极地促进弗拉特布什的现代化房地产和商业利润的发展。他出版了《米得渥》（Mid-wout）杂志，这本杂志包含了对古老的弗拉特布什庄园的怀恋且以数页广告来宣传"弗拉特布什的斯奈德"。斯奈德并没有选择居住在荷兰庄园，相反，他选择了坐落在东大街 18 号的一座两层半的现代化独立住宅，这是一座典型的透着新居民街区气息的住宅。

95

虽然斯奈德和纳税人协会的成员都把范德维尔庄园内部和它本身当作一座遗迹，但他们仍希望把它变成一座能容纳大量其他纪念物的历史博物馆。斯奈德设想范德维尔庄园如果能作为博物馆对外公开，那么祖传遗物、古董家具、绘画作品以及历史文献将会很快地遍布这个地方。[64]查理斯·A·迪马斯是斯奈德的一个同事，他认为这座房子可以作为一个潜在的爱国主义圣地。[65]这个协会需要5000美元来购买几块远离弗拉特布什大街的空地。它还需要积极致力于说服城市公园部门为庄园公园购买邻近地区土地的可能性。当这个方案失败时，斯奈德又转向布鲁克林艺术和科学协会，寄希望于在新的布鲁克林植物花园里能留下一个遗址。然而，这座植物园的景观设计师，奥姆斯特德兄弟（Olmsted Brothers）对这个建议犹豫不决，因为他们觉得这座庄园在特征与处理手法上与花园的其他部分差异过大，以至于它将会需要较大的缓冲空间去形成一个合适的景观屏障。[66]

范德维尔庄园委员会为筹措资金和搬迁房子而调整计划，同时媒体社论者也把他们的呼吁转向当地的银行、房地产以及商业界，并且声称这项工程将会大大巩固古老而珍贵的弗拉特布什的价值。[67]可惜保护运动最终也没有成功筹集到所需要的5000美元。在1911年的九月这座庄园被拆毁了。而这个遗址一直荒芜到1915年，当时的主人曾在场地上建造了一个高25英尺宽11英尺的广告牌。之后直到1921年这个遗址基地才建造了房子，当时，哈里·斯瓦特（Harry Schwarts）任命建筑师本杰明·科恩（Benjamin Cohn）建造一座首层是仓库，二层是台球厅和住室的两层建筑。[68]

一些研究者因为范德维尔运动的失败而指责一些荷兰家族后裔的无动于衷。[69]事实上，在由销售弗拉特布什古老农场和房地产而得到的数千美元与无力筹集5000美元的保护基金之间，存在着一个相当明显的反差。在这个地区，作为历史样本的建筑毁灭，暗示着保护主义者已经不能让开发商和居民相信社会凝聚力与社区归属感在一定程度上取决于街坊的古老农舍的保存。事实上，另一个确定社区利益的方法在新市郊居民中似乎已经出现了。在1902年，埃蒙·D·费石（Edmund D.Fisher）的《弗拉特布什的过去与现状》中就信奉了现在的发展必然以过去为代价的观点；"快速发展的大潮"已经"超越了过去"，并且创造了"一部分更好的东西——舒适、宽敞、艺术、快乐的家园"。[70]赫伯特 F·甘尼森（Herbert F.Gunnison）1908年在《今日的弗拉特布什——阳光与空气的王国》（Flatbush of To-Day：The Realm of Light and Air）一书中并没有轻率地推翻对过去的关注。他发现了一个有助于把荷兰定居者与现代市郊居民联系起来的新的"企业"主题。然而，这本书图例的布局突出了它在联系历史方面的表面性。模仿剪贴簿般的自由组织的寥寥几页，再现了弗拉特布什家园的景象。这种设计与直接摆出纪录弗拉特布什郊区房子和街道的照片形成鲜明的对比。因此，这些庄园用昂贵的郊区家庭住宅为现代邻里郊区住宅的真实资料提供了一个具有历史意义的集锦。[71]这本书还暗示，相比于历史或保护主义者所提供的，在这个社区中存在更强大、更直接的社会认同和凝聚力动力。

弗拉特布什发展中的行为公约和个人限制条款已经强烈地塑造了新兴郊区社区的特性。举例来说，因严格控制建筑的发展，自19世纪90年代初，莱弗茨家族已经慢慢地变卖他们的农场。除了最高级的现代居民区还允许建造外，他们的整个地区都受到了限制。[72]这种限制阻碍了商业区和工业区同居住区的联系。他们为这些房子制定了两层楼的最低高度，将建筑材料局限于砖和石头，制定了从建筑红线后退14英尺的建筑退线。同时他们还规定工程费最低为5000美元的下限，以限制独栋别墅的建造。在莱弗茨曾经耕种的土地上发展起来的居住社区中，莱弗茨庄园的复制品是无法占有主导地位的。[73]

而且，在弗拉特布什大街上不断出现的农舍与严格限定的景观逻辑是相矛盾的。至于受限制的居民住宅小区的原因，多户式商业建筑则沿着弗拉特布什大街的运输通道而建。在弗拉特布什大街的公寓建筑以及环绕着独立农舍而建的楼房准确地反映了商业区侵入家庭范围的真实画面，尽管施工者在建造住宅小区的过程中已尽力避免这种现象。莱弗茨庄园搬迁到展望公园，在经济上有利可图并且视觉上的和谐一致的秩序开始盛行，同时进一步为弗拉特布什大街的多户式公寓和商业贸易的建筑模式的扩张开辟了道路。在 1925 年，莱弗茨的后代出售了庄园的这块土地，这是一块大小为 205 英尺乘 110 英尺的价值 10 万美元的土地。两栋六层建筑花费了 50 万美元，它们拥有 100 间套房和设置在首层的零售市场区，它们很快就会占满这块土地。这些建在莱弗茨住宅附近的建筑本应具有一个完全不同的特性。事实上，在纽约城市的郊区边缘有很多大的居民住宅区，20 世纪早期在这个地区，建筑者保留了殖民地的农舍，同时也保留了荷兰本地的"古老岁月的美"、"巨大的魅力"以及"优美的线条"。尽管它们保留着许多古老岁月的特征，但由于增加了天窗、浴室、扩大了厨房以及移动的隔断，这些房子也融入了现代的便捷性。[74] 总体来说，弗拉特布什，特别是弗拉特布什大街，似乎显然无益于这样一种保护和改造的模式。

弗拉特布什大街上约翰和格特鲁德·莱弗茨·范德比尔特在 19 世纪 40 年代所建立的郊区别墅与花园的土地，与莱弗茨庄园的土地经历了同样的命运。同样，它也为建造公寓住宅而密集发展。范德比尔特的遗嘱执行人对于这片土地没有表现出任何的怀旧情感，相应的，他们在进行工作时也没有表现丝毫的情感。他们把这块土地当作简单的商品来做宣传："出售的范德比尔特地产在五年内其价值绝对会翻一倍，在发展现代公寓或者公寓酒店的大城市中，这是最令人满意的位置。"[75] 当他们以 11 万美元出售了这块土地后，范德比尔特时尚郊区别墅的早期建设变化在荷兰本地景观中表现得十分显著，他们期待附近街区的转变也能如此。新的主人将会马上在这块土地上建立公寓住宅。靠近展望公园且处于这地区的交通枢纽位置，这些确保了这片土地将会以鲜明的特色被开发。[76] 的确如此，这里很快出现了重大变化。直到 1915 年四个主要的环绕着范德比尔特地产而建的街区以林肯、弗拉特布什、帕克赛德分校（Parkside）和海洋林荫道为界，居住着 442 个居民。在 1925 年，这个地区居住了 1290 个人。[77]

邻里契约相对历史契约

相比于历史的标准，弗拉特布什居民的迫切关注和类似于 19 世纪末和 20 世纪初的房地产利益关注，更容易根据中层及上层家庭的标准结合。荷兰归正教会一直在弗拉特布什大街和教堂大街的街角处占据着 18 世纪末的教堂，为越来越少的街区居民提供社会和宗教活动的来源。新老街区居民很容易地集合起来组成像弗拉特布什纳税人协会这样的市民组织。在这里，相比于对历史和保护这些事的关注，他们对交通运输和学校改善这些事的关注表现出更多的一致性。当斯奈德主席要求该组织支持范德维尔项目时，参加会议的人中只有超过一半的人支持这个项目。[78] 随着越来越多不同种族的人搬迁到弗拉特布什，他们越来越融入他们的邻里中，都越来越注重起约束他们以及他们财产的公约和限制。他们在自己的居住区中获得归属感，而且得到了当地支持者热情的描述和促进。

丛林俱乐部（Midwood Club）代表了另一个街区协会，自觉来作为在街区居民中鼓励团结的方法。这个协会，正如它所满足的社会需求，起源于当地的房地产发展，成立于 1889 年，是从弗拉特布什公园协会发展而来，这个弗拉特布什公园协会是为划分马修·克拉克森庄园

图 4.11　展望公园南，一个弗拉特布什居住区，起源于早期的农田。荷兰归正教教堂尖塔位于右侧，远处左边升起的地块是展望公园的天文台山。照片摄于 1900 年，（来自）布鲁克林历史协会。

的土地而创立的一个房地产公司。尽管需要在周围为居民建设草坪和花园，丛林俱乐部决定把克拉克森宅邸作为俱乐部会所保留下来。该组织的理事认为可以把该俱乐部作为一个让这个镇的老居民团聚在一起，并且和那些每年都大批地涌入该地的新来者用来互相熟悉。[79] 开展演讲、非职业戏剧演出、展览会、招待会、舞会以及许多的户外运动等活动来吸引人们。丛林俱乐部计划建立一个博物馆，陈列着未发展的金县（Kings Country）早期的历史遗迹和纪念物。同样重要的是，作为一个保护工程，克拉克森府邸本身将历史方面的关注从荷兰殖民和农业转向了商人，巨大的财富和当代的别墅郊区上。俱乐部成员并没有庇护这个地方的历史；相反，他们建造了一个木屋。这个木屋的底部用浣熊皮做入口，墙壁上陈列着成排的打猎战利品。在这里，他们在壁炉旁相互鼓励，这展现家庭圈的现代化景象，引导源于原始特征想象的社会关系，而非历史记忆。除此之外，1908 年，赫伯特·甘尼森指出，这个俱乐部在这样一个发展的社区如此困难地完成这种变化，是成功混合新旧最引人瞩目的例子之一。[80] 许多荷兰后代加入了丛林俱乐部；然而，一个普遍的现代休闲模式和一个共享的家庭生活观念，比历史遗迹更加轻而易举地实现了普遍的融合。

　　尽管老弗拉特布什被新的弗拉特布什替代的现象无处不在，但在当地建筑中还是出现了明显的新旧融合成功的现象。这并非主要通过保护而达到，而是来自于历史保护居住区设计的激增。这些设计稍许涉及当地历史和设计传统。范德比尔特房子的阶梯式山墙开创了这次的发展。在 19 世纪末到 20 世纪初，当建筑师在弗拉特布什建造大批量应用型的新型小区，他们通常引入历史元素，例如斜折线形屋顶，阶梯式山墙，从三层以上延伸到一层的天际线，广阔的石材表面以及山墙向着街道（如图 4.11）。在这些外在形式之下是中产阶级房子的现代化改良特征：天然气和电力，集中供热系统，更高的层高，更大窗户来提供更多照明和通风，并朝着更大规模和更大内部空间的普遍趋势进行现代化改进。人们试图将现代空间和便利设施引入古老的荷兰本地形式，但将遇到颇多的困难。他们发现，追求现代住宅的舒适和方便是无法维持美观和典雅的外表的。专家们认为，这样一个项目最好落在为数不多的喜欢低层住宅的感性的人手中。[81] 近些年来在弗拉特布什几乎没有居民符合以上几点，他们建造和购买了融入了现代舒适和便利的大房子，这些住宅将一个近乎异想天开的历史主义放在首位。

20世纪的前几年，当彼得·J·柯林斯在弗拉特布什开始设计和建造房屋时，他展示出对建筑方面历史主义的些许喜爱,但却对当地存留的历史建筑毫无兴趣。柯林斯主持了耶利米·范德比尔特和伯兹奥尔庄园的拆除工作。在他努力推销"轻松提供一个家庭的住房"计划（"Easy House Keeping One Family Houses"）时，他发现，在原基地上的历史建筑和他将卖掉的新房子之间无法产生任何有意义的联系。事实上，来源于历史主义灵感的新都铎风格的联排别墅位于英格兰的切斯特德（Chester）的切斯特德区，而非弗拉特布什。在1911年的夏季之旅中，他看见了许多相似的房子，此后，柯林斯为他自己在弗拉特布什的发展中适应了这种形式。[82]

柯林斯在弗拉特布什拥有两个更加杰出的历史建筑，他本可通过保护他所拥有的农庄来促进他的发展和广泛的社会团体意识的建立。保护和发展之间的联系并非那样独特。例如，在1917年，查尔斯·迪马斯鼓励一个地主，以允许殖民者达姆斯（the Colonial Dames）控制密尔岛（Mill Island）的申克楼（Schenck House），并且这将有利于周围房地产的发展，因为会有大量群众到访此地，同时新闻报纸将会以价值上千美元的发展方式宣传这个地方。[83] 尽管如此，柯林斯选择拆迁并形成相似莱弗茨发展特点的限制性契诺。19世纪60年代，柯林斯出生在布鲁克林，他是爱尔兰移民的儿子。他曾以一名建筑师和建造师的身份在世纪之交作为布鲁克林的建筑负责人。在规划他的切斯特区发展时，柯林斯住在两层半的坚固的郊区房子里。这个房子拥有一个占主导地位的半木结构的山墙和宽广的前廊，它位于弗拉特布什的展望公园南部居住区的威斯敏斯特路135号。他的背景，他的专业以及他的私人住宅，没有丝毫展现他对正在进行的拆除和重建的历史形式的荷兰当地景观的兴趣。[84] 联排别墅三层楼高，用砖建成，耗费了5000美元并且房子完全属于一个家庭的财产。像柯林斯这样，切斯特区的家庭买家从来没有从事于荷兰家庭圈的营造。1915年的切斯特区的18个联排房子的居民代表了一个多样化的中产阶级的集体，其中主要是白领及以下为代表的专业人士家庭：办公室经纪、律师、推销员、工程师，木材商人和他的作为速记员的女儿、一间女帽进口商的雇员、管道作业和电力混合公司的雇员们，以及公司的搜索员。[85]

像其他许多最近定居弗拉特布什的居民，这些家庭迁入柯林斯的住宅区，来自社会上有种族关系的社群，拥有不同社会地位、不同种族、不同地域背景。他们中几乎没有在弗拉特布什长大或是有荷兰血统的人。大多数珍视或破坏当地建筑遗产的途径没有通过他们独有的家庭圈。跨越从荷兰美国式房屋到高品质的住宅的潮流门槛，错综复杂的家庭网的形成是荷兰农庄家园的特点，由不同的新人占有的住宅保护意识（房屋的）衰退，以上两点主要影响着荷兰后代的观点和行为。弗拉特布什的保护无疑应享有更大的成功了，它更深入地与销售和购买郊区地段的人产生共鸣。如果得到适当的发展和正确的理解，弗拉特布什的过去则可能会有效地与社会上的郊区未来联系起来。总督斯特伊弗桑特（Stuyvesant）的互助社区和格特鲁德·莱弗茨·范德比尔特的广阔"家庭圈"的概念，以及"古雅"的本土形式，这些本都可以在形成和促进弗拉特布什的新邻里的身份中获得。当人的心关注现在和将来，坚定地树立决心，将自己的全部贡献给当代世界的重要组成部分——过去的建筑和景观，这种情况下保护成功的机会最大。这种情况很少发生在弗拉特布什。柯林斯和他的同事开发和建设并为郊区买家提供市场住宅，相比于满足于中产阶级家庭生活的思想体系的现代住宅形式，缺少了共有的历史。事实证明，这提供了一个比狭隘地链接到荷兰殖民地的历史更具包容性的，并且可能更畅销的基础的联系。在一个转瞬即逝和激进的商业世界的背景下，限制社会的契约提供了一个在邻居中展现自己的强迫性方法，这比一个尊敬偏远民族文化遗产和乡村农业

图 4.12　莱弗茨庄园横穿过布鲁克林植物园迁往它在展望公园的新址。布鲁克林博物馆作为背景位于它的左边。照片由路易斯·布勒（Louis Buhle）于 1918 年拍摄。（来自）布鲁克林植物园图书馆。

社会下不大的建筑碎片更引人注目。[86] 有关于家庭生活中历史部分的薄弱联系提供了一个在荷兰过去和中产阶级现状的共有平台；在 1911 年，这些联系的不确定性，以及更有说服力地表达弗拉特布什的过去，现在与将来联系的保护主义者的失败，这些都阻碍了保护范德维尔庄园运动的进行。

　　成功的范德维尔保护并不一定需要历史故事和社会视野的完全吻合。一些参与的个人本可以保护的建筑远离了社会观点。范德维尔继承人本可以卖掉除了历史建筑和其下土地的所有财产。他们很可能会收到来自购买土地的开发者更少的钱，但家庭成员无疑也同时拥有权力和保护建筑的资源。为此，任何个体开发商，又或者类似此形式的任何独立个人，都可以购买或搬迁到那些数不清的、空置的、位于莱弗茨庄园附近的郊区房子中，用这样的方法来保护这座房子。保护莱弗茨庄园并不需要成为全体社区居民的共同意愿，拥有足够的资源，保护工作可以独自地，甚至高度个性化地完成。当范德维尔家族继续住进他们那历史悠久的房子时，范德维尔家族的老一辈，从某种意义上说，作为个人保护主义者对房子进行了管理。在他们拥有足够的资产可以搬到其他更现代化的住所时，他们仍在庄园待了很长一段时间。但最终，连这条保护线也断了。当范德维尔家族的老一辈去世后，他们家族的其他成员并没有迫不及待地抓住搬进老宅并继续拥有它的机会。在某种程度上，通过这种方法，个人、家族以及更为广泛的社区，都卷入了不断加剧的对荷兰民间风格庄园的破坏中。

保护莱弗茨庄园，收集艺术装饰品

　　1918 年，当莱弗茨庄园被吊起并迁移到展望公园时，这次运动得到了来自莱弗茨家族和弗拉特布什社区居民的极大支持。然而，莱弗茨庄园的成功保护，很少有来自家族或社区的支持，更多的是紧紧依赖更为广阔的布鲁克林社区的社团支持，当然，弗拉特布什除外。最终，在莱弗茨庄园保护运动中，为保护而尽心付出的努力吸引了资本，这些资本需要用来改变运动沿着长期存在的道路——通向贬值的荷兰民间风格建筑遗迹的道路上前进。

在一定程度上，范德维尔庄园失败的保护间接有助于对莱弗茨庄园的保护。它有助于强化当地的文化和保护工作。例如，在它的激励下，查尔斯·A·迪马斯在1911成立了国王郡历史协会（the Kings County Historical Society）。这个协会雄心壮志地打算筹集10万美元用于荷兰早期的在国王郡殖民地庄园的保护工作。虽然最终这首次尝试失败了，这个协会旨在鼓励原始研究，它希望通过演讲、展览以及出版传播等方式对弗拉特布什和国王郡的早期历史知识进行定位，标明历史场所，以及收集历史残片和其他与历史有关的东西。[87]

在其早年，这个社团通过它举办的一年一度的古董展览会直接从事荷兰的物质文化工作。例如，1911年，这个协会组织了一场为期两天的展览会，这个展览会是为了庆祝他们第一次从欧洲殖民在美国的长岛中购买土地的第275个纪念日。人们借给展览会一整排数目令人震惊的物品，有锡制器皿、婚礼面纱、红木椅子、四根帷柱的床、壁炉的风箱，纺纱轮、烛台、旧版荷兰圣经以及范德维尔庄园的门环。大量可供展览的物品凸显了这样一个事实：当地的家庭通过持有一些小的便于越过门槛的制造品来保护并延续有关荷兰文化的记忆。这个门槛把民间风格的住房与现代化的居住区区分开。例如，像克拉克森、莱弗茨、范德比尔以及迪马斯他们无疑把古老的荷兰古董放到他们在19世纪建造的风格完全不同的房子中去。这些物品非常适合维多利亚时期风景如画的、兼收并蓄的建筑风格。在艺术与手工艺运动出现后，因它那简约而唯美的工艺与设计风格而成为一个范例。无论是两者之中的哪种情况，以家居领域市场流行的眼光来说，这些家具都是合格的。[88]

在社团支持保护莱弗茨庄园的过程中，事实上，对艺术装饰品和殖民古迹的关注扮演了十分重要的角色。在很多方面，范德维尔运动与莱弗茨运动十分相似，它们都是在长时间居住在祖传的荷兰式庄园的居民去世后迅速开始的。莱弗茨运动的代表性人物是木材商兼银行家亚历克斯·C·斯奈德（Alex.C.Snyder），他是弗拉特布什斯奈德家族的一员，他为推进保护工作付出了许多努力。[89]查尔斯·A·迪马斯无论是在范德维尔还是莱弗茨运动中都发挥了极大的作用。詹姆斯·莱弗茨（James Lefferts），莱弗茨庄园的最后一位居住者，早期曾在范德维尔庄园保护委员会任职。他去世后，他的继承人来到他保护的庄园，高度赞扬了他为保护范德维尔庄园所作出的贡献。在两个运动中，它们的保护行动倡导者同样都向布鲁克林艺术与科学协会寻求了帮助。早期，协会决定不为范德维尔庄园在植物园提供场所，这间接地促进了它的拆毁。现在，协会的后援同意帮助确保莱弗茨运动的成功。有趣的是，协会对运动的支持并不是源于弗拉特布什当地的历史和保护的观念，而是更多地源于他们新发现的对于收集和展示美国艺术装饰品的责任。莱弗茨庄园只是它收集的最大的美国制造品，它只是新的管理方案的一部分。

该协会在1916年参与到了莱弗茨的运动中。路易斯·莱弗茨·唐斯（Louise Lefferts Downs）请求这个协会的董事会成员艾尔弗雷德·T·怀特（Alferd T.White）参与安置庄园到展望公园这个计划，并且把这当作来自于该协会的美国新装饰艺术品收集的展示空间。这个提议非常具有时代性并且充分引起了怀特的合作热情。[90]1911年，随着范德维尔运动的进行，以孩子们的观点来看的一个荷兰庄园历史的微型立体模型，代表着该协会仅仅参与了美籍荷兰裔的物质文化工作。[91]此外，该协会并没有任何美国装饰艺术。但是在1914年一个富有的律师和古董收藏家卢克·文森特·洛克伍德（Luke Vincent Lockwood）加入该协会的董事会后，这个局面发生了完全的改变。《美国殖民地时期的家具》的作者卢克·文森特·洛克伍德借出家具并帮忙组织了美国装饰艺术展览，[92]这次展览在大都会博物馆的1909年赫德森–

菲尔顿（Hudson-Fulton）庆典展览会上颇具影响力。[93]洛克伍德加入协会一个月后，该协会追随大都会并同意开始采集早期美国的资料。首先购买的包括一扇门、一个存储碗柜和三张椅子，它们都具有荷兰风格。在接下来的 5 年里，该协会花费了将近 14000 美元购买家具。协会还收集了许多具有年代的房间。然而，中央博物馆的有限空间并不能安置全部的家具或者说没有足够的空间展示它们。[94]在这样的背景下，莱弗茨庄园的保护为协会提供了很大的可能性，这是从 1911 年范德维尔保护者建立协会以来从未呈现过的。在一个家族的水平上，莱弗茨的后代尊重本家族和他们的族谱。1905 年，当路易斯·莱弗茨·唐斯参与其中时，社会大众发现她和她的父母仍然住在一所历史悠久的老房子，那所房子的历史可以追溯到当弗拉特布什还是一个荷兰殖民镇时。[95]当婚礼典礼在这所房子里举行时，《纽约时代》周刊报道莱弗茨连续五代人的婚礼都在这个地方举行。[96]

当这个拥有 21 个成员的荷兰古屋保护委员会在 1917 年成立时，它的一部分成员与布鲁克林协会的董事会成员重叠。A·奥古斯·希里（A.Augustus Healy），一个皮革制造商，这个董事会的主席，同时也是装饰艺术委员会的成员之一，并在保护委员会中担任要职。其他的董事会成员，卢克·文森特·洛克伍德、商人艾尔弗雷德·怀特和华尔特·H·克里腾登（Water H.Crittenden）也都加入了荷兰古屋保护委员会。在委员会任职的弗雷德里克·B·普拉特（Frederic B.Pratt），是协会第一任副会长的兄弟，他给了协会第一件美式家具——一件 1720 年的六脚高脚橱柜。这些人通过积极支持莱弗茨计划，获得了一段时间来筹备协会收藏品的展览。[97]当要为搬迁和修复莱弗茨庄园筹集 14500 美元资金时，布鲁克林协会的工作人员率先行动起来，其中怀特和普拉特各自捐助了 3000 美元展开了活动。而出于家族的关注，莱弗茨的后代们捐献了 2325 美元以及他们的庄园本身。[98]

很显然的是，布鲁克林协会的董事会成员参与的目的是在组织庄园保护运动时，避开弗拉特布什以及其与美籍荷兰人身份的直接联系。当然，邻近的居民也为荷兰老屋保护委员会工作。领导他们的是皮带制造商 F·A·M·伯勒尔（F.A.M.Burrell），她是宾夕法尼亚州人，居住于新兴的中上阶级的弗拉特布什居住区，这个小区位于展望公园南部。委员会还有其他一些制造商和资金赞助者，包括范德维尔公园的开发者亨利·A·迈耶，还有布鲁克林的销售经理赫伯特·F·甘尼森，他作为弗拉特布什的最重要的援助者之一加入了委员会。不过，为委员会工作的协会董事成员们都不住在弗拉特布什。委员会的全体成员都住在布鲁克林，委员会因此得到了多份报纸的社会舆论支持，比如说《每日鹰报》。对荷兰式住宅感兴趣的党派把他们的保护工作说成是涉及布鲁克林城市自豪感与竞争力的问题。1916 年，迪克曼（Dyckman）家族重修了在曼哈顿的老宅并将它作为住宅博物馆和公园赠予了市政府。之后布鲁克林的居民转向莱弗茨运动，使布鲁克林像曼哈顿一样，鼓励本地居民的爱国主义，表达对先辈的感激之情，并用有形的实例帮助教授后代们历史知识，这些给未来一代带来灵感和指引。[99]公园理事将从荷兰老房保护委员会得到的房子称为"布鲁克林人民的巨大财产"。[100]之后公园委员会将房子租给布鲁克林协会，布鲁克林协会又将它转租给美国革命女儿会的格林堡（the Fort Greene Chapter of the Daughters of the American Revolution）。协会立即用弗雷德里克·B·普拉特捐给协会的橱柜、乔治·D·普拉特（George D.Pratt）捐赠的一张餐桌和六张椅子、一面镜子布置了一间赫波怀特式（Hepplewhite）的展览餐室。放在中央博物馆一间小展示厅的展示品中有一张 19 世纪早期的牌桌和协会在 1915～1916 年间获得的物品。[101]以布鲁克林协会、美国革命女儿会以及牵涉进其中的非弗拉特布什居民为代表的更为广泛的群众和社团基础，有力地推进了莱弗茨庄园保护运动的成功。

莱弗茨保护运动与布鲁克林协会合作的初衷是收集美国艺术装饰品以及老式房屋，但在这过程中，他们的合作也为保护工作提供了至关重要的推动力、理论基础和支持。莱弗茨运动同样也引发了社会紧急状态的出现，这些我们可以在它呼吁的爱国主义者、民族主义者以及19世纪末20世纪初标志着殖民化在美国不断复苏的美国化运动中看到。政治和社会方面的领导人因大量涌入美国的外国移民者特别是涌入像纽约和布鲁克林这样的大城市的移民者而不安，他们努力确保他们历史遗产的首要地位，同时又与移民在成为美国人过程中所需要具备的品德相联系。简朴、诚信、努力以及谦逊，这些品德长期以来塑造了弗拉特布什古典的荷兰式民间风格的建筑在当地的形象，并且开始焕发出新的活力。事实上这些品质特点可以说是美国价值的核心部分。领导们认为有必要承认、赞美以及传授给新移民者这些品德。1915年，纽约州美国革命女儿会的副董事指着曼哈顿最后一座荷兰风格的房子说，对于形成城市的自豪感以及保护快速消失的描述我们祖先一生事迹的地标性建筑，它是至关重要的。威胁迫在眉睫，大量外国人涌入我们国家以及许多对我们的传统完全不了解的人加入到政府机构，这些意味着社区的共同理念、城市自豪感、传统以及历史性的地标建筑很可能将被新移民者归入到垃圾堆中。[102] 随着新世纪的到来，像《女士之家》期刊的编辑爱德华·伯克特（Edward Bok）这样的社会评论员提出论点，她坚称荷兰对美国价值观的形成起着关键性的作用。伯克引用了美国历史学家道格拉斯·坎贝尔（Douglas Campbell）的书中的观点，认为报道、选举、公共教育以及宗教信仰的自由都直接来源于荷兰，[103] 这个更具有广度的观点强调了荷兰古迹对纽约市以及美国的重要性，可以为个人或社团保护弗拉特布什荷兰式民间风格的遗迹提供最有影响力的环境。早期的个人、家族或社团办法都没能成功地保护受到威胁的庄园。一个变化的关于荷兰式遗迹的意义及重要性的观点简单转变了盛行的贬值及毁坏模式。

尽管成功地结合了个人、社区以及协会对保护工作的支持，但这并不足以证明莱弗茨庄园的保护工作在荷兰后代或市民的爱国主义和弗拉特布什的社会身份之中，支撑着社会凝聚力。当保护主义者把莱弗茨庄园搬迁到展望公园，他们将庄园与遍布的灯火通明的城郊地区相分离，以此来显示他们对于历史的崇敬。公园为莱弗茨庄园提供了一个远离声器的环境，这与弗拉特布什大街现代化发展的喧闹形成了强烈对比。事实上，在这份尊敬之中公园就像一个墓地，现代的旁观者暗喻展望公园为莱弗茨庄园"最后一个可供休息的地方"。[104] 因此，在展望公园中，在协会的掌控下，莱弗茨庄园激发了一个地方及一个遗址的历史记忆。他们不鼓励游客通过可触摸的方法抓住农村地区的荷兰民间风格住宅与在弗拉特布什的现代城郊风光之间的历史关系。事实上，当迁移房子时，它保留了一个很大的两层的配楼，这个配楼在19世纪50年代由约翰·莱弗茨建造。在保护主义者看来，这是一个完全多余的部分，它损害了莱弗茨庄园"纯粹的荷兰式建筑"风格。然而，保留配楼可以让游客衡量17～20世纪之间家居空间标准的变化，并帮助他们看到人们如何根据需要改造早期的历史悠久的房子。[105] 尽管受限，彻底的、间断性的保护工作，似乎提供了一个唯一的可替代盛行的破坏弗拉特布什建筑遗迹的方法。在地域性景观评论家杰克逊的文章《不可避免的毁坏》中，他深入探究了城市对于保护工作的局限，包括被称为间断性"黄金时期"，以及趋于删减那些反映过去与现在关系的关键性方面。根据杰克逊说的，"过去聚焦的是和谐的开始，随之带来的将是十分丰富的东西。没有可供我们学习的教训，没有需要履行的盟约，我们陶醉在一种纯粹的状态中，并成为环境中的一部分。历史停止存在。"[106] 展望公园向人们介绍了一种莱弗茨庄园与它在弗拉特布什历史上的位置之间的间断性联系。

经过几年的对保护荷兰式庄园的倡导，尽管只获得了有限的成功，查尔斯·A·迪马斯无疑在莱弗茨运动取得的成果中采取了一些值得自豪的措施。他也许从未赞成历史古迹与城市的结合，包括把莱弗茨庄园从弗拉特布什大街搬到展望公园的提议。这对他来说无疑是一次稀有的、显著的保护工作的成功。尽管他曾经在另外一个场合上强调反对历史纪念馆与展望公园并置。1932年，迪马斯召集了国王郡历史保护协会的成员，反对在乔治·华盛顿200周年诞辰的时候在公园修建弗农山庄复制品的提议。迪马斯宣称：人类不可能制造一个复制品并让它成为一个圣地。它是一个艺术品，而非吸引观众的手段。圣地必须是一个场所或是建筑本身。[107] 迪马斯和他的同伴建议，放弃复制品，他们希望在布鲁克林第五大道的废墟之上修复18世纪的斯运河（Gowanus House）住宅。他们争辩说，华盛顿将军在美国大革命的长岛战争期间站在了那个石屋的旁边。迪马斯还建议在华盛顿庆典期间延长开放莱弗茨庄园的时间。尽管他们提出了这些建议，纽约华盛顿200周年诞辰委员会以及纽约市公园部门都支持修建复制品的建议。1932年6月，迪马斯陪同美国第一夫人卢·亨利·胡佛（Lou Henry Hoover）参观了展望公园及弗农山庄复制品。[108]

查尔斯·迪马斯评论说弗农山庄复制品不仅突出了他的保护工作的核心，还突出了他自身保护观点的局限。迪马斯坚信它承载着真正建立历史遗迹的可靠力量，能够创造未来，获得公民的敬仰，促进公民对历史的认识，并激励他们保护历史遗迹。对受保护地区原真性的坚持通常作为导向性而存在，但保护工作通常需要灵活可变的原则。复制品对古迹所呈现的力量构成了威胁。如果复制品可以承担历史圣地的地位，那么保护古迹的必要性就减小了。复制品还会给保护工作带来麻烦。在什么时候保护工作开始对复制品的质量进行管理？是在建筑被吊起并迁离他们原来地方的时候吗？是它的增建建筑被拆的时候？是给建筑以更简单线条的修复工作完成的时候？还是给室内添置一大批艺术装饰品的时候？尽管查尔斯·迪马斯从未承认它，但在展望公园，受到批判的弗农山庄复制品和莱弗茨庄园让游客得到了不仅仅是物质上的接近。

103　在20世纪70年代和80年代，因为纽约市指定更大的区域为当地历史古迹区，弗拉特布什的保护区加宽了，该保护区由地标保护委员会管理。因为面临着快速的人口流动以及威胁性的经济盘旋下降，后期的保护主义者发起运动去保护建筑形式以及弗拉特布什世纪之交郊区风景的经济可行性。这个建筑物由人类建造，也是为了人类而建造，这些人从未意识到保护弗拉特布什历史悠久老房子的重要性。20世纪后期，遍布弗拉特布什的城郊家庭式建筑凭借自己的条件得到了广泛的欢迎、理解以及赞赏。它吸引了那些可以调动大量资源保留以及保护那些有重大价值的老房子的人。最初帮助形成居民点的城郊意识形态的关键方面，无论是对于长住居民还是新来者来说，都将持续存在意义。这个文化连续体意味着，相比于保护主义者的前辈在20世纪初尝试保护弗拉特布什传统的荷兰美式庄园遗迹的环境，他们在20世纪末在弗拉特布什的城郊风景中找到了更有利的环境。后期的保护主义者通过了解历史叙述以及建筑形式，很容易地将他们从弗拉特布什城郊的发展起点，经由中间几十年时间，准确无误地转移到现在居民点前面的草坪和门廊上。对于弗拉特布什传统荷兰美式庄园的支持者，过去与现在之间的道路从未显得如此平坦。

保护哈得孙

拯救帕利塞兹

乍看之下，联邦政府于 1872 年开始建造的黄石国家公园，并没有与弗农山庄女士协会于 1850 年保存的乔治·华盛顿故居有多少共同点。黄石国家公园尊崇自然，风景秀丽，相比之下，弗农山庄体现了美国国家历史的叙事。黄石国家公园富于地质优势，而弗农山庄是以历史时间为主题。尽管如此，黄石第一国家公园以为公众开放作为根本目的想法，依然是延续早期的弗农山庄保护的思想：即"为后代保留下来的地方"。因此在研究历史景观的保护时，不能仅考虑多样化的历史景观保护角度，而忽略了他们的共同目标。在 19 世纪末和 20 世纪初，随着历史保存这一绝对性特权的显著扩大，保护开始向旨在保护有价值的资源，而不受市场经济的约束发展。这两个运动的支持者也都声称，社会细化、培养和分享，将来自对神圣地方的保护和参与。

认为蛮荒是人类文化和历史的对立或者说矫正的倾向，往往不利于我们承认历史保存和保护的相互联系。将历史建筑保存和自然保护作为两个单独的努力处理方向，往往会扭曲他们的历史。它忽略了如成立于 1891 年的马萨诸塞州的保护信托，和于 1895 年在纽约成立的结合历史建筑保护和风景名胜保护于一身的美国风景名胜保护协会等的组织。[1] 它忽略了一个事实，1906 年联邦古物法具有里程碑意义地赋予了总统在公共土地上建立"国家纪念碑"的权力，它具有"历史和史前历史名胜结构，核对其他对象的历史或科学价值。"在西奥多·罗斯福（Theodore Roosevelt）总统的手中，该法快速促进了因其迷人风景而著名的石化林（Petrified Forest）国家公园和大峡谷国家纪念碑（Grand Canyon national monuments）的建立。[2] 它同样不能为一个机构从事复杂的事业，此机构在 1916 年国家公园法提出"提供相同的方式保护自然风景、历史的对象、野生动物，通过这种手段组织的后代分享受到损害"。[3] 在这里，历史和风景均作为单一景观的组成部分。

环境史学家威廉·克罗农（William Cronon）帮助我们超越了简单的蛮荒和文明的二重性，看到他们作为相互关联的文化链条，克罗农认为，与其把蛮荒视为文化的解毒剂，我们应该承认："如何发明和如何构建，美国蛮荒真的是……没有什么自然蛮荒的概念，它完全是一种文化的创造，它旨在否定。"[4] 对于构建蛮荒的重要性的文化，同样也对构造古迹具有重要意义。我们通过对保护景观和自然领域的协会探索，意识到了一个对历史保护的更复杂的理解。在美国，内战后的崛起保护运动，远离了以前的支持无管制发展和经济剥削的土地政

图 5.1 帕利塞兹悬崖和哈得孙河河流，点缀着山石坡的碎石，采石场建筑和下面的野生植被。照片由 Rotograph 公司提供，1900 年，Nyack 图书馆。

策。新技术需要砍伐森林、采矿山、蓄水，以前所未有的规模破坏景观，而且铁路雇用了越来越多的人参与或目击这些销毁行为。在他们的努力下，环境改革者最终成功地预留了一定的为公众的审美和文化享受的景观。[5] 这个过程中，他们在借鉴了历史建筑保护模式的同时，极大地拓宽了保存本身的范围。

　　本章讨论了哈得孙河城墙，壮观的石头墙壁超过 500 英尺，沿 14 公里的纽约市北部的哈得孙河的西岸（图 5.1）。当熔岩形成侵入砂岩层，帕利塞兹后来形成了冰河时代的冰川行动而造成的独特条纹。在 19 世纪的最后几十年中，采石工大力破坏帕利塞兹。他们炸开悬崖，粉碎石头，并运到纽约市和其他城镇建造碎石道路和混凝土建筑地基。本章将讨论由帕利塞兹的斗争引起的不同的观点和价值观。最明显的冲突存在于审美理想和保护主义者和采石工的商业计算之间。帕利塞兹保护运动本身形成了鲜明对立的冲突。是否应该在行使公共权力或私人购买行为前提前保护？许多保护主义者认为成功的唯一希望来自于建立一个包含广泛维权联盟、需要日常活动和来自政府领导的公共财政支持这一公开过程，这种方法与大幅主张简单购买截然不同，而是更倾向于私人购买，以停止采石的破坏。理论上，这两种方法或许都可以保持帕利塞兹。然而，私人购买可以保留帕利塞兹花园，但是对于促进该地区甚至全国范围内更完整的保存和保护工作的开展则帮助较少。最后，在公共权力和私人资源的互补下停止对帕利塞兹的破坏。帕利塞兹保护中公共和私人相互作用的这一特点证明了美国历史保护中开发概念的核心。

爆破帕利塞兹

　　1898 年 3 月 4 日，爱丽丝·哈格蒂（Alice Haggerty），来自新泽西州的科特维利（Coytesville）的"一个穿着漂亮裙摆的爱尔兰女孩"，沿哈得孙河帕利塞兹一路吸引了聚集附近的新泽西州李堡市人群的关注。哈格蒂，水牛城天主教主教的侄女，通过使用 7000 磅炸药引爆帕利塞兹的"动画大赛"的获胜取得了拆除帕利塞兹的特权。炸药被投放在形成于被称为印

图5.2 休·赖利（Hugh Reilly），木匠兄弟"爆破老板"在帕利塞兹采石场。这张赖利的工人阶级服装新闻照和被破坏风景的壮观形成鲜明的对比。图片来自纽约时报论坛，1899年3月31日。

图5.3 帕利塞兹视线观察者，Keystone景观公司，1920年，图来自纽约公共图书馆。

度头部（Indian Head）的帕利塞兹悬崖到木匠兄弟（Carpenter Brother）石头间突出河边植物的岩石层上。它炸出了35万吨的暗色岩，这些石头足够碾碎机工作好几个月。查看爆炸后，乔治木匠和阿龙木匠从他们的船的安全上岸，并祝贺休·赖利（图5.2），他们的"爆破老板"。据一家报纸记载，意大利的采石场工人"一窝蜂地冲下来，检查沉船，聚在一起并且嘶哑地欢呼。"[6]

当采石场业主和工人庆祝的时候，其他人谴责他们为"可憎的破坏者"，"恶劣掠夺自然界高贵的纪念碑之一"，"对人类犯下的罪"。[7]这些谴责促使了一个旨在平息爆破事件、保留现状和驱使爱尔兰和意大利的采石工人带着他们的欢呼声远离帕利塞兹的活动的建立。保护主义者思考一个经过精细设计的景观地块意义要远远超过一个粗糙处理的景观地块（图5.3）。他们更赞成精雕细琢的手艺而不是那双"破坏艺术的手"[8]，无论是爱丽丝·哈格蒂的"轻轻擦拭"柱塞的手，或者是休·赖利设置炸药时"快速、准确"的"壮汉的手臂"。[9]

1900年后，保护主义者开始欢呼而采石工则在抗议。他们以由纽约和新泽西州的立法机关设立的联合帕利塞兹州际公园委员会立法机构的身份行使权力。委员会将私人和公共资源结合起来建立公园，按照法例规定"保留帕利塞兹的风光"。[10]这种由委员会保存自然的地景标志，的确比较符合较低地势的哈得孙山谷的美学特征（图5.4）。在他们看来，在很大程度上采石场的利益集团视帕利塞兹公园及其后续扩展计划为"站不住脚的计划"，一场富人的土地争夺战"因为那些遭破坏的毫无价值的岩石碾碎展出突然变得歇斯底里"。面对这个公园计划，采石工人声称，"我们不能住在风景之上。"[11]

作为保护主义者期望的对象，帕利塞兹和其他同样作为历史保护的传统基地保持了一个相当复杂的关系，历史建筑和古迹的支持者往往认为：这些地方拥有使一个特定的历史叙述更明显、更令人难忘的力量。相比之下，大部分保护主义者，更看重帕利塞兹壮观的地质形态而不是和人类历史的特殊关联性（图5.6）。

图 5.4　帕利塞兹和荷马拉姆斯德尔（Homer Ramsdell）轮船，图片来自国家铁路新闻公司，1910 年。作者收藏中的明信片。

图 5.5　帕利塞兹视线观察者，由 William M.Chase 拍摄，1875 年，图片来自纽约公共图书馆。

图 5.6　李堡市港口上的帕利塞兹，新泽西，E&H. T 公司，1880 年，图片来自纽约公共图书馆。

还有一个规模上的显著差异存在于那些高度达到高 500 英尺并且沿哈得孙延伸数英里的岩石形成区和那些被熟知的往往也是保护主义者想要寻求保护的历史建筑物或场所之间。尽管存在这些差异，该活动还是能够从现有的历史保护中汲取经验，提出独特的方法来保护帕利塞兹。首先保护主义者要确定一个威胁帕利塞兹和其他许多历史遗迹的共同弊病。他们还认为，帕利塞兹花园像其他历史遗迹一样，可以提供一个显著的稳定感，以抵消在纽约城市景观迅速变化过程中所产生的错乱感情。风景名胜保护背后共享的威胁感和共享的目的性甚至导致保护主义提倡者认为，帕利塞兹确实是在历史性和显著标志性上和美国的历史、国家主义、身份特性的核心描述有关联。

在强调风景名胜和历史遗迹的共同威胁方面，保护主义者直接将矛头指向现代经济的破坏性影响上。1894 年论坛报（Tribune）报道，促使拆除那些具有历史痕迹的古建筑的动力就是为了腾出地方来建设巨大的商业大厦，这些新建商业建筑将一盏盏电灯悬置在神坛上而且还沿着一座古老的教堂走道……在帕利塞兹它已经伸出了魔掌并且威胁到古建筑的巨大墙面。[12]对金钱的狂热追求越来越威胁到具有秀美风光的景点和那些具有重大历史意义的地点。销毁这些地方似乎会危及社会文化体系，这些文化体系被认为是传承自礼仪文化，同时又和历史，以及对自然风光的敬仰有关联。现代破坏力的代表也加入到了目前的问题中来；许多保护主义者支持另一套致力于文化、美学和历史的价值观而反对狭隘商业承诺的主张。[13]

存在于保护和当今市场经济之间的明显对立，需要一定的确认；许多参与帕利塞兹保护运动而且是贡献很大的一部分人也有不少主导了现代世界的商业和金融界。很少有证据表明，像J·P·摩根（J.P Morgan）、约翰·D·洛克菲勒、乔治·W·帕金斯（George W.Perkins）和爱德华·亨利·哈里曼（Edward Henry Harriman），将支持帕利塞兹保存，视为显著削弱他们的私人商业业务的事。相反，他们已经将世界范围内的风景和历史文化保护看成是一种文明的境界，而且实际上，还促进了公正建立，增加了生活的意义，极大地扩展了商业领域。他们当中的许多人还认为生活的标准和意义一部分来自于合理地使用了财富来促进一个更为精细和培养的世界。在塑造现代市场世界的过程中，他们没有发现这种行为作为一个关键要素并没有和包括历史、风景、艺术和文化的不一致。事实上，为帕利塞兹保护所做的大量的私人捐款和安德鲁·卡耐基（Andrew Carnegie）在19世纪80年代后期所做的"财富福音"整齐衔接了。

卡耐基认为，剩余财富集中在少数人手中需要被看作一个诚信托付，被认证以便产生"最有利于社会的结果"。在他看来，富人在其能力范围内要组织进行慈善行为"使得更多的人可以从中获得持续的利益"，并且使得生活变得更有尊严。[14]帕利塞兹的保护和财富的积累并没有矛盾，成为在某些情况下能够建成现代化商业大厦又能在同一时间欣赏和保护风景名胜的地方。[15]

论坛报指出，与历史建筑破坏有关的商业大楼，诱发了城市原有面貌的更新、改观和错位。历史建筑和风景名胜区在纽约迅速又急剧变化的特质下能够提供一些熟悉感和稳定感。可以说，当周边文脉由于新近建设被转移的时候，许多历史建筑的特质被深刻地改变和破坏了，在这个城市转变的过程中帕利塞兹的保护工作具有更强大的稳定性。被现代变革速度冲击的人们，凝视城市的西北方向时看到一个由一座令人印象深刻的悬崖环绕，熟悉的又没有被改变的景观，这是令人欣慰的，这里的景观就好像对人类的定居痕迹和变革产生免疫了一样。比起道路、街区、和建筑，环绕城市的自然风光似乎更有能力提供地域熟悉感。事实上，虽然被风景画家和工程师渗透，中央公园从它明显的对于剧烈城市及公元周围的建筑的免疫力上得到了显著的力量。纽约时报报道了1898年帕利塞兹印度头部的破坏时，标志着一个熟悉的、古老的、稳定的景观的消逝：

> 哈得孙帕利塞兹的最优秀且最令人印象深刻的景点之一——印度之首，她的魅影已经散落在广阔的水域中很长时间了，它高耸的威严给第一次探索这个宁静的河流时的亨德里克哈德孙留下了深刻的印象，两百年来使百万计的人欢悦，但就在昨天她被7000磅炸药炸成了碎片……她似乎向那些微不足道的男人和那些碾压过她的机器宣布，在还没有人之前，它就已经存在了，并期待他们一代代的通过直到最后一个都逝去了她还是会保持下去，也包括所有的他们在河道上建立的那些拥挤的充满报复的建筑物最终也将崩溃……[16]

当印度之首被炸的比岩石还要粉碎时，对于一个稳定并且熟悉的景观体系的体验甚至是

108

97

期望也粉碎了。当历史建筑和历史遗迹消失时，人们明显感受到了相似的失落感。

保护主义的支持者很擅长讨论帕利塞兹景观之外的意义，在地质时代，帕利塞兹对于描述人类历史和美国民族主义起着至关重要的作用。从这个角度来讲，保护帕利塞兹的运动和那些保护历史建筑和区域的保护主义采用的已经被熟悉的策略相关度更高。亨利·哈得孙（Henry Hudson）有感于帕利塞兹给他的深刻印象，在《泰晤士报》（The Times）上发表了关于建议尽一些微薄之力将人类历史的描述嫁接到一些珍贵的地段上主要是为了提升其景观品质。就此而论，印度之首和固体岩石一样都是历史幻影，保护主义者还指出，帕利塞兹包含了许多革命战争时期的著名地点。除这些之外，这些组织还从更深的文化视角认识到，美国风景的关键性意义是一个更加传奇的历史景观的名片；这一概念为美国民族主义中的历史视角植根于美国风景中奠定了基础。

早在保护帕利塞兹运动开始半个世纪前，托马斯·科尔（Thomas Cole）就曾探讨过这些问题。在他的 1836 年《论美国风景》中，科尔对比了美国风景与欧洲风景，认为人们不应该忽略美国风景的价值，因为似乎"那些古代遗迹的缺乏……因为虽然美国风景中缺失了一些给予欧洲价值的事件，但仍然具有自己特点和可以光耀的地方，这些都是不为欧洲所知的。"科尔认为，和人类历史"想要结合的意愿"并不是特别困难的；无疑在未来将会发生更重大的事情。在科尔调查美国风景的过程中，他表达了他的悲伤，"这些景观的美正在迅速消逝－来自斧头等工具的破坏越来越多——最珍贵的景观也已经荒废，并经常充斥着不应在文明国度出现的放荡和野蛮。"但他认为这是任何社会所必经的道路，并预测它"可能导致最后的改善"对科尔来说，美国风光是美国这个国家故事中非常重要的一部分。[17]科尔的文章暗示，肆意破坏风景可能导致一个既缺乏历史又缺乏美丽的美国景观。

对帕利塞兹采石工人的破坏行动持批评态度的人回应了科尔早期对美国风景破坏的担忧。事实上，19 世纪末，当美国人越来越冷静地评估人类对自身的破坏力时，关于这个问题严重性的紧迫感逐渐增强；这一概念曾在 1864 年出版的有着巨大影响力的《人类与自然》一书中提及，这本书由自然资源保护论者和外交官乔治·帕金斯·马什（George Perkins Marsh）出版。[18]马什认为，人类实际上是在干扰自然的平衡与和谐，而继续这样做只会把自己置于危险中。他警告说，森林退化改变了地球生态，损害了人类赖以生活的自然要素。马什写道，"人类毁坏了自然在她组织和无机创作中建立的关系和平衡；她会对入侵者施行报复，会在她受破坏的区域释放破坏性能量，这些能量迄今以有机力量保存起来，成为她的最好助剂；但她不明智地分散和驱动了作用领域。"[19]科尔主要关注于山脉、湖泊、瀑布、河流、森林和天空，而马什特别关注于森林、水和沙漠。巨变和抵抗带给了帕利塞兹非常明显的破坏，无论是从以科尔为代表的从审美视角看待，还是从以马什为代表的环境和生态的角度来看待。对于马什来说，他认可在艾迪伦达克森林（Adirondack forest）"原始状态"部分作为"一个为学生提供教学的博物馆，一个为热爱大自然人提供休闲的花园，一个土著树种和植物可以自由生长的庇护所"是可以承担一部分保护任务的。[20]尽管直到 1892 年才建立艾迪伦达克国家公园，但是它补充了旨在保护美国风景的景观中特殊保护范围的早期建立。[21]随后在 1894 年又有一重要举措根据新宪法规定的国家森林保护"永远列为野生林地"的原则而出台，完全避免了任何砍伐破坏。[22]1885 年尼亚加拉大瀑布保护区（Niagara Falls Reservation Park）的建立和 1872 年黄石国家公园的成立验证了这一办法。这些景观从美学和生态学角度确认了大自然和美国特性和民族主义之间的特殊联系。他们帮助说明了人们需要对帕利塞兹进行特殊保护的背景。

帕利塞兹保存运动记载了庆祝背景下的必然性——"对于公共行动的需求是显著表现的"，

使反对帕利塞兹破坏的情绪"开始结晶"。[23]

雷蒙德·奥·布莱恩（Raymond O's Brien）认为，在他改变对哈得孙河流域风景态度的历程中，来自各种公民团体的"愤怒"促进了"补救措施。"[24]然而，运动一旦开始，是不能保证成功的。大型采石活动作为一个合法的私有财产权利的事件，以相对不受约束的态度进行了几十年。论坛报，一个支持保护行动的编辑界权威，在1899年报道说，"显而易见的事实是，人们对帕利塞兹保护的兴趣是不够统一和强大的以至于不足以以长期认真的态度完成这项事业。"事实上，许多人都强烈抵制，公共税款应用于维护风景的提议（图5.7）。[25]为了了解一个被少数人提议的观点如何赢得成功，需要来自社会和政治的审议以及保护主义者的理想化立场。

附近的滋扰

以在哈得孙河的居民区的人居多，发起运动保护帕利塞兹风光并结束来自采石场的"滋扰"。作为市民休闲场所的帕利塞兹公园惊人的受欢迎程度，已渐渐模糊了帕利塞兹风景保护主义者中狭隘和更私人利益的部分。19世纪的大部分时间里，石矿场经营者和对秀丽风景感兴趣的人同时追求他们在帕利塞兹的不同利益。19世纪90年代对帕利塞兹不同的意见发生激烈的冲突，部分原因是采石场做法的变化意味着对风景更多威胁。在19世纪初采石已经基本上局限于堆积在悬崖脚下的碎石斜坡。在19世纪80年代和90年代越来越多陷阱岩的使用，蒸汽钻头的引入，高等级炸药的使用，在固定式破碎站的投资成本上升，促使石矿场经营者开始在碎石斜坡以外工作，并开始开采帕利塞兹悬崖的表层。在19世纪90年代活跃的石矿场作业只占用了几千英尺的帕利塞兹。但是，这些区域，所有的植被被剥离，形成了保护主义者认为的"被撕裂的难看的污点"，"丑陋的碎石堆，堆积在松动的土壤环境上方"。（图5.8）在水岸边竖立着"昏暗的、尘土飞扬的、叮当作响的、咆哮式的破碎机总是冒着白色的尘云。"[26]许多人开始设想帕利塞兹的"终极毁灭"。

面对帕利塞兹采石场的扩张，哈得孙河沿途的居民推动了一系列的保护计划。例如，在1894年，新泽西州恩格尔伍德附近的大业主寻求建立一个城镇改善协会来努力保护帕利塞兹。这个协会包括帕利塞兹悬崖和河流沿岸的土地拥有者，以及沿悬崖部分预计通勤的铁路用户。

图5.7　对在努力保护帕利塞兹过程中不合法行为的卡通讽刺，纽约时报论坛，1901年1月31日。

图5.8　在李堡市港口部分被木匠兄弟帕利塞兹公司开发后形成的截面破坏了原始植被，同时减少到了悬崖阶层的部分，1897年拍摄，帕利塞兹周内公园委员会。

该协会旨在寻求一种将沿线的常规发展和该地区最重要和宜人的风景保护工作协调统一的办法。此外，规划者希望为沿帕利塞兹居民和社区提供一种保护模式。[27]

村子的改善团体从不在规划阶段外组织，因此没有影响到帕利塞兹的保护。然而，这个想法突出显示了19世纪90年代的住宅业主确定他们关于帕利塞兹保护和反对采石场的利益关系的一种趋势。这个联盟和19世纪的郊区化广泛模式相平行，新郊区居民，越来越多地致力于将一个独立的国内领域概念理想化，表示自己反对早已经广泛占领大都市的边缘地带的工厂和"滋扰"。[28]

从新泽西州郊区穿过哈得孙，在纽约市的里弗代尔（Riverdale）部分富裕的居民也试图通过取缔帕利塞兹采石场来巩固完善他们社区的内部感。纽约出版商和河谷居民威廉·H·阿普尔顿（William H.Appleton）抱怨不已"我们和我们的家庭已经遭受了由于河石矿场作业引起的可怕的痛苦"。[29]1894年，他以他个人名义呼吁成立帕利塞兹保护协会。阿普尔顿的邻居，金属商人和铜业巨头威廉·E·道奇（William E.Dodge），抱怨道，"这些炸药爆炸的可怕回响"让他在里弗代尔的夏季住宅，"现在包括纽约市在内的数十英里最具价值的财产……对于常住居民来说已经无法被使用。"[30]道奇的铜和煤炭业务在炸药和破碎机械中被使用；然而亚利桑那州和新墨西哥州的矿区在哈得孙河域辐射范围之外。在这里保护主义者从事的是一个相对形式。他们在某种语言环境中而不是在其他方面支持自然保护工作。事实上，道奇觉得哈得孙河和帕利塞兹悬崖的景致十分吸引人，以至于他们最初出现在他在1896的任务肖像图中，这幅图由丹尼尔·亨廷顿（Daniel Huntington）绘制。（图5.9）新泽西州的银行家詹姆斯·G·哈

图5.9　威廉·E·道奇在纽约里弗代尔的家中，背景描述了哈得孙河岸帕利塞兹景观。画家丹尼尔亨廷顿，1896年。纽约州立商会。

斯金（James G.Hasking）坚持认为，"如果必须有矿井岩石贸易，那将有很多，它不会错过任何地方。"他指出帕利塞兹脊西侧可开采，但他预测，采石工人将拒绝支付运输石头到河岸来航运的额外费用。[31]

保护协会提出的几个方面，同时多方向进行寻求私人救济和公众解决方案。该协会希望检测那些"受伤"的采石私人的合法权益—也就是已被木匠兄弟公司和其他石矿场经营人侵犯后而认为他们拥有安静的哈得孙河家园和帕利塞兹风光的权利。如果法院发现，采石场经营者非法侵入他们邻居的私有财产，那么他们可能会没有任何更广泛的承诺或对部分市民的参与地关闭采石场。但保护协会也旨在凝聚大众的支持，并"为保护美丽的帕利塞兹引起适当的反美情绪"。[32]威廉·道奇咨询了哈佛大学教授查尔斯·艾略特·诺顿（Charles Eliot Norton）和景观设计师弗雷德里克·劳·奥姆斯特德（Frederick Law Olmsted）。他们两人都在保护尼亚加拉大瀑布中发挥了重要作用。道奇还计划，争取各种"本地当事人和编辑"的支持。[33]诺顿，奥姆斯特德以及编辑可能会提出更多的公共课程的行动。事实上，景观建筑师卡尔弗特·沃克斯（Calvert Vaux）和奥姆斯特德，他的前合伙人，考虑到帕利塞兹保护问题时，认为通过许多相同的方式，他们已经看到了中央公园40年之后的状况。他们认为，城市增速超过了合理的考虑帕利塞兹和保留他们"自由出入"的市民公园。奥姆斯特德坚持，比如在帕利塞兹的一个主要景区，有它接近纽约市的特征，不应由私人拥有。[34]

奥姆斯特德的一个关于公共公园的建议，显然超出了许多通过一系列私人购买和法院的判决可以预见到自己拥有的风光的房地产业主的需求。事实上，威廉·道奇已经探索这个方向。当布朗和弗莱明（Brown & Fleming）公司开始经营一个采石场和与威廉·道奇的里弗代尔家隔河相望的粉碎厂，道奇通过购买大片的帕利塞兹周边的土地对布朗和弗莱明曾希望扩大其经营的采石场的想法做出回应。当该公司用完它能用的石头，他们不得不关闭工厂。[35]道奇没有孤立追求这种"私人方式"的保护。在19世纪90年代许多帕利塞兹的住宅用地富裕业主从采石场可能发展的角度购买了表面和脚下的悬崖，以寻求"自我保护"。[36]一些观察家坚持认为这是继续进行的方式，而且在他们看来，"举行愤怒的会议或试图争取立法，以防止他们目前的业主赚钱"似乎更可取。[37]

新泽西州的立法机关本身没有一个公园试图阻止帕利塞兹风景的破坏；1874年立法禁止帕利塞兹的任何形式的广告招牌和通知。1895年立法会试图更积极地维护帕利塞兹风光，不是规范或没收私有财产，也不是创造一个公园，而是通过限制公共河岸土地的使用。州立法机关指导控制新泽西州水下土地的滨河事务委员会来禁止在人们在使用河岸地区时从事"对帕利塞兹产生破坏性损害的工作或活动"。[38]法案力求"保存完整的帕利塞兹地区的统一性和连续性。"法案也将阻止在哈得孙河超过国家控制水域的航道进行碎石运输。

因为她的美丽，滨河事务委员会成员要求立法机关将保护范围扩展至树木、灌木甚至是帕利塞兹山脚下的碎石；然而，立法会拒绝这样做。[39]尽管如此，保护主义者希望法律可以结束采石场沿河发展的趋势。[40]木匠兄弟公司设法在法案刚好实施前通过在临近采石场的地下水地区采取一个永久的河岸租赁法规来避免常规管理条文。就在新泽西州参议院通过其限制性的条例草案后的第四天，即1895年1月31日该公司收到了契约，也仅仅是州长和政府部门协同制定和通过这项法案的前两周。该公司可能会在最后期限前想出一些别出心裁的办法，至少是建议五名撰写条例合同的委员之一，哈得孙法庭律师威拉德·C·菲斯克（Willard C.Fisk），作为有限合伙人并担任三年后合并的木匠兄弟公司秘书。[41]

国家立法机关，国会和公共公园提议

在 19 世纪 90 年代中期，纽约和新泽西州的官员探讨了帕利塞兹公共公园的可能性，对于联邦政府来说他们最有希望。1895 ~ 1898 年之间，纽约和新泽西州的国会代表团和他们的选民成员请求军事委员会提议联邦委员会来接管帕利塞兹。1895 年纽约和新泽西州的立法机关成立帕利塞兹委员会，以探讨军事公园的想法和建议的立法；1896 年初都议会通过帕利塞兹土地作为一个军事公园割让给联邦政府使用的法律。1895，当新泽西州参议院辩论关于帕利塞兹的问题的时候，首席参议员明确拒绝了参议员亨利·温顿（Henry Winton）的关于声称国家已承担着一个帕利塞兹"监护人"的作用，并因此应该通过一系列"美丽的公园"的行动来"美化"性能，来帮助公众获得乐趣和利益的提议。[42]

在 19 世纪 90 年代中期私人和立法行动上的关注重点继续延伸到风景保护中。然而，一些精明的与会者认为他们的论据需要更加完善以更吸引联邦官员。约翰·詹姆斯·罗伯逊·克洛斯（John James Robertson Croes）协助表达为帕利塞兹转变保护原理的案件。克洛斯，曾作为一名土木工程师，在供水、水电、排污和灌溉系统方面有着丰富的专业经验，居住在纽约帕利塞兹对面的扬克斯。在 19 世纪 70 年代，克洛斯与弗雷德里克在布朗克斯街道规划中进行过合作，这个规划的主要目的在于将占主导地位的城市电网以一种更有利的平面布局形式以便更紧密地适应当地的地形条件。克洛斯和奥姆斯特德特别关注促进里弗代尔发展成为一个高档住宅区的可能性。[43] 作为为割让帕利塞兹给联邦政府使用而在纽约成立的委员会的成员，克洛斯强烈地感到，只有政府性行为才可以挽救帕利塞兹。他认为"热心公益的公民财富"能够成功完成帕利塞兹的保护是"完全荒谬的"。[44]

1896 年，克洛斯向威廉·道奇勾勒出他在为保护帕利塞兹所购买的 2000 亩事件中征募联邦政府的支持的战略手段。他报告说"主要动机毫无疑问是情感和审美上的，但作为美国宪法不承认美和感官上的满足，讨论必须独自建立在公共政策的基础上。"克洛斯将讨论方向面向公众教育，更重要的是面向公众安全。克洛斯来说公共政策应该包括"通过保存争取独立斗争的记忆来使得爱国主义精神继续保持活力"。此外，它还包括来自联邦警察的"看得见的表现"的力量，这些力量足够让聚集在纽约市的"外国无政府主义者和社会主义者的动荡元素保持敬畏"并且似乎等待着"一些地方道德败坏"来进行"推翻所有低级和秩序"的活动。[45] 在这里，克洛斯表明愿意大幅调整政治主张，以促进保护的目标的进行。这种讨论的策略性重新定位预测了许多未来的保护中需要面对的，在个人和社区中展开关于保护讨论和管理以应对未来发展中那些假设的和不可想象的不同的形式的斗争。

尽管有克洛斯和他委员会的同事以及海军部长坚持不屑的支持努力，很少有人认真对待帕利塞兹军事公园支持者制定的安全声明。国会众议院军事委员会的出现"而不是对帕利塞兹军事公园的冷漠"。战争秘书长并不赞同这个想法。[46]19 世纪 90 年代末的经济危机的深化，无疑也打击利益的提案。军事公园的想法，也引发了通常工作在帕利塞兹辩论之间作为对手的联盟。石矿场的运作加入了占领的帕利塞兹山的脊大地主，努力战胜这个想法。如果 2000 英亩的军事公园包括道顶部的悬崖，那么沿帕利塞兹的采石场业主、居民、住宅开发都将失去自己的土地。有些人试图制定出一个折中方案，即政府将只采取帕利塞兹自己在悬崖脚下的狭长土地。所以，没有统领过纽约市的制高点的妥协似乎削弱了军事公园的想法。[47]

联邦政府的管辖建议，将有助于克服预期的调和纽约居民在保护相邻国家土地更大的兴趣的困难。威廉·道奇曾提到当他对保护事业的支持写信给弗雷德里克·奥姆斯特德寻求他的意见的这种紧张。他写道："不幸的是，帕利塞兹是在新泽西州和其法律的边缘，但从未想过该国人民，所以我们处于劣势。"[48] 这个论点中包含一些夸张，但它确实强调了撇开它作为一个风景优美宜人的帕利塞兹的一个公园的任何概念价值。

保护运动十字军

在 19 世纪 90 年代后期，因为希望有效的私人保护和联邦军事公园的建立希望渺茫，保护主义者探索建立一个州际公园委员会的可能性。委员会构想按照曾经倡导的建立一个军事公园的新泽西和纽约立法研究委员会的步骤来。它也将为公共保护的概念从联邦政府转移到州政府。这里保护运动取得了个人和机构的大力支持，已经远超出了帕利塞兹区。两个民间组织，新泽西州妇女俱乐部联合会和纽约美国风景名胜保护协会抓住保护不放，并非常有效地游说公众在新泽西和纽约的国家立法机关支持帕利塞兹保护。1895 年新泽西立法机构曾认为没有必要为保护帕利塞兹建立公共国家公园，他们试图推翻这一想法。

帕利塞兹运动补充了妇女俱乐部联合会的文艺、教育和福利方面的议程。该联合会成立于 1894 年，旨在促进整个新泽西州不同妇女俱乐部和协会之间的沟通、了解和"互相帮助"。联合会的早期工作包括促进城镇改善工程、公共图书馆、学校、幼儿园和其他教育改革。联合会还发起了"安全、理智的"美国独立纪念日，用爱国庆典代替烟花汇演。在 20 世纪早期，联合会支持禁酒令、妇女选举权、电影审查制度以及各种美国化运动。在一定方面，联合会扩大了中产阶级妇女参加公共生活的范围；然而，他们的工作一般都遵循当前有关妇女作为伦理道德管家的假设，审美价值的确定与市场中男性的商业追求不同，在许多情况下，甚至相反。

该联合会追求其帕利塞兹的工作为"纯审美动机"。[49] 因此，保护行动以自然美景和国内安定保护为目的，而不是市场需要。将妇女作为保护运动的一部分，是因为帕利塞兹位于大都会地区，而且采石行为破坏了国内国民情感。在 19 世纪末其他的主要保护运动中，从约塞米蒂（Yosemite）到黄石再到尼亚加拉大瀑布都没有女性参与，从而使得她们出现在帕利塞兹十字军的队伍中更值得注意。在这些其他地方中，特别是在西部，蛮荒保护的支持者认为男性是主要受益人。但在帕利塞兹事件中论点不同。这里，由于更容易接近，妇女们更受益于保护行动。

最初，联合会只是简单地联合其他个人和组织一起请愿国会建立军事公园保护帕利塞兹。[50] 当这一计划被搁置后，联合会成员在新泽西州为保护活动集合支持。关于帕利塞兹保护的文章出现在 1896 年 3 月的联合会会议上。1897 年 5 月，在恩格尔伍德，峭壁之上，联合会讨论了一整天帕利塞兹问题。1897 年 9 月，沿着哈得孙河从泽西市到哈弗斯特劳湾（Haverstraw Bay）进行了一次游艇旅行检查。根据联合会主席塞塞莉亚·盖姆茨（Cecelia Gaines）的说法，该组织希望保护帕利塞兹免受"亵渎；它憎恨出卖哈得孙河的宏伟城墙用于铺设街道的想法。作为女人我们被禁止立法；但我们可以鼓动。"[51] 正是她们的鼓动为帮助新泽西州帕利塞兹保护行动奠定了公共基础。

在纽约，美国的风景名胜保护协会对帕利塞兹保护成功，成为一个很好的例子。这个协会是在律师安德鲁·H·格林（Andrew H.Green）的领导下，于 1895 年成立的。安德鲁 H·格林是中央公园前处长，前纽约市主计长，尼亚加拉大瀑布保护专员，巩固大纽约地区的主要倡导者，前纽约州州长塞缪尔·蒂尔登（Samuel Tilden）的法律合作伙伴和政治门生。这个协会原名为保护风景名胜地方协会，景区协会奉行一个多样化且雄心勃勃的议程，其工

图 5.10　汉密尔顿农庄，建于 1802 年，约翰·麦科姆·Jr（John Mc Comb Jr）建造。通过美国风景和历史保护机构进行的保护联盟，拍摄于 1889 年，国会图书馆。

作是"保存、创造和教育"，它的目的是"保存已经毁坏的美丽的自然景观特点，并保存被闭塞或破坏的名称、地点以及被当地国家和民族的历史所确定的对象"。[52] 协会承担了几个风景名胜区和历史悠久的地方机构的托管工作，包括哈得孙河上的石点战场（Stony Point Battlefield）保护，杰纳西河（Genesee River）上的莱奇沃思公园（Letchworth Park），扬克斯（Yonkers）的菲利普斯庄园厅（Philipse Manor Hall），和纽约市的汉密尔顿农庄（Hamilton Grange）（图 5.10）。景区协会旨在培养一个国家议程，但在纽约州地区的工作最有效。[53]

对于景区协会，不仅仅是对于妇女俱乐部联合会，对风景秀丽的或历史性里程碑的材
115　料的质量都有着极大的重要性。协会对事物的力量、正确的理解、教导和培养人都有很大的信心。哥伦比亚大学建筑系教授 A·D·F·哈姆林（A.D.F.Hamlin），在 1902 年发表的风景区协会的演讲中，讨论了其工作的物质基础。哈姆林始终坚持认为"作为人类行动移动电源的情绪，始终依存于物质符号。在所有年龄段，它都已经通过眼睛和耳朵激起了新的生命上诉，这些是平静耳语无力引起的……历史遗址和建筑物……铭记记忆，更新爱国主义，公民道德，虔诚和爱的潜移默化的影响。一个历史悠久的建筑，是一个不断的历史……常年的灵感泉源。"

保护主义者相信促进历史记忆连续性和稳定性的风景区协会的保护工作的力量。例如，在 1905 年，社会试图说服纽约第一长老教会不放弃其 19 世纪 40 年代的建筑——一个"显著的世俗建筑单调呆板"地侵蚀第五大道的建筑。社会局长爱德华·阿加曼·霍尔（Edward Hagaman Hall）写道，"在这个不断变化的城市，我们必须看看我们的教堂、地标建筑等稳定的证据。在城市发展的迫切需要下，商业建筑和公寓一代代的兴起而后消失。我们的记忆、感情和历史传统很难持久，我们只需要美丽的第一教堂给我们一些与身边稍纵即逝的变化相反的坚定性和稳定性。"[54] 社会把握住帕利塞兹作为一个重要的位置，可以促进作为一个难忘的景点的稳定感——在每一个字的意义上的一个里程碑。

风景区协会和妇女俱乐部联合会的成员寻求一些比调解过去和现在之间的关系更根本的东西。他们试图建立一个重要的民间团体来培养事物并反对帕利塞兹岩石行业体现的"侵犯商业企业"行为。[55]景区协会设法保护像第一教堂这样的建筑物，它们"作为最好和最崇高的人们的努力和服务相结合的纪念碑，并为可见的纽带将世代最高努力的见证。"[56]对于帕利塞兹这种情况，保护主义者一代代的投身于他们的事业，他们"为后人义务工作"，从某种意义上说，如果悬崖被破坏了，[57]他们"遥远的子孙永远不会原谅我们"。他们视保护工作为一个农耕社会中的"最高程度的努力"。

在促进个人、地标和历史这三者的结合时，保护主义者也同时在他们自己之间建立了联系，这与实物利益完全不同。妇女联盟为新泽西妇女提供了除自身俱乐部和社区的狭隘兴趣之外的改善社交的机会，通过这样在她们中建立了一个更广大的社区。景区协会通过共同历史与美学的主张建立了一个公民群体。以联邦为例，社会保护过程本身建立了社区；参与保护运动的人们认为他们在促进"文明进程迈出一步"[58]时占据了先锋的位置。因为在所有关于世代连接的探讨中，公民道德和社会意识很显然在保护主义者们之间更为盛行，他们为保护运动付出了共同努力。而以帕利塞兹为例，如果保护主义者选择个人方式——通过法庭诉讼或者简单的石矿场私人买卖，这类重要和知之甚多的保护运动组织显然发展的机会要少很多。

在妇女联合会和哈得孙河沿岸居民内部形成的强大社团——景区协会上，为帕利塞兹运动的推广奠定了良好的基础。最根本的一点是这项运动争取来了新泽西州和纽约州立法机关的成员们。1899年，在得到立法机构的批准后，新泽西州和纽约州的州长任命了新的帕利塞兹委员会去起草新保护计划。据说新泽西州州长福斯特·M·福尔希斯（Foster M.Voorhees）已经告诉联邦成员们个中原因是"绝望"，他确实回应了联邦的游说并任命了新的五人委员会；它包括联邦总统塞塞莉亚·盖姆茨和伊丽莎白·B·弗米利耶（Elizabeth B.Vermilye），联邦帕利塞兹小组委员会的领导。妇女在保护运动中的显著地位成为一个问题。正当委员会的提议要形成立法时，一位新泽西州参议员宣称："谴责这项法案的主要事情之一是妇女们支持它，而我的妻子却不。"该法案的支持者用新泽西的"贵妇耻辱"来抨击这条评论。[59]在纽约州，州长西奥多·罗斯福则任用景区协会推荐的人来组建委员会。

1899年研究委员会提出了一项由新泽西州和纽约州州长任命和确认的，具有相同成员的州际委员会的设想，该设想为帕利塞兹保护运动做出了贡献。在州长罗斯福和其他人看来，州际委员会的设想帮助克服了居住在哈得孙河新泽西州一侧的纽约居民对土地的浓厚兴趣所带来的障碍。[60]尽管历史上种种针对帕利塞兹的争论和政治不作为，18世纪90年代末，保护运动使州立法机构成员最终支持保护运动。妇女俱乐部和美国风景及历史保护协会联盟的努力在帕利塞兹以外的居民和立法代表中赢得了更多的支持者。

1900年3月，一项建造一座公园"以保护帕利塞兹风景"的法案在纽约州立法机构全票通过，而在新泽西州也只有一票反对。然而如此广泛的支持并不能保证保护运动的成功（图5.11）。新泽西和纽约当局分别只拨付了5000和10000美元的款项，此款项仅够支付州际公园委员会的行政管理费用。

帕利塞兹州际公园委员会：平静的并购

常设帕利塞兹委员会的建立为帕利塞兹保护带来了思想政治轮廓的重要重构。1900年前，帕利塞兹保护运动联合了断断续续的"私人行动"，以及妇女俱乐部联合会和美国风景名胜

图 5.11　卡通形象生动地表达了来自纽约和新泽西州的合法努力保护和帕利塞兹（在漫画中被描绘成女性）的联合。图片来自纽约时报评论，1901 年 3 月 24 日。

保护协会越来越有效的社区建设运动。1900 年后，帕利塞兹保护运动偏离了其成长的社会基础，而采用了在保护中的另一个有力的方式——简单的私人策展收购。事实上这是一个不小的讽刺，帕利塞兹保护运动获得了公共权力和土地的公共谴责，[61] 它脱离了可以远远超出帕利塞兹问题的培养保护方面的指导支持。当帕利塞兹保护的私人策展崛起，或者更准确地说是重新出现，曾是帕利塞兹毁坏者的市场成了保护者。

117　　　1900 年常设帕利塞兹委员会的任命标志着公民维权行动向策展收购的过渡。1899 年新泽西研究委员会的五个成员中只有两个成为新帕利塞兹州际公园委员会的成员，而这两位都不是妇女联合会的成员。在纽约，罗斯福州长并没有继续录用 1899 年委员会的任何成员，常设委员会中也不包括风景保护协会的任何成员。这在风景保护协会中引起了不小的烦恼。一些保护主义者也认为，任命这样一个常设委员会，成员由具有商业背景并对帕利塞兹的美丽真正感兴趣的人组成，会比那些"自己磨轴"的行动主义者更有效。从这个意义上来说，排除联合会和风景保护协会似乎是处心积虑想要改变帕利塞兹争论的性质。[62]

图 5.12　乔治·沃尔布里奇·帕金斯（George Walbridge Perkins）。由 Harris & Ewing 于 1911 年拍摄，国会图书馆。

乔治·沃尔布里奇·帕金斯（图 5.12），新委员会的第一任主席，是帕利塞兹保护改变方式的典型代表。帕金斯，纽约人寿保险公司的帝国大厦副总统和摩根大通的未来合伙人，非常了解帕利塞兹。他在里弗代尔的三层房子有一个环绕走廊，直接面向河对面的悬崖。1900 年，38 岁的帕金斯与他的妻子埃维莉娜和儿女共享里弗代尔的舒适。一个主要由瑞典移民组成的 9 人房屋维护人员来到了帕金斯和他的家庭中。[63] 然而，帕利塞兹的采石扰乱了他们家的欢乐。1894 年，帕金斯和他的邻居威廉·道奇一起寻求通过法律方式结束采石和爆破行为；他抱怨采石作业使他两岁的女儿从小睡中惊醒。然而，帕金斯从未参与保护帕利塞兹的更有组织的活动。他保护帕利塞兹的方式与以前的努力相比更加醒目。他认为帕利塞兹是一个整合问题，不同于作为摩根合伙人时将国际收割机公司、美国钢铁公司和北方证券公司信托合并的工作方式。相似平行的情况是十分清晰的；帕利塞兹公园计划要求一个单一的公司实体委员会，将哈得孙超过十四英里的175处独立土地储备整合形成公园。但也有不同之处。信托业务谈判一般在非常秘密的情况下进行。而帕利塞兹保护迄今为止一直非常的公开。

帕金斯最初的"行动计划"包括一些加强或与现有保护联盟合作的努力。他只是试图将帕利塞兹土地所有者集合起来，使他们考虑将土地捐献给委员会，或者，确定他们想出售土地的价格。这些计划基于以前保护的私人努力，并假定在委员会的努力下，许多土地所有者认识到了他们的共同利益。如前所述，一些大的帕利塞兹土地所有者基于"抵抗采石业的自我保护"，而购买了悬崖和沿哈得孙河土地。随着"务实、负责"的委员会出现，许多土地所有者期待合作建立公园。[64] 根据帕金斯的计划，委员会将会对私人利益和私人保护的历史进行估价；它最初计划向有兴趣的个人出售价值25万～50万美元的证书，以支持委员会购买土地。[65] 证书计划可以利用帕利塞兹保护的早期支持者；然而，帕金斯却发现实施起来相当困难，因为原来的保护阵营要求公开。他们的公开方法背离了他的希望，委员会将"不会试图在报纸上刊登我们正在做的事情或者会议中通过讲述成功的事件来说服公众。因为一般如果这样的话，我们将无法以更低的价格获取业主的财产。"[66]

在追求其安静行动方式的过程中，帕金斯逐渐忽视了让他建立公民协会联合会的建议。例如，弗雷德里克·S·兰姆（Frederick S.Lamb），风景保护协会的成员之一，曾敦促帕金斯将包括妇女俱乐部联合会、新泽西新英格兰协会、纽约市风景协会、纽约改革俱乐部、纽约建筑联盟、纽约国家雕塑协会和纽约国家艺术俱乐部在内的协会联合起来。虽然帕金斯将会发现很难获得风景保护协会的"合作"，但是兰姆敦促帕金斯撰写"外交"信来寻求风景保护协会的帮助。为了努力改善"或多或少对立"的关系，兰姆还使帕金斯迅速当选为风景保护协会的受托人。帕金斯接受了任命，但是当协会向他询问委员会的进展时，他却拒绝了；他坚持"委员会一致认为，迄今因为保持低调而取得了较好进展，说的少，做的多。"帕金斯坚持这一政策，尽管事实上媒体已经开始公开猜测委员会是否还"存在"。[67]

委员会的安静行动计划也令妇女俱乐部联合会感到困扰。在常设委员会成立后，妇女们并没有停止帕利塞兹的工作，而是继续推进工作。未任命进入到常设委员会的1899年新泽西研究委员的三名成员，包括两位联合会妇女，建立了帕利塞兹保护联盟。他们预计，该联盟将会继续建立公民的保护情感，并筹集资金为帕利塞兹公园购买土地。帕利塞兹为联合会提供了很好的动员议题，妇女们不愿意只是站在一边。当帕金斯想让私人筹款对象为委员会和他计划成立的私人附属机构进行筹款时，联盟主席迅速提出反对。伊丽莎白·B·弗米利耶担任联盟的第一任主席，认为帕金斯将联盟定性为它的附属机构。当帕金斯犹豫时，弗米利耶宣布，该委员会的存在"主要是由于妇女们坚持不懈的努力"，而他们的工作是"公认与委员会合作的关系。"最后，弗米利耶写道，"原谅我的侵扰，但我已为这件事付出了多年的思考、努力与时间，并且真正希望您和我们的工作获得成功。"[68]帕金斯回答说，他希望继续以"尽可能最和谐的方式进行"；然而，他拒绝了联盟的任何正式角色。[69]

妇女的公开诉求情感和帕金斯的私人策展方法之间的矛盾很快出现。联盟起草了一份帕利塞兹筹款呼吁。它概述了"自然伟大灾变"的"最美"证据。它谴责了以为采石场代表的"肮

图 5.13　木匠兄弟帕利塞兹采石场和石块碾碎工厂，1901 年，来自美国月事件回顾，1901 年 7 月。

脏的追求自私利益"。它宣称，"热爱祖国"、"最高的爱国主义"和"民族主义"使得"保护自然风光的这些突出特征不受侵犯极其重要……将使我们的国土更加自豪。"帕金斯写道，草案所载"语言太过华丽……并没有与地球足够接近，面对你们的联盟或我们的委员会，没有严格处理事实。"他认为，"不值得"公开这封信。[70]

批判联盟信的语言和腔调只是一部分，旨在鼓动广大公众行动的公民言论，策展诉求的一般回避。像对待风景保护协会一样，帕金斯也无视联盟征募他来参加公共集会的努力。1901 年，弗米利耶邀请帕金斯参加联盟的年度会议。她希望举办一个"盛大热情的会议"，将有助于"热烈的公众舆论"。帕金斯犹豫是否加入，回答说，"我们所有的工作已经悄悄地开展。"弗米利耶并没有看到这一策略的价值，特别是当帕利塞兹委员会寻求立法的进一步行动时。她写信给帕金斯，"安静行动的方式可能在纽约有效，但恐怕在新泽西不行。唯一能推行法案的是……公众情感的表达。"[71]当联盟放弃为购买帕利塞兹土地募集资金时，"安静方法"的成功凸显出来。弗米利耶写信给帕金斯，"新泽西的妇女所做的远超过……你所知道的……这些年妇女们在整个国家激起了公众感情，无疑在新泽西有所帮助。现在我不想这一切努力都完全没有记录。"弗米利耶要求沿帕利塞兹应有一个地点用于纪念这些妇女的工作。最终，由联盟筹集的资金致力于建设这样一个纪念馆。[72]

委员会的早期成功进一步促进了妇女们的瓦解。尽管帕金斯坚持委员会奉行安静方式进行保护，但他设立了一个课程，极大地吸引了公众舆论，他要求迅速停止所有沿帕利塞兹的爆破行动。他成功地达成协议关闭了木匠兄弟的采石场。即使只有有限的可用资源，委员会仅用纽约州的 1 万美元拨款获取了木匠兄弟物业的购置权，然后募集私人资金购买。

和其他采石场经营者不同，木匠兄弟受到了帕利塞兹保护主义者的仇恨；他们的名字经常作为帕利塞兹的破坏者出现在报纸上。他们经营着帕利塞兹最大的采石场；他们雇用了约 150 名职工，每年出售超过十万立方码的暗色岩。乔治木匠和亚伦木匠，曾是道路承包商，在 1891 年开始了他们的帕利塞兹采石经营（图 5.13），以每年 1500 美元的租金租用威廉·O·埃里森（William O.Allison）的土地。埃里森拥有大片适宜居住的土地，并为保护帕利塞兹的美丽做出了一些努力。租约规定，木匠兄弟"作业的采石场必须保证帕利塞兹墙是垂直的，水平保持直面。"[73]后来停止了这些限制，1894年当木匠兄弟以两万五千美元购买了土地后，开始了更广泛的采石。1898年，木匠兄弟经营的企业拥有了十万美元资金，布拉德斯特里特（Bradstreet）信用报告评估工厂和采石场的价值超过了十万美元，木匠企业经营得很好，"利润很高"；作为企业经营者，他们具有"良好的个人声誉"。[74]

1990年，乔治·帕金斯进入木匠兄弟采石场进行谈判，除了商业利益外，很少有东西能将乔治和亚伦木匠与相对富有的从事帕利塞兹保护事业的保护主义者分开。乔治55岁，亚伦50岁。他们在纽约出生，他们的双亲也是在纽约出生。他们与家族一起生活在纽约切斯特港国王街的坚固房屋中，雇佣移民作为仆人。[75]

与帕金斯进行一些交易后，木匠兄弟采石场对帕利塞兹保护产生了兴趣，因为那些曾在

图5.14 约翰·皮尔庞特·摩根（John Pierpont Morgan，Jr），登录到在曼哈顿的游艇上，拍摄于1914年，现藏于国会图书馆。

19世纪90年代批判过他们的人。乔治木匠兄弟采石场写信给帕金斯道："那些理事是全然一致"地希望能够保护帕利塞兹，并协助委员会，"这样他们就能够不经股东同意而如此执行了，"木匠兄弟采石场将土地、码头、建筑物、箱子、引擎、锅炉、重力、电缆、铁路、碎石机、升降机、起重杆、汽钻、输送机胶带装置以及其他工具逐条记载。他们优越的竞争优势使得其他石矿场经营人从帕利塞兹的1895河岸驱逐行动中得以实现。木匠兄弟为保护主义者提供20万美元的支持。[76]1900年10月，帕金斯写信给木匠兄弟采石场："我将狂热地追随你的脚步，并将我拥有的每个闲暇时刻都致力于它。"[77]经过协商后，木匠兄弟采石场强调"对于该所有权，他们不可能少于20万美元的，但是他们急着要看到帕利塞兹被保护下来，他们会自己从腰包中拿出25000美元。[78]他们最终将采石场以132500美元的价格出售。有了1万美元的头期款，他们同意在1900年12月24日停止采石，给委员会5个月的时间筹集余额。此外，木匠兄弟采石场同意永远停止在哈得孙河沿岸采石、爆破或移除石头，'特别'是在帕利塞兹地区。[79]

当木匠兄弟采石场同意给予委员会认购权并停止在帕利塞兹采石时，帕金斯已经取得实质性的进展，他从私人渠道筹集了需要的资金。固定收购以J·皮尔庞特·摩根（J.Pierpont Morgan）承担的形式进行。根据多次账户，当帕金斯给他资金购买木匠采石场时，摩根立即同意给他25000美元。然后补充道，如果帕金斯想要加入J·皮尔庞特·摩根的话，他将立即捐赠全额购买需要的122500美元。帕金斯起初拒绝了合作请求；在1901年加入摩根成为其一员前，摩根已经同意支付木匠的余额。

对于艺术和文学的大收藏者摩根来说，帕利塞兹为他从纽约到克兰斯顿之间的游艇旅行提供了标志景观。他的哈得孙河庄园位于邻近西点军校的橘子郡（图5.14）。摩根在1872年

购买了该庄园，并将其发展成为有着壮观沿河美景的 675 英亩绅士农场的典范。该庄园内有水果树、葡萄园、花房、牛奶场以及具有优良血统的牛群。摩根喜欢将自己农场生产的新鲜农产品和奶制品给纽约的朋友。1900 年，摩根的由门廊和花园包围的三层小楼雇用了 11 个厨师和女仆和男管家。克兰斯顿的舒适在于听不到帕利塞兹的采石场爆破声；然而摩根喜欢这片美景并且对南方的邻居颇为同情。[80]

摩根以及他购买行为的鉴别力和权力，罕见地遍及了从艺术和文学领域到铁路和银行方面，对木匠兄弟采石场的购买也是十分明智的。他简单的购买行为与多年来停止采石场的公共活动形成强烈对比。一些观察者说摩根的购买维护了商业代理和市场的利益。被商业化威胁的景观被一个使现代金融和资本主义人性化的人解救了。同意采石场出售后，帕金斯自己试图将这个计划变成简单的商业行为。他说："采石工的所属公司一般被纽约人认为是魔鬼，坦率地讲，有效率的人半途中就准备好会见我们，实际上他们也以合理的价位将他们的财产卖给我们。"有报纸报道了帕金斯的观点，甚至进一步对商业利益加了编者按语："将自然美摧毁的石头承包商难以与唯美主义者相媲美，也很难像平常人一样不滥用权利，他们是追求赢利的野蛮人，优美风景的破坏者……对帕利塞兹的爆破终止了多年前就存在的，但从未始于商人的需求，那就是商人开始被赋予保证悬崖保护下来的任务。"[81] 当然，撇开谈判优势，这一事件掩盖了河谷区商人的早期保护行动中的努力。国家最高支配权的公共权利赋予帕金斯和委员逼近木匠兄弟采石场的权利，然而私人资金显然进一步推动了帕利塞兹保护。

帕金斯和委员会利用摩根提供的权利调控帕利塞兹保护的重要公共基金。他着手处理纽约州和新泽西州的立法机关有关终止爆破和采石的信息，同时摩根的资金使得木匠的大片土地包含在委员会的管辖权下。然后他报告了摩根购买的条件。摩根只购买立法机关给予足够拨款以保证能够购买拟作为公园的剩余土地的那块地。州长本杰明·奥德尔（Benjamin Odell）敦促立法机关听从具有公益精神的绅士领导的意见，他们把认购采石场作为"解决帕利塞兹保护问题的地方与商业方案。"[82] 纽约州立法机关全体通过拨款 40 万美元给委员会，而新泽西州仅拨款 5 万美元。虽然如此，帕金斯向摩根保证了其发展。"你的慷慨让我们的立法有了担保，这样帕利塞兹就得以保存下来了。"[83]

摩根购买木匠兄弟的土地作为私人土地，对帕利塞兹保护起到了重大的贡献作用。激进主义分子，联邦妇女俱乐部和景观协会的更多公共工程站在了保护运动的边缘。景观协会 1905 选举摩根为组织的名誉会长，再次主张其与帕利塞兹保护的关联，但实际上对培养拓宽公民知识，让社会知晓帕利塞兹早期工作所做的甚少。[84] 摩根贡献的重要方式改变了委员会工作的争论本质。特别是它开始了向因个人利益而占有和霸取土地的富人提出控诉，是帕利塞兹保护的一个"非周密性方案"。1902 ～ 1906 年间争论尤其激烈，当时委员会与纽约州立法机关为是否沿哈得孙河以北，特别是上奈亚村（Upper Nyack）中胡克山脉（Hook Mountain）进一步延伸争论不休。

委员会考虑到延伸至胡克山脉，与以木匠兄弟关系密切的"商业化"完全不和。威尔逊·P·福斯（Wilson P.Foss），胡克山脉暗色岩采石场的主要场主（图 5.15），对委员会满是轻蔑嘲弄。[85] 就胡克山脉而言，保护主义者少以冷漠态度要求建立保护选民区来争论，更多以保护价值和理念形式进行公开辩论。摩根对于帕利塞兹保护的大力支持为胡克山脉反对保护者开辟了道路，分歧主要在于百万富翁的审美情趣和采石场工人及社区的经济利益。

19 世纪 90 年代，这场争论迎来了胡克山脉大规模采石场的到来。奈亚晚报记者的社论使采石效用的背景发生转变，突出新兴争论的主线。当大型采石场准备在胡克山脉 37 英亩土

122

图 5.15 Foss & Conklin 石块碾碎工厂坐落在纽约罗克兰湖泊胡克山脉沿帕利塞兹，拍摄于 1900 年，现藏于帕利塞兹州际公园委员会。

地开工时，记者满怀激情地颂扬新的大片区域的前景，"工业的欢迎曲。"[86] 反响两周后，报纸声明新的采石场将"恶劣地破坏自然美"，并对造成的滋扰和烦恼不予赔偿。此外，报纸起初期望的工作人口增加将"必然不会提高邻近土地的价值，因为新的殖民是肮脏且不可取的。"[87]

当奈亚晚报记着报道"整个社区人民"对采石场的愤慨时，夸大了当地意见的一致性。在上奈亚，特别是罗克兰湖社区（Rockland Lake），大批的移民劳动者和采石工迫切期盼采石场的建立。他们来自于各个国家，但是采石工主要来自意大利、斯洛文尼亚和匈牙利。报纸报道采石场会迫使"居民"搬离并防止他人进入，简单地将采石工划为非居民人口。暗色岩采石场的支持者声称胡克山脉的保护损害的恰恰是这些移民者的利益，反对者则驳斥说，采石工都是外国人，"不能说英语"。[88] 因此保护运动中，采石工作为破坏代理者的地位是显而易见的，而在索求工作的社会宽容请求权时是不可见的。例如，当争论采石场问题时，没有人听说过 31 岁的意大利采石工赛尔瓦托马萨（Salvatore Mazza）。1899 年移民后，马萨在上奈亚克拉什路（Crusher Road）租了一个房子。他和他的妻子乔凡娜，女儿尼诺以及 17 个在采石场作采石工的意大利房客一起生活。[89] 在保护辩论中，采石场主与帕利塞兹保护者，那些认为现在胡克山脉不是用于做陷阱用而是用于景观的人辩论。

1899 年，与新胡克山脉采石场场址毗邻庄园的庄园主，亚瑟·C·塔克（Arthur C.Tucker）与詹姆斯·P·马奎德（James P.McQuaide）向胡克山脉采石发起第一轮挑战。他们设法让法庭禁止纽约的马克铺路公司在胡克山脉采石以及建立采石粉碎车间。他们清晰地陈述了自己的担忧，二人都觉得尘土、污垢、烟尘以及采石爆破和粉碎的噪声会破坏他们庄园的兴致。39 岁的塔克与他的母亲、配偶、五个孩子以及 4 个爱尔兰仆人住在一起。他宽敞而又昂贵的房子坐落在 20 英亩的土地上，配以花房、温室、林荫树、灌木丛和花朵。他从 19 世纪 80 年代中期起就拥有了这栋房子。38 岁的马奎德，国家管道和电缆公司的经理是刚搬进来的住户，

1895 年购买了住宅，并与配偶、3 个孩子、配偶的双亲、4 个仆人居住在一起。马奎德庄园，落叶松奥德尔农场都是迷人的住宅，被 50 英亩的美丽大地环绕着，并以长在将近 600 株树上的"著名的"巴氏梨闻名。塔克和马奎德说，采石场对于家庭生活的设计以及对大自然的享受无疑是"巨大的，不可弥补的损害。"在当地法庭上，塔克和马奎德获胜；纽约最高法院禁止了采石场的开设。然而 1901 年，最高法院的诉法院推翻了该决定。声明禁止采石场开设剥夺了采石场场主"享受"土地使用的权利。塔克和马奎德的辩护律师建议他们不要再进一步提出诉讼。[90]

当塔克和马奎德的问题开始时，帕利塞兹永久性委员会并不存在。当他们的诉讼垂败时，他们饶有兴趣地查看了委员会的早期成功案例。他们特别希望有法案能够延伸委员会的地域管辖权，这样就能够迫使胡克山脉采石场关闭。1902 年，参议员路易斯·顾赛尔（Louis Goodsell）引进一法案进入纽约立法机构。该法案允许委员会获得帕利塞兹和石点公园保护区间林荫大道和公园带的土地，位于胡克山脉北 9 英里处。林荫道将缓和河岸以北的运输，创造了一个便利的驾驶车道，为哈得孙河沿岸，包括胡克山脉的景点保护提供了依据。[91]针对法院判定"有整车钱财的"塔克和马奎德的败诉，那些支持采石场利益的人声称"富人知晓法律是反对他们的；因此提出的林荫道计划摆脱了山脉的困扰……现在只能嗅到游戏的味道，让国家为了城镇百万富翁的利益霸取私人土地的"伎俩"应防患于未然。"[92]

詹姆斯·马奎德为寻求支持延伸委员会的管辖权而积极奔走。特别是他力图让在哈得孙河以东工作的人对此项目感兴趣以获得立法通过。他发现自己最重要的联盟是约翰·D·洛克菲勒。他的家族庄园位于胡克山脉对面的波卡蒂科山（Pocantico）（图 5.16）。马奎德请求洛克菲勒组织河畔东部"有影响的人"联系他们在奥尔巴尼的"朋友"，以确保顾赛尔法案通过。采石场爆破已经困扰洛克菲勒多年。洛克菲勒向纽约副州长蒂莫西·L·伍德拉夫（Timothy L.Woodruff）陈述自己的案例。伍德拉夫赞成通过顾赛尔法案。早期他曾担任过布鲁克林公园委员会理事。在西奥多·罗斯福担任副州长时，就积极倡导永久性保护阿迪朗达克山脉（Adirondacks）和卡德奇山脉（Catskills）"蛮荒"地区的森林。伍德拉夫促进了永久

性帕利塞兹委员会的成立，并领导着 1901 年阿迪朗达克山脉保护协会的成立。[93]尽管罗斯福继任者本杰明·奥德尔州长在 1901 年签署拨款 40 万美元给帕利塞兹委员会，但对于延伸管辖权的举动似乎模棱两可，态度不明。根据伍德拉夫，顾赛尔法案的支持需要罗斯福施加"影响以强制执行"。

立法机构通过了顾赛尔法案，因为议会一致支持管辖权的延伸；参议院以 27 票支持：7 票反对通过该法案。然而该法案并未包含任何拨款，又一次，有关百万富翁形象的流言四起，散布消息说罗斯福或摩根准备购买多余的土地。[94]景观会社支持该法案，上奈亚村委会通过支持该项目的决议。虽然如此，马奎德还是直接向罗斯福直接地表达其"最诚挚的感谢"，并致信写道在奈亚的他及邻居觉得法案的通过"完全是受到您的影响。"[95]

保护主义者很快发现他们影响力的局限性。尽管有顾赛尔法案的大力法律支持，州长奥德尔还是决定特别聆听反对他签署法案成为法律的言论。州长奥德尔在橘子郡建立自己的业务，在冰冻事业中积累了政治财富，与胡克山脉和洛克兰湖的采石场场主及冰冻生产者有许多共同之处。他聆听了保护主义者对于"公益"事业的辩护以及采石场场主、工人和社区的经济利益辩护后，奥德尔否决了该法案。他坚持要求不拨款购买这片土地，宣称顾赛尔法案将扰乱当地商业运行。[96]

胡克山的两边就私人利益对抗公共利益方面，辩论是否投否决票。保护主义者采用了修

图 5.16　吉库尤（Kykuit）约翰·D·洛克菲勒在纽约帕利塞兹山的房地产，完成于 1913 年，能够俯瞰哈得孙河和帕利塞兹，Delano & Aldrich，建造。Michael Brooks 拍摄于 1992 年，现藏于国会图书馆。

辞方法来反对市场，以否决的态度击败了披着公共利益虚伪外衣下个人贪婪的丑恶嘴脸。"风景"将继续呈现"残缺的状态"，因为统治者"并没有足够英勇可以承受那些贪婪的垄断者所给与的不快"。[97] 不过，摩根和洛克菲勒以及塔克和马奎德作为保护运动的先锋，他们的出现允许凿山工和他们的同盟去提高他们的利己费用。罗克兰郡时报（Rockland County Times）报告了奥德尔对以下标题内容的否决："统治者否决议案。霸占胡克山一直在给人们敲响警钟。这是个不堪一击的方案吗？此方案已经通过了吗？此方案是不是已经使许多业主破产了，游手好闲的人多了起来？"一些人希望"让人们为自己的风景买单"从而实施了一些计划，统治者对这些计划避而不谈让该媒体欢呼雀跃。[98] 哈得孙河的房产主坚决维护广大旅游者的公共利益，企图免除利己的费用。矿主们以类似的方式回复；他们坚持维护员工的利益和经济发展的利益。

有关帕利塞兹保护区内公共利益对抗私人利益的讨论仍在继续。1906 年，约翰·D·洛克菲勒和其他沿哈得孙河拥有宅邸的富裕纽约人支持立法，将帕利塞兹委员会的司法权从皮德蒙特（Piermont）北部拓展到石点地区。纽约时报报道，"据说洛克菲勒先生拒绝了他破坏风景这一说法"。不过，他和他的邻居时刻准备付额外的费用给委员会，使他们有足够资金将公园向北拓展。[99] 公共权力将和私人的金钱混为一谈。由此提出这样一个问题：公园到底是公家建造的还是私人建造的。公园是主要促进公共目标还是私人目标呢？这和 20 世纪 30 年代的一桩事有关，那时洛克菲勒为价值 500 万美金的帕利塞兹驾车专用道路建设项目捐赠了一大块土地，就此，纽约前州长阿尔弗雷德·E·史密斯（Alfred E.Smith）宣称"洛克菲勒的贡献有某种特别的价值，可以让一项大型的公共项目在不用花费公款的情况下就能施工"。[100]

比如：1908 年，景观社会的总裁乔治·F·昆德（George F.Kunz）在总统罗斯福的白宫会议上发言，概括出了美丽的经济价值。他拒绝"所谓的感情主义"和"功利主义"之间的不可调和的矛盾。经常诬陷对方的反对党就风景保护区展开辩论。风景保护区将为公民支付有关旅游、税务的费用，使大家玩得快乐又高效。昆德引用帕利塞兹的案例坚持认为持续的开采将创造相对平稳的经济收益，与此形成对比的是：如果河流风景被进一步破坏，纽约房产价值估计将下降 1 千万。昆德然后对帕利塞兹进行了惊人的描述；我们一位最重要的公民 J·皮尔庞特·摩根先生采取的最初一步拯救了帕利塞兹，他随时准备拯救一件美丽的物品，它或许是件自然作品、艺术作品、矿石采集作品或代表公共利益的其他东西。[101] 在此，昆德明显很感兴趣给帕利塞兹保护区一个市场架构，具体表现在参与摩根项目，其中他自己的景观社会给保护区运动带来了明显感情化的公民驱动力。

125　　　一个洛克菲勒代表拒绝这样的私人逻辑。1906 年，纽约州长弗兰克·希金斯（Frank Higgins）曾经宣称他对保护风景和历史名胜感兴趣，寻求书面保证他对一个新胡克山脉扩张法案的签署将促使私人团体购买风景区的土地。洛克菲勒的助理拒绝了这一做法。"这不是一个私人测量员能做的，也不能代表私人的利益，"他写到，"哈得孙河的美丽是美国东部一处风景名胜；该运动和保护尼加拉瓜瀑布、黄石公园或约塞米蒂的运动都拥有相同的公益特征。"甚至为了维护公益特征，扩大管辖权的法案并没有包括公款的拨用，且很多保护主义者都认为"热心公益的市民"[102] 的私人支持实际上将靠着"动用土地征用权的国家"来拯救胡克山。[103]

风景之外：公共公园和公共区域

保守主义人士大致不赞同用援引历史的方法作为保护帕利塞兹的方法，而更看重其风景是否美丽，永恒以及持续，是否具有经济价值抑或是哈得孙河的风采。对帕利塞兹的兴趣很大程度上与其现实上缺乏触而可及的历史相关联。在 19 世纪的美国，众多作家确实赋予了自然景观以民族主义价值，这民族主义价值堪与旧世界的历史人文景观相媲美。同样风景画也赢得了相同的赞誉，它填补了历史空白，就像历史画在欧洲起到的作用一样。[104] 因此，在民

126 族意志的主题下，推进历史价值的提倡代替了主张着重风景的保守派意见。虽然帕利塞兹运动在植根于康乐以及国内情感的审美理想的影响下开始并取得了相当大的进展，但是在另一方面其委员会也确实加强了其历史价值。

作为帕利塞兹委员会的会长，J·杜普拉特·怀特（J.DuPratt White）于 1903 年有意识地转向了对帕利塞兹历史方面的发展。杂志发行商约翰·布瑞斯肯·沃克（John Brisben Walker）为庆祝亨利·哈得孙抵达哈得孙河的三百周年庆，号召怀特参与大都市杂志的庆祝版块制作，这个契机促使了怀特的转变。怀特是一名德高望重的律师，他积极参与委员会的工作并致信帕金斯保证，帕利塞兹委员能做到"准确预期公众对此事的兴趣……"，他接着在信中提到，"直至目前，帕利塞兹委员会所募集到的资金在我看来已经相当可观……如果委员会能在此次运动中将自身置于一个明确的位置上，与尝试推进意义上的沉思相比，会更好地利用其他多项利益联合所带来的优势。"[105]

饱含历史意义的哈得孙纪念活动还将庆祝活动延伸至富尔顿（Fulton）蒸汽技术于航海的运用，促进了经济和市民人数增长。怀特从哈得孙－富尔顿的庆祝中看到了公众以及私人对帕利塞兹计划的热情。帕金斯的目标在于及时完成帕利塞兹土地购买以确保帕利塞兹公园能成

为哈得孙-富尔顿活动之一。他越来越将帕利塞兹公园作为"发现哈得孙河的永久纪念碑"。[106]
因此，帕金斯，怀特以及其他委员会的成员都趋于将帕利塞兹的风景起源与历史记忆联系在
一起。转向历史这个手段是一个有利杠杆，利用了历史对公众生活的影响力，显著地补充了
公众对帕利塞兹的风景的主要兴趣。

　　哈得孙-富尔顿庆祝活动于 1909 年 9 月 25 日至 10 月 9 日举行，包括海洋舰队，建立
亨利·哈得孙的纪念碑以及众多的组织和教育活动，其中包括大都会博物馆的哈得孙-富
尔顿贷款展览，展览体现了第一个正规博物馆对展示美国殖民地装饰艺术的努力。[107]规划
者采取了一定的美国民族主义的视野，这从活动各处都可看出他们在这方面的努力。经过
多年默默无闻的运行，将帕利塞兹公园奉献给哈得孙富尔顿庆祝这一举措促使开阔视野的
重现，同样也使人联想到妇女俱乐部联合会和风景社会的早期保留工作。1909 年 9 月 27 日，
帕利塞兹公园的揭幕仪式承载了这些变化的丰富历史，揭幕仪式的参与者们乘游艇和其他
船只沿河而上，美国军舰在旁护航，他们到达了据说是革命时期康华利（Cornwallis）总部
的地方（图 5.17）。纽约州和新泽西州的政府官员们庆祝原公园计划的完成。乔治·昆德
（George Kunz）设想发展一种历史雕塑公园，公园里充满着石碑古迹用以纪念土著印第安人，
亨利·哈得孙，美国革命战争士兵，以及那些通过保护帕利塞兹来推动"先进文明"的领
军人物。美国国旗的升起，河中军舰上的礼炮，乐队音乐，以及易洛魁印第安人的仪式舞
蹈都强调着历史的主题。[108]

　　帕利塞兹在历史方面的突出优势以及随之而来的教导可能性促使委员会完成其前期工作，
并以良好的状态继续接下来的工作，走在了沿河的富裕邻居以及贡献者的前面。对于这些人

127

图 5.17　帕利塞兹和康华利总部，
建设于 1761 年，被帕利塞兹州内公
园委员会于 1907 年收购，R.Merritt
Lacey 拍摄于 1936 年。现藏于国会图
书馆。

115

来说，保护运动在争吵停止和对风景的威胁解除时就已经成功了。然而，在写给西奥多·罗斯福时，帕金斯承认需要一个更广泛的选区；他以一种之前他并不明白的方式明白了，"保护帕利塞兹的全貌对于整个国家来说是多么重要的一件事。"此外，帕金斯，相对于获取和占有土地来说，更看重公园的发展。帕金斯在致辞中宣称，"如今保护帕利塞兹的任务已经完成，委员会的成员们将致力于公园的全面建设。"[109]

对历史方面越来越浓厚的兴趣以及欢乐公园揭幕典礼都使帕金斯意识到除了公园征地之外，公共公园园区利用的重要性。有趣的是，堪与摩根捐赠相比的私人捐赠戏剧性地标志了帕利塞兹项目的性质变化。就在揭幕典礼的一周前，汉密尔顿·麦库恩·托姆布雷（Hamilton McKown Twombly）和他的夫人佛罗伦萨·范德比尔特（Florence Vanderbilt）向委员会捐赠了60英亩土地和3000多英尺的河岸权。价值125000美元的这一大块地在由175块土地组成的原公园面积中占据重要部分。这项土地捐赠堪比摩根早期的捐赠，它通过私人慈善事业构筑了帕利塞兹公园发展始末。托姆布雷，为他的姻亲范德比尔特家族管理着纽约中央铁路，在新泽西州的麦迪逊拥有1000英亩地产和模范农场。在这里，他试验科技农业生产技术，蓄养根西牛并培植广阔的花园和温室，这些花园和温室为他培育了使其获奖的兰花和菊花。托姆布雷对户外娱乐和休闲活动的文明化有信心，因此，从19世纪90年代起便赞助因贫穷而去不起乡村郊游的人们夏天去帕利塞兹公园游玩的机会。当时托姆布雷家族向委员会捐赠他们的财产的同时，也赞助了大约365000人在帕利塞兹的划船旅行以及游玩。托姆布雷家族的慈善事业项目预期到了帕利塞兹作为一个公共公园的发展。实际上，他们仍坚持任何机构和个人可将他们的码头和土地作为园区运营的一部分。[110]

以新的历史价值和娱乐作用来弥补帕利塞兹的审美功用需要广泛的公众参与。帕金斯采取默默无声的方法，私底下进行支持，已经很明显地使早年以公众参与为特点的帕利塞兹保护工作受到影响。对公园的重视似乎预示着公园和保护选区的转折点，至少组委是这样认为的。但是以私人主义为特点的占领却没有被削弱。事实上，这种现象愈演愈烈。自从立法部授权公园向胡克山和石点地区扩张以来，从未有公众或个人为此拨款或捐款。然而，政府对公园的重视持续几月后突然停止。私人慈善机构再次在帕利塞兹发展中占据主导地位。

铁路大亨爱德华·亨利·哈里曼于1909年9月辞世，帕利塞兹公园历史上一次重要的扩建就得益于此。哈里曼掌控联合太平洋与南太平洋这两个铁路运输公司的大部分铁路，协助管理伊利诺伊州中枢及其他地区的铁路。哈里曼家乡在位于哈得孙河高原地区阿尔丁（Arden）地带，他在这附近拥有约4万英亩的土地。哈里曼在19世纪80年代中期开始着手将这些土地汇编起来以建立一个实体保护当地风景免受伐木工人的破坏。他还支持采取其他的保护措施及系统性计划。在1899年，哈里曼的医生催促他进行长假休息，他便赞助了一项阿拉斯加到科迪亚克岛的远足计划，一些来自于主流科学机构的代表和自然主义者以及约翰·穆尔（John Muir）一同参加了这次旅行。在他死后，哈里曼的配偶玛丽·威廉姆森（Mary Williamson）捐赠了1万英亩的私人土地与一百万美元以支持帕利塞兹公园的扩建。[111]

哈里曼一家与乔治·帕金斯相识已久。1901年，帕金斯协助建立了北方证券公司，这个公司成为哈里曼和詹姆斯·希尔（James Hill）铁路利益的结合体。尽管美国最高法院于1904年否决了铁路信托，哈里曼却从中获利约8000万美元。在帕金斯调解下，犹如先前摩根的玛丽·哈里曼，对原计划作为公园经济支持杠杆作用的赠送提出条件，她坚持其捐赠中的私人基金应为150万美元，国家基金250万美元。她还提出了其他要求。哈里曼坚持政府停止在阿尔丁房地产附近的高地建监狱，该住宅区和遭到陷阱的采石场一样遭到厌恶。

帕金斯随即计划利用新公园基金向北部扩张至石点地区并建公园以及河西到新高地物业的大道。

帕金斯和委员会花了不到六周的时间就从私人机构筹款 150 万美元。摩根又重返大局，这次募捐了 50 万美元。密切关注帕利塞兹事件的约翰·D·洛克菲勒，他的捐赠可与摩根相媲美。洛克菲勒和帕金斯请求他们的朋友邻居和同事分别捐款 2.5 万美元和 5 万美元，而这些人均在哈得孙河房地产拥有产权。例如，海伦·M·古尔德（Helen M.Gould）拥有在塔里敦河（Tarrytown）的林德赫斯特（Lyndhurst）所有权，并同意赠予洛克菲勒 2.5 万美元。洛克菲勒致信安德鲁·卡耐基，说到保护运动"不再当地化，或是仅对国家有利。它已是全国性，哈得孙河的重要性在于它是通向这个国度的关口。"卡耐基找到他不捐赠纽约市图书馆 550 万美元的理由，而洛克菲勒和帕金斯轻而易举就筹到私人基金。[112]

1910 年 5 月，纽约立法机关发挥了作用，压倒性地通过了州立监狱更换地址的提议，并为 250 万美元的公园证券进行公民投票。选民通过了 1910 年 11 月选举的债券。帕利塞兹混合筹款的改进持续到 1916 年，同年又建立 500 万美元基金，一半来自国债，一半来自私人渠道。洛克菲勒和摩根仍然遥遥领先。

随着公园逐渐完善，私人主义开始掩盖公款的许诺并成为保护帕利塞兹的力量。一些报纸只将公园的功劳归于个人，认为公园是单纯的私人融资。1910 年，针对哈里曼"慷慨的"礼物，一家报社公开声称：在这里，富人奢侈地把财富洒向人们的大腿，而不是储蓄和奢侈消费……。这些大方有公德心的公民提供土地，空气和水，我们由此而生，又归于自然，万物皆因此而继续。其中的红旗和所有的伪装，平等分配财产的观念和财产掠夺，从未获得有力的否认。[113] 这里个人在公园的建立中被赋予功劳；因此，大众能够定义的概念，并坚持保护风景的理想慢慢从公共讨论中消失。

帕金斯和洛克菲勒为保护帕利塞兹筹款时，他们伪造了一个私人财产社区作为帕利塞兹保护的基地。在帕金斯和他同辈人看来，私人基金让保护运动更加超前。尽管公园的建设本应该激发大众更多的保护热情，帕金斯和帕利塞兹委员会几乎无需在公园之外宣传。委员会精炼的年度报告和帕金斯写给私人捐赠者关于公园建设的冗长信件形成鲜明对比。

帕金斯及时通知私人捐赠者关于公园事务的部分原因是他希望他们能够"在将来捐更多的款……以便工作进展更为深入。"[114] 他也需要与他们保持联系，因为捐赠者开始要求了解委员会最近为他们做了什么。例如，1911 年约翰·D·洛克菲勒儿子的一位助理向帕金斯报告到"波卡蒂科山的居民注意到河对面的爆炸，我按要求咨询帕利塞兹公园委员会针对胡克山地产是否有安全措施。"[115] 帕金斯回应，委员会"试图控制胡克山矿产，但困难重重。"1912 年，洛克菲勒又咨询了矿产的问题。这次他写信道，"寻求该信息不仅是为了自己，也为其他应募者——我们哈得孙河边的邻居。他们感到原本想要捐赠资金的对象并没有实现。"帕金斯为此延误道歉，并向捐赠者保证定罪程序正在进行中，他们的资金不会被用于公园外的用途。[116]

委员会在帕利塞兹遭遇的这种"商业化的"合作精神，在胡克山鲜有人见。私人捐赠者在保护努力中的高调态度激发了矿工的愤恨。1912 年，J·杜普拉特·怀特报告了他与一位矿工阿尔伯特·夏甲（Albert Hagar）就土地购买进行的谈判。怀特告诉夏甲，由于他拒绝委员会用 25 万美元购买他的土地，他们决定采取定罪程序。但此项行动耗时耗财，委员们愿意出资 30 万美元购买。怀特尽可能"优雅地"提出这项决定。根据怀特写给帕金斯的信，最后结果"对委员会而言，简直就是爆发了一场辱骂和羞辱，让我窒息。"这个负担在于，

图 5.18　机动车的部分谈判在恩格尔伍德岩壁州际公园内的亨利哈得孙汽车协会内进行，新泽西州，公园建于 1916 年，该照片拍摄于 1920 年，现藏于国会图书馆。

对于委员会而言他们要面对的是个懦弱的立场，他们是群胆小鬼，而这又是华尔街的一个老把戏。是标准石油公司压迫同胞们的方式。他意识到标准石油公司的建议，这种负担均出自于帕金斯，是帕金斯的典型表现，等等。我认为他不可能停下来。"怀特在报告里说，他觉得他为自己控制住脾气感到开心。但是这件事并没有立刻抑制住不间断的采石和爆炸事件的发生。[117]

　　威尔逊·P·福斯领导胡克山保护活动的矿工反对者。他声称胡克山不可能建成公园，因为这座山太陡了，不适合登山。他反对人们对采石场影响风景的投诉。"为什么，"他说，"这座山美丽的古铜色为风景增添了多样性和美，无论怎么样我都看不出为什么要反对。"需要一条联系帕利塞兹和石点地区"公园"的路，这种想法太可笑了："你连个三明治或者饮料都买不到，更别说撒尔沙这种植物了。"[118]

　　福斯并不分享采石场爆炸带来的公众蔑视。1882 年，由于一家炸药制造商的销售代表急于在纽约的哈佛斯特罗（Haverstraw）和铁路轨道间建立销售联系，他不得不从缅因州搬至纽约。随后福斯建立了克林顿炸药公司，并亲自生产炸药。在出售了炸药生产基地后，福斯着手于胡克山的采石场。相比哈得孙河的风景，福斯更喜爱台球。这三年他举办了全美业余台球大赛，甚至参与国际比赛。当扩张胡克山管辖权的立法通过后，福斯继续经营他的采石场，抵抗所有的合法收购提议。[119]哈得孙房地产的所有者们对他不断开采胡克山的行为觉得不安。福斯从哈佛斯特罗搬至上奈亚村一条蜿蜒河流旁的住宅区，从塔克和马奎德房地产顺着河流往下月 2500 英尺远。最后，委员会以法院定价的 200 万美元收购了福斯的采石场。[120]

　　威尔逊·福斯和其他胡克山采石场的老板和工人们只不过是帕利塞兹公园最善言辞和争论的反对者们。当委员会开始没收哈里曼的高地地带和哈得孙河的土地，许多居住已久的居

130

民被重新安置。在帕利塞兹这样的安置早已开始。哈得孙河与悬崖间的狭窄地带容纳了居住于地理和经济边缘的居民。帕利塞兹周围住着意大利矿工，非裔美国工人和长期捕鱼的移民者，形成了成片的居住区。有些人得为住房支付不少房租，有些人仅仅是非法霸占。所有人都因为委员会的公园建筑项目而搬家。1914年，哈斯丁哈得孙（Hastings-on-Hudson）的圣约翰教堂的牧师米顿·莫里（Mytton Maury）接手了数百人的诉讼，大部分人曾生活在农场或哈得孙河与高地间即将成为公园的土地。他反对将这些人驱逐出自己的家园，剥夺他们的"生计"，特别是年长的居民。委员会对此的争辩是公园是基于人们利益上，莫里对此表示抗议。他坚持说："全国人民都被这明显的谬论蒙蔽了双眼。帕金斯拒绝了无数人希望一生居住在家园的恳求；如果他们的土地的价值完全得到体现，那么委员会那时才是真正做到了公平。"这项重新安置的政策作出一些特例，以便不至于冒犯到人们在社区里有"立足之地"。[121]

明显地，莫里和其他抵抗帕利塞兹公园计划的人不得不和公众就持续上涨的公园斗争，不管大众是否知道真相。到1910年为止，每年有成千上万人步行，坐船或开车前往公园游玩，露营，甚至长期逗留。公园作为富人保护自己利益这一认识逐渐在人们对公园的讨论中被削弱，除了土地所有者和面临重新安置的工人外。公园受欢迎程度掩盖了它在哈得孙河边的派系冲突中作为欲望目标的过渡区的事实。

谁为土地付钱谁又从中得益的这一阴谋对于在乡间游玩一日的人来说没什么大不了的。对于保护主义者和他们潜在的同盟这些问题却相当重要。帕利塞兹运动比之前最为乐观的期望已大为成功。保护地现在沿着哈得孙河伸展至胡克山，石点地区，远至高地地区。

此外，承接了帕利塞兹的工作，约翰·D·洛克菲勒的儿子戏剧化地扩张了其私人保护工作和历史文物保护；他耗费了大约1亿美元用于风景区保护和历史文物修复工程，包括缅因的阿卡迪亚（Acadia）国家公园，纽约的崔恩堡（Fort Tryon）公园，杰克逊霍尔（Jackson Hole）保护区，怀俄明州大堤顿（Grand Teton）国家公园，加利福尼亚的约塞米蒂（Yosemite）国家公园，维尔京（Virgin）群岛国家公园，同时挽救加利福尼亚的红杉树。从1926年起，弗吉尼亚的威廉斯堡的历史修复在洛克菲勒的慈善行动中占有重大位置。[122]同时，在某种程度上洛克菲勒将帕利塞兹人性化而其他人没有做到这一点。事实上，妇女联盟，景观协会，州长和立法机关已经融入这个大环境，并没有为持续普及的公开承诺的保护运动留下足够空间。

馆长的私人路线有其独到优势。简单的收购就能使其获得动力。目前还没有证据说明纽约和新泽西的立法愿意主动合作，使用公款出资独立挽救帕利塞兹。帕利塞兹保护计划中私人捐赠不断为公款的承诺奠定基石。然而，默默无闻的捐赠对于激励风景区和历史区的保护几乎不起作用，无论是附近还是富人

图 5.19　新泽西州部分从山上的岩壁拍摄的房子，恩格尔伍德悬崖大酒店坐落在悬崖，高于哈得孙河流375英尺，图片拍摄于1880年，现藏于纽约公共图书馆。

触及不到的风景区。帕利塞兹保护区，和其他保护区一样，表达出一种特别的叙述方式或者观赏方式的权威。帕里塞克公园紧随而来的异常流行强调了一旦受到保护，这些地方能够也经常获得新的含义，这些含义超越了原先保护主义者的观点和意图。这确实代表了帕利塞兹保护活动的良好成绩。然而，帕利塞兹随后扩大的公众利益不应该掩盖了私人馆藏保护的现实局限性。如果像妇女联盟和景观协会这样群体和他们的公众体制基础，成功地维护并赢得他们七嘴八舌的主张，他们就可以支持更为震撼、不断扩大的公众保护运动——一个广大的调色板，更广阔的范围。作为边缘参与者，联邦政府，景观协会和公众本身成为某个系统的旁观者。这个系统对风景和文化保护的注意十分狭隘却独树一帜。帕利塞兹确实受到特别的保护。（图5.19）但是，这项保护运动对于相对狭窄的一群富人群体的依赖说明，如果没有倡导者、煽动者或对大众记忆和价值没有有效的呼吁，无数历史文化区和风景区可能会接二连三地消失。

第6章

大拱门和邻里社区

圣路易斯西进运动

文字叙述对历史保护工作来说是至关重要的。首先，文字叙述承担了文化方面的历史保护工作。历史保护工作从被保护场所的物理特征方面赢得了影响力。历史通常可以通过"讲述"或"记录"等更简便也更节约的方式传承下去，然而，人们还是从事着保护建筑和景观实体的工作，因为这种基于现实场所的描述对人类感官的吸引力远大于口述历史和书面历史带来的吸引力。关于场所的历史保护通常会吸引更广泛的公共参与。尽管历史场所本身是几乎不具备表现力并且很少能够叙述关于自己的故事的，但当历史场所与文字叙述联系起来时，它们便具有了保护的价值。其次，在历史保护进程方面，场所叙述促进了人们对个人、社区和拥有直接资源的机构进行保护。尽管确实存在一些固有的保护理论超出了历史叙述的界限，但某些场所还是通过持续使用的方式使得自身被保护了下来。有关环境方面的争论，也有利于历史场所进行持续使用或者适应性再利用，这些持续使用是脱离场所本身所处的历史背景的。某些场所则由于它们令人印象深刻的美感或者令人舒适的熟悉感而被保护。但是，除了上述这些例子外，在历史保护中，文字叙述还是占据了主导地位。为何在某些情况下，场所与文字描述的结合激发了对该场所进行的保护运动，而在另一些情况下却没有达到这个效果，探索这一问题对研究和理解"保护"的成败至关重要。同样，了解某些具有明显物理特征的、和历史保护联系较少或者没有联系的形式，同样也是有用的，纪念碑和纪念馆就是这方面最显著的例子。拉斐德在1824~1925年旅美期间，为邦克山纪念馆的建造进行了奠基，以增强其纪念感。纪念碑虽然不能和历史场所相提并论，但它仍可以通过空间媒介、建造形式和艺术表现方式等手段来增强人们对历史的参与性。事实上，相比于被保护的建筑和景观，纪念馆能得到更精准的历史解读。在理解历史建筑和景观方面，纪念碑和纪念馆的文字叙述性有助于阐明历史保护的可能性。

本章探讨了杰斐逊在圣路易斯的有关国土扩张（图6.1）相关的文字叙述、历史保护和纪念碑建造。20世纪30年代，美国总统富兰克林·罗斯福、美国国会成员、圣路易斯政界、商界及市民代表提出了为建造纪念碑清除密西西比河畔37座房屋的建议。逐渐衰败的河畔街区为纪念提供了极大的可能，1764年，该地区建立了法国皮毛交易站和现代圣路易斯欧洲基金会。在1804年的路易斯安那购买条款背景下，发生在该地区的一场标志性仪式最终确定了领地范围从法国到美国的官方转让。在这些事件的基础上，被提议建造的纪念碑需要用来纪

图 6.1　圣路易斯大拱门，杰斐逊国家扩张纪念馆，建于1961～1966年。埃罗·沙里宁（Eero Saarinen）建造，杰克·鲍彻（Jack Boucher）摄于1986年，国会图书馆。

念托马斯·杰斐逊，庆祝路易斯安那购买条款以及庆祝带有国家传奇性质的西部扩张运动。在这之后，保护主义工作者们考虑以历史纪念的名义将基地中的建筑物进行彻底清除，这也

是对1935年"古迹法案"的第一次神秘甚至有些愤世嫉俗地执行。[1]

　　人们不解为什么如此之多的破坏行为能够进行，这是因为一项美国的法律条款："为了鼓舞并使美国公民受益，国家出台政策保护那些被公众使用的历史遗址、建筑物和具有国家意义的构筑物。"[2] 因此，在圣路易斯，保护主义倡导者和纪念馆建造者对同一块基地的历史参与性采用了两种完全不同的方式。但是，人们一方面对规划中的纪念碑进行批判，一方面又没有意识到历史保护和纪念碑建设两者之间的共同基础。在圣路易斯，由埃罗·沙里宁（Eero Saarinen）设计的630英尺高的不锈钢板拱门有力地对国家记忆和国家特性进行了塑造。这个拱门的建设在某种程度上向人们宣告：新建的纪念馆比老建筑能更好地传达历史。圣路易斯河畔地区保护运动的失败包含了历史文字描述和历史想象方面的失败。20世纪30年代的保护主义倡导者对河畔建筑意义的理解太过狭隘了。他们的这种对于建筑历史的狭隘观点使其丧失了对场地管理者和纪念碑建设者的吸引力。一场争论发生在国家保护运动形成期间，参与这场争论的有圣路易斯的政府官员和市民；也正是因为这个原因，关于杰斐逊国家扩张纪念馆的迥异视角值得仔细地审视。

图 6.2　鸟瞰被指定作为杰斐逊国家扩张纪念馆选址的河岸地区，向南方向，图片拍摄于 1933 年，杰斐逊国家扩张纪念馆。

图 6.3　清理过后的河畔地区鸟瞰图，图片拍摄于 1945 年，杰斐逊国家扩张纪念馆。

密西西比河畔的历史、美学与荒废

　　查尔斯·B·霍斯默（Charles B.Hosmer）是保护运动中的一个历史学家，他认为杰斐逊国家领土扩张纪念馆是一个"打着保护历史旗号实则旨在缓解失业率的城市更新项目"。[3]20世纪 30 年代期间参与该项目一些人也表达了相似的观点。1937 年，国家公园委员会下属咨询委员会的会员抱怨说，纪念馆项目在开始阶段似乎是一个贫民区清理项目（图 6.2，图 6.3），这其中包含了对历史场地使用方式的质疑。[4]这样的结论反映了当时人们过于草率地将利益关系带入了纪念馆项目中；但是，这种评判也有其合理性，因为它是基于了一种事实：即市民和商界领袖除了恪守历史保护约定之外，已经专注于河畔地区复兴长达数十年之久。19世纪后半叶，圣路易斯人口的增长，伊兹桥（Eads Bridge）的开通、铁路和交通干线的发展、专业化的商业景观设计都推动着城市西部的商业板块从河畔地区脱离出来。最终导致的结果是，1849年圣路易斯大火之后，进行了大规模重建活动，在这以后，沿着密西西比河流域的地区，特别是以轻工业、仓储业和工薪阶层房产业为中心的地区，扮演了一个边缘经济的角色。

20世纪的第一个十年中，圣路易斯的领导者确实策划了几个河畔街区复兴计划，旨在改善城市商业街区的命运。然而，这些尝试与20世纪30年代的历史纪念项目是不协调的。在美国历史中，关于圣路易斯河畔纪念项目的定论，毫无疑问和美国公民对抗20世纪30年代经济大萧条带来的创伤有着深刻的共鸣。在很多美国民众急切地希望展开大刀阔斧的行动以带动国家走出萧条的这一时期，对圣路易斯安那购买条款的纪念等同于对总统领导力水平的称赞。在同一时期，众多先驱者们也提供了有价值的文字叙述。这些先驱们表面上看起来似乎在与社会层面的混乱相对抗，这种混乱是由于崭新的不为人们所熟悉的环境带来的。事实上，圣路易斯项目的联合执行，为失业者创造了数百万小时的社会工作机会，并且规模庞大的城市重新发展工程并没有否定或者违背探索地区历史的活动。[5]不同于保护主义者的是，纪念馆建造者们逐渐形成了一种历史想象力，这种想象力能够直达过去与现在之间关系的核心所在。

关于圣路易斯清理行动的争论彰显了20世纪历史保护观念的重大转折。保护主义者在这场争论中基本上没有把建筑和景观视为当地或国家历史文字叙述中的关键因素。相反地，他们对具有美学和结构特色的建筑表现出更大的兴趣，而这些建筑往往作为建筑历史中的学术概念和风格而被保护和解读着。因此，保护主义脱离了其历史联合的根基。在基于建筑美学和技术的保护主义方面，圣路易斯的保护主义者狭隘地理解了可能与纪念馆建造者分享的历史背景。建筑本体是建筑形式这个三维百科全书中的一个潜在元素，保护主义者对建筑本体进行了高度评价。在这一体系中，建筑物的历史重要性来自于它能够例证一种样式和类型，或者一位特定的建造师，或者建筑师的作品，或者建筑成果的其他相关方面。这些保护优先权逐渐成为20世纪保护工作的中心，但却和杰斐逊国家领土扩张纪念馆的主要支持者对于国家纪念意义的看法相悖。

对美学保护方面兴趣的提高有几个重要来源。建筑本身的专业化，系统的高等教育培养，本地标准和认证系统以及国家专业协会共同促进了对美国建筑历史的更大关注。此外，建筑历史发展成为精细工艺教学的一个分支，并成为发展学术历史和技术指导方面的重要组成部分。[6]19世纪晚期和20世纪初期，人们开始对殖民地复兴建筑和博物馆陈设中的美国装饰艺术及古文物产生了兴趣，同时学者、收藏家和好奇的民众也被鼓励前来细细品味美国早期建筑正统的美学历史。[7]

这种对历史事物的兴趣和审美方面的考虑，逐渐弱化了历史保护和历史叙述的关联。1933年国家公园委员会开展的美国建筑勘测活动，是为了在美国历史保护进程中帮助失业建筑师制定的项目逐渐提升审美优先权。勘测员将建筑的显著特征记录成册，却忽略了那些相关的社会文化背景和正在使用它们的人们。查尔斯·E·彼得森（Charles E.Peterson），一位国家公园委员会的建筑师，为美国历史建筑勘测机构的成立作出了贡献，日后他也成为圣路易斯河畔地区建筑保护运动的倡导者和带头人，他通过拍摄照片和绘制测量图纸对历史建筑文献系统进行了完善；相比之下，他深信，如果没有雇用这些历史学家，历史资料只能很局限地从当地和州机构汇集的"只是陈述简单事实的摘要"中获得。

圣路易斯对美学保护的兴趣并没有促使其在这方面取得成功。事实上，在这种情况下，保护建议是基于建筑本身的特质，除了建筑本身之外，并没有试图去改变当地历史协会开展的纪念项目。因此，在圣路易斯，历史协会实际上主导着人们在美学方面产生的新趋势。尽管这些审美范本保护了建筑的名望，但并没有促使保护行动获得强有力的立足点。圣路易斯案例体现了在保护运动设立模范和标杆时，集中在流行的大众建筑品味和美观要求上的真实局限性。

早在联邦政府介入之前，关于振兴河畔地区的历史纪念计划就已经开展了若干年了。一项关于杰斐逊河畔雕像的提案在 1887 年被提出。1898 年，为圣路易斯安那设立的百年规划委员会的成员讨论了在河畔地区建造示范性村庄的建议。[8]1907 年由圣路易斯市民联盟提出的规划预见了即将代替河畔地区脏乱差现象的城市美化运动。市民联盟是由一些受过学院教育的商业人士和专业人士组成的，他们推动了很多改革项目的进行，他们将河畔地区看作是"城市的天然门户"并强烈地痛恶"丑陋的景观"和"破旧荒废的建筑"。在建筑方面看起来真实的情况对于当地市民来说似乎也是真实的；部分河畔地区已经"成为邪恶和贫困的集合以至于体面的市民乘船从河上经过时都不愿意穿过这些地区。"联盟会的规划者们希望看到郁郁葱葱的步行长廊、喷泉、纪念性雕塑和"庄严"的政府办公楼可以代替这些地区现存的建筑物。这个规划反映了当时与"不朽的市民空间"相关的城市美化运动。河畔地区的步行长廊可以提升河流的等级，并且可以将铁路、运输和小商品货物存储区域掩藏在河流的下游地区以及掩藏在办公建筑的地下室空间中，这些优雅的办公建筑沿着河畔步行长廊排成了一排。

137

总的来说，该规划试图将河畔地区新的"吸引点和高贵的气质"与该地区"高效的交通和贸易活动"结合起来。[9]例如，规划中描绘了公园、公园步道和步行长廊，并富有条理性地梳理了城市工作的蓝图。该地区被预见成为整个城市的"大门"，同样也提供了一扇为居住在市中心的大部分中产阶级和白领阶层敞开的大门。[10]

其他与公民联盟提议相似的规划在城市规划委员会和商会的支持下发布。1928 年，哈兰德巴塞洛缪，一位重要的美国规划师，对河岸进行了研究，并与之前的彻底更新运动相呼应

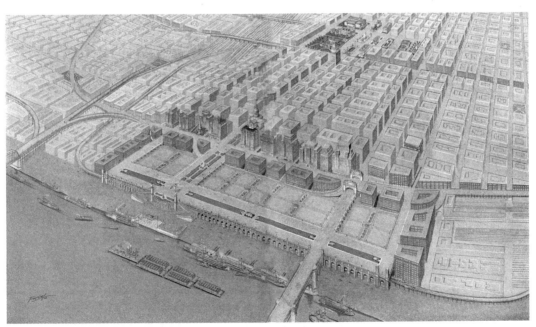

图 6.4 河畔地区计划提出大幅度清理项目并建设一座高架广场停车场。规划师，哈兰德·巴塞洛缪（Harland Bartholomew），1928 年规划，取自河畔中央地区规划，圣路易斯，密苏里州（圣路易斯：城市规划委员会，1928 年）。

（图 6.4）。他希望这样的行动可以阻止将荒芜河畔向西整改并最终将其变成主要商业街区的运动，这一运动由一些商界领袖提议。像 20 年前市民联盟的规划师一样，巴塞洛缪提议建设一座河畔高架广场。（高架桥）下面可以容纳交通干线和高速路以及大型停车场。这个 350 英尺×400 英尺的广场将改变河畔地区的历史缺陷并给城市带来一个"真正值得称赞的前院"，在这里，居住者和游览者可以眺望密西西比河，并"被赏心悦目的环境环绕"。巴塞洛缪比之前的规划师们更关注历史和场所的参与性。他试图让广场集中在圣路易斯旧城区的法院周围，这座法院建筑在 19 世纪中期被称为"密西西比河西部最优秀的建筑作品"，它是一座穹顶建筑。巴塞洛缪提出，在广场的河岸边缘地区建造"一座美轮美奂的纪念馆"献给城市的创建者，这一地区和法院在同一条轴线上，这些创建者被认为是附近地区的人们。巴塞洛缪认为他已经掌握了一套与"某一时代"建立联系的历史方法，"某一时代"是指圣路易斯发现密西西比河是繁荣生活来源的时代，这一套历史方法可以在美化城市中心和河畔地区的过程中向该地区注入新的活力。正如后来的杰斐逊纪念馆规划一样，巴塞洛缪对于河畔历史和历史性庆典的兴趣并没有扩展到除了法院和 19 世纪早期圣路易斯大教堂以外的其他建筑上，因此，他提议重新安置清理区之外的建筑。[11] 巴塞洛缪的规划把将交通和商贸视为活力的观点与早期城市美化运动的蓝图构想结合了起来。

138　　　1907 年，卢瑟·伊利·史密斯（Luther Ely Smith）帮助发展了市民联盟的城市规划，他是一位 34 岁的圣路易斯律师，致力于城市改造和社会福利事业。在随后的几年中，史密斯比其他人更多地关注和推进了圣路易斯杰斐逊纪念馆项目的建设。在史密斯数十年的行动中，最让人震撼的，是他努力加强城市改革、城市发展和历史纪念之间的"无缝连接"。他在传记中质疑杰斐逊国家扩张纪念馆作为一个城市复兴项目被"单薄的历史"所掩盖。最初，史密斯通过帮助找到圣路易斯的场地来确立了自己在规划界和福利界的地位和作用，这是由他争取到的一个由市民联盟赞助的项目。这次场地活动的目的在于为居住在拥挤社区中的孩子们提供一个嬉戏和开放的活动氛围。联盟希望通过展示城市场地的价值和受欢迎程度来将场地作为多功能可能性的一个常规部分。联盟试图通过有组织的活动来教育贫穷孩子和移民孩子"城市的基本美德、公平互动和对他们自己的全面尊重，"以此来杜绝"违法和犯罪"。[12] 史密斯也帮助制定了圣路易斯早期的分区制度和城市改革律制，并作为联盟成员对路边广告牌产生的"形式怪诞的城市展品"进行了抵制。[13]

对史密斯和其他市民联盟的成员来说，城市美化和进步运动在一种状况中被定论了，这是一种深深根植于现在同时也热切期盼着未来的状况。然而，史密斯和市民联盟也感觉到，理解历史是实现改革和成为一个良好市民的基本要素。1906 年，市民联盟的历史遗迹委员会提出一项标记圣路易斯历史遗迹的提案。委员会的第一块饰板，用来纪念探险家威廉·卡拉克（William Clark）的探险记录，于 1906 年 9 月在刘易斯和克拉克（Lewis and Clark）探险队回归圣路易斯一百周年时被公之于众。这块饰板被放置在一座银行大厦中，银行大厦坐落于当年威廉·克拉克居住过很多年的地基上。委员会同样计划对其他一些场地进行标记，这些场地与早年圣路易斯的欧洲定居者、路易斯安那购买案以及美国内战相关。[14]

在市民联盟的总体方案背景下，对历史遗迹进行标记为我们提供了一种可能性：即历史可以影响人民的凝聚力并有力地推进联盟的公民改进方案。历史庆典和城市更新之间的联系在 1914 年提出的圣路易斯盛会和游行条款中得到了最大的诠释。圣路易斯盛会戏剧协会的执行秘书，卢瑟·伊利·史密斯策划了 20 世纪早期最振奋人心的历史盛会。这场盛会，在 1914 年 5 月和 6 月的五个夜晚举行，根据圣路易斯的历史记载，共有 7000 名演员和超过 40 万名观众参加。许多和史密斯一同组织盛会的人曾经和他一起在市政改革运动中共事过。事实上，市民联盟中的进步派希望被这场盛会激发的市民爱国主义能够使圣路易斯的居民们支持社区中的民意调查，同时支持购买经进步派改革的改良债券。为了增强市民凝聚力，盛会策划者们将当地历史记载中比较有争议的档案记录排除在了盛会之外，例如劳工和阶级斗争。然而，史密斯，作为密西西比河历史协会的一名认真负责的成员，对待参与当地历史这件事十分严肃。[15]

卢瑟·伊利·史密斯感到这场盛会让圣路易斯成为"历史的记忆"。像史密斯这样的市民领袖认为这座城市有着"丰富的历史资料和关于密西西比河河畔的神圣记忆"。史密斯和他的同事们，同那些跟随着弗雷德里克·杰克逊·特纳（Frederick Jackson Turner）致力于边疆历史研究的美国历史学家们一道四处寻求着对当地历史文化的支持。就像史密斯在1934年公开演讲中说的那样："在这个国家中，已经逐渐形成了一座新的历史学校，它已经脱离了最初仅仅关注大西洋海岸的视角，并且意识到美国的特质不是体现在这个伟大国家的海岸平原上而是隐藏于先驱们在边境的努力抗争中；……让我们证明自己，让我们报答那些创立了美利坚民族并赋予了我们民族特性的美国先驱们。"[16]就像盛会的临时形式那样，杰斐逊纪念馆将以一种永恒的姿态庆祝圣路易斯这一事件在美国历史与民族特性中的重新定位。

除了参与到圣路易斯的历史项目和其他城市的城市更新项目中以外，卢瑟·伊利·史密斯也给杰斐逊国家扩张纪念馆项目带来了早期民族历史纪念碑建设的经验。史密斯是卡尔文·柯立芝总统（President Calvin Coolidge）在阿默斯特学院学生时代的一位朋友，1928年，他任命史密斯加入到乔治·罗斯杰·克拉克（George Rogers Clark）百年联邦委员会任职，该委员会被国会指派在印第安纳州文森建造纪念碑，该纪念碑为了纪念1779年塞尔维尔堡战役中的乔治·罗杰斯·克拉克将军和他的军队。

文森纪念碑与史密斯晚些时候为圣路易斯设计的另一座纪念碑相得益彰。在这两座纪念碑的场地上，同样都很少出现联系当今时代和纪念碑所纪念的历史时期的景观特性，也没有赛尔维尔堡残留的痕迹。至于圣路易斯，支持这个项目的当地居民认为纪念碑应该是市政美化项目的一个重要部分。克拉克纪念馆将成为瓦巴西河（Wabash River）中连接伊利诺伊和印第安纳州的新州际大桥的入口并为新滨河大道系统提供一个门户。纪念碑场地的清理工作涉及购买并拆除一座仓库、一架具有8万蒲式耳容量的谷物升降机，一个饲料加工粉碎机，一家汽车修理厂，和一些工人宿舍楼。[17]在圣路易斯，纪念碑设计者最初希望修复那些原先遗留在场地中的历史建筑；然而，在纽约建筑师弗雷德里克·C·海伦斯（Frederic C.Hirons）赢得1930年举办的纪念碑建筑设计竞赛后，一座圆形古典庙宇而不是一座经过改造的塞克维尔堡战役纪念碑在沃巴什岸边被建成。[18]值得注意的是，在1933年9月，当史密斯主持纪念碑奠基仪式这一具有重大历史意义的事件时，史密斯的委员会同僚弗兰克·卡伯特森（Frank Culberson）正在负责大桥的投入使用。[19]

纪念托马斯·杰斐逊和路易斯安那购买案

1936年6月，当史密斯被视察文森克拉克纪念馆建设工作的罗斯福总统接见时（图6.5），他已经赢得了罗斯福总统对历史纪念馆的支持，这座宏伟的纪念馆坐落于圣路易斯，并沿着密西西比河修建。1933年12月，在与圣路易斯新当选的市长贝尔纳·迪克曼（Bernard Dickmann）共事时，史密斯向市民委员会的领导者们寻求支持，史密斯请求他们支持托马斯·杰

图6.5 乔治·罗斯杰·克拉克纪念馆（George Rogers Clark Memorial），1931～1936年间建设，Vincennes, Indiana. Frederic C.Hirons, 建设，笔者收藏的明信贺卡中。

斐逊联邦纪念馆、路易斯安那购买案和由欧美人在西部所进行的探索和定居。1934年4月，组建了类似于杰斐逊国家扩张纪念协会那样的委员会，并任史密斯为会长。截至1934年6月，协会说服国会创立了美国领土扩张纪念委员会。委员会共有十五名成员——参议院院长、众议院议长、美国总统分别任命了三名成员，杰斐逊国家扩张纪念协会任命了六名成员，包括卢瑟伊利·史密斯。

国会指导委员会考虑并制定了在密西西比河河岸的旧圣路易斯安那地区附近进行永久性纪念的规划，为了纪念那些"使美国领土扩张成为可能的人，尤其是托马斯·杰斐逊总统和他的助手利文斯顿和门罗（Livingston and Monroe），这两位助手促成了圣路易斯购买案，还有伟大的探险家刘易斯和克拉克，强壮的猎人，捕猎者，拓荒者，先驱们和那些为领土扩张和美利坚合众国的发展做出贡献的人们"。[20]

在通过了国会的决议和委员会的讨论后，纪念馆的建设最终在总统执行命令文案中获得了批准，建设纪念馆的理由被锁定在了历史纪念范畴中。纪念馆项目的参与者试图将当地与城市更新相关的问题搁置在一边，政治上的权宜之计可能提出这方面的路线。这个纪念项目需要一个支持它的国家团体，因此强调国家历史和纪念。罗斯福总统、内政部长哈罗德·伊克斯（Harold Ickes）、公共工程管理员哈里·霍普金斯（Harry Hopkins），圣路易斯的居民和选民们都对该项目在改善当地失业情况方面的积极影响显示出极大的兴趣，但是他们往往是从历史角度考虑来投资杰斐逊纪念馆项目的。事实上，政府肩负着更多的纪念、标记和保护美国历史的责任，而纪念馆项目只是这一系列项目中的一个。20世纪30年代，国家公园委员会成为这些活动的重要中心，因为它通过历史保护和公共教育等手段在景观维护和保护方面起到越来越重要的补充作用。[21]

在关于杰斐逊纪念馆的讨论中，被讨论所肯定的历史承诺的力量与项目的特质相矛盾，这种力量在城市更新项目中有所体现。1933年，美国历史协会批准了纪念馆项目。1934年12月，在领土扩张纪念委员会首次会议上，阐明了该项目中深刻的爱国主义和民族主义利益关系。罗斯福总统致电委员会，表达了希望他们尽最大努力"回忆并延续从那些西部大开发的先驱们传承下来的理想、信念和勇气。"像罗斯福一样，被选为委员会主席的肯塔基州参议员阿尔本·W·巴克利（Alben W.Barkley），在他的公众演讲中却没有提及城市更新，这一公众演讲的内容是关于委员会工作的重要性。在演讲中，他宣称，"在我的一生中，我是一个伟大的杰斐逊崇拜者，我认为，如果没有一座突出醒目的纪念碑为他和他的成就而屹立，几乎就是一个国家的耻辱……我将分享自己对于这座伟大纪念碑的感情……这将是一座无数发出心声和奉献出力量的没有留下姓名的女士和先生们，还有那些像杰斐逊、乔治·罗杰斯·克拉克、约翰·C·弗里蒙特（John C.Fremont）和乔利矣特与马奎特（Joliet and Marquette）一样有着决心实现愿景的人们共同的纪念碑……这座纪念碑将不仅仅为了阵亡的无名英雄而且更是为了那些不为人们所知的先驱者而建。"然后巴克利肯定了历史纪念与大萧条时期经验的重要联系。握住从我们的祖辈传承下来的火炬并且将它传承到未来的继承者们手中是我们的责任，因为鉴于我们生活的复杂性和问题的多重性，先驱者们并没有停滞不前……他们必须不断地向未知的领域探索并且抓住为人类谋福祉的机会。同样，来自芝加哥大学的委员会副主席查尔斯·梅里亚姆（Charles Merriam）声称，我应该把纪念碑视作一个对民主政治风度的重新重视，它没有消失。在我的评断下，我要把它作为一个重新致力于美国民主的手段和策略，它并没有消失……使它适合纪念任何时代下那些伟大的民主主义者，伟大的哲学家和伟大的政治家们的事迹。[22] 像梅里安姆和巴克利一样，与圣路易斯支持者和市民并无直接利害关系的人们，明确表示了他们将坚守他们对该项目的承诺，这些承诺涉及历史方面。

杰斐逊纪念馆建筑初始的设计概念是为了配合纪念碑建造者的广阔视野。1934 年，纪念馆协会保留了圣路易斯建筑师路易斯·拉博姆（Louis LaBeaume）设计的建筑初稿。拉博姆和他的合作者设想在第三大道的高地上建造一系列建筑物并同时建造纪念花园及直通河道的阶梯。这片复杂的建筑群会覆盖大部分 18 世纪的城市场地。在与老法院楼所在中轴线相对的位置，将建造"杰斐逊的圣地"。两侧的建筑物将被分为几个部分，用于纪念国家向西扩张过程中作出突出贡献的个人。该项目将依托博物馆展示，包涵丰富的壁画和雕塑项目，建造的纪念碑包括了一个纪念圣达菲路的方尖碑，和另一个纪念俄勒冈路的方尖碑。在拉博姆的报道中，纪念馆被构思成了"一种纪念那些捍卫美国领土完整的探险家们、先驱者们和政治家们的万神殿……可能……这个国家各个地区的每一个美国人都会在这里发现一些反映他们自身为这个国家迈向更伟大的美利坚合众国而贡献的部分……这个想法是如此宏伟和鼓舞人心，以至于人们在这里确实会回顾国家的历史功绩，同时这里将是历史上的一个永恒的视觉丰碑。"[23]

1935 年，领土委员会通过认证得出了纪念馆的建造是"国家的责任"这一结论。委员会通过审查发生在场地中的重大历史事件而得出的这个结论，发生这些重大事件的地点包括路易斯安那购买案调动仪式举行地、威廉·克拉克住所，德瑞德·斯科特（Dred Scott）的下级法院变迁场地和那些经常被林肯总统、李和格兰特（Lee and Grant）将军以及马克·吐温临时参观的地点。委员会提议举办一个国家级别的建筑设计竞赛来确定最后的设计方案，同时确定了项目的总体预算费用在 3000 万左右，在三年时间内将投入大概 2300 万个小时的劳动时间。[24] 1935 年 9 月，路易选民为这个纪念馆项目批准了约 750 万美元的债券。地方领导人希望这笔债券可以帮助他们获得来自国会的支持和财政上的帮助。在圣路易斯的选举中，公民和政治领袖选举成功的胜券，是通过呼吁爱国主义、呼吁关注历史和失业者的自身利益，并承诺市民生活的提升来赢得选票。

随着人们对历史纪念的兴趣逐渐增长，国家公园委员会派遣管理局的一名工程师约翰·L·内格尔（John L.Nagle）对项目进行评估。内格尔向公园管理委员会主管汇报说，这个要被报道的事件对在美国国家历史中"确保联邦的参与性"具有重要价值。他认为，这个项目"在实用的立场上看完全可行"，并且建议公园管理委员会建设并管理该纪念馆。在早期关于纪念馆和整个河畔地区的公园建设规划中，内格尔对规划的整体框架显示出极大的赞同。他同样也支持该项目中的城市更新运动，并支持早些时候市民联盟和其他当地规划者的提议，内格尔强调，"清除荒废地区的建筑是必然的……这座纪念馆项目完成时所带来的积

141

129

极影响，将会极大地扭转城市衰败地区的公民利益。" [25]1936 年 6 月，内格尔成为纪念馆项目的负责人，他对于重要历史性场地的直觉和他时刻关注场地清理的做法促使他和那些保护当地历史建筑的市民产生了冲突。

1935 年 12 月，在一份来自美国内政部长哈罗德·伊克斯的建议中显示，罗斯福总统签署的第 7263 号行政指令要求内政部长开发圣路易斯地区的纪念项目，因为这一项目具有 "纪念和阐述美国历史的重要价值"。资金最初来源于圣路易斯 22.5 万美元的改良债券和联邦公共工程管理 67.5 万美元的基金。罗斯福的行政指令逐一列出了该地区的历史价值，包括圣路易斯安那购买仪式的坐落地点，密西西比河西部第一个市民政府的建立，1824 年拉菲特的造访，圣达菲的登陆点和俄勒冈州路轨以及路易斯和克拉克探险地，德雷德斯科特实验的地点。罗斯福的指令同样承认了工作救济的重要性，并通过了在圣路易增加就业机会的决议。[26]

该条例确认了圣路易斯当地居民进行的公投，罗斯福的行政指令还解释了一长串涉及纪念合法化的诉讼案件。保护主义者中有相当多的人支持这些法案的挑战，这些人后来又开始争论建筑美学和建筑重要性。面对那些从这一地区移出的企业，房地产商和工人们试图通过市民无党派委员会和法庭来对它们进行重新补偿。就在将地区代表的争论汇总到执行命令的文件里之前，一份电报送到了伊克斯秘书手中。在电报中，威廉·F·法依佛（William F.Pfeiffer）写道，我反对修建杰斐逊纪念馆。强烈建议您驳回提议。这会令许多发展中的企业被驱逐出圣路易斯并停业而且还会产生数百名失业者。它将成为像纪念碑一样的一座墓碑。圣路易斯的河岸需要的是活力而不是压在河畔上的冰冷的石头。请您拒绝签署。委员会领导者保罗·O·彼得（Paul O.Peters）宣称这个项目是 "纯粹的政治肥肉"，并强调 "那些为生计发愁的圣路易斯公民不会同意一块石头以真实房地产购买的形式屹立在我们的河岸上。" 许多土地所有者感到他们的征用裁决只会带来紧缩的低廉价格，远低于当初他们为自己的土地所付出的价格。他们同样也感觉到，他们的损失会为其他地区的房地产商赢得收益，他们的产值会因为纪念碑的建设而提升。[27]这些人要求继续持有商业和房地产份额，同时将他们的建筑物和社区背景排除在考虑范围之外。这一系列的案例呼吁美国最高法院应该站在与中级法院同样的立场上，因为中级法院在 1937 年 6 月进行裁决并判定政府可以对纪念馆的占地和施工进行谴责。[28]这些案例能够减缓却不能阻止纪念馆的施工。同等重要的是，这些案例中表现出来的利益关系，与那些对于屹立在纪念场地上的特定建筑的历史重要性持争论态度的人们，几乎没有共同关注点。

142

国家历史，当地建筑和建筑博物馆

尽管考虑到杰斐逊纪念馆对于国家历史的意义，1936 年，在国家公园委员会的一些成员当中还是兴起了对美学保护的兴趣。查尔斯·E·彼得森从那些倡导现存建筑价值的人们当中脱颖而出。在明尼苏达大学接受建筑学本科教育后，彼得森在公园委员会的杰斐逊纪念馆项目中担任高级景观建筑师的要职。1933 年，他在参与公园委员会的美国历史建筑调查过程中初露锋芒，这个项目旨在根据建筑的 "时期、类型和地点" 等正规分类方式记录美国建筑，公园委员会提出的国家历史联合性之间出现了清晰的分离。彼得森在杰斐逊纪念馆的施工工作中持有相同的观点。彼得森最初提出在杰斐逊纪念项目中融入一个建设美国建筑博物馆的设想。这一设想来源于托马斯·杰斐逊的一句简短论断："比任何一个个人对美国建筑的影响都要大。" [29]这座建筑博物馆将成为杰斐逊活生生的纪念碑，并且将成为第二座见证毛皮交易和西向迁移这两段历史的纪念碑。

彼得森希望公园委员会能够以杰斐逊纪念项目为起点，深入研究"建造者的艺术"。这座纪念馆将能够成为彼得森工作的见证，在纪念馆中有可能会展示基地清理过程中抢救出来的结构和装饰性残片。然而，彼得森的规划远远超越了场地上的建筑物。他前瞻性地收集了整个建筑物、建筑片段、模型和绘画作品，并没有过多地关注洛克菲勒的威廉斯堡、福特的绿野村庄和大都会博物馆的美国之翼。他描述道，现代工匠使用"传统的建筑材料"是为了"把这个国家从古至今的建筑设计发展故事呈现给公众……创造一个储存和展示重要样本的设备工厂。"[30] 在彼得森看来，"新英格兰的礼拜堂、南方种植园的府邸、西部拓荒者的木屋、西南部的大庄园和阿拉斯加的木堡，在讲述一个比任何经过措辞安排的话语都强有力的故事。"

这些建筑的符号都在博物馆中找到了自己的位置，彼得森希望以此取得多元化的效果，这种多元化比在大都会博物馆和类似威廉斯堡那样的室外博物馆中展示的高品位收藏品更甚。主题事件将从小木屋的历史扩展到摩天大楼的历史中。[31] 在彼得森看来，博物馆也将成为提

图6.6 老圣路易斯大教堂，1831～1834年建设，莫顿和拉维尔（Morton & Laveille）建造。杰斐逊扩张纪念馆基地上少数被保存下来的建筑之一。亚历山大·皮亚杰（Alexander Piaget）拍摄于1934年，现藏于国会图书馆。

供建议的核心，这些建议涉及公园服务系统中的保护和重建建筑方面。例如，它能够帮助推进一些建筑重建工作，这些建筑与圣路易斯的早期历史相关。然而，彼得森并不希望这座博物馆的设计过多侧重于纪念基地中的历史建筑，他反而希望这座博物馆能够为全国范围内的建筑营救作出贡献。此外，纪念馆所在基地中被认为"丑陋"的建筑可能会改善"紧随内战呈现出来的建筑设计方面的中和性混乱和衰退状况"。[32]

彼得森获得了美国建筑界对于博物馆建设的支持。他立即与美国建筑师协会进行商议，该协会早年加入了公园委员会并在美国历史建筑调查中提供协助作用。彼得森还向芝加哥建筑师和历史学家托马斯·E·塔玛奇（Thomas E.Tallmadge）寻求帮助，撰写文章支持关于博物馆的提议。当塔玛奇在1936年参观纪念场地时，他向公园委员会和当地报纸阐述了纪念馆对于保护场地中个人建筑的重要性。他高度评价了圣路易斯法院和大教堂（图6.6）。但是，他扩展了他的保护提议，这其中包含一系列"丰富的早期建筑实例"，主要是有着早期铸铁外立面装饰的优秀建筑。他强调保护"具有真正艺术价值的一切"是很重要的。塔玛奇因此成为一名主张场地中现有建筑重要性的建筑史学家。亨利·拉塞尔·希区柯克（Henry Russell-Hitchcock）则紧随他的步伐。西格弗里德·吉迪恩（Sigfried Giedion）称赞圣路易斯的铸铁建筑风格（图6.7），并在他的《空间，时间和建筑》一书中强调了这个主题。对于那些次要建筑，塔玛奇看起来很希望它们的残片可以被放置在建筑博物馆中。[33]

塔玛奇的走访触怒了对美国建筑历史规划持反对意见的人们，这些人是杰斐逊纪念馆项目的核心人物。尽管约翰·L·内格尔支持塔玛奇的纪念馆走访活动，但他写到，他还是被各

图 6.7　河畔地区北大街 119-121 号铸铁立面的建筑。在杰斐逊国家扩张纪念馆项目中相似的建筑吸引了保护方面的兴趣。这座建筑建于 1875 年，希欧多尔·拉·维卡（Theodore La Vack）拍摄于 1936 年，现藏于国会图书馆。

种不同的观点"打扰"到。[34] 在内格尔表达了反对意见之后，塔玛奇放弃了他更远大的保护理想。他上交给内格尔一份报告，报告中提出，由于该地区没有十分"出众"的建筑，除了大教堂的破坏活动，其他破坏建筑的活动不会引起圣路易斯地区乃至整个国家的严重损失。尽管悠久的历史赋予了建筑相当大的吸引力，但他认为，也只有未来的一代人可能欣赏这些 19 世纪后半叶的商业街区。由于同时代的人们缺乏一定的鉴赏能力，使得保护工作变得艰难。据塔玛奇说，这样的保护方案实际上是不可能的，"即使它是合理和适当的，但在我看来，是不明智的。"[35]

解除了塔玛奇在建筑保护方面的干预，内格尔迅速限制了彼得森博物馆规划的范围和界限。他要求国家公园委员会负责人对彼得森的一些行为进行阻止，这些行为包括彼得森向美国建筑师协会寻求帮助，希望通过协会的决议来支持他的博物馆规划项目。经过认真的考虑之后，内格尔开始"担心这样一座博物馆可能会引导单纯的建筑学学术领域，并且这个后果不能和具有纪念意义和史诗特质的根本原则概念相提并论……仅仅当与其他特点有关时，建筑博物馆才被赋予适当的重要性，并且，仅仅当和路易斯安那购买案明显区别开的时候，建筑博物馆才显得是合适且恰当的。"[36] 内德·J·伯恩斯（Ned J.Burns）和公园委员会的博物馆项目部门，同意内格尔的反对提案。他认为，这个看似被"随机地"安放在圣路易斯地区的博物馆可能会威胁到整个地区的规划。[37] 国家公园委员会内部出现的阻力不是基于任何有关圣路易斯城市更新项目的政治承诺；而是来自对当地铸铁建筑的理解，人们普遍认为，托马斯·杰斐逊、路易斯安那购买案甚至西向扩张运动与当地铸铁建筑的发展似乎并没有非常密切的历史联系。并且，在 20 世纪 30 年代，对 19 世纪中期商业建筑的保护还处于建筑保护的范围之外。

内格尔和彼得森的不同观点体现出，在基于人物和事件描述的历史和建筑设计中，形式、材料和美学方面的历史关注点的变化。在这段历史中，内格尔致力于"一个包括购买和清理整个城市街区的庞大项目"，而查尔斯·B·霍斯默撤销了内格尔作为这样一名工程师的职位。相比之下，霍斯默认为彼得森是一位历史鉴赏方面的佼佼者，对"他成功建立了美国历史建筑调查协会"表示赞赏。[38] 然而，这个对比并不是如此简单。从早期的争论开始，一直持续到他做主管工作的这些年，在历史文字叙述方面，内格尔捍卫了"史诗"纪念的首要性，反对基于建筑美学的缺乏足够认可度的保护形式，并研究了一些从国家历史中移除的案例。

当彼得森向托马斯·塔玛奇寻求一些信息时（这些信息包括：存在于纪念馆的文字描述性和屹立在基地上的建筑以及那些即将被陈列在博物馆里面的建筑碎片之间的可能关联性），他已经在寻求建筑历史和国家历史之间的认知差异。他曾建议塔玛奇写一篇题为"作为历史图标表达方式的建筑"的文章。[39] 在彼得森关于博物馆的最初规划中，在涉及展示美国建筑发展编年史方面的重要性问题时，整体上回避了这个关联性问题。塔玛奇从没有写过这篇文

144

章，而彼得森自己也没有继续深化这个想法。基于纪念的街道网络，是西部扩张运动中圣路易斯历史角色的体现（图 6.8）。事实上，这一项目的规模和宽度与建筑保护的理念直接冲突，彼得森和他的支持者们投入了极少的精力去协调二者之间的关系。在西部扩张运动中，圣路易斯承担了美国东部和西部地区货物贮存和转运的任务。现存的河畔景观为：密网般的仓库建筑，密集的街道和带有 18 世纪城市历史痕迹的街区；它们直接将历史殖民地文化与现代文化有机地结合了起来。然而，彼得森始终没有在文字叙述领域有所发展，这一领域可能会在历史古城和场地中的建筑形式，与纪念碑的文字叙述者之间，形成一定的联系。事实上，彼得森将主要精力放在一个不可信的项目上，这个项目被纪念馆的描述者描述为"建造者的艺术"。

　　管理者内格尔继续支持被国会通过的国家历史文字叙述。总统、内政部和国家公园委员会都在他们的陈述中给予杰斐逊纪念馆以很高的评价。1938 年，在圣路易斯吉瓦尼斯俱乐部（Kiwanis Club）的一次广播演讲中，内格尔勾勒出他构想中的纪念馆。抛开那段原住民、欧洲人和美国移民者之间的血腥历史，内格尔希望用纪念馆来纪念路易斯安那州购买案和帝国集会带来的假想和平，并以此来给子孙后代上一堂深刻的课程："战争不是到达荣耀的唯一途径"。尽管与路易斯购买案同时期的建筑都没有幸存下来，但是，在这个文字叙述中，场地中的建筑由于被精确描述而被保留下来并起到重要作用。这一事实导致内格尔怀着极其乐观的态度期盼着纪念馆项目能够具备保护当地历史"身份"的能力。内格尔指出，从古罗马时期至今，纪念碑一直起着这样的作用："有史为证，以史为镜，将一个民族凝聚在一起成为一个国家……并且劝勉人们为国家作出更大的贡献"。杰斐逊国家扩张纪念协会的成员们普遍支持这一规划，即通过国家编年史来培养市民意识。在 1935 年一份草拟的建筑竞赛说明书中，该协会宣布该纪念馆项目将由建筑或者其他纪念性构筑物构成，这些构筑物必须具有"不朽的本质"，并且能够"美丽而庄严地"纪念领土完整，同时能够反映"所有令人钦佩的民族英雄的英勇和政治家的风采"。这样一个纪念项目将有助于"感染市民并形成更好的市民文化"。[40] 内格尔写给吉瓦尼斯俱乐部的文章标题为"杰斐逊国家扩张纪念馆具有本质上的国家属性。"[41] 在一个以"本质上的国家属性"为核心的纪念成果中，彼得森和其他保护主义者未能清楚地表达出反映他们保护愿望的当地构筑物与更加宽泛的国家故事之间的关联。问题并不在于这是一个不可能完成的任务，而在于彼得森太坚持自己的原则以至于不能把眼前的事物与国家的未来联系起来。

145

虽然国家公园委员会的一些成员讽刺这个纪念项目是一个贫民窟的检查规划，但其他成员强烈支持内格尔和纪念协会的这种基于民族主义的建设。他们都试图设计出一座令人鼓舞的纪念建筑，并通过这座建筑诠释和传达出一个国家的故事。一个委员会希望该纪念项目能够调查所有与扩张和成立国家相关的因素，并以每个州和领地为代表，该委员会是由黑门·C·彭博思（Hermon C.Bumpus）领导的咨询委员会的下属委员会。彭博思是动物学家，曾担任过博物馆馆长和大学校长，也曾帮助国家公园服务机构建立公园博物馆、约塞米蒂国家公园、黄石国家公园和大峡谷。毫无疑问，彭博思委员会设计思路的重点是解释和传达一个民族传统。委员会对国家历史调查充满信心，并展望到："形象地说，一个项目，'会成为一个鼓舞人心的体量而非一个有趣的章节。'"[42]彭博思甚至预感到"体量"将体现在建筑的纪念本身。一座致力于西方自然资源的建筑将反映出国家的扩张。这些建筑以旁边的一个宽敞空间代表西部的边境。这个地方的风景预示着实现东西部共赢，同时遵循着西部广大地区的分支路径。[43]内格尔表达了他对彭博思纪念馆的热情和关注。这样一座建筑可以解决"与历史事件无关的困惑"。彼得森和项目小组的其他成员已经准备了一份定位精确的历史事件发生地点图，当然，在测量建筑物时，他考虑了建筑本身的趣味性。内格尔希望这个事件具有"开放的兴趣点"，"清晰的阐述"和"鼓舞人心的价值"。[44]

内格尔、彭博思和纪念规划的其他拥护者们并没有理解基地上现存建筑物是如何澄清众多历史事件或帮助展现一个可被理解的历史的。事实上，他们对特定历史脉络的兴趣甚至代替了对纪念项目最初始的雄心。这个纪念区域占据了三个城市街区的宽度；然而，初始的边界与圣路易法院相连（图6.9），这个具有纪念意义的穹顶建筑介于市场和栗树街之间，并使这块区域扩张到了六个街区宽。之后，圣路易斯将这个法院的所有权转让给了联邦政府并作为了纪念项目的一部分。1939年，彭博思和黑门咨询委员会敦促公园管理委员会离开纪念项目所在地；委员会认为建筑缺乏历史意义，同时缺乏必要的装饰来保证其融入周围环境。有超过400座建筑物坐落在河畔地区的第37街区，委员会认为只有大教堂和老岩石住宅（图6.10）应该获得

图6.9 老圣路易斯法院，建设于1839～1861年，在杰斐逊扩张纪念馆场地上作为永久保留建筑被保护。亨利·辛格尔顿（Henry Singleton），罗伯特·S·米切尔（Robert S.Mitchell）和威廉·郎博尔德（William Rumbold）建设，亚历山大·皮亚杰（Alexander Piaget）拍摄于1934年，现藏于国会图书馆。

图 6.10　古老的岩石房子，滨河仓库区，建于 1818 年，杰斐逊国家扩张纪念馆项目最初保留的建筑并且和沙里宁（Saarinen）的大拱门规划设计不相吻合。保护规划随后被搁置，同时这栋建筑也被拆除了，亚历山大·皮亚杰拍摄于 1934 年，现藏于国会图书馆。

保护，老岩石住宅被认为建造于 1818 年。

　　内格尔认为，罗斯福总统已经在模拟法庭上同意将法院融入到纪念项目中，并支持保护大教堂和老岩石住宅。他向公园服务部门的主管汇报说："没有什么建筑应该继续存在，除非有真正的需求，但目前还没什么建筑令我满意。"[45] 查尔斯·B·霍斯默曾经着重指出，咨询委员会将国家公园管理委员会提出的法院保护提议描述为"一个最奇怪"的政策提议。[46] 然而，委员会对于纪念民族历史的兴趣，以及委员会提出的缺乏论据的一般性证明，使其在面对"圣路易法院如何使这个目标继续发展"这一问题时，无法提供一个衡量标准。随时间的流逝，法院的热情越来越强，在沙里宁对纪念建筑的设计上，这些都变成了需要整体考虑的因素。从寻求连贯的历史叙事角度来看，法院建筑看起来似乎是无关紧要的。

　　对于持保护项目的不情愿态度普遍存在于内格尔和公园管理委员会成员之间，并且他们始终没有在保护问题上停止过争论。1852 年坐落在第三大道和橄榄大道上的联邦大楼（图 6.11），被称

图 6.11　圣路易斯联邦建筑和民俗住宅，亚历山大·皮亚杰（Alexander Piaget）拍摄于 1934 年，现藏于国会图书馆。

作"古老的民俗住宅"，拥有着比大多数地方建筑更大的潜力，它本身就吸引着国家的关注，同时具有纪念意义。19世纪50年代的一项大规模联邦建筑建造规划包含了联邦法院、邮局和海关服务部门。[47]虽然它不是以路易斯安那购买案的发生作为时间上的起始点，但也确实代表了国民政府在当地公共生活中所起的作用。然而，鉴于审美观与联合保护理念在方式方法上的差异和区别性，大多数人还是呼吁建筑保护不是为了试图解决保护主义者与建设者之间的利益关系。例如佩里·T·拉斯伯恩（Perry T.Rathbone），圣路易斯艺术博物馆的董事长，认为民俗住宅是"圣路易斯过去的实质性纪念馆"；是一座有着"相当大的魅力与卓越感"的建筑，"一个在19世纪中期市民建筑中经典的例子"。拉斯伯恩，一个协助领导"历史保护纪念运动"的人，宣称这个已经被计划好了的破坏活动使他变得"沮丧"，因为他觉得圣路易斯原本是能够区分自身与其他美国城市的，比如底特律，底特律曾"忽视那些从19世纪流传并保留下来的建筑样本"，这是骇人听闻的。[48]

147　　劳拉·英格里斯（Laura Inglis），是密苏里州韦伯斯特园的居民，在拉斯伯恩饭店参加有关审美保护的讨论，她写道："这是应该被保留下来的能够反映那段时期特点的东西"。密苏里州最高法院的法官詹姆斯·道格，曾出任过拉斯密苏里州的州长，他同样坚持道："这是一座非常漂亮的建筑，我衷心希望它能够被保存下来。"威廉·布斯·皮平（William Booth Papin），作为当地的房地产行政人员和城市艺术博物馆的工作人员，宣称这座建筑是"坐落在路易街上的最优秀最经典的建筑样式"，一座潜在的"点缀其中"的建筑。[49]这些关于审美保护的理念，与那些被一部分人所认为的纪念作用（这种纪念作用体现在杰斐逊和路易斯安那购买案中），是无法产生共鸣的。

　　至少在某种程度上，另一种支持民俗住宅保护的情感，是基于对过去的不同理解和感悟。

148　撇开它的形式和风格，民俗住宅曾在社区公共生活中起到了一个地标性的作用。但是，保护主义者并不很清楚在凝聚市民意识和唤醒市民记忆的过程中，建筑所扮演的角色。朱利叶斯·波尔克（Julius Polk，Jr），写信给美国内政部部长伊克斯，认为这栋建筑物既是"建筑中的经典代表"，同时又拥有"很多历史背景，在路易斯安那州的很多市民心中十分珍贵"。在保护问题上，圣路易斯邮政局长坚持认为，在圣路易斯，没有其他建筑能够更恰当地代表"历史的重要性，承载美国政府和圣路易斯城市的关系，能够比得上这栋高贵的老建筑"。除了民族和地方生活之间的这层重要联系，邮政局长代表他的所有员工宣布，如果这栋建筑物被毁，"邮政服务将被剥夺最古老的有形传统"。[50]在这一言论中，这座建筑被作为了联系邮政工人与他们的历史的纽带，这一建筑理念清晰地回应了与建筑较弱的关系，而不是像内格尔和其他人一样，认为这块基地具有"史诗"特质。

　　关于拆除这栋民俗住宅的抗议信件，以及从圣路易斯邮报获得的保护援助，使公园管理委员会的官员有理由在1940年12月至1941年1月期间停止拆除行动。在过去的几年里，公园管理委员会已经在民俗住宅的问题上开始模棱两可了。1936年，公园管理委员会的人员开始考虑到建筑的立面问题，同时也在进行原始图纸的调查工作，并以此为"一个特别有趣"的展览做准备，这个展览是美国建筑协会提出的博物馆项目中的一部分。一些公园服务人员认为，这栋建筑物的建筑风格精美，作为密西西比河西岸第一栋联邦建筑的地位和它在美国内战中的重要性使得整个建筑的外立面需要被保护下来并且在其中一栋纪念建筑中重构室内。在一段1940年8月的备忘录中，查尔斯·彼得森概述道："在保留或者移除建筑方面，都存在激烈的争论"。地方规划人员认为，一个为了交通便捷而拓宽第三大道的计划需要建筑被移除。据彼得森的描述，"其他人，那些可能代表激进思潮先锋的人，以及那些在美国考古学和社会历史方面有直接利害关系的人，认为在这个问题上，很后悔在古老'河畔氛围'里每一栋建筑单体中的每一项拆除活动，并且感觉这和宪法的精神相违背。"彼得森对于这种先锋没有进行个人认定。相反地，他寻求了一种妥协，他建议在新建筑中建筑立面被保护和重建以确保"继续保护存在重要意义的建筑物，同时允许第三大道的持续发展。"[51]

这种来自建筑碎片的历史感在提供给建筑博物馆搁置计划新的可能性的同时，也动摇了激进保护主义者的地位。这栋建筑应该通过保护其建筑立面的方式被保留下来，这一保护观点与建筑形式、功能形式上的观点相吻合，共同构成了建筑保护的核心部分。事实上，公园管理委员会的人员早些时候已经得出结论，民俗住宅的内部装饰，即最大的公共利用空间，是"不值得保留的"。尽管如此，公众对于保护行动越来越浓厚的兴趣使彼得森从支持拆除运动的一员变成了详细研究问题的一员。彼得森希望，随着纪念场地的逐渐清整，以及民俗住宅各个方向的"良好视野"逐渐呈现，公园管理委员会可能会敦促建筑保护活动建立在他的"好设计"基础之上。[52]

这场关于民俗住宅的争论终止于牛顿·B·特鲁里（Newton B.Drury），这位国家公园管理委员会主管手中。他指出，在他的员工顾问里只有查尔斯·彼得森坚持这栋建筑的保护工作。特鲁里拒绝了彼得森的观点。如果保护民俗住宅只是基于其样式特征，因为它是"很有情趣的代表过去时代的建筑"或者是"早期圣路易斯地区建筑的典范"，那么公园管理委员会就不能公平合理地拆除纪念场地上的许多其他建筑物。特鲁里指出，公园管理委员会为了修缮圣路易斯地方法院准备了资金，他认为这是一座更具有历史重要性的建筑，同时也是一座更能代表保护运动的建筑。

他指出，为了拓宽第三大道，同时对民俗住宅如何适应纪念项目的最终规划进行关注，公园服务委员会得出结论，认为这栋建筑不具备足够的国家和历史重要性来平衡重建的高成本。在放弃了这个关于建筑博物馆的想法之后，政府官员发现，对于建筑立面上细节的修复可能将被真实地展现出来，事实上，这种行为使得它更容易同备受争议的拆除规划一同进行。[53]公园管理委员会保留了一个主要楼梯上的三个主要铸铁构件，一个科林斯式壁柱的柱顶，一个结合结构加热原件的铸铁室内柱，石刻的窗口控件，飞檐托式纹线，一对装饰丰富的铁门和位于主要立面的科林斯柱子大样。[54]他们将这些碎片和其他从纪念项目基地中拯救下来的有意思的建筑材料一起储存了起来。

类似这样的物品随着清理活动的进行而逐渐增加。1939年，在成功应对了这个纪念计划所面临的司法挑战之后，政府部门开始谴责纪念项目的基地并且开始掌控这块土地，支付给了土地所有者约合597万美元，并购买了484块分散的独立地块。[55]1939年10月9日，市长迪克曼举办了清理活动的开幕式，当他在一个废弃的酒吧中，将市场大道一栋建筑上的一块砖搬出来的时候，这场清理活动就正式开始了。在清理纪念项目的场地时（图6.12），公园管理委员会收集并储存了四栋铸铁建筑的整个外立面。铸铁收藏品中包括了一个五层的哥特式建筑立面（图6.13）和一座西格弗里德吉迪恩格外推崇的建筑。这些碎片收藏中还包括顶层柱、柱子、拱门、窗口拱廊、门、楼梯、经过装饰的面板和窗花，以及其他由铁、木材、石膏和石头做成的建筑细部构件。[56]彼得森和其他公园管理委员会的人员期待在纪念项目场地上使用这些元素并通过某种形式的建筑展示方式将其展示出来。

第二次世界大战和后续的融资问题放缓了杰斐逊国家扩张纪念馆项目的开展。尽管很多人为了保证这个项目能够继续下来而不断努力，但建筑博物馆这个概念，总是被当作纪念项目的一个次要部分而逐渐衰退着。尽管这个建筑博物馆出现在1947年纪念项目建筑竞赛中，但它

图 6.12　圣路易斯扩张纪念馆项目基地上被拆除的建筑状况，照片拍摄于 1941 年，现藏于杰斐逊国家扩张纪念馆内。

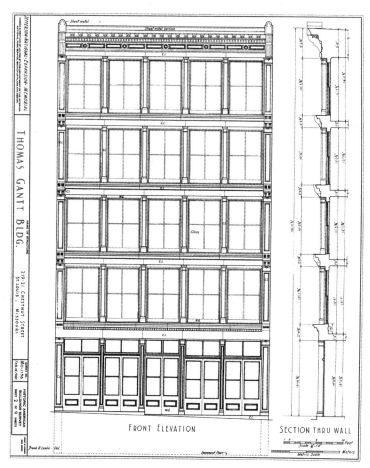

图 6.13　托马斯·甘特（Thomas Gantt）的铸铁建筑立面，圣路易斯切斯特纳特街第 219–221 号，建设于 1877 年，并且于 1940 年由于杰斐逊扩张纪念馆项目而被拆除。弗兰克·R·莱斯利（Frank R.Leslie）于 1940 年绘制了该建筑的立面，现藏于国会图书馆。

缺少来自公园管理委员会中关键成员的支持。1957年，当纪念项目的最后一笔筹资获得时，公园管理委员会的首席历史学家认为这个建筑博物馆项目是不可行的。他考虑到许多文物因为过大而很难被轻易地展示出来。国家对这个看起来有功效的建筑展示也不再那么关注。圣路易斯的碎片收集显得太局限了，"仅仅是西部扩张运动中很小的一部分"，而且似乎没有人对建立更大范围的收集显示出特别的兴趣。[57]1958年，公园管理委员会放弃了建筑博物馆项目并且将这些碎片收集的工作分配给了密苏里历史社会机构、史密斯森协会和其他一些有兴趣的机构去做。

将建筑作为建筑评估对象的局限性

公园管理委员会做出了将历史建筑从它的解释性项目中忽略的决定，而建筑博物馆强化了这一决定，撇开这些，1950年，在有关路易斯安那购买案期间圣路易斯地区建筑重建工作的争论中，这些规划是从纪念馆项目中分离出来的。公园管理委员会同样也拒绝在纪念项目场地上为某些历史构筑物提供场地空间，这些历史构筑物是受到清理活动威胁的需要被重建的构筑物。例如，在1947年，包括佩里·拉斯伯恩和查尔斯·彼得森在内的保护主义者在纪念项目场地上为简·巴布斯特·罗伊住宅（Jean Baptiste Roy House）找到了一块场地空间。这栋建筑大约建于1829年，并且占据着一个临近纪念馆项目的地块，罗伊住宅在年代上也接近路易斯安那购买案那段特殊的历史年代。圣路易斯的许多人同样珍视这个建筑，因为他们相信19世纪70年代在罗伊住宅里面开办的一家香肠店制作出了第一个热狗。纪念协会的成员和公园管理委员会反对搬迁计划，房子的拥有者也逐渐倾向于清除这栋建筑。[58]1958年，巴纳德学院的英语教授和历史学家约翰·A·考恩霍文（John A.Kouwenhoven）认为，一座"辉煌的希腊复兴式大厦"面临着从最初的场地上被移除的危险，而这块纪念馆场地将会是这座大厦新的绝佳选址。考恩霍文赞叹这栋建筑"典雅的比例，它的精美砖瓦，具有亲切感的铸铁阳台以及俊伟的圆柱和飞檐"。这栋建筑是圣路易斯地区此种类型建筑的"唯一一案例"，看起来对于历史纪念碑是一个很好的补充和完善。在反对这个计划的过程中，公园管理委员会表示了他们对于历史建筑在搬迁过程中将会遗失大部分历史价值的担忧。委员会同时也担心纪念项目的场地很可能会成为某些人"快乐的尝试地点"，这些人渴望将历史建筑搬迁到一个更安全的地方，而这样的行为很可能会对整个纪念项目产生"危害"，并且公园管理委员会将会承担运营的开销和费用，这个情况与亨利·福特的绿色庄园案例中发生的情况类似。[59]因此，在将近25年的时间里，虽然保护主义者和历史学家曾试图以各种各样的方法将历史建筑作为纪念项目中的纪念性景观，但这些尝试都以失败告终。他们的兴趣和视野，他们对建筑史和建筑美的热情，并没有对国家的这种关于"纪念"的理想进行十分完善的补充。

保护主义者们对建筑风格形成的内因有着强烈的兴趣，建筑形式主义体系从结构体系、类型等方面驱使他们努力为圣路易斯纪念项目场地上的古老建筑定义一个纪念性的角色。除了保护主义者以外，支持者及建设者本身对建筑形式主义体系的支持阻碍了对历史建筑的潜力及其景观承载能力的探索。在规划过程的早期，美国内政部部长伊克斯明确阐述了传统设计的主导观点与纪念建筑和城市历史建筑及风景之间的关系。伊克斯写道，

> 场地上重要纪念建筑物的空间必须足够宽敞，以便提供必要的景观设施并且保护建筑物免受周围建筑物的不良影响。当这个原则受到破坏时，如果不是集体性的、富有感染力的纪念活动的话，那么这种聚集效应的绝大部分，是会被湮灭的。这个

原则尤其适用于圣路易斯项目，对周围自然环境也是这样，提供充足的开放空间，以实现必要的隔离效果。[60]

这个关于纪念碑的观点是建立在极其明显的分离主义和城市的分离状态之上的，同时根植于当代关于纪念性的准则之上。一座纪念碑，通过时下流行的定义，这座纪念性建筑物所具有的意义已经超越了它所在的背景环境；可是在这种定义下，为了使人们在这座历史悠久的城市中看到圣路易斯的全貌，我们不需要从这个历史城市中自然脱离出来。在一定程度上，这个建筑既要表现出帝国庆祝胜利的宏大行军活动场面，又要表达出密西西比河沿河地区中城市的衰落和经济的衰退，使人们能够擦出两种思想碰撞的火花。事实上，"没落的河畔商业建筑"是对圣路易斯未来城市地位不确定性的一种比喻。对于一直以来都支持清理河畔的人们来说，他们更加关心城市的未来而不是过去；他们想要清除这个"鬼镇——那些圣路易斯商业繁荣时代的破旧、衰败的房屋。"[61]他们希望用一座现代化的城市来代替它，从历史当中展现出一个更乐观的经验教训。历史还停留在圣路易斯河畔古老街道和古老建筑的每个角落中；然而，形式主义和纪念主义方面的考虑，再加上由于历史倒退而引起的对真实的厌恶感，导致这座纪念碑的设计者，过于重视这座建筑与城市历史的联系，使这座纪念性建筑和周围的现代环境产生了不协调。其实，圣路易斯河畔清理活动本身就是作为连接市民和城市历史的手段和方法；正如一家报纸中所报道的那样，"当地的居民正如第一批来到圣路易斯生活和工作的人们一样，在坚定不移地建设着他们自己的家园，随后是他们的商业发展，尽管这个过程很缓慢，但是很坚定"。[62]

"纯粹"的纪念碑，沙里宁的拱门和历史文字描述

直到 1942 年 5 月，古老建筑可能会造成地区拥挤的言论仍然盛行，同时，这些老建筑也在向杰斐逊纪念馆项目妥协，随着清理运动的进行，只留下圣路易斯大教堂、法院和古老石房子。当基地上以古老建筑形式存在的历史不再威胁到纪念的标准时，纪念碑的设计者更多地开始关注这段历史和记忆，并开始通过一些途径扭转历史保护与项目建设之间的关系。公园管理委员会的专家们表示越来越担心这座纪念碑可能会超越其本位。他们小心翼翼地区别着象征意义和纪念碑的教导角色两者之间的区别。这样的一个区别并不新鲜。所有关于纪念碑的早期规划都已经将历史和博物馆陈列视为对纪念项目中纪念物品的补充。1938 年，哈罗德·C·布莱恩特（Harold C.Bryant），公园管理委员会的助理主管，参观了纪念场地并接受了当地一家报纸的采访，他说，"我们希望看到最好的纪念碑矗立在河畔地区，但同时，我们也希望这座纪念碑能够充分且富有魅力地讲述这个国家发展历程的故事。"[63]1944 年，当勾勒出圣路易斯项目的"宗旨和主题"的时候，国家公园委员会的历史学家查尔斯·W·波特（Charles W.Porter），将其作为纪念碑的初衷角色和作为历史场景的实用性和运作能力进行了区分。他认为，"石头或铜制作的象征性纪念碑，又或者是装饰有壁画的纪念性建筑物，无论它的体量有多大，都不可能像一座博物馆那样有效地展现出一个故事情节。"[64]这一区别在公园管理委员会为博物馆展示而准备的最初规划中有所体现，这与纪念馆项目联合委员会为纪念所做出的努力大相径庭。

存在于公园管理委员会与纪念协会之间的区别，存在于纪念历史和建立纪念碑之间的区别，超出了制度中简单的利益关系，这个问题在很大程度上取决于这个地点实际上会被塑造成怎样的造型并呈现给公众。查尔斯·波特指出，如果将河畔地区视为一个历史场地，就要

求"现存的重要历史遗迹被保留下来。"

一旦这个场地被清理，这一点在很大程度上将会被效仿；但是，公园管理委员会的历史学家们则认为，纪念碑的设计师们应该保护历史街区中仍然存在的样式。这些街道将为历史地标、历史片段和导游提供一个框架。在面对一个有着很大野心的纪念项目时，要坚持纪念碑设计工作围绕现存的街道进行，并且建立一套标识系统来保证这个纪念项目中能够清晰明确地进行。对利益关系的调查主要集中在河畔地区，从市政关心的交通和停车问题到追求"一项根据最新的建筑设计方法产生出来的项目"，到关于殖民风格住宅中一种威廉斯堡风格的重新兴起，公园管理委员会的一些历史学家试图为了"在这类事业中获得一定的标准"而"坚定地努力着"。[65]1945年，当纪念协会准备为设计大赛编制任务书时，公园管理委员会的历史学家们越来越强调他们对于标记历史的责任。公园管理委员会主管牛顿·特鲁里写道："我试图使那些有着多种方案和想法的赞助商们的思想从建筑纪念的象征性中抽离出来……在对待物理遗存的保留和早期人类聚集起来成为一个民族后形成的历史场地时，保持一个简单的处理态度是值得肯定的。"在特鲁里看来，"在一个宏大的建筑规模之上，艺术性象征纪念将会……从已经建立的委员会政策中分离出来"。特鲁里也表明，公园管理委员会尤其强烈地意识到，关于纪念项目的联合发展计划应该发展西部扩张运动的主题，这其中包括一个博物馆项目，并且应该为了在河流和纪念项目基地上重新建立一个视觉连廊而移除基地上的垂直轨道交通。特鲁里在19世纪40年代提出的这些想法和要求，高度强调了国家公园管理委员会为了在一种完全不同的历史背景中发展这块基地而做出的持续不懈的努力，在这种历史背景中，装饰河畔地区的流行标准并不适用。[66]

认识到存在于杰斐逊纪念碑中的历史性和纪念性之间的潜在冲突，公园管理委员会致力于诠释这个展览。1938年，约翰·L·内格尔做出了"将纪念美国西向扩张运动的重点放在路易斯安那购买案上"的决定，这将作为纪念碑项目规划的"主要目的"。公园管理委员会的解释性规划将依赖实景模型、壁画、大比例地图和其他"纪念，图解，以及除了路易斯安那购买案以外的戏剧化展示的条件和事件，和一些由于它们的重要性和结果而在西向扩张运动中凸显出来的历史要素。"[67]对于公园管理委员会的历史学家来说，具有挑战性的工作是用历史文字描述来证明杰斐逊纪念碑包含了"基于技术的一半的信任"，而该历史文字描述是以行政命令的方式断言的。对于像行政命令那样的争论来说，圣路易斯是"密西西比河河畔第一个市民政府"的基地所在，而不是在德克萨斯州和西南地区早期西班牙人的市民政府部门。圣路易斯作为圣菲和俄勒冈地区铁道系统鼻祖的地位，使其忽略了对临近堪萨斯州的密西西比河河畔地区更为精确的定位和论断。圣路易斯作为刘易斯和克拉克探险的起点需要更多的说辞加以论证，因为实际上这个探险的起点位于密西西比河的东海岸地区。圣路易斯同时也是德瑞德斯科特审判的地点所在，这强调了发生在基地上的更少的下级法院案件而不是最高法院案件。[68]

对公文中历史文字描述的纠正导致了一个更为精确的描述，但是这些描述并没有彻底基于领土统一和扩张的优先性。1942年4月，公园管理委员会将其第一个解释性展览安排在圣路易斯法院中。展览探索了"纪念项目的基础主题"——国家扩张。

这个展览的第一专题是"国家扩张的故事"展示，"这是一个关于那些勇敢和坚定的人们将30块分离的，独立的，东海岸的板块凝聚成一个横跨大陆的伟大的独立国家的故事。"公园管理委员会的历史学家们在展览大厅中向美国殖民地的欧洲原住民们展示了一些案例，自然环境，英国殖民文化，殖民地边界上的民族成分，圣热讷维耶沃的法国殖民地立体模型，密西西比河山谷的勘测图和关于边疆生活画面的描述并引用了历史学家弗雷德里克·杰克

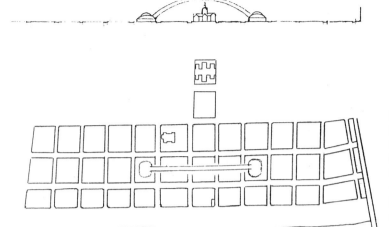

图 6.14 朱利安·C·施波特（Julian C.Spott's）为杰斐逊国家扩张纪念馆设计提出的想法，1945年2月。这个1200英尺长河流的沿岸建筑构思比沙利宁大拱门项目的构思早出现两年，现藏于国家档案馆。

逊·特纳（Frederick Jackson Turner）的解释，政治的过程和建国的年代问题，杰斐逊，圣路易斯安那州购买案，"和平取得的帝国"，刘易斯和克拉克的探险，"西部胜利"，迁移活动，殖民定居和经济发展，向俄勒冈、加州、和德克萨斯州的扩张，《宅地法》的颁布，最后还有一个对领土扩张的总结。这个展览以一个专题为结尾，目的在于更深入地发展民族主义；这表明，尽管边界线是封闭的，人们依然可以参与到"美国的戏剧性发展中来"。[69]

153　　　圣路易斯州法院的翻新工程为国家历史的展览提供了一个市民参与的机会。在纪念碑场地周围加入适当被标记的历史遗迹很可能完成了公园管理委员会在古迹法案上提到的"地区责任"。然而，卢瑟伊利·史密斯和他在纪念委员会的同事们仍然见证了这座长时间以来被期待的纪念碑的真正优点。因为涉及历史方面时，这座纪念碑可以丰富圣路易斯当地的市民文化和经济财富。委员会的成员确信纪念碑的当代用途将会影响到河畔地区长期以来的更新活动，并且将会很好地兑现在文化生活方面对当地居民的承诺，这些当地居民在保护历史的过程中贡献出了他们的时间和聪明才智。朱利安·C·斯波茨（Julian C.Spotts），在1940年成功击败约翰·L·内格尔成为该纪念项目的主管，他将纪念碑视作这一历史地段上不可分割的一部分。他坚信，这座纪念碑将会有力地传承历史经验。1945年，着眼于潜在的观众群，斯波茨用他自己的观点解释了纪念项目地块上纪念碑使用的意义，他写到，"许多来到我们公园的游客是一些热衷于娱乐和观光的度假者们。其他一些人超越了观光这个层面的状态，呼吸着灵感的味道并且吸收着其中具有教育性和解读性特征的东西。历史对于很多人来说是无聊的，除非变得很有有趣……一座赋予灵感的纪念碑将会成为吸引着一些人的麦加圣地，这其中的一些人不断地和我们的解读工作相接触，另一些人则仅仅通过建议的力量吸收着民族的历史。" [70]

　　　斯波茨在纪念碑能够促进民族历史意识觉醒方面的直觉促使他敦促公园管理委员会和纪念委员会赞助的纪念碑建筑设计竞赛进行全面的合作交流。然而，1945年2月，斯波茨关于建立一个真正的纪念碑来纪念的观点促使他勾勒出一个独特的设计视角。这是一个他认为"很大胆"的概念，他勾勒出一个"通向西部的门户"，是一个跨越1200英尺并且高度直达240英尺的混凝土纪念拱，这座拱将会直接连接两座用于博物馆和解说目的的建筑（图6.14）。电动汽车和一个人行步道将会伴随拱的曲线出现，并且保证当游客路过壁画、地图、实景模型以及和场地密切相关的历史和西部扩张运动有关的陈列品的时候能够对周围的乡镇环境进行观察。这个被构想出来的拱与斯波茨的一个愿望相吻合，在这个愿望中，斯波茨认为观光者可以在有趣味性地参与娱乐和观赏的同时进入到一个和历史进行纪念性互动的状态。

他指出，这个拱其实"只是一个噱头"。但是他却对纪念碑这个噱头有很广泛的定义。他坚持认为像华盛顿纪念碑、自由女神像和拉什莫尔山这样的纪念碑"它们本身很难有比一个噱头更多的内涵，但是一旦它们成为地标并和传统相融合，它们就可以成为一个成功的噱头了"。斯波茨指出，这座拱作为一个"切实可行的"和"赋予灵感和恰当的纪念碑……代表了通向西部的大门……是一个力量、进步和扩张的象征……是艺术、建筑等等的代表。"尽管，斯波茨宣称他将不会公开提倡或促进这样一个观点，但是他承认"在勾画这个可能性的过程中有着相当大的乐趣在里面"，并且认为如果这样一个项目被公园管理委员会"关注"，它会被"认真"地对待。斯波茨的同事内德·J·伯恩斯，公园管理委员会博物馆分部的负责人，回应说，"在这个世界上最大的拱下面，美丽的啤酒庄园将会吸引更多的农业元素。"[71]

没有证据表明，斯波茨在1945年为大拱门勾勒出来的那个提议影响到了国家竞赛中获胜者的设计，这个国家竞赛是纪念委员会为杰斐逊纪念碑项目举办的。然而，埃罗·沙里宁在1947～1948年期间为巨大的不锈钢拱所做的设计显然吸引了竞赛评委们的眼球；而那些来自于农业区的人们则参与到了反对沙利宁的行动中。乔治·豪（George Howe），这位著名的费城现代建筑师，是曾设计过国际化风格的费城PSFS建筑的建筑师，他成为这个由杰斐逊国家扩张纪念碑委员会赞助的建筑竞赛的专业顾问。[72]该委员会通过私人募捐的方式筹集到了225000美元的资金来支持这个竞赛，但是可能无法向那些参加竞赛的人们保证政府部门将会真正建造这个纪念碑。竞赛招标说明书中，有几个章节涉及公园管理委员的评论，这些评论巧妙地推翻了关于将杰斐逊纪念碑倒退到纪念碑的想法和观点。这个纪念碑的建设目的对于那些同时关注过去和当下的人们来说，触动了他们的利益。招标说明书宣称，这座纪念碑"不仅是对过去的纪念而且还是，尤其是，在现在和未来能够保存下去，那些在民主的背景下，在完善路易斯安那购买案的过程中，激励托马斯·杰斐逊和他的部下们用大胆自由的精神为来自不同国家的人提供新的机会。"[73]竞赛评审团成员包括赫伯特·黑尔（Herbert Hare），费斯克·金博（Fiske Kimball），路易斯·拉博姆，查尔斯·内格尔（Charles Nagel.Jr），理查德·诺伊特拉（Richard Neutra），罗兰·万克（Roland Wank），威廉·沃斯特（William Wurster），他们全部同意选择沙利宁的方案，并且在过程中给予国家公园管理委员会一定的地位，使其作为一个"大胆的"、不朽的、现代化设计的甲方，同时，使纪念项目成为了了庆祝历史而建造出来的项目。[74]

竞赛的创办者试图去增加"新的机遇"，他们希望不要局限于公园管理委员会对场地中历史遗存的评论性态度。竞赛规则中要求对法院和大教堂进行保护。然而，老岩石住宅的保护工作，尽管被认为是"理想化的"，却并不是强制性的。同样，历史地标、现存街道和地形本身可以在竞赛中根据视觉舒适度进行修改或者清除。如果设计者希望为一个有着五栋建筑的组团的重组和重新生产提供一个类似威廉斯堡的场地，他们也会这样做。这个竞赛的招标说明书同样呼吁一个具有教育性质的复杂体系，这一体系在解读古老圣路易斯地段、路易斯安那购买案和西部扩张运动的历史重要性方面奉献一定的力量，体系中同样也包括一块展示建筑遗存的场地。除了这些硬性要求和关于纪念性的设计要求外，参赛者还被要求提供一些能够帮助回忆和解读杰斐逊"不朽纪念碑"的历史的活动计划和策划方案。[75]

在为圣路易斯纪念碑勾勒出他的设计初衷时，埃罗·沙里宁和他的支持者们进行了争论，争论的内容是关于建立与"功利的"生活化纪念碑相对立的"纯粹的纪念碑"。沙里宁意识到，像华盛顿的林肯纪念堂和华盛顿纪念馆那样的建筑，以及他提出来的圣路易斯纪念碑构想，"提醒着我们伟大的历史，而这些历史对于展望未来是相当重要的"。[76]这座纪念碑有

图 6.15　圣路易斯大拱门，杰斐逊国家扩张纪念馆，建于 1961～1966 年。建筑师埃罗·沙里宁设计，杰克·鲍彻（Jack Boucher）拍摄于 1986 年，现藏于国会图书馆。

着精湛的技术和对现代材质的运用，这些是通过一些设计实现的，这些设计基于圣路易斯项目的支持者们对于过去，未来以及对于历史纪念的愿望。圣路易斯明星时报将这座建筑视为凝固的音乐，"一首爆发性的，尖锐的，简洁的小号曲目……召唤圣路易斯向一个全新的自由进步的方向发展……通过这座建筑，圣路易斯可以，如果他意愿的话，进入一个更加美好的未来。"在沙里宁的纪念项目规划中，"新的和旧的将会清晰地成为一个整体。"[77]

沙里宁的设计中陈述性和批判性的态度，是基于对一个在当代环境背景下的地块的假设，他探讨了一个充满纪念性和现代主义的地方，一种对抗纪念性的论断。[78]沙里宁的"纯粹"纪念碑理念，与他参与的纪念仪式工作有关，同时也反映出一种建筑形式主义，在这其中，沙里宁还引用了历史学家威廉·格雷布纳（William Graebner）关于"拆毁方面的政治和美学"的定义，这一定义曾在 20 世纪 30 年代和 40 年代被许多建筑师分享过。

然而，设计者的形式主义观点和早期圣路易斯保护主义倡导者的观点有着很大的一致性，这些倡导者旨在保护单独的建筑体和那些在纪念项目场地上留存下来的建筑碎片，这些建筑碎片依据它们的美学和技术形式而不是它们的特性被挑选出来。即便如此，沙里宁认为它们仍然是"纯粹"的或者是和它们的纪念能力相分离的（图 6.15）。它们的物理和肖像方面的属性帮助其在建筑纯粹性和政治意识形态方面搭建了一座桥梁。这个设计和传统的纪念拱中常见的联合形式相呼应，它进一步从古老法院建筑的传统中轴框架形式所体现的公共性和纪念意义中衍生出来，还有它的文化"噱头"，这一点斯波茨已经作出了解释，这种噱头依托于扩建博物馆的复杂性，其中涵盖了圣路易斯历史内涵的建构等内容，现在被"通向西部的门户"这个名字进一步强化了。其中一些案例已经被展览方在法院建筑中展示了出来。事实上，这些展览担负起了解读圣路易河畔的历史和文化方面的重担，并经过了将近十年的延迟，与此同时，支持者们解决了关于移动场地上的一段高架交通轨道的争议，并且说服了国会和总统根据沙利宁的规划方案出资赞助杰斐逊纪念项目的建设。

进一步发展的资金赞助和建设期延误等问题使得拱门的完成推迟到了 1968 年。由于符合它基本的民族主义意图，西向扩张运动博物馆于 1976 年开放，这次开放站在了一种对当地和民族历史都富于热情的高度上，这股热情被周年庆典点燃。

这远不是一个"纯粹的"纪念碑，杰斐逊国家扩张纪念项目一直被视作一个规划项目，

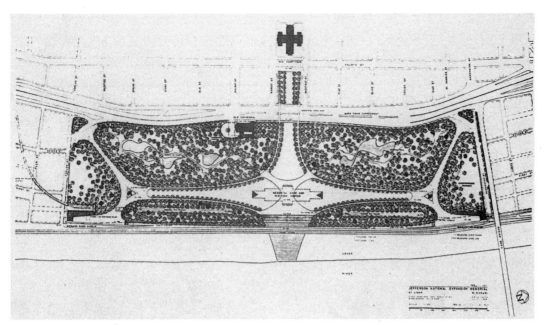

图 6.16　大拱门项目的最终平面图，景观设计师丹·凯利（Dan Kiley）；建筑师埃罗·沙里宁设计于1957年，现藏于杰斐逊国家扩张纪念馆内。

被认为支撑着国家历史的文字性叙述。沙里宁最初的规划，是和景观建筑师丹·凯利（Dan Kiley）密切合作后制定的，试图去打开纪念碑和密西西比河之间的视觉通廊，去明确西向扩张运动过程中河流体系的重要意义。凯利最初的景观规划还为了支持森林公园的建设而搁置了历史街道网络。在这里，凯利有目的性地将先驱者们在西部草原景观上移动穿过丛林地带时的历史场景和观众体验联系在了一起（图6.16）。[79] 纪念拱超凡的受欢迎程度有利地强化了历史文字描述，以至于纪念项目在超过40年的过程中在概念和完成度方面一直持续不间断。如果那些拥有铸铁立面的商业建筑，或者是19世纪50年代的联邦建筑，又或者是所有19世纪的工业和商业建筑都矗立在沙利宁拱的选址所在地上，那么很少会有人在参观了杰斐逊纪念碑之后讨论领土收购的历史和西向扩张运动可能诱发的名誉性问题。沙里宁最初的规划包括将古老石房子作为拱内部交通系统的入口。这样做同样也为一个殖民时期的村落和一座建筑博物馆提供了空间。这样一种关于传统建筑元素的展览，被期望能够提高对历史的解读和理解。除了这些元素之外，为保护而提出来的结构可能会作为回顾性展望的一部分，它们将矗立在沙利宁的规划方案之中而不用向设计的纪念性初衷妥协；由于上述原因，这些结构也不会轻易"占据着"这座高达630英尺的拱。然而，随着项目逐渐向着结构方面发展，那个殖民时期的村镇和那座建筑博物馆被搁置了。经过纪念场地的边缘，并且穿过一个隧道的河畔高架铁路隧道的移位工作，导致了古老石房子的损毁。即便如此，人们还是在学习历史，或者至少其中的一个观点是，仍在这片纪念性的土地之上。沙里宁设计方案的成功之处在于在国家文字描述过程中扮演了一个关键角色，这代表了人们对建筑力量的信仰和挑战的态度，这种信仰是保护主义者们在传达历史的过程中体现出来的。

60年前，查尔斯·E·彼得森总结说："这个最终的结果对于历史保护的原因来说几乎是彻底的失败。但是，从积极的一面来看，沙利宁的拱不仅仅是这个国家最著名的纪念碑之一；它同样被列入了国家历史遗迹名录当中。"[80] 正如他之前由于样式和结构而对铸铁立面建筑产生崇拜之情一样，彼得森似乎对沙里宁的设计怀着同样的感动。然而，这座纪念碑同样在确认

157

建筑的戏剧化方面起到作用，并且使得那些更难以让人忘却的历史事件参与到场地中。这座纪念碑是对保护主义理想的挑战，那是因为在圣路易斯，对设计师们的历史视角进行强化的建筑不是那些历史建筑。那些基于审美和结构特性的保护宣言被证明是相当无效的，这一事实可能会激起保护主义者更加激烈的争论，这种争论是关于什么样的历史运动能够更有效地将历史景观的保护工作放在一个更坚实的基础之上。然而，这样一个全国性的争论需要一个相当长的孕育期，这段孕育期的时间跨度相当于实现杰斐逊国家扩张纪念项目本身的时间跨度。

作为保护对象的纪念碑

现在我们可以清晰地感觉到，杰斐逊国家扩张纪念碑在纪念国家历史的同时，在塑造圣路易斯城市身份和发展圣路易斯现代经济方面获得了双赢。尽管建成时间不长，在 1987 年，这座拱以第 32 个密苏里州遗址的身份载入到了国家历史遗迹名录当中。[81] 2008 年，在这座拱 40 周岁之际，一个围绕保护纪念场地边界的历史建筑特征的争论又开始爆发了。在美国前参议员、外交家和慈善家身份于一身的约翰·丹福思(John Danforth)的领导下，一些杰出的圣路易斯居民，试图将河畔地区转变成一个"世界级的旅游胜地"，引入一个"新的旅游吸引点来补充和完善这座拱，例如一座博物馆或其他文化设施。"[82] 丹福思非常乐意向该项目奉献上千万美元的个人家族资产，他希望改变纪念项目场地上的这种"不优雅"的现状。丹福思将视角转向早期纪念碑设计者的设计逻辑上，这些设计者将基地上建筑物的清除视为一种重要手段，这种手段的目的是为纪念项目提供一个远离城市其他部分的高贵的纪念性环境；丹福思认为，"如果这座拱被周围的垃圾所环绕着，你将不能拥有这个伟大的宝库，而周围的高速路就是垃圾，河畔建筑区也是垃圾，拱下面的土地也是微不足道的，那里什么也没有。"丹福思以及和他志趣相投的人们希望丰富圣路易斯和杰斐逊国家扩张纪念碑的参观者体验，通过置入一座新的建筑物，并且在这样做的时候，延长参观者和游客在圣路易斯花费的时间。[83] 国家公园管理委员会已对这些建议作出回应，他们认为，应该坚持保护这些具有重要性的，位于纪念碑及其场地上的历史、建筑和景观。公园管理委员会认为凯利的景观设计是沙利宁设计中不可或缺的一部分。公园管理委员会关于保护拱和下面基地历史完整性的决定和其早期关注国家文字描述方面的工作相得益彰。有所不同的是，这座拱的设计本身被认为在国家文字叙述方面是一个珍贵的元素，这座拱具有重要的历史特质。查尔斯·彼得森的保护宣传，致力于保护当地建筑的审美特征，他现在已经被允许在圣路易斯场地上帮助公园管理委员会决定一些政策。

约翰·丹福思将这个地块视为一个凄凉的，空置的，荒凉的，需要开发和完善的景观。近期讨论比较多的问题，是早些时候关于河畔地区如何增加圣路易斯财富的问题。这个共识的基础问题，在 20 世纪 30 年代和 2008 年产生了大幅转变。1930 年，圣路易斯的人口数量为 821960 人。在 2000 年，经过大范围的郊区城市化、限制工业化发展、区域分散化之后，圣路易斯的人口只有 348189 人了。人们更多地开始抱怨纪念场地的公开化、荒凉化和缺少生机。于是，圣路易斯的领导者们再一次回到了那段困难时期。增加旅游吸引点的倡导者们已经想出了一些办法来减轻国家公园管理委员会的管理体系负担，同时缓解不妥协不让步的政治策略。丹福思试图联络美国国会，并且希望公园管理委员会不再掌控纪念项目的场地，将场地的控制权移交到当地那些可能更乐意与发展规划相配合的非营利性质的团体手中。在涉及到历史保护、河畔城市的未来发展、政治和土地控制这些事件的关系中那些复杂和争论性的观点时，重新定义了关于这个街区发展问题的争论性条款。

芝加哥的保护与拆除

在建城过程中诉说历史

对历史遗迹的保护代表着一场过去与未来的谈判。如果我们拥有一个秩序稳定、维护良好的世界，并且这个世界没有成长、发展或者改变，那么这场谈判就是不太可能的。历史遗留的保护将会是普遍的，就像道德的和不必要的实践一样。在 19 世纪和 20 世纪，美国提出了一个看似无穷无尽的建筑和景观的改造设想。保护演变成了一种针对某一地点在保存建筑景观和与之相反看法间进行的调节。在快速发展的城市中，这种状况尤为突出。个人、社区和机构不得不设法解决什么是历史，什么样的建筑物和景观应该被保护，以及这些地方和它们的历史将在城市发展中扮演什么角色的问题。与此同时，保护主义者们还遭受着为什么要保护所有这一切的质疑。有时，历史保护似乎阻挠了新的发展。又有时，这种保护似乎在社会无情的进步中保留住了一些人们曾熟悉的历史信物。在这两种情况下，对历史的保护都在城市景观架构中扮演了重要角色。由于保护概念和实践的转换，城市形态的关键方面转变了。本章探索芝加哥的历史保护问题，芝加哥是一个快速发展并多次尖锐地把保护还是拆除的问题推向公众的城市。芝加哥形成了一种相当复杂的建筑文化：这种文化以复杂且有时以令人意想不到的方式融合了历史、保护、现代建筑和当代城市化。

在 1840 ~ 1860 年期间，芝加哥的人口从 4470 人增长到 112172 人（图 7.1）。在美国最大的那些城市中，它的排行从 92 位跃居至第 9 位。对于城市建筑、景观和经济来说，变化被证明是恒量之一。居民和支持者感到他们参与到了一个注定会伟大的城市的形成中；在 1890 年，芝加哥百万居民的数量使这座城市成为美国第二大城市。眼前的可能性与未来的前景主导着公众的视线。事实上，1856 年城市领导者们成立了致力于保护这座城市仅仅 25 年的早期历史的芝加哥历史学会，这件事让一些观察家们很是惊讶；一个历史材料的安全贮藏所将有助于确保"光辉的历史"的"记忆"保存。[1]除了档案中的历史之外，有些人认为，古老的建筑和景观也可以保存记忆，并成为过去与未来联系的纽带。在历史学会成立一个世纪后，芝加哥市议会成立了芝加哥建筑景观委员会，为芝加哥现代保护运动提供了体制基础。在那个世纪中，居民们经常抓住芝加哥建筑的潜力来获得芝加哥的历史，并以此作为芝加哥现代发展的一部分。

这些努力铸就了二战后的 20 年，在这 20 年中，芝加哥领导人探寻了历史保护的公众法律基础。在这个时候，两个不太可能合作的团体的特别联盟，支持了芝加哥保护计划。致力于保护地域场所的保护主义者，得到了来自现代建筑师们和主张大量城市重建和随之而来的

CHICAGO IN 1845, FROM THE WEST.

图7.1 1845年芝加哥的天际线。莫斯雕刻公司（Moss Engraving Company），1884年。图片来自阿尔弗雷德·T·安德里亚斯（Alfred T.Andreas），《芝加哥历史：从最早期到现在》。（芝加哥：1884～1886年）

破坏的公民领导者们的支持。

　　这个联盟的工作不同于标准的历史保护的历史调查，标准的历史调查将当代的历史保护描述为反对联邦城市更新计划和"视觉地标的大范围清除"的反对派。[2]因为保护和重建往往同时进行，芝加哥的案例暗示了对历史保护进行更加细致的解读是有必要的。[3]在芝加哥，与历史的交战，从与特定社会和文化历史关联的遗址转移到反映特定建筑美学的遗址中。芝加哥学派的学术且受欢迎的建造业成为这场变革的核心，并作为了保护主义者和现代开发商联合的基础。芝加哥学派只支持了一个最适度的保护方案，即仅限于个别地块的分散建筑物，这段时间成为自1871年大火以来芝加哥最严重的破坏期。[4]这种注重遗迹与芝加哥学派的叙述一致的狭隘保护，后来因一种更加多样的保护规范的出现而黯然失色，这种道德规范反映了许多社区居民和活动家们的优先权。

古老的地标，新的建筑和黯然失色的美学

　　在1855年，芝加哥历史学会成立的前一年，芝加哥论坛报报道，木屋——见证芝加哥起步的老地标之一，已不复存在。被一个拉萨尔（LaSalle）大街商店的"优质大厦"取代了。这个或许有着20年历史的木屋，一直使"'粗加工'是规则的早期生活"的那段历史保持鲜活。在失去了一件有价值的"追忆往昔时光，并回忆无与伦比的花园城市的发展"的纪念物之后，芝加哥的居民和游客可能会失去与城市历史的联系。这座木屋"保有它自己的男子汉气概，这种男子气概使它与逐年变多的街坊邻里的夸耀和自负相对抗，这些街坊邻里拥有新的流行建筑和城市理念，"这座木屋离我们远去了。[5]这种失落感似乎是加倍的，并且不完全一致的。一方面，人们怅惘地怀念着那个简单而不装腔作势的时代；另一方面，论坛报为失去了芝加哥前所未有的成长证据而惋惜。这种担心与怀旧无关。而是与失去了一种象征有关，这种象征给潜在的定居者和投资者以信心——惊叹于城市发展得如此迅速和繁荣以至于几十年前的木屋现在又重新站在了最好的商店旁边。类似地，还有1906年论坛报记录的中心商业区的消失，商业区是19世纪70年代的。这些"有趣的地标"非常著名，不仅仅因为"与它们相关联的历史"，而且因为"它们以鲜明的方式纪念了芝加哥经历了卓越的演变。"[6]这种新与旧的并存形成了黯然失色的美学，并在现代化的发展中鼓励了进一步投资。旧建筑衬托了新建或待建建筑。

　　在19世纪60年代后期，一些芝加哥人担心"迅速透支她的青春"。这些芝加哥地标，

虽然只有三十五岁，却正在被"抹杀和遗忘。"[7] 在1871年的大火烧毁了大片芝加哥城和几乎整个市中心之后，这种危机更严重。1875年，人们拆毁了一座位于西部的19世纪40年代的框架建筑，这栋建筑曾有多种用途：作为到城市储煤场送货的人们的旅馆，作为公寓和作为收留酗酒者的疗养院使用。谈到它的拆除，论坛报报道"这里有对老房子的深切怀念……文物激起了我们的崇敬……它是城市进步的一个里程碑……并提供一个起点，并以此起点来衡量它已实现的增长……它们对永恒变化的安慰，它们注视着新奇的一切，转向它们的精神也得到了补充给养。"地标的模糊不清的角色继续着。它启发了对肤浅的现代投机和逐利主义的批判性反思，同时也提供了一个令人自豪的衡量出发点，并且或许有助于城市的建设。[8]

图7.2　芝加哥水塔和抽水站，建于1866～1869年。建筑师威廉·W·波茵顿（William W.Boyington）设计。照片拍摄于1964年。收录于国会图书馆。

　　芝加哥历史的早期，人们就明白地标建筑可以正确地叙述故事，可以联系过去、现在和未来。尽管如此，他们担心这座城市对商业的热忱实际上可能破坏与过去的联系感。在1871年芝加哥大火之后的那一年，城市官员将1万具遗体从城市公墓移走，以此来扩建林肯公园。论坛报指出"古老城市的残留物"正在消失，"古老的地标一个接一个地被亵渎神灵的进步之手摧毁，并且从视觉与思想上被彻底破坏了。"移走公墓的行为使人不安，因为它们提供着"芝加哥早期历史与当代芝加哥的联系，这是极少的仍被保存着的联系之一……聚集在这个老地方的回忆太过神圣以至于不可以被侵略之手干扰……但是在当代，唯心主义必须为唯物论让路。"[9] 古老建筑和景观反映着"记忆"；问题仍然是当地标消失后会发生什么。随着城市的发展，世代芝加哥人都要面对这个问题。

从哀泣遗失到保护地标：水塔和契约榆树

　　在芝加哥，20世纪和20世纪早期对地标消失的关注很少引起对建筑的实际保护的呼吁。当保护阻挠了现代化发展计划时，这便成了问题。一篇1906年的文章以"地标让位给摩天大楼"为标题，报道了市中心建筑的消失，这些建筑是经历大火后留存下来的建筑。[10] 商业、逐利主义和私有财产特权看似掌控了一切。然而，当涉及一些具有公共所有权的地标时，从20世纪初始，芝加哥公民们就开展了很多积极的保护运动，也许最持久的早期保护改革运动集中于密歇根大道（Michigan Avenue）和芝加哥大道（Chicago Avenue）的水塔和抽水站。由威廉·W·波茵顿（William W.Boyington）在19世纪60年代晚期设计的154英尺高的维多利亚哥特风格（Victorian Gothic-style）的水塔成为创新工程系统的纪念碑，它带来了密歇根湖（Lake Michigan）的水并将其分发到家庭和企业（图7.2）。在1871年的大火中，尽管大量的街坊被破坏，但是水塔和水泵站的墙壁幸存了下来。[11]

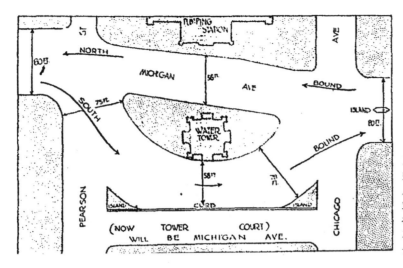

图 7.3 1926 年，城市工程师将水塔周边的公园区变成了道路，阻止了水塔拆毁计划。经过芝加哥论坛报的许可，进行了再版，芝加哥论坛报拥有其版权，并保留所有的权利。

20 世纪最初的十年，这座城市在芝加哥大道工厂安装了新的水泵。水塔失去了其均衡水压的传统功能。引进新设备将涉及拆除泵站的一面主要外墙。城市工程师宣布了将原来维多利亚哥特式的外形改变为一种新的现代感外形的计划。他们也提议拆除废弃的水塔。这些计划激起了公众的愤怒。芝加哥历史学会的成员发起了"长期而有力"的抗议，毕竟，这是在芝加哥大火中幸存下来的最杰出的建筑之一。在这里，芝加哥的居民和游客可以回到 19 世纪末，登上狭窄的楼梯，远眺城市和湖泊。芝加哥论坛报发表社论，赞成保护这座四十年的构筑物，并称其为"芝加哥最有特色和最庄严的地标"。文章坚持认为，"这座水塔汇聚了很多相关联的东西……老水塔风景如画、具有很高的价值并且能激发人们对家的思考。"以论坛报的观点，这座水塔危若累卵，而不是简单的安慰或是怀念就能解决问题的。它挑战了城市工程师关于水塔"无用"的观点。中国移民曾称赞芝加哥为"文明的中心"，现在看来，这座城市不只有着对财富或发展的追求，还有着对过去美好历史记忆的保留。[12] 在保护主义者为不同的保护方式奔走呼喊的时候，芝加哥开始了一项雄心勃勃的保护计划。1910 年，泵站的石块被逐一编号并被一块块地移走，在泵站升级完成之后，外观按照原始的形态进行重建。1911 年，市议会划出了专项拨款来维修和保护它，至此，水塔危机结束。这一承诺持续了数十年。例如，在 1926 年，这座城市拒绝呼吁移除由水塔形成的交通障碍物。这座城市扩大了密歇根大道，将机动车道布置于水塔两侧，放弃了毗邻水塔和古老水泵站的公园，并小心地保护着这些构筑物（图 7.3）。[13]

1928 年，保护主义者再次反对了芝加哥工程师并主张保护地标比城市效率更重要。这次的利益对象是一棵位于罗杰斯（Rogers）大道、考德威尔（Caldwell）大道和吉尔伯恩（Kilbourn）大道交叉口的老榆树（图 7.4）。相传这棵树是迪尔伯恩城堡遗址（Fort Dearborn）西北角的标志，在 1816 年割让给美国。这棵榆树也被认为是《1833 年芝加哥条约》批准后，比利·考德威尔（Billy Caldwell）[索纳什（Sauganash）首领] 聚集帕塔瓦米（Potawatomi）部落成员之地。在割让了他们在威斯康星州、伊利诺伊州和密歇根州最后的部落领地之后，他们向爱荷华州的康瑟尔布拉夫斯（Council Bluffs）和密西西比河（Mississippi）以西的土地出发。在关于改进计划的报道中，论坛报指出："铺路工们会带着他们的斧头和柏油货车来，用斧头砍一百下，撞一下，然后契约榆树就永别啦！"保护主义者称契约榆树为"芝加哥建城的最鲜活的见证"和"最庄严的历史瑰宝。"市议会阻止了对这棵树的摧毁。伊利诺伊州联邦妇女俱乐部捐赠了观赏围栏，帕尔默（Palmer）学校的学生们对这棵树做了一次特殊的朝圣，还有树木修补专家来延长这棵树的生命。[14]

图7.4 契约榆树（Treaty Elm），位于芝加哥的罗杰斯（Rogers）大道、考德威尔（Caldwell）大道和吉尔伯恩（Kilbourn）大道的交叉口。照片拍摄于1928年。经过芝加哥论坛报的许可，进行了再版，芝加哥论坛报拥有其版权，芝加哥论坛报保留所有的权利。

图7.5 在凯斯特（Koester）公司为索加纳什（Sauganash）做的房地产广告中，契约榆树成为特色。广告发布于1928年，收录于国会图书馆。

　　岩石岛阿耳戈斯（Argus）发表社论，拯救契约榆树的政坛混战将揭示"致力于物质主义的芝加哥，是否对历史有了足够的重视以至于去拯救这些引起回忆的东西。"[15] 然而，这个例子不太能清晰地解读商业与文化。人们参观契约榆树，领略它与有历史意义的土地交易的联系，然而，却很难在20世纪20年代忽视一种更现代的土地交易形式。1924年，在毗邻契约榆树的地方，开发商克斯特（Koester）和赞德（Zander）创立了一个叫作"丛林里的索加纳什"的250英亩的"高品位"特色住宅社区。这个社区包括了一条模范街，这条街上坐落着由十八位不同建筑师设计的三十二座不同的房子。开发商告诉潜在的买家，他们没有必要"生活在单调的看起来稀松平常的跟邻居毫无不同的住宅里"。[16] 契约榆树准许开发商们在额外支付一笔费用后，将这个社区独特的历史特征资本化。乔治·F·克斯特（George F.Koester，Jr.）成为保护契约榆树的领导者。[17]

　　在保护契约榆树的过程中，乔治·克斯特开始以这棵树为特色在陈列式广告中推广他的社区："如果你开车去索加纳什……你可以实现两件事情：看到芝加哥最有历史意义的树，并视察城市最美的住宅开发。当你注视索加纳什繁茂的树林，你会很容易理解为什么索加纳什首领领导下的印第安人在1835年不愿意向西部迁徙。一百年前的这片土地上，矗立着红皮肤人的圆锥形帐篷，如今这儿盖满了由木头、砖材和石头建成的被自然美景环绕的华美房屋。"广告中的图片符合了那个时代人们的审美；土著美国人坐在榆树下烤火，圆锥帐篷近在眼前，

图 7.6 树木修补专家拯救生病的契约榆树。照片拍摄于 1929 年。经过芝加哥论坛报的许可，进行了再版，《芝加哥论坛报》拥有其版权，《芝加哥论坛报》保留所有的权利。

一幢 20 世纪 20 年代郊区别墅的图片浮现在篝火烟雾中（图 7.5）。想象中原始生活的淳朴，生活在大自然中的和谐，贴近历史的精致，都被压缩到一种现代郊区生活的商业化景象中。[18] 尽管有树木修补专家来延长它的生命，伴随着索加纳什社区的发展，契约榆树的生命还是慢慢地消亡了（图 7.6）。这棵失去生命的树最终在 1935 年 4 月被砍伐。[19]

标志历史：青铜教科书与百年盛会

1937 年，在芝加哥，契约榆树再次成为公民的话题。作为芝加哥 1937 年宪章周年纪念庆典的一部分，该契约榆树所在的地点得到了一枚青铜制的历史标识。这场盛会庆祝了以获得国家立法机关承认为标志的芝加哥市建市一百周年。历史认同感笼罩着整个庆典活动，就如市长爱德华·J·凯利（Edward J.Kelly）宣称的那样"芝加哥是世界伟大城市中最年轻的一座，在这里有着丰富的遗迹记录着曾经发生的历史。这些历史遗址应该被加以标识并应做出适当的指示牌……一本名副其实的青铜教科书……和这一百年庆典的永久纪念。"[20] 周年纪念地标与二战后历史性建筑保护拥护者所专注的地标形成了鲜明对比。就像早期其他当地的地标一样，周年纪念地标反映着芝加哥努力建设和发展的历史。1936 年的大萧条中，市长凯利提议举办庆祝活动以激发"公民的爱国主义"和"商业利益"。[21] 从 1937 年 3 月 4 日持续到 10 月 9 日的这场庆典包括了一场熔炉选美比赛，这场比赛吸引了超过 2 万人到芝加哥体育场观看，另有不同种族和民族的 1000 人移民到芝加哥成为芝加哥公民。开幕盛会和其他周年纪念活动旨在突出"我会"和"我能做到"的芝加哥精神。这场重要的周年纪念包括了盛大的同学会，在芝加哥历史学会举办的一场涵盖芝加哥时尚一百年的主题展览，一段罗斯福总统的关于芝加哥外环前后驱动桥的献词，以及一场在芝加哥市民歌剧院上演的戏剧《我曾年少》。芝加哥指定了十九个不同的星期来进行为时一周的社区庆典，包括当地的游行狂欢、体育比赛、节日活动、公民庆祝以及戏剧表演。[22]

宪章的纪念活动引发了很多对芝加哥历史事件的反思。芝加哥历史学会会长查尔斯·B·派克（Charle B.Pike）领导了周年庆典委员会并精炼了安放青铜奖章的地点清单。这份计划详细叙述了早期历史学会仿效伦敦和其他欧洲城市标志历史遗迹的做法。历史学会官员将这些标志视为激发对城市更深层次的热爱、教育居民和创造历史性社会的"一种有价值的附属物"的方式。最重要的是，"普及历史并把历史带到千家万户"。到 1899 年，整个社会已经参与到了标记历史地点的活动中，这些历史地点包括迪尔伯恩城堡（Fort Dearborn），在这里美国原住民对早期殖民者进行了"大屠杀"，还包括 1871 年芝加哥大火开始的地方。同时，也对早期殖民者约翰·坎齐（John Kinzie）的家，索加纳什酒馆，和芝加哥大火的北界做了标志。[23]

图 7.7 亨利·B·克拉克（Henry B.Clarke）的家，建于 1836 年，被认为是芝加哥现存的最古老的房子。照片由艾伯特·J·德隆（Alber J.DeLong）拍摄于 1935 年。收录于国会图书馆。

对这些地点的标志实际上是在等候着这场庆典。

　　宪章周年纪念历史委员会主要依照协会的历史路线进行思考。除了希望激励公民的爱国热情，规划师们还希望一套标识完善的历史遗址系统能够鼓励游客们在芝加哥花费更多的钱和时间。[24] 周年纪念历史委员会未能将它所拥有的和坐落在它土地上的建筑鉴定为芝加哥历史"不朽的记录"的一部分。他们把历史标志放置在不同宗教派别的第一座芝加哥教堂所在地、早期酒馆、道路、桥梁、旅店、学校、邮局、剧院、早期殖民者的故居中，以及第一个牲畜市场，第一个与林肯（Lincoln）家族有关的地方——工会畜牧场，以及奥利里夫人（Mrs.O'Leary）的谷仓，也就是 1871 年芝加哥大火发生地。这个标识历史遗迹的计划总共指定了七十三处历史遗迹，由于在 1871 年的大火中大部分原有建筑遭到不同程度的破坏或被彻底摧毁，因此，标记的依据是这些地点是否能够引起强烈的历史共鸣。因建筑而被认知的地点大部分情况下由历史学会支持。1836 年，亨利·B·克拉克（Henry B.Clarke）住宅被认为是芝加哥现存的最古老的住宅（图 7.7）。芝加哥享有"摩天大楼建设先驱者"的声誉，历史委员会只提到过摩天大楼一次，在利德大厦（Lind Block）的指定中。这座 90 英尺高的建筑在 19 世纪 60 年代落成，它是"芝加哥最早的摩天大楼之一"，但是饰板上的文字附注指出它的另一个重要意义：利德大厦是芝加哥市中心为数不多的幸免于大火的建筑之一。类似被标识地，还有芝加哥大道的水塔。另一栋建筑是芝加哥第一任市长的家，也是城市中第一座出于建筑师之手的建筑；然而，饰板没有能够为子孙后代记录这位建筑师的名字。三个与比利·考德威尔相关的地点被标识了，包括契约榆树、考德威尔说故居和被叫作索加纳什的芝加哥最早的旅店之一。[25]

　　"在这个地方"是宪章周年纪念组织者们最通用的开场白。凯利市长的"青铜教科书"对传说中有名的景观进行场所叙述，这个景观已经乏有唤回记忆的真实的历史实物痕迹了。1937 年 3 月 4 日，当凯利市长宣布宪章周年庆典开幕的时候，他敲击为联邦政府工作的芝加哥第一任市长威廉姆·B·奥格登（William B.Ogden）的议事槌来让大家集合。木槌代表了与过去的重要实物联系，在许多有青铜标识的地方，这种联系都消失了。这些标识提供了一个特别方便的方式来拥有历史和毫无节制的现代重建。在周年纪念的开幕集会上，凯利市长宣布："在我们缅怀过去的时候，我们思考着未来。"[26] 在宪章周年纪念中，人们对芝加哥历史进行热望的狂欢，在这之前的那些年，芝加哥论坛报曾报道：

"没有过去之根，就没有未来的果实累累。"在周年纪念特刊上，编辑写道，"虽然还很年轻，芝加哥却有着触动全世界想象力的历史……这些记忆和遗产提升了市民的品德、素质，使他们更团结一心；简而言之，这种感情超越任何小团体，使这里成为一座城市。"[27]

在二战后标识芝加哥新地标的过程中，这种可能性的意识和著名景观的局限性作为一种对建筑历史的叙述而发生了巨大变化。

建筑和保护中的"芝加哥学派"

二战后，芝加哥历史保护协会的关注重点从保护这些地点转移到关注特定建筑的建筑美学。在这种转变中，芝加哥建筑学派的批判和史学观念起到了重要作用。它提出了一种保护主义者和现代主义者之间的共同基础。为了详细规划1937年宪章周年纪念后几十年的芝加哥历史性建筑保护工作，推动芝加哥学派理念的发展和普及是有必要的，特别是考虑到面临二战后城市挑战时它所带来的效率和实用性。除此之外，我们将调查二战后历史遗迹保护运动的方式。

在审查这些事态的发展中，理解历史学家最近提出的怀疑论是非常重要的，这种怀疑论是关于建筑上统一并可确定的"芝加哥学派"是否真正地存在。[28] 很少的证据能证明设计芝加哥19世纪晚期摩天大楼的建筑师们是否以学派的方式进行合作，并自觉地建立一个现代的、展现结构美的风格——避免与传统的建筑表达方式产生联系。他们工作中最早的编年史家之一，一位芝加哥工业报的匿名编辑指出："商业风格"主要指的是"技术"。他们写道："一个巨大的骨架或钢制箱型结构，被立柱、壁柱、山墙、脚线等等装饰着，而这些装饰来自地球上的每个国家和每个年代。"在19世纪90年代，很多评论家清楚地意识到这种风格的折中性，框架结构和超高的高度成为芝加哥摩天大楼的特点，而不是其共享的风格。[29] 然而尽管整体概念飘忽不定难以捉摸，芝加哥学派独特的理念还是获得了一些历史学家的支持并且为一种新的保护愿景奠定了基础。

词组"芝加哥学派"首次出现在文献中是在世纪之交的时候。1925年，H·L·门肯（H.L.Mencken）指出，城市文学的酝酿甚至像他表述的"芝加哥学派的流逝……在1895～1920年间至少一半的新作者的灵感都与湖上的蛾摩拉城（Gomorrah）有关……小镇吸引了各艺术领域的革命家，并以某种方式帮助他们实现了梦想。"[30] "芝加哥学派"作为适用于经济学的学派，特别是无调控市场和限制政府的主张，直到20世纪40年代和20世纪50年代才出现，与芝加哥大学的经济培养密切相关。[31] 把"芝加哥学派"仅仅应用于建筑，特别是经常与居住建筑联系起来的人们，是在对芝加哥学派进行不严密的利用。他们保留了一些见解，建筑作品，就像文学作品一样，是艺术的自由产物。因此，1912年，当诗人、建筑作家和传记作家约翰·W·鲁特（John W.Root）和哈里特·门罗（Harriet Monroe）推荐沃尔特·伯利·格里芬（Walter·Burley·Griffin）为澳大利亚新首都规划竞赛一等奖时，她坚称格里芬已经"为'建筑上的芝加哥学派'赢得了荣誉"。当提到到格里芬、赖特（Wright）和沙利文（Sullivan）之间的关系时，门罗写道，对这些人来说"历史上著名的学派和经典的建筑规则是无法回应现代需求并且无法表现现代艺术冲动的。他们已经放弃了所有旧的线脚和装饰。"[32]1914年，建筑师乔治·W·马赫（George W.Maher）感到，住宅建筑很可能被

图 7.8 穹顶普利策（Pulitzer）大楼，建于 1890 年。建筑师乔治·B·波斯特（George B.Post）设计。近景是纽约市政厅（New York City Hall）。照片拍摄于 1990 年。明信片收录于作者的收藏中。

证明是一种"建筑方面与众不同的芝加哥学派的基础……本土的才是真正的美国"。[33]1938年，马赫和他的现代派同事被视为从模仿传统中彻底脱离出来的激进分子……他们不从古老的欧洲模式中寻求借鉴。他们是"芝加哥学派"。[34]芝加哥学派在 20 世纪 20 年代和 30 年代，伴随着对现代建筑日益增长的兴趣而获得了力量。大学讲座，评论著作，学术著作和博物馆展览培育了这种理念。[35]在二战后动乱不安的年代里，商业领袖、政治家和保护主义者将这种理念视为实用的历史记录，因而这种理念在校外得到了更广泛的传播。

1933 年，现代艺术博物馆展示了三十三张照片，这次展览名为"早期现代建筑，芝加哥 1870 ~ 1910"，这次展览为 20 世纪 30 年代芝加哥学派理念的经典化奠定了基础。现代打印文件的目录和每张照片上的文字对芝加哥重要建筑的阐释主要局限于摩天大楼。目录纵览了摩天大楼在技术和美学上的发展，然后陈述了芝加哥学派的发展轨迹：从理查森（Richardson）到沙利文再到赖特，创造了一种"自由的非传统的建筑"，这种建筑风潮于 1910 年结束，结束的原因是"1983 年世界博览会中瓦解了他们力量"的复兴主义。[36]这种现象也在当地发生，1933 年现代艺术博物馆展览在芝加哥马歇尔菲尔德公司（Marshall Field Company）的家具展廊中举行。[37]

现代艺术博物馆的展览不仅表明了那里有一种学派，而且展示了"芝加哥摩天大楼的设计准则"。为了强调这一点，这次的展览包括了纽约乔治·B·波斯特（George B.Post）位于纽约的穹顶普利策（Pulitzer）大楼（图 7.8）——"这座大楼的进步之处既不是在结构方面也不是在设计方面"。在把芝加哥同东部进行对比时，"现代早期"的展览歪曲了芝加哥摩天大楼的历史，在这些大楼的历史中，除了同一公司的产品外，在风格、装饰或形式方面几乎没有一致之处。的确，在整个 20 世纪 30 年代，即使在芝加哥学派的学术工作中心，也有相当数量的怀疑者对此坚持。休·莫里森（Hugh Morrison）在 1935 年出版的书《路易斯·沙利文（Louis Sullivan）——现在建筑的先知》中坚持认为"直到芝加哥学派的工作比现在更广泛地被了解时……才有可能正确地估量沙利文直接且实际的影响在这个国家中所产生的影响和所扮演的角色"。[38]这种对冲在历史学家西格弗里德·吉迪恩（Sigfried Giedion）和卡尔·康迪特（Carl Condit）的工作中消失了。[39]在决定芝加哥老建筑的命运时，他们的工作将提供"真正的力量"。

在战后城市化的背景下，芝加哥学派的构想，成为有关历史和风格的辩论者，也许更重要的是，成为支持城市定义与城市重建的一种意识形态。虽然保护主义者更在意的是城市的

"LOOK — IT'S CATCHING UP ON US!"

图7.9 漫画描绘了芝加哥贫民窟对市中心的繁华所造成的可被感知的威胁。这幅漫画由漫画家雅各布·伯克（Jacob Burck）画于1953年。收录于《芝加哥太阳时报》。

定义，建筑师主要关注城市重建，但是这两个群体在关于一种独特的芝加哥建筑的理念上却共同得到了市民的热心拥护，这种独特的芝加哥建筑存在于过去并为未来的建筑提供依据。第二次世界大战后，建设房屋所获得的利益与社会和经济动乱的城市形成了对抗。经过10年萧条和10年战争动乱，老化破败的房屋成为城市中停滞着的普遍景观。尽管在战争后，芝加哥有着良好的就业和繁荣的景象，但芝加哥的经济还是由于分散化、郊区化和美国西部和南部城市的发展而受到了威胁。1950年，芝加哥人口达到了历史新高——3620962人。在接下来的二十年，芝加哥的人口首次下降，到1970年，芝加哥减少了超过25万的居民。这座城市工商业的优势也不再明显。例如，肉类加工在20世纪50年代急剧下降。相对于1919年的1450万，

1957年只有360万头牲畜在芝加哥被宰杀。1959年，当斯威夫特（Swift）和阿穆尔（Armour）宣布关闭芝加哥的工厂时，新闻周刊以"萎缩的巨人"为标题对其进行了报道。[40]

19世纪芝加哥领导人追求卓越的理想和美国的城镇体系都在20世纪消失了。第二次世界大战后，相比于发展的无限可能性，未来似乎充满着衰退的危险。政界及商界领袖接受了种族主义的城市愿景，哀叹城市在人口方面的变化。白人居民的大规模郊区化从未通过贫穷非洲裔美国人的迁入来平衡，这些非裔美国人来自南部并被城市工业方面的工作所吸引。芝加哥非裔美国人从1940年的27.8万人攀升到1956年的68.2万人，人口比例从8%攀升到18%。[41]

规划和重建方面的文献中描绘的非洲裔美国人社区，几乎被定义为贫民窟。比贫民窟的存在更加令芝加哥领导人不安的是，它们向市中心地区推进（图7.9）。在一篇题为"一种渐渐渗入的威胁"的文章中，《生活》杂志报道，"芝加哥的贫民窟每年都在向市中心推进。其中最严重的一些，距闪闪发光的摩天大楼只有六个街区……每个月都有新的贫民窟诞生。"[42]此外，在第二次世界大战后的这些年，市中心持续不景气。1962年，《建筑论坛报》报道，"芝加哥在二战后没有建造任何新建筑的原因可能是老化的商业中心地区几乎没有任何活力"。而市中心地区之前被预测的繁荣时代似乎在二战之后"睡着了"，"就像禁令一样毫无生命感"。在新的战后时期政府建设中，当这座城市远远落后于它惯例的城市复兴进程时，芝加哥领导人表现出了"特别的防御性"。[43]

面对这样的困难，历史和芝加哥学派的讲述似乎让人心安。通过回首过去，许多芝加哥建设者发现了一种更有前景的未来的希望。早期的摩天大楼似乎证明了城市的商业活力。在20世纪50年代，当城市领导者们成立了芝加哥中心区委员会来推动大规模市区重建的时候，他们援引了芝加哥学派的名字来赋予他们一种历史使命感和命运感。

类似地，在1957年，历史记录和热心拥护遍及在新日报的引进中，这个新杂志由美国建筑师协会芝加哥分会出版。这本题为《内陆建筑师》的杂志继承了19世纪芝加哥杂志的

名字，19 世纪芝加哥杂志按年代记载了早期摩天大楼的发展。该杂志探讨了引用芝加哥学派 20 世纪 50 年代建筑与城市规划论述的作用。第一期的封面展示了哥伦比亚博览会中沙利文交通建筑入口的蚀刻版画和一张哈里·魏斯（Harry Weese）公寓建筑的照片，这座公寓建筑坐落在华顿街（Walton Street）227 号，有着芝加哥式的窗户。标题为"1893 年和现在的芝加哥建设"。杂志的引言中回顾了芝加哥学派的"实力和地位"，芝加哥学派的"先驱"作用，和"大胆且性急的芝加哥学派建立者们"。回顾历史有助于思考当下，该杂志继续写道，"我们总是建造或者重建一座新城，一个新的地区……然而，还有更多的事情要做，要看，要创造。建设并且建得更好是我们的传统，我们的事业，我们的希望"。[44] 引用沙利文、伯纳姆（Burnham）、珍妮（Jenney）、鲁特和阿德勒（Adler）的话，编辑们提供的不仅仅是对过去辉煌的沉思，因为他们着眼于未来："芝加哥学派的精神有着巨大的潜力并且还未被完全发掘。"[45]

在战后建设浪潮中，建筑师们从受历史启发的努力中获得了许多，从这一方面来说，他们并不孤单。他们对利用芝加哥学派的概念来提升未来建筑充满热情，在这一方面，他们也并不是孤军奋战的。这种努力的重要结晶之一，是 1957 年的芝加哥动态周，这个动态周由美国钢铁公司和其他商业团体赞助。戴利(Daley)市长在 1957 年 8 月对芝加哥动态周进行了公告，这个时间也是卡吕梅公园（Calumet Park）的黑人和白人发生冲突的几个星期之后，这次冲突还引发了一个城市多年来最严重的种族骚乱。戴利市长的公告进一步强调了芝加哥学派的论述从学术和专业的论述转移到了公众和政治领域，而该领域才是保护和发展发生争论的地方：

> 鉴于芝加哥是美国建筑的发源地，玻璃幕墙建筑引领了摩天大楼时代；鉴于当今的芝加哥继续关注着最新的建筑形式、材料和技术的持续使用来使芝加哥成为更适于生活和工作的地方；鉴于包括我们社区商界和民间领袖在内的芝加哥动态委员会已经被组织起来，并以芝加哥的辉煌建筑和富有远见的规划，芝加哥是世界上最有活力的城市……我，理查德·J·戴利（Richard J. Daley），芝加哥市市长，特此宣布从 10 月 27 日到 11 月 2 日的一周为"芝加哥动态周"。

爱德华·E·洛杰林（Edward E. Logelin），美国钢铁公司的副总裁和芝加哥动态委员会的主席，相信这个动态周将会把意识到城市"可能性"的人们和指明城市"十亿美元重建"的形式和方向的领导者们聚集起来。洛杰林指着芝加哥"最伟大的建筑设计和建筑传统"，寻找过去与现在之间的连续性："我们有巨大的天赋，未使用的力量，我们现在必须开始使用它。我们必须思考我们城市建设的问题，思考我们的创造力，思考充实的生活，思考像建筑学这样的未知艺术并保持在这方面探索。像沙利文说的，'芝加哥可以用一代人的时间将自己拆毁和重建。'"[46]

当芝加哥动态周来临的时候，陶醉在历史中的人比反诘的人更多。79 岁的卡尔·桑德堡（Carl Sandburg）记录了芝加哥复兴的编年史。桑德堡早期的诗歌刻画了一个艰难的、蔓生的工商业城市；在 1957 年，他通过更新他的早期作品惠及了赞助商们。"芝加哥，"桑德堡说，"拥有一些辛苦、争论和承担风险的机会，从已知向未知出发。本着这种精神，在芝加哥动态的早期，摩天大楼诞生了。今天的芝加哥动态已经从陈旧的传统中解放出来，并有了新的开始。昨天的摩天大楼已经被钢复合结构建筑远远地超越了，这些建筑在熟练和优雅中上升得更高。"[47] 在芝加哥动态周中，弗兰克·劳埃德·赖特（Frank Lloyd Wright）就某些问题与桑德堡进行

图7.10　在关于芝加哥动态周的电视节目中，弗兰克·劳埃德·赖特（Frank Lloyd Wright）（左）和卡尔·桑德堡（Carl Sandburg）（右）争论城市形式和文化，阿利斯泰尔·库克（Alistair Cooke）从中进行调解。照片拍摄于1957年。收录于《芝加哥太阳时报》。

了争论，这些问题包括林肯（Lincoln）和杰斐逊的政治角色、人造卫星、摩天大楼和城市形态（图7.10）。对于摩天大楼明显的不舒适性，赖特宣称，摩天大楼建设"推动了城市的消亡。它们在城市中没有事业——它们属于这个能在自己的土地上投下阴影的国家。将整个事情化整为零并使人们回归到背景中"。[48] 他还大胆指出"由于接缝处的不牢固，钢结构建筑正在消亡"，"在未来的十五年中，这座城市将会走向衰败"。[49] 仿佛是在回绝赖特一样，芝加哥动态周的参加者们参与到了一个研究幕墙建筑的工作小组中，把卡尔·桑德堡的文章中应用于芝加哥互信大楼的地基上，这座大楼由珀金斯（Perkins）和威尔（Will）设计，属于现代风格。芝加哥动态周的参加者们针对"好的建筑是'万能'的吗"这一问题举行了研讨会。[50]

对于芝加哥现代幕墙建筑的设计师们，芝加哥动态强调本土的建筑遗产可以引导新的委员形成本土企业循环，有效地阻止来自其他城市企业的竞争。在芝加哥，建筑师们继承芝加哥学派的衣钵。历史学家和评论家非常愿意在当地建筑师和现代主义起源之间建立一种联系。他们在第一代和第二代芝加哥学派之间建立了一种清晰的家系。他们视密斯·凡·德罗（Mies van der Rohe）为芝加哥学派遗产的合理继承人。在1963年，建筑师乔治·丹佛斯（George Danforth）说道，"密斯本应理所当然地被邀请到这里来，因为他的每一个作品都体现着芝加哥学派建筑的精神精髓，而这种精髓长久以来未能被人们意识到。"[51]

169　保护罗比之家（Robie House），复兴海德公园（Hyde Park），编目历史地标

在1957年3月，弗兰克·劳埃德·赖特参加芝加哥动态周之前，他曾以芝加哥现代主义领导者的身份到芝加哥保留并宣传自己的主张。在做这些的同时，他发动了20世纪50年代的第一场主要的保护运动。这场保护运动的发生是由于：位于芝加哥南部海德公园（Hyde Park）社区的芝加哥神学院宣布计划拆除赖特1908～1910年设计的弗雷德里克·C·罗比之家（Frederick C.Robie House）（图7.11）来给一座学生宿舍让出场地。赖特参观了房子并向当地的报界谴责了计划。他认为罗比之家是"美国建筑的基石"，"破坏它就像摧毁一件精致的雕塑和一幅美丽的画卷一样"。[52]

赖特发现当地的建筑师和海德公园的居民变成了"盟友"。支持者中的核心分子来自1956年对"保护芝加哥建筑奇观"进行初步讨论的小团体中。[53] 这些人中包括海德公园居民托马斯·B·斯托弗（Thomas B.Stauffer），一位作家和城市大学系统里的历史哲学老师，海德公园独立议员利昂·德普雷（Leon Despres），以及芝加哥建筑师利奥·伟森伯恩（Leo Weissenborn）和厄尔·里德（Earl Reed）。里德是美国国家建筑师协会历史建筑保护部主席，他们宣布，作为赖特最优秀的设计，罗比之家的破坏会是芝加哥"巨大的损失"。[54] 芝加哥现代建筑师、海德公园居民乔治·佛瑞德·凯克（George Fred Keck）也加入到了这场运动中。

图 7.11 弗雷德里克·C·罗比之家（Frederick C.Robie House），建于 1908 ～ 1910 年。弗兰克·劳埃德·赖特（Frank Lloyd Wright）设计。1957 年，为了给芝加哥神学院（Chicago Theological Seminary）宿舍的建设提供一个场地，这座建筑几乎被拆毁。照片由格文·罗宾逊（Gervin Robinson）于 1963 年拍摄。收录于国会图书馆。

那些保护主义者们没有因为神学院的主张而妥协，神学院的主张是：罗比之家将会被同时代建筑中的"一个杰出代表"——由霍拉伯特（Holabird）和鲁特设计的现代建筑代替。[55] 最初，神学院同意将这座建筑捐赠给任何想要带走它的人，之后，那些对保护感兴趣的人们就想移走这座建筑。尽管有国民历史建筑保护信托进行干涉，并且该信托在它的第一次活动中尝试保护这座 20 世纪的建筑，罗比之家还是在七月份几乎被拆毁了。各种筹款的努力滞后了，这座建筑的未来变得渺茫，直到开发商威廉·齐肯多夫（William Zeckendorf）花费 125000 美元买下了这座房子和地段。韦勃（Webb）与纳普（Knapp）的齐肯多夫公司最近加入到了一项雄心勃勃的海德公园社区城市更新中，更新范围中的某些部分被罗比之家和芝加哥大学占据。根据齐肯多夫所说，在这里，芝加哥也应该有其自身的历史和复兴。齐肯多夫在他购买的报纸广告中简明扼要地提出了这个问题，即"我们给海德公园、给芝加哥、给子孙后代的圣诞礼物就是：罗比之家和海德公园闻名世界的纪念碑。过去的遗产中就是未来的中心。作为伟大建筑的守护者，韦伯和纳普在开发海德公园 A 区和 B 区的时候曾采购罗比之家用来做他们的总部"。[56] 根据城市的意愿，齐肯多夫和神学院的协议约定了将一块附近的土地拨给神学院用以建宿舍。[57]

一个讽刺被写入历史：一个当地市区重建计划涉及罗比之家社区中超过 880 栋房屋的拆除。但是齐肯多夫的历史使命感被许多当地居民认同了。海德公园建伍（Hyde Park-Kenwood）社区联盟，即一个主要致力于地区市区重建计划的当地居民组织，实际上已经进行了一项关于所有拟拆除建筑的历史调查。该联盟鉴定了四十三个值得被留影的建筑，在市区重建部门的帮助下，抢救了它们之中十五栋建筑的内部或外部装饰。该联盟的调查委员会不能鉴定任何值得保留的建筑。该联盟甚至赞同"优质"建筑的搬迁，因为如果没有这样的行动，"任何都市重建计划都会失败"。[58] 更大范围规划努力的目的是：通过拆除住着穷人、工人阶级和大部分非裔美国人的住宅，保护大学社区，就像保护一片有活力的"中产阶级住宅区"一样。该联盟中的城市规划者、芝加哥大学和高校市民同盟支持齐肯多夫的部分计划，因为他的兴趣点在于利用低层建筑来使新旧结合起来，这种结合采用了其他彻底拆除建议的无典型特征方式，比如曾经在早期项目中与密斯合作的赫伯特·格林沃尔德（Herbert Greenwald）曾经设想将海德公园重建为由大面积开放空间围绕的超高层建筑群。[59] 在他的大学校舍租赁手册中，该手册由 L·M·裴（L.M.Pei）设计，手册中许诺承租者们：他们会"发现令人兴奋的建筑已经被建成，这种建筑将海德公园的传统魅力与功能化的居住设计完美融合"。[60]

海德公园的大型综合街区和整个街道景观被破坏，然而与其他街区的市区重建破坏不同的是，海德公园计划保存大片的 19 世纪和 20 世纪早期的城市肌理。保护区的"修补工作"与新建筑紧密结合到了一起。海德公园中的人们可以"在现代住宅中拥有一种古老世界的魅力"，这些现代住宅被建在个社区中，这个社区"已经决定在不否认过去的前提下为未来安排自己"。[61]罗比之家容易适应这种模式，但是，对海德公园未来的关注湮没了大量的当地历史。戴上阶级和种族的有色眼镜观察这些景观的做法导致了主要社区建筑历史的贬值。过去的片段，该联盟的调查计划手册，指出了这种消亡的历史感。手册中断言，"一旦雅致的老式宅邸被转换成居住三十个家庭的住所，并停止了维护，它就不再是一笔资产，并不得不被拆除"。[62]这种一些历史不再有历史价值也就不再值得被记录的意识，在芝加哥成为一种共识。考虑到 1965 年芝加哥地标的潜力，《芝加哥太阳时报》的建筑评论家露丝·摩尔（Ruth Moore）写道，"时代的改变，社区的改变"已经"几乎使许多地标变得没有用处"。[63]目前的使用和改变了的社区不应该阻止建筑具有历史意义的改变，但是在芝加哥，在一个又一个的社区中，人口的变化以某种方式使得这些建筑超出了许多保护主义者的能力所及和兴趣范围。1956 年的《美国历史建筑调查》为路易斯·沙利文自己的住宅进行了详细记录，这座房子位于海德公园建伍以北的两个街区，在"历史的意义与叙述"的标题下写道："房子已经被分块出售，目前住户以有色居民为主。"[64]就像这份报告在建筑和历史事实中徘徊一样，保护的意愿动摇了。美国建筑师学会芝加哥分会的建筑师称这座建筑为芝加哥地标建筑。但是这座建筑空置多年，无法像罗比之家一样吸引人们的兴趣或者获得人们的支持。1964 年，托马斯·斯托弗称沙利文住宅的现状为"一件丑闻"。他坚持认为房子应该"由目前最好的工匠和最好的设计师建造设计"。其他城市保留的建筑很少，纪念的人物也很少。[65]摄影师理查德·尼克（Richard Nickel），一个致力于讲述芝加哥学派的最忠诚的保护主义者，当家人、朋友和当地警察通知他社区处于危险境地的时候，他放弃了购房计划。[66]一个重建这所房子并把它作为社区新中心的计划破产了。[67]房子最终被遗弃，它们的装饰被擦洗干净然后拆除。在海德公园的周围，历史变成了碎片，从社区中"割裂"或者是脱离出来。

第一次正式公开承认芝加哥地标是在 1957 年，这个事件超越了 1957 年的罗比之家活动以及赖特和桑德堡在芝加哥动态周中的历史活动。一月份，市议会一致通过了由市议员艾德曼·德普雷（Alderman Despres）提出的建立芝加哥地标建筑委员会的提案。该提案被称为芝加哥"国际建筑工程和风格的里程碑"，并且确定了六座建筑作为地标——理查森的格里森住宅（Glessner House），沙利文故居，卡尔森·皮里·斯科特（Carson Pirie Scott）百货公司（图 .7.12），礼堂剧院，赖特的罗比之家，伯纳姆和鲁特

图 7.12　卡尔森·皮里·斯科特（Carson Pirie Scott）百货公司，最初由施莱辛格（Schlesinger）和迈耶尔（Mayer）拥有，建于 1899 ～ 1906 年。最初设计者是路易斯·H·沙利文（Louis H.Sullivan），之后加建的右翼由 D·H·伯纳姆（D.H.Burnham）、康帕尼（Company）和霍拉伯特和鲁特设计。照片拍摄于 1915 年。收录于国会图书馆。

的残丘建筑。该提案考虑到保护地标性建筑的需要，指定将理查森的马歇尔·菲尔德批发商店和赖特的中央岛花园拆除。然后向委员会指定了芝加哥的地标性建筑，识别并记录它们，教育公众了解它们的重要性，并制定了保护政策。

对于反映了芝加哥动态计划的城市建筑而言，历史遗迹和当代景象在城市中并存着，同样地，第一批官方的地标建筑名单中也包括了历史和当代建筑两个方面。在芝加哥动态周中，芝加哥学派的六个主要历史遗迹成为一个特殊建筑之旅的主题——卢克里大厦（the Rookery）、残丘（Monadnock）、莱特（Leiter）、礼堂（Auditorium）、卡尔森·皮里·斯科特百货公司和瑞来斯（the Reliance），这些历史遗迹从 14 座建筑中被挑选出来，并被作为了委员会 39 个地标建筑初步名单中的特别标识建筑。这个名单由建筑历史学家委员会、建筑师委员会成员制定，包括由阿尔德（Alder）、沙利文和伯纳姆·鲁特设计的一些建筑，还有其他被认为在当地的现代派中发挥作用的建筑物。然后，为完成与现在的联系，委员会指定的建筑有：乔治和威廉·凯克（William Keck）的大学路住宅（1937），密斯的伊利诺理工大学

图 7.13　内陆钢铁建筑，建于 1954～1958 年。斯基德莫尔（Skidmore）、奥因斯（Owings）和梅里尔（Merrill）设计。其现代感的线条与右侧建于 1905 年的帝王大厦（Majestic Building）形成鲜明对比。照片由赫德瑞奇·布莱辛（Hedrich Blessing）于 1958 年拍摄。收录于芝加哥历史博物馆，HB-21235-B。

（Illinois Institute of Technology）校园（1947）和湖滨公寓（1951），斯基德莫尔，奥因斯和梅尔里的内陆钢铁建筑（1957）（图 7.13）。委员会对这些建筑进行了指定，并没有提供保护措施，但是阐述了当代建筑与建筑史学之间的联系。建筑的"价值""结构"和"规划"被作为是否能成为地标建筑的标准。人们希望芝加哥学派能够阐明发展的标准和拟定指定的名单。

老城镇的魅力：保护"非建筑的"

172

不同于决定宪章周年纪念标志的历史学会，一种更严格的标准指导着芝加哥建筑地标委员会。在宪章周年纪念后的几十年中，人们对于芝加哥学派概念的推广，显然进行了深刻的反思：哪些芝加哥遗址值得公众关注和被指定。实际上，在 20 世纪 50 年代中期，托马斯·斯托弗、利昂·德普雷和其他人就试图建立地标委员会，他们的目的是拒绝历史文化遗址的指定。对斯托弗来说，对"古迹"建筑的设计和风格的兴趣是"本质上的和艺术上的，而不是历史学会偶然的兴趣：'林肯就睡在那'，也不仅仅是古文物研究者……这些建筑不仅仅只是芝加哥著名建筑中的一些，更是人们为了整个民族而保护下来的珍宝"。[68]在 20 世 30 年代，芝加哥的历史和声誉名扬世界。

尽管作为建筑保护基础的建筑美学越来越被关注，芝加哥旧城区的居民们发现自己正在芝加哥学派理念的夹缝中生存。他们生活在 19 世纪末由德国移民组成的中产阶级和工人阶级的社区。二战后，"古老世界的魅力"似乎为中产阶级郊区的社区提供了一个重要的替代品。

图7.14 老城北奥尔良大街（North Orleans Street）的房屋，建于1885年，这所房子在1942年被建筑师厄尔·里德（Earl Reed）购买。照片由芭芭拉·科龙（Barbara Koenen）于2010年拍摄。收录于《芭芭拉·科龙的小故事》。

虽然位于密歇根湖（Lake Michigan）南部两英里且地处内陆，但北侧的时尚住宅已经很靠近芝加哥的商业文化机构了。另外，它紧挨着密歇根湖对面林肯公园的西侧，拥有游客和居民认同的建筑品质和城市风格。在保护他们社区的同时，旧城区的居民日复一日地欣赏着它的价值，这些价值包括区位价值、实用性、品质、房子的年岁和街道的历史气息。这些特质使旧城区的居民与邻近的高档社区——比如灯塔山（Beacon Hill）、乔治城（Georgetown）、法国角（the French Quarter）——的住户不同。然而，在当代品味和日益普及的芝加哥学派现代主义的背景下，旧城区的保护主义者发现很难给予兼收并蓄的建筑物更多的建筑价值或是重要意义。一位旧城区的居民，同时也是曾经的建筑师H·里德（H.Reed）伯爵，很难阐明旧城区建筑的历史价值（图7.14）。在1953年，里德(Reed)在他的社区中写道"建筑的肖像"，"三角形紧密堆积的结构是混乱的，完全的芝加哥风格，却作为老城卓越的遗迹存在着。被友好的居民——很多拥有外国血统的人——建造，老城的风格复杂又兼收并蓄，反映着各种时代的设计"。鉴于当前的品位，里德感到一些遗憾："这里没有一丝国际建筑的风格。"随后他得出结论并宣布："这种'三角形外观'是无逻辑的，非建筑的，甚至是有些粗糙的。当然，它的魅力无可否认，值得保存。在建筑教材中它未被规范——甚至未被提及。但是亲自走出去然后去观察它，我们保证你会获得很大收获。"[69]关于建筑学术性和批判性的讨论，为对社区建筑遗产价值感兴趣的居民提供了一些指导。

20世纪40年代后期，社区继承了一个新名字——老城。这是1948年成立老城区三角协会的人们确定的名字。该协会促进了垃圾收集和建筑规范更有效地执行，并鼓励公众和个人进行改善，以阻止在克拉克大街、奥登大街和北大街所围合三角区域的单户住宅变成公寓。在1950年，该协会主办了第一届年度老城盛会。展览会上发售了本地艺术家的艺术作品和手工艺品，为社区带来了数以万计的参观者。[70]举办了一个有关郊区草坪的竞赛，激发了个人的创造力，每年老城艺术品展销会还赞助一场有很多奖项的花园评审比赛，评比种类包括: 窗、门廊、屋顶花园、后院、菜园、中庭和前院。[71]

H·里德伯爵被证明是老城建筑发展更复杂的"助推器"之一。在他职业生涯的多种主张中，他既提倡建设现代建筑，又推动古迹保护。在老城中，从现代建筑到"唯恐失去的保护"的专业道路是不平坦的。里德于1884年出生于芝加哥，他曾在麻省理工学院（Massachusett Institute of Technology）学习建筑。在1924～1936年期间，他管理了阿穆尔技术学院建筑系并且多次表现出他自己对现代建筑的热情。密斯·凡·德·罗在1936年成为该学校的校长。在1930年美国建筑师协会年度大会上关于现代建筑的辩论中，里德明确讨论了有关芝加哥建筑的事宜，响应了沙利文对批判的热情。他宣称1893年哥伦比亚博览会"完全古典"的形式

173

和它"平淡的历史细节"已经"躺在将死之人干枯的手中"。[72]里德还批评芝加哥19世纪的建筑已经"被维多利亚女王时代的风格（Victorianism）污染了"。[73]这种失望感帮助里德从现代建筑转向了建筑的历史。两年来，他担任伊利诺伊北部地区的公务员，负责美国历史建筑的调查，该调查是一个能缓解人们失望情绪的项目，它聘请了建筑师和绘图员来绘制历史建筑的实测图纸和文件。里德在这个职位上做出了努力，他记录了"内战前活跃在中西部地区先锋文化中的重要建筑的保留"。[74]

里德解决旧城区问题的路线也并不十分恰当，但是，他是郊区居民在老城中改造城市住宅的早期浪潮的代表。1917年，里德与音乐家伊迪丝·罗布德尔（Edith Lobdell）结婚，他们最初和伊迪丝的父母居住在芝加哥草原大道的官邸中。1920年，他搬到郊区的一栋住宅中来养活一家人，该住宅位于埃文斯顿的山脉法院（Ridge Court）。伊迪丝于1934年去世。1939年，里德娶了马里恩·塔夫茨（Marion Tufts），她是一位雕刻家，同时也是艺术学院的讲师。1942年，里德与他两个年长的孩子、马里恩以及他们的小女儿搬到北奥尔良大街1835号（图7.14），也就是后来的"老城"的中部。他们离开里德埃文斯顿住宅的宽敞庭院，搬进了一栋19世纪80年代的两层高的小屋，这座小屋曾属于一名砌砖工人，小屋由粗石砌成拱券和华美的飞檐。在这里，厄尔和马里恩·里德适应了越来越多的定居在老城居民的性格，这种性格被称为"波希米亚性格"（Bohemian character）。[75]马里恩·塔夫茨·里德（Marion Tufts Reed）帮助组织早期艺术博览会以促进古城的发展，与此同时，厄尔·里德记录了街区的"非建筑"特征。

在之后的十年中，老城区居民和作家为保留老城的历史和建筑价值做出了努力。当研究人员发四排房屋是由阿德勒和沙利文设计的时候，这些努力获得了肯定和帮助。但是仅此一项发现难以支持对住宅区更广泛的关注，尤其是很多房子并没有效仿沙利文的工程。1954年，罗杰·英戈尔斯（Roger Ingalls）和他的家人发现他们正住在尤金妮娅街225号的非芝加哥学派维多利亚风格的华美木屋中，在里面可以看到洛可可的顶棚。[76]在20世纪60年代，越来越多的编年史学家来到这里，他们记录旧城的工作"谦虚且诚实"，无名的建筑师和建造者们成为城市现代主义的解药："他们真实的天真烂漫给出了人性的，而不是毫无生息的机械表达。当然，从公民的视角，我们可以发现老城当前的时尚元素和一些对我们来说振奋人心的消息。"[77]调查相同的历史，建筑师约翰·A·小霍拉伯特（John A.Holabird, Jr.）在1964年写到，"维多利亚，作为一个肮脏的词汇和僵硬的折中主义代名词，又找回了自己，它在建筑界存在了50年，老城是它的领路人。"[78]

就像芝加哥学派的美学表达回避老城一样，其他陈旧的想法也同样回避老城。国家的历史，甚至是记录在历史教科书中的庆典和有关于早期历史标识的活动似乎都和老城联系不大。赫尔曼·科根（Herman Kogan）是一位老城的居民，同时也是《论坛报》的编辑，他在1959年的一篇文章中提到了社区居民的期望，他写道，"这里的居民有一种或多或少的历史感，如果任何历史遗迹专家已指定老城的一个可能区域为历史遗迹，但是我从未听闻……客观地讲，我们可能不得不承认官方建筑在技术上有些可取之处，但是我们有我们自己的历史传说和大事记（以及一些琐事），我们珍惜这一切。然而遗迹工作者似乎不是很在意。"[79]历史价值被低估了，作为对著名人物和知名事件的记录，当地的传统和老城自身的创造并没有给居民和邻里或者大众之间带来更广泛的历史联系。1960年，社区推动者写道："老城本质上是一种精神状态，是最好的艺术天赋……它不是一个历史实体。他在芝加哥的地位是岌岌可危的。"[80]艺术家和后院园丁们希望促进老城向一个多元化社区转变，这就为当地免于大扫除式的城市重建提供了一种直接的方式。

174

尽管老城三角协会（the Old Town Triangle Association）在工作中"探索邻里标识来作为保留价值的着力点"[81]，但该协会也曾在海湾进行过比市区重建更具破坏性的工作。协会的成员视他们的工作为城市保护而不是建筑保护。保护工作在芝加哥正式获得批准是在1953年，那时，城市和国家机构寻求比市区重建更具破坏性的形式。从1947年开始，一直到20世纪60年代，芝加哥市区重建官员为市区重建清理了近乎1000英亩的城市土地，从北部桑德堡村（Sandburg Village）到南部梅多斯湖（Lake Meadows），西部直到芝加哥环路。芝加哥的社区保护议会承认通过了一项更具选择性的城市规划来发掘现存建筑的价值。保护没有涉及历史价值，它只是承认旨在阻止城市住宅恶化的拆迁计划成本高昂，且效果有限。非盈利的林肯公园保护协会在1954年获得了国家特许，它确保了社区不会恶化成"贫民窟"，调动社区公众和个人区参与到该地区的规划。虽然历史保护不是保护协会工作的中心，但保护协会把老建筑当作社区的资源而不是社区的威胁，在保护协会的主持下，出现了如下标题的新闻"旧建筑不一定变成贫民窟"、"美化老房子的魅力"。一份替代现有城市规划的方案现在看起来可行了。[82]

保护的方式依赖执法、改善楼宇维护、选择性拆除和建设新建筑以稳定和改善社区。保护运动试图阻止人满为患的单户家庭转变成公寓或者公寓单间居住多人，他们认为这样加速了住宅物业的恶化，毁坏了社区的风格。保护的支持者为一座建筑被修复感到庆幸，该建筑位于2111–2115北克利夫兰（2111–2115 North Cleveland），是一座19世纪晚期的6层建筑。它将31个单间单元改变成8所公寓。[83]在1954年林肯公园保护区成立之后，三角协会和其他林肯公园组织制定了这片区域的重建计划。1961年，三角协会明确地提出他们对于城市重建的观点："我们为了城市重建而来，芝加哥和其他地方的诸多弊端和失误没有为反对整体的城市重建提供充足的理由。我们仅仅是反对不停重演的弊端和失误。"1964年，该协会宣布："我们会争取维护社区目前的状态……我们坚决反对拆除任何具有保存价值的建筑。我们坚决反对在三角区域内建造高层。"[84]

社区与保护委员会一同工作，并为新的建设和保护制定准则，这是社区"对历史负责"。在这样做的同时，它摒弃了许多都市所追求的现代化理想。林肯公园保护组织宣称："我们的居民寻求城市的多样性，并拒绝与郊区隔离……我们大多数人发现了这种风格的巨大魅力，很多居民已经修复了他们的家园来使其更接近原始的形态……这种对过去根源的探索，对保持传统的尝试，不是一种对进步的排斥，它在试图保持一种氛围，让千篇一律的城市重现生机。"[85]在林肯公园1008英亩的保护区内，有7444座建筑，保护规划中计划拆除2097户。最大密度的拆迁在奥格登大街对角的商业地带中。在这里，马萨诸塞州的剑桥（Cambridge），景观设计和规划公司的佐佐木（Sasaki），沃克联营公司（Walker Associates）制定了一个新的计划，该计划主张关闭奥格登大街，让重建地点保持社区风格，为公园、社区设施、人行道和遗迹地点提供新的空间。[86]

旧城区的保护战略参考了20世纪50～60年代联邦政府的保护性探索案例，例如，在1963年，通过多年清拆式重建，联邦市区重建局宣布："一些城市的市区重建，通过移除构筑物，为历史悠久的建筑提供空间，使保护历史和保护重要建筑成为可能。"[87]该机构于1963年发布了题为《批准市区重建保护古迹》的报告。古董杂志以"保护与市区重建并存可能吗？"为题发表文章进行探讨。联邦市区重建专员威廉·斯雷顿（William Slayton）对此给予了肯定的回答。他认为，社区重建不能"保护最好的遗迹并为重要的建筑和地区带来更加美好的未来"的说法是"不可想象的"。[88]斯雷顿强调，1959年学院山罗德岛的普罗维登斯（Providence,

Rhode Island，College Hill）项目是一种对历史地区重建与评估当地"建筑成就"实证的研究。该研究为联邦政策选择性拆除和保护奠定了基础，研究中写道，"人民是城市建筑博物馆的馆长。"[89]

在拆迁之外，重建机构开始建立规划和建筑指导方针，目的是防止"不和谐不恰当的发展"出现在历史保护区中。这些指导方针不仅包括对楼高度的关注，还上升到建筑质量和形式、开窗模式、线脚以及相关的建筑问题。[90] 在芝加哥，许多保护主义者认为，历史和建筑的意义通过一定的建筑和场所体现，而不一定就是老城。在保护计划中，老城忠于历史的形式被证明不那么重要。例如，在控制规模和材料的规则方面，人们实际上进行了明显的创新。比如，历史悠久的砖外墙和"超现代"的内墙。这里美学有了另一片天地，这种美不在城市而在居所。传统的外表下可以有现代的内核。[91]

被强拆包围：超越卡里克（Garrick）

20世纪50和60年代，芝加哥老城和林肯公园成为例外。大多数其他街区情况很糟。老城南部仅一个街区与老城有着相似的建筑格局，该街区住着大量的贫困人口和非裔人口，如今已经被拆除了。在那个地方开发者实施了一项高层中产阶级住宅建设项目，引用芝加哥杰出诗人桑德堡的名字，命名为桑德堡村。桑德堡村计划获得了老城居民的极大支持。居住区不同的历史文化均衡了城市中心的发展。在这里，开发者与芝加哥学派一起工作，但只提出了少数保护计划，大多数建筑都被拆毁了。1956年，厄尔·H·里德（Earl H.Reed）写道："我们的历史建筑像是在夏日下的雪。"[92]

这是里德在1956年听到建于1882年的铂尔曼建筑（Pullman Building）被拆毁的消息后，震惊地写出的（图7.15）。乔治·铂尔曼（George Pullman）曾在这里放飞他的美国梦。这座建筑为铂尔曼的员工提供了办公空间，为中层管理者提供了住宿空间。这座建筑有突出的塔楼，粗犷的基座，精雕细琢的窗饰和拱门入口，完全不符合芝加哥学派建筑的表达方式。这座建筑于1956年被彻底拆毁，就像是应该发生的事情一样。没有人主张保护它，当地的报纸只是简短地通知人们"很多这样的建筑都永存于城市的历史长河中。"[93]

除了那些坐落在芝加哥学校的现代的、朴素的、结构上有表现力的设计以外，对其他建筑作品相关叙述的缺乏使得对许多芝加哥建筑的理解、欣赏和保护变得非常困难。通过阅读联邦政府那些自1950年起的美国历史建筑调查档案，每个人都可以察觉到这个问题。这些档案中关于结构解说的大部分篇幅充斥着表格，但当调查者们遇到像威廉·W·波茵顿1892年

176

图7.15 铂尔曼大厦（Pullman Building），建于1883～1884年。梭伦·S·碧曼（Solon S.Beman）设计。这座建筑包含了商业办公和居住公寓。1956年，由于20层的柏格—沃纳大厦（Borg-Warner Building）的建设，铂尔曼大厦被拆毁，柏格—华纳大厦由A·爱波斯坦（A.Epstein）和他的儿子们设计。照片由J·W·泰勒（J.W.Taylor）于1890年拍摄。收录于墨尔本大学（University of Melbourne）建筑系。

图 7.16 哥伦布纪念馆（Columbus Memorial Building），建于 1891 ~ 1893 年。威廉·W·波茵顿设计。1959 年，由于查斯大厦（the Chas）7 层的加建建筑的建设，哥伦布纪念馆被拆除。史蒂文斯（Stevens）百货大楼。照片拍摄于 1895 年。收录于芝加哥历史博物馆，ICHI-22331。

的哥伦布纪念馆这样的设计时（图 7.16），他们只能对这些建筑作品的意义给出一个非常简练的入门级叙述："这座建筑是用来庆祝纪念哥伦比亚博览会的；它的显著特点为：有哥伦布的青铜像并且其结构上使用了装饰金属。"它实际上也把市民生活作为其纪念表达的一部分，并且吸收了同时代的芝加哥铁镶嵌技术。然而，这座建筑在 1959 年被摧毁了，没有顾忌公众的抗议。只有那座由摩西·伊齐基尔（Moses Ezekiel）创作的，坐落在正门上方一个合适位置的 9 英尺青铜像被保留了下来，算是对于建筑历史的一个妥协。然而，这座雕像之后被捐赠给市政艺术联盟并在当地一家伐木场被搁置了一年。1966 年，一场要求政府归还雕像并把它搁置在公众视野中的抗议运动发起，直到这座雕像被重新安装在弗农公园（Vernon Park）为止。[94]

1950 ~ 1960 年期间，在对停滞的关注中明确地谈到了对历史和记忆的检讨。举例来说，1961 年，一名亚瑟罗伯诺夫实业发展公司（Arthur Rubloff's real estate development company）的经理对芝加哥日报记者乔治·安妮·盖耶（Ceorgie Anne Geyer）写的一篇对保护地标性建筑运动表示同情的文章作出了回应。这位名叫罗伯诺夫（Rubloff）的经理写道："在这个国家和欧洲，那些艺术美学文化团体为过去那些建筑遗迹的消逝而哀悼，这种行为总是好的，但我却对这些没有价值的砖墙、石头和钢铁的消逝流不出任何眼泪。它们已经完成了它们的使命，它们的时代已经终结了。如果芝加哥这座城市的市中心是由一些新的建筑零星地散步在那些破旧过时的古董建筑中组成的话，那这座城市很快就会变得老派过时并且成为一个令人讨厌的做生意的地方。"[95] 那些开发者们的提议正好与此相反——一些老建筑零星散布在一个完全现代化的市中心里。有时甚至看上去太多了。

针对 1960 年拆除阿德勒和沙利文设计的 1891 席勒大楼（1891 Schiller Building）和卡里克剧院（Carrick Theater）（图示 7.17）计划而作出的回应性游行、游说、公众辩论和法庭抗辩，与无争议地拆除铂尔曼大楼（Pullman）、哥伦布纪念馆（Columbus Memorial）以及其他卢普建筑（Loop buildings）形成了鲜明的对比。[96] 巴拉班（Balaban）& 卡茨（Katz）连锁剧院的拥有者们规划用一个停车场来取代卡里克剧院现有的位置。而沙利文的卡里克剧院在芝加哥学派经典建筑和芝加哥建筑委员会代表性建筑列表上均占有举足轻重的地位。结束于 1961 年的卡里克运动，得到了评论界和提倡现代建筑的业界的支持。与伊利诺伊理工大学——密斯教书以及追随包豪斯（Bauhaus）建筑学派教育路线的地方——相关联的人们提供了强有力的支持核心。伊利诺伊理工大学的学生和教职工对路易斯·沙利文的现代想法和表现形式十分推崇。所以当伊利诺伊理工大学的摄影设计研究生理查德·尼克——曾经在伊利诺伊理工大学写过关于路易斯·沙利文的论文——组织抗议活动时（图 7.18），当时的学生、过去的校友和学

图 7.17　席勒大楼（Schiller Building）和卡里克剧院（Carrick Theater），建于 1891～1892 年。阿德勒和沙利文设计。这座建筑包含了低层的剧院和上层的办公空间。1961 年，为了给停车场提供一片场地，这座建筑被拆毁了。照片拍摄于 1900 年。收录于国会图书馆。

图 7.18　1960 年 6 月，理查德·尼克领导了抗议游行示威，他们抗议对阿德勒和沙利文设计的席勒大楼（Schiller Building）和卡里克剧院的拆除计划。照片由拉尔夫·沃尔特斯（Ralph Walters）拍摄于 1960 年。收录于《芝加哥太阳时报》。

校的教员均响应号召成为抗议活动的中坚力量。[97] 约翰·芬奇（John Vinci），一名伊利诺伊理工大学的研究生放弃了他在斯基德莫尔，奥因斯 & 梅里尔的制图工作回来参加抗议运动。据说密斯是因为生病了，所以不能够参加示威抗议活动，但他发送消息声称要"全心全意地拯救卡里克"。在勒·柯布西耶（Le Corbusier）就卡里克的相关事宜写给戴利市长的信中，他帮助证明了现代主义的宗谱联系确为运动的一部分。他还向市长解释，认为"机械的诞生"是一种"亵渎神圣"的行为，可能会导致卡里克被损毁。最后他总结到，"即使会导致一部分街道需要被迁移走，沙利文的建筑群和他的学校也必须得到保留。"[98]

　　《芝加哥太阳时报》在头版头条的位置以"文化在走向警戒线"为题报道了这次抗议行为。文化历史学家休·邓肯（Hugh Duncan）发表了一篇抗议的文章来确认历史上的行为和现在对于建筑保护的进展："我对于这座城市的未来有崇高的信仰。虽然我们城市的黑帮文化是如此臭名昭著，但这座城市在世界史中是少数几座完全建立了诸如哥特或古典式建筑秩序的城市之一，不仅仅是建筑风格，更是一种建筑秩序。20 世纪以来，美国最伟大的三位建筑师全部都是芝加哥人——弗兰克·劳埃德·赖特、沙利文和路德维希·密斯·凡·德·罗。我们在乎吗？"这些保护主义者以芝加哥学派的标准支撑他们的声明。在这个过程中，他们规定了建筑遗产，确立了对于这些建筑回忆的声明——一种与大众关于芝加哥黑帮回忆完全相反的回忆。[99] 卡里克建筑地标的设计更凸显了这些建筑的重要性和存在的意义。理查德·尼克也对那些要求废除这些建筑的主张发出了嘲笑："事实是卡里克作为一座伟大建筑是永远不会过时的。"[100]

　　建筑保护的反对者们为这场抗议运动贴上了"书呆子示威抗议"的标签。一封写给《太阳时报》编辑的信中奉劝这些建筑保护主义者们放弃保护卡里克建筑而去拯救艺术学校——

"这些所谓的抽象画太丑了"，高学历和良好的修养确实提升了这场卡里克保护运动的水平。大量的艺术团体加入了保护同盟，并希望这座建筑能被保留下来并被转化为一座艺术中心。当参议员利昂·德普雷公开表示了他对于保留卡里克建筑的支持后，文化政治转向了选举政治。与此同时，另一位参议员帕迪·鲍尔（Paddy Bauer）却反对这次抗议运动，他声称："摧毁它！在它倒塌前摧毁它！"《芝加哥太阳时报》的社论撰稿人暗示说参议员鲍尔先生有可能是危

178

机持久性领域的权威，但是他最好征询卡里克结构完整性方面专家的意见。政治家和法庭可以通过拒不签发拆迁许可证来阻止拆迁。[101]芝加哥法院发现了建筑美感和建筑遗迹，这为防止拆迁提供了一个坚实的基础。通过这一发现法院似乎赞同了理工大学教授阿尔弗雷德·考德威尔（Alfred Caldwell）的说法，阿尔弗雷德·考德威尔教授于1944年被密斯聘用并教授景观建筑学，他认为卡里克是"民族文化传承的一部分，不应被个人破坏。"[102]不过，法院也坚持要求，如果城市或其他各方希望保存这座房子，他们将不得不买下它。[103]

市长戴利在表示他的观点时模棱两可。他任命了一个委员会来研究这个问题，保护主义者越来越多地希望城市为附近的文娱中心修改其规划，并将卡里克包含在内。伊利诺伊州上诉至上级法院，当上级法院推翻了下级法院的判决，并责令城市发出拆迁许可证时，戴利最终拒绝了这一解决方案，并决定不再寻求进一步的法律支持。上诉法院保证了主人的私有财产权利，它宣称，"尝试保存一个具有里程碑意义的建筑是值得称赞的；但是，让个人承担全部费用是不合情理的。"[104]保护运动迅速从保护建筑转向保护建筑片段。理查德·尼克，建筑系学生戴维·诺里斯（David Norris）和约翰·芬奇用卡里克业主和其他私人捐献的1万美元抢救了建筑的装饰并捐献给芝加哥学派、博物馆和全世界有名望的收藏家。这项工作因为理查德·尼克的努力而开始制度化，他曾投入大量的时间拍摄和抢救路易斯·沙利文的建筑装饰，而不是充分保留与建筑过去的狭隘联系。[105]对于芝加哥的建筑物，他们也提出了一个难题；崇尚芝加哥学派外露结构和现代风格的建筑现在由于后人收集其装饰品而被保留。建筑片段在私人房地产交易中是不受限制的。城市由此可以同时开发和保留记忆。

1960年，戴利市长同意将抢救城市片段作为市区重建的政策之一。戴利命令抢救"卓越的建筑艺术"，并"在未来的城市中重新利用。"更具体地说，他提出将这些装饰品点缀在公园、学校、商场和重建区的游乐场中。社会保护机构的专员提出，该政策旨在给街区"一种延续感。"[106]城市规划专员艾拉·巴赫（Ira Bach）将这一理念视为芝加哥市民开创的先河。1922年，建筑师托马斯·塔尔梅奇（Thomas Tallmadge）挽救了H·H·理查森（H.H.Richardson）的富兰克林小屋（Franklin McVeagh House）的入口，它是"一个国家的建筑瑰宝"，并被放在阿穆尔学院展出。这一引发公众探索欲的政策赢得了许多规划师、建筑师和保护主义者的赞誉，但城市的片段却没有经常被公开展示。建筑碎片的收集证明了城市空间的丰富性。芝加哥杂志在1966年出版了"手册"，以帮助有兴趣的读者从旧楼废墟中寻找"过去的片段"。[107]几十年后，建筑碎片就在草原大道（Prairie Avenue）历史街区的空地展览，并在建筑艺术学院的画廊永久展出。[108]

卡里克运动反映了现代主义者和保护主义者之间明显的紧张关系。毫无疑问，保护主义者根据历史建筑来定义和维护一个地方的意义，并且不会被现代主义者的呼吁所阻碍。尽管现代主义者认为他们自己可以识别密斯、斯基德莫尔、奥因斯和梅里尔的设计之间的本质区别以及当代建筑和都市生活的相似形式，但完全赞同或拒绝大规模的市区重建是很困难的。1962年，广播和电视评论员、报纸专栏作家诺曼·罗斯（Norman Ross）强调，她反对现代城市景观，她说，"一个愿望，在不锈钢、玻璃和混凝土的丛林中，奢侈的老房子好像在它

们的土地上生根，在丛林中闪耀。"[109] 钢铁、玻璃和混凝土是现代主义的珍贵原料，并使得现代主义在 19 世纪扎根芝加哥成为可能。然而，即使是芝加哥学派最小的建筑，也不能避开保护主义者和开发者之间的隔阂。卡里克运动促进了"对建筑遗产的新的欣赏兴趣。"[110]

在卡里克运动中成立的芝加哥遗产委员会，是一个由历史学家、建筑师和保护主义者组成的松散联盟，其领导者是汤姆·斯托弗（Tom Stauffer）、利昂·德普雷、理查德·尼克尔、休·邓肯、建筑师本杰明·威斯（Benjamin Weese）和罗比之家运动的老兵们。该委员会积极地有选择地按保存索偿。[111] 该委员会按月举行会议并由有兴趣的人士赞助讲座和委员策划活动，以维护芝加哥学派的建筑。审美偏见是显而易见的。当斯托弗反对拆除霍拉伯特与罗氏公司 1905 年"高贵的"共和国大厦（图 7.19）时，他坚称这座建筑是"独特芝加哥风格的最新例子之一，在困惑了一代美国本土天才的折中品味前独树一帜。"他反对该建筑物"不再属于城市的遗产"的

图 7.19 共和国大厦，建于 1905～1909 年。霍拉伯特（Holabird）和罗氏（Roche）设计。1961 年，为了在一座现代玻璃幕墙建筑中容纳 16 层的家庭联邦储蓄贷款协会（Home Federal Savings Loan Association），共和国大厦被拆除了。这座现代玻璃幕墙建筑由斯基德莫尔（Skidmore）、奥因斯（Owings）和梅里尔（Merrill）设计。照片由理查德·尼克于 1960 年拍摄。收录于国会图书馆。

观点。斯托弗建议去除同一地块中"破旧的建筑"，使一个新的塔得以站在共和国大厦旁边，"展示本土根源和持续活力的芝加哥建筑的天赋"。[112] 芝加哥遗产委员会下属的弗兰克·劳埃德·赖特小组进行了参观赖特建筑的旅行，有时会为修复它们筹措资金。[113] 该委员会的成员们扮演了"牛虻"的角色，[114] 他们为市民亲力亲为，促进了芝加哥保护条例的实施，努力维护芝加哥的公园和印第安纳州的沙丘，并主张根据本杰明·弗格森（Benjamin Ferguson）1905 的慈善遗赠来宣传公共雕塑方案。

芝加哥遗产委员会对卡里克拆迁的广泛宣传无疑激起了人们对芝加哥学派建筑的关注。例如，保护和恢复阿德勒＆沙利文礼堂剧院的活动，从拆除卡里克和沙利文建筑的紧张气氛中获得了动力。然而，不幸的是，芝加哥市中心许多待拆建筑物都不在芝加哥学派的关注范围内。亨利·艾维斯·科布（Henry Ives Cobb）的穹顶，科林斯柱式和建于 1896～1905 年之间的联邦大厦，都提供了很好的例证。战后时期，一个又一个的拆迁计划要求拆除联邦大厦。拆迁计划要求政府不仅要重建，还要延续现代派风格，在开阔的广场上建立高大的现代建筑。政府因此可以大胆地更新老化、混乱和停滞不前的市中心。中央区计划是鼓舞人心的私人重建的基础——联邦中心可以"开放芝加哥市中心，提供绿化，提供一个醒目的城市场景，一个可以坐下享受城市的地方。"根据该计划的观点，"广场和摩天大厦将取代 19 世纪的'眼中钉'……开放式花园景区内，'阳光照射到每个角落'"。一些人认为，联邦大厦拥有"一定的坚固性和古典韵味"，但这掩盖了它的全部，因为把它与相邻的土地上的各种建筑物放在一起，整体效果看起来是"过度拥挤，肮脏，是城市的一潭死水。"[115]

图 7.20　近景中的圆屋顶建筑是芝加哥联邦大厦（Chicago Federal Building），建于 1896～1905 年。亨利·艾维斯·科布设计。背景中是 30 层的德克森联邦法院（Dirksen Federal Courthouse），建于 1961～1964 年。路德维格·密斯·凡·德罗设计。照片由赫德瑞奇·布莱辛（Hedrich Blessing）拍摄于 1964 年。收录于芝加哥历史博物馆，HB-27043-0。

伴随着摩天大楼取代联邦大厦的计划，出现了一个不小的讽刺。当在 19 世纪 90 年代开展项目时，一些人曾要求建造摩天大楼。为了拒绝该建议，财政部的监督建筑师声明："它不会被设计成钢结构建筑。政府提出并实施了沉重的砖石结构方案。"[116] 现在，随着该建筑的拆迁，一些曾提倡保护卡里克的人们加入到了维护联邦大厦的小团体中。如果建筑是为表现摩天大楼而建造，它很可能在 20 世纪 60 年代中期就有不同的命运。但密斯·凡·德·罗带领了摩天大楼和广场的新联邦中心设计团队，并且保护主义者（包括现代主义者和历史学家）没有计划创造一个有"古典韵味"的大胆的城市空间。

托马斯·斯托弗不认为联邦大楼是"历史性的"或"可识别的建筑"。然而，他个人比较赞同对它的保护，他认为这一建筑可作为当时建筑风格在全州的代表，也可作为城市及其建筑的成长过程中富有肌理的证据。斯托弗在芝加哥遗产委员会的同事们反对将联邦大楼包括在保护建筑以内。戴维·诺里斯曾在卡里克运动中抢救过装饰品，他认为联邦大楼是"扎克（类似于垃圾）"，并表示如果委员会将联邦大楼包括进去，他会十分不满。他觉得这些建筑没有多少优点和价值，不值得去小题大做。他们认为占据一部分土地的现代购物中心将会成为整个卢普区很有价值的便利设施。[117]1965 年，联邦大楼被拆除，它的残片一部分用于其他联邦大楼的建设，一部分被私人收藏，用于反对芝加哥学派缅怀这个公共建筑。

1968 年，当争论谢普利（Shepley）、鲁坦（Rutan）和柯立芝（Coolidge）参与建设的芝加哥公共图书馆主楼的命运问题时，芝加哥遗产委员会的成员们产生了分歧。文艺复兴时期的石灰石和花岗石外墙和美丽的大理石马赛克室内深得公民们的喜爱，但是不符合芝加哥学派的理念。然而，芝加哥遗产委员会成员查尔斯·G·斯特普尔斯（Charles G.Staples）组建了一个图书馆大楼小组委员会，多年来一直推动对图书馆的保护，他坚持呼吁用最近颁布的

地标条例来保护建筑不被拆毁。其他居民赞同斯特普尔斯，强调为后代保存这一建筑的重要性，并呼吁城市官员"保存当代城市中这一座美丽的建筑"。[118] 建筑兴趣与学术兴趣相得益彰，这在 19 世纪 60 年代美国建筑史上有着很高的评价。[119] 这一运动推动了由仅将芝加哥建筑作为现代主义的代表来观赏，向将它们视为更广泛的文化和建筑记录的一部分的转变。城市官员最终决定保存这一建筑并将它作为一个文化中心，最后将图书馆的主楼移至一个新的市中心建筑中。

在伊利诺伊大学新校区西部的清拆工程中，许多芝加哥公民和政治社团呼吁保护简·亚

图 7.21　芝加哥联邦大厦的拆毁，建于 1896 ~ 1905 年。亨利·艾维斯·科布设计。联邦政府在其原来的基地上建造了一所邮局和一座联邦建筑。照片拍摄于 1965 年。收录于国家档案馆。

当（Jane Addam）的赫尔馆综合体。美国议员保罗·道格拉斯（Paul Douglas）倾向于保护赫尔馆，他坚持认为"这一高贵建筑的象征和化身可以帮助唤起人们善良的一面，它应该被人们珍视而不是摧毁。"[120] 虽然芝加哥委员会的成员们不认为这一建筑对艺术"有着伟大作用"（图 7.22），但他们还是支持对赫尔馆进行保护。托马斯·斯托弗写信给戴利市长，认为赫尔馆应作为简·亚当和他的同事们对城市"无私奉献的记忆"，应给予保护。斯托弗在社团和审美保护之间建立了一种罕见的联系，他认为"路易斯·沙利文，丹科麦·阿德勒（Dankmar Adler）和简·亚当的地位在世界上也是十分稳固的，无论芝加哥是否尊重他们，我们是为了城市，为了自己，为了我们的后代而保护这些圣地。"斯托弗和委员会也对整合了新旧建筑的赫尔馆所体现出的城市建筑问题感兴趣。委员会成员、建筑师本·威斯（Ben Weese）希望"一个试验依然可以证明它在改变环境中的有效性"。尽管有这些抗辩，尽管实际上赫尔馆占据了被提议的校园边缘，由斯基德莫尔、奥因斯和梅里尔提出的大学现代超级建筑的综合规划仅仅顾及到了改造后的赫尔大厦。而蔓生不规则伸展的赫尔馆综合体还是被拆毁了。建筑本身在简·亚当的协会与之联合前就已经被修复了，因此没有能够抓住它的社会和历史内涵。如今，芝加哥人对芝加哥学派以外的事件采取建筑上诉的准备还不足，甚至也没有很好地准备支持协会保护。[121]

　　当然，芝加哥学派的世系在过去和现在的建筑之间假定了一种和谐模式。然而，随着市区重建的推进，越来越多的摩天大楼被替代。卡尔·桑德堡甚至在《芝加哥动态周》的诗中提到："当一座摩天大楼被拆毁并为另一座更高的摩天大楼腾出空间时，那么，是谁推倒又建起那些摩天大楼呢？是人，两条小腿的小丑。"[122] 历史学家卡尔·康迪特希望大楼所有者、城市规划者、地标和土地清理机构能够合作,这样新的大楼便能竖立在丑陋和过时的建筑两侧，同时芝加哥学派的好作品也可以被保存。[123] 本·威斯在拯救公共大楼的积极准备中，提出了一种类似的解决方案，他认为应当规划一个整个市区的市区重建区，这样，在芝加哥学派出现之前的低矮建筑和并考虑到最小具有最低文化价值的建筑可以拆迁并为和谐的现代主义建筑提供位置。[124]

　　历史是很主要的。然而，什么样的建筑能表现历史主要取决于保护主义对建筑历史环境

182

图7.22 赫尔馆，建于1895～1909年。庞德（Pond）设计。1963年赫尔馆被拆毁，它的拆毁与伊利诺伊大学的建设有关。照片由考夫曼—法布里（Kaufmann-Fabry）于1945年拍摄。明信片被收录于作者的收藏中。

的历史叙述。芝加哥遗产委员会超越了他们高度选择性的保护观点，并试图限制芝加哥学派标准之外的关于建筑和历史地标的公众教育。这项努力在芝加哥遗产委员会争论芝加哥建筑地标委员会制定的《首要指南》中的建议内容时尤为明显。这段时期的，关于芝加哥建筑和城市的方向，倾向于编纂和普及当地建筑的芝加哥学派释义。[125]

当一些遗产委员会的成员发现芝加哥建筑地标委员会的指南包括了比官方地标列表更广的建筑范围时，他们表达了一种背叛感。理查德·尼克尔对指南的选择表示十分失望。他坚持"就像对艺术一样，在对建筑情有独钟的兴趣中，芝加哥建筑地标委员会是独一无二的"、"伤感的"、"历史的"以及像马里纳城（Marina City）和奥黑尔机场（O'Hare Airport）的这些不作为芝加哥学派现代模式的新建筑的出现触及了地标运动虚构的完整性。在托马斯·斯托弗看来，委员会的职责在于指定并公布那些被"普遍认可的大都市化的"建筑。他认为"十分仔细和客观的考虑"是十分必要的。托马斯·斯托弗对康迪特的观点颇有意见，他认为更加膨胀的指南将减少官方地标的重要性。[126]这个指南于1965年出版，指南与1937年被标记的禧年建筑（Jubilee buildings）有一些有趣的交叉点。例如，委员会的指南包括希腊复兴风格的克拉克建筑、利德大厦、水塔和一些宗教建筑。这个指南也通过包含一些最近被拆除建筑的词目——如卡里克剧院——来指出了保存的重要性。尽管这种指南是面向其他地标形式的，但对"建筑价值"的审美能力主导了这一指南，这一指南名为《芝加哥著名建筑》。

超出芝加哥学派基地的扩张

芝加哥学派关于当地建筑的记录为19世纪五六十年代现代主义者和保守主义者的团结凝聚提供了基础。对于现代主义者，保存这种芝加哥建筑生产的碎片会加强对现代城市建筑的兴趣。同时，经过严密构思的保护行为不会阻碍城市大规模的公共重建和私人重建。随着重建和保护的进行，这座历史文化名城变得越来越像芝加哥学派所叙述的那样；这座城市19世纪建筑作品的多样性，不是被市区重建摧毁，就是被那些依靠建筑指定来凝聚历史感的人们忽视。在19世纪50年代，审美在协会地标的确定中占有绝对的优先权，并远远超出公民对历史的利用。认识到其他建筑和历史（展现于《芝加哥著名建筑》中，并由像老城一样的社区居民探寻）的重要性将会使城市重建过程面临历史的挑战，这些历史是嵌入到城市其他建筑和景观中的。

在 19 世纪 60 年代，尽管这些困难超出了指南书中越来越多的折中主义，但也有其他证据表明人们对多样的建筑形式越来越感兴趣。1964 年，里德负责了一次芝加哥地区建筑的"史上著名的美国建筑调查"。调查者用照片和图画记录了 29 座建筑。这些建筑中许多都十分符合芝加哥学派的理念，包括沙利文的灿利住宅（Charnley house），卡尔森·皮里·斯科特商场，伯纳姆的瑞来斯建筑（Reliance Building），赖特的温斯洛建筑（Winslow house）。但也包括波茵顿的水塔，科布的联邦建筑，麦基姆（Mckim）、米德（Mead）和怀特（White）的殖民复兴风格的布赖恩·莱思罗普住宅（Bryan Lathrop House），柯友德（Cudell）和赫兹（Hercz）的德国巴洛克式弗朗西斯·J·迪维斯大厦（Francis J.Dewes Mansion），图森特·梅纳德（Toussaint Menard）的第二帝国风格的大学。里德坚持认为，这些建筑是因为各自都有"独特的风格"或代表"设计领域的重要发展"而被选中。[127] 非芝加哥风格的建筑从街区保护中脱颖而出，并为城市保护定义了更广的范围。

在二战后城市复兴最为鼎盛的年代，保护工作很好地城市城市建设服务。然而，自 19 世纪 60 年代中期起，市区重建和现代主义又面临了更加严峻的挑战，这些挑战来自以认知和保护芝加哥地标为基础的普遍扩展。芝加哥现代保护运动，以服务于某种特殊的兴趣而被开展，并证明了灵活地适应自身以改变历史潮流和审美品位的能力。老城试图从历史和建筑的角度对自身进行定义，并在 1977 年当地地标登记的官方设计和 1984 年联邦地标登记的官方设计中分别达到了高峰。19 世纪 60 代，当保护主义者试图保存理查森的格里森住宅时，他们建立了"芝加哥学派建筑基金会"。1977 年，更名为"芝加哥建筑基金会"。如今，基金会开展了远远超出芝加哥学派范围的一系列建筑旅游、展览和演讲活动。基金会引导人们在工薪阶层的社区和公寓区中游览，他们已经致力于史上闻名的芝加哥平房倡议和玄武石倡议的工作。如今，像 20 世纪 50 年代一样，保护工作就像对历史性地标的描述一样，是有益的。芝加哥事件表明，保护主义者需要更自觉地思考他们选择讲述或不讲述的历史和当代城市正在进行的建设之间的联系，并从事实和记忆两方面考虑。

第 8 章

芝加哥麦加蓝色公寓

场所政治中的建筑、音乐、种族

历史保护实践和历史学术之间并不总是有直接的关系。建筑历史学家倾向于注重最初的业主和设计师、建筑形式以及直接的文化背景之间的简单联系。相反地，保护主义者却通常采用最初的业主和设计师们永远想象不到的方式来评价一个地方。这就是在最初的业主和设计师们去世很长时间后发生的，关于遗址保护的历史记录问题。此外，保留这些建筑遗迹的做法其本身就从根本上改变了被保护地块的历史。在建筑和景观的历史中，保护常常构成最近的重要时期。它站在历史学家集中关注的历史边缘的对立面。尽管有时能够被学者洞察，保护主义者们的热情和主张却仍与那些呈现超然学习态度的建筑历史学家所采用的方法背道而驰。历史学家认为自己是在解释历史，他们通常不认为自己是在创造历史。由于保护主义者在原有的形式中采取相应的改变并且注重其当今的意义和重要性，他们无形中扩大了建筑历史的尺度范围。保护主义者可能会试图停止变化来形成或确定历史，但他们的工作帮助我们懂得了：建筑和景观的意义是很难被确定的。每个独特的个人和社会阶段都会创造或重新创造建筑和景观的意义，提升、贬低或重新评价建筑和景观的地位。当人们建造、使用、改变、保护或抛弃建筑和景观时，历史叙述作为这个过程的一部分被调用。那些在某个地方的历史后期发生的一些活动对于保护主义者来说是至关重要的，并且应该在建筑历史中扮演一个角色。[1]

本章探究一个单独的建筑，麦加（Mecca）（图 8.1）——芝加哥 19 世纪最大的公寓大楼。我们将用研究建筑历史的习惯，以对最初设计的形式和意义的深入分析作为开始。在麦加，随着时间的推移，变换的种族模式与城市空间相互影响，彻底地改变了建筑的历史和意义。这就割裂了公众对麦加的理解和认识。该分析将侧重于麦加后期丰富的历史，特别是它在 20世纪 10 年代作为芝加哥非裔美国人的最著名的文化和政治中心的这段时期。这栋建筑给予了音乐、诗歌、艺术和文学以灵感。这些文化和麦加独特的地域感成为从 20 世纪 40 年代开始的保护斗争的焦点。尽管建筑的形式与文化产物和该建筑在芝加哥南部的政治地位有关，但麦加的保护运动更多强调的是住房、街坊和文化而不是设计。1943 年，麦加的居民赢得了一个伊利诺伊州立法机构几乎全票通过的关于防止建筑被拆除的法案。通过忽略狭隘的美学意义上的保护，麦加保护运动提出了一种新的保护模式，这种模式能够强调和保持一个社区对于其所存在地点的强烈依附感。麦加保护运动的反对者们通过他们对历史的叙述和理解来为

图 8.1 麦加公寓，建于 1891 ~ 1892 年，由艾德博鲁克（Edbrooke）和伯纳姆（Burnham）设计。麦加公寓在哥伦比亚博览会（Columbian Exposition）期间提供了旅馆住宿。细节来自于 1893 年的广告。芝加哥历史博物馆，ICHi-29342。

他们的拆除计划进行辩护。通过分析这些对麦加历史不利的阐述，加深了我们对美国的建筑风格、都市生活以及历史保护运动的理解。

麦加（Mecca）：建筑和公寓密度的文化

1891 年建筑师威洛比·J·艾德博鲁克（Willoughby J.Edbrooke）和富兰克林·皮尔斯·伯纳姆（Franklin Pierce Burnham）设计了麦加公寓。麦加公寓作为芝加哥最大的公寓住宅之一而崛起，并反映了更广泛的建筑和城市发展问题。艾德博鲁克和伯纳姆的设计将自然光和景观融入建筑中，创新性地适应了这个城市日益增长的密度状况。像许多公寓大楼一样，麦加和其他城市建筑的不同之处在于它对社会元素和空间的非同寻常的广泛组合。芝加哥 19 世纪晚期的公寓大楼促使了城市景观的显著改变，同时也为成千上万的居民提供了住房。然而，建筑历史学家更乐于关注芝加哥的其他建筑，包括市中心的摩天大楼以及点缀在郊区草原上的美丽的独栋住宅组团。[2] 与那些单一功能的商业建筑或住宅建筑相比，公寓建筑表现出了一种公共空间和私人空间、商业和居住之间不稳定的组合方式。那些早期的公寓住宅成了摩天大楼和独栋住宅的折中点，在采用摩天大楼形式以一种较高的密度为人们提供住所的同时也为独栋住宅提供了一种强大的意识上的保证。它们利用混合的天性，混淆了一些观察员们所信服的适合世纪之交的城市生活法则。

公寓生活使许多 19 世纪晚期的芝加哥人感到烦恼。在 1891 年，精明的芝加哥工业报编辑提出，19 世纪 70 年代的经济萧条已经推翻了许多人心目中永久的家的想法。公寓建筑以一种成组的，一个屋檐下有 10 或 40 个小单元的形式取代了小住宅。考虑到当代文化的关系，编辑提出这样一种疑问：公寓是否会破坏家庭生活？[3] 同样的问题也困扰着公寓设计师并且

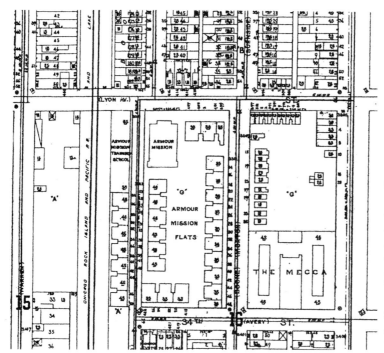

图 8.2 麦加公寓规划图和它的背景。右边的公路是斯泰特大街（State streets）；迪尔伯恩街（Dearborn Street）在左边（由布恩标注）。五层高的阿穆尔培训学校是阿穆尔协会的第一栋建筑，之后改名为伊利诺伊理工大学（Illinois Institute of Technology）。本图片来自于格里利市卡尔森（Greeley-Carlson）公司，芝加哥市第二版地图集，第二卷（芝加哥，1892）。

深深地影响了公寓的设计。在面对芝加哥居民时，建筑历史学家卡罗尔·威廉·韦斯特福尔（Carroll William Westfall）把这个问题概括为："尽管房子对于他们现在的生活来说已经变得不太可用了，但是他们仍然将房子和家等同起来看待。"这个结论形成了一个难题：公民的生活方式禁止了其对实用的需求。[4]

中产阶级对核心家庭生活方式的浪漫想象存在于公寓住宅的争论之中。1905 年，芝加哥论坛报的一个社论，以批判的口吻报道说：在伦敦，医生发现千篇一律的公寓生活方式已经让很多女人发疯了……她的丈夫在清晨出去做生意，通常到了晚上才会回来。除了做个看家人和女仆，她没有任何事情可做。……和她居住在一个公寓里的人越多，她知道的反而越少……人为限制的生育问题和公寓的条例，剥夺了她享有孩子的权力。尽管编辑知道，还有很多事情可以做，包括阅读、艺术、慈善事业甚至是商业活动，但编辑还是有足够的理由担心这种公寓生活将会阻止英裔美国夫妇供养庞大的家庭，进一步促使人口平衡向移民倾斜。[5] 在某种程度上说，女人承担着家庭和民族的道德引领工作，妇女们的隐私退化以及可能抛弃家庭的想法困扰着一些社会评论家。这些批判反过来影响了 20 世纪公寓建筑的设计。[6]

在 19 世纪 90 年代，麦加公寓的尺度和设计的独创性受到了很多关注。由于这栋耗资 60 万美元的建筑包含了 98 个公寓单元，其占用的基地花费了 20 万美元，因此作为麦加的"公寓住宅探索者"，这栋建筑需要大量的人口（来平衡这些花费）。这个四层高的建筑建在市中心以南四英里的地方，它沿着道富银行长达 234 英尺，并且沿着 34 大街向西延伸 266 英尺一直到迪尔伯恩。麦加有着纯粹的罗马风格立面，有着拱形的入口和拱形的落地窗，有着带波纹状的窗框，有着檐口和层拱映射的阴影。这种风格和构成形式反映了由 19 世纪 80 年代芝加哥优秀建筑师们设计的众多受欢迎的商业和居住建筑形式。令记者感到不同寻常的是，几乎每层都有 1.5 英亩大。在这个发展着的城市中，麦加的密度与我们更熟悉的组织家庭空间的模式形成了鲜明对比。芝加哥论坛报报道,有近五百名的居民将预先住进这栋美丽的住宅。九十八个住宅单元将会覆盖在两个 5 英亩大的街区上，同时，有着十二个商店的麦加的地位

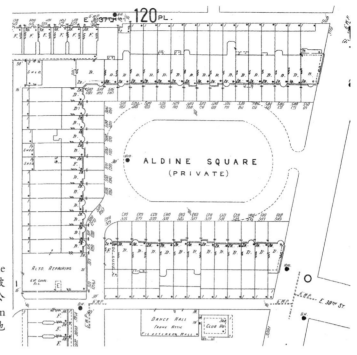

图 8.3 芝加哥欧尔丁广场（Aldine Square），建于 1876 年，1935 年被拆毁。独栋住宅面对着一个景观公园。图片来自桑伯恩公司（Sanborn Company）地图，芝加哥保险业地图，第四卷（纽约，1912）。

将会高于许多新兴的郊区。[7]

许多 19 世纪晚期的芝加哥建筑师都在郊区发展他们的协会组织，他们把公寓伪装成住宅，就是为了传播其对公寓生活的反对。在那些包含 2 ~ 6 个单元不等的多户公寓中，建筑师可以使这个公寓的外表看起来像一个住宅。在更大一些的建筑中，多样的开窗形式、坡屋顶、装饰细节以及建筑材料的选择都可以帮助公寓融入广阔的住宅场景中。当公寓建筑的尺寸超出了房屋或官邸的尺寸，建筑师们采用旅馆或俱乐部建筑的形式来维持其与家庭的联系。[8]尽管独栋住宅社区的业主经常抱怨"公寓的侵扰"，但该区域公寓住宅的建设人员仍然傲慢地指出这些社区的排外特点。[9]

除了采用正规的策略来缓解人们对公寓的偏见之外，建筑师还打算将郊区独栋住宅的梦想融入这块地的开发计划中。景观庭院是这个尝试的重点。当芝加哥论坛报估算出麦加的 98 个单元如果按照郊区小别墅的形式建造的话将会占用 10 英亩的土地时，就意味着在这块地从郊区空旷的土地建造成公寓时将会有 8.5 英亩的树林、院子和花园被破坏。一些公寓建筑实际上都会向用地界线后退让，目的是为了营造一个适度的景观环境。麦加公寓却没有这么做。相反，艾德博鲁克和伯纳姆将麦加的平面设计成了不寻常的"U"字形，中间是一个朝向 34 大街的景观庭院。在进入麦加主入口的路上，居民和参观者将会穿过类似于郊区草坪那样的微型公园，公园长 66 英尺宽 152 英尺（图 8.1，图 8.2）。[10]

麦加拥有漂亮喷泉的外庭院，提供了第一个关于带庭院的低层公寓住宅的地方性示例，这个形式在 1900 年到 20 世纪 20 年代期间在芝加哥及其郊区被广泛应用。[11]芝加哥的住宅公园在早些时候为那些独栋住宅和联排住宅的发展提供了参考，例如建于 1876 年的位于 37 大街和 39 大街之间的文森大街（Vincennes Avenue）中的欧尔丁广场（Aldine Square）。除了景观庭院，麦加公寓还将在每个客厅设计一个凸窗，来使更多的光线进入公寓并保持良好的空气流通。在随后芝加哥地区的庭院设计中，对于自然采光的考虑已经扩展到阳光房、阳台以及私人门廊。对于一个给定尺寸的地块来说，相比于将建筑集中建在用地界线前面的形式，

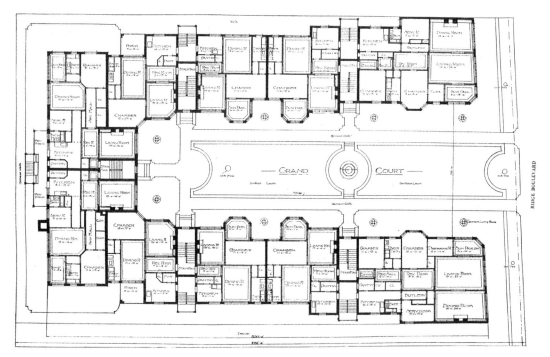

图8.4 有五个分散独立入口的庭园公寓规划图。橡树山公寓，位于伊利诺伊（Illinois）的埃文斯顿（Evanston），建于1914年。建筑师安德鲁·桑迪格林（Andrew Sandegren），规划师 A·J·帕蒂瑞德（A.J.Pardridge）和哈罗德·布兰得利（Harold Bradley），芝加哥北部上层阶级公寓的地址录（芝加哥，1917）。

这个庭院的外形为建筑正立面提供了更好的装饰作用。在麦加，庭院和三个街区外立面的墙体都是由优质的罗马砖块砌筑而成。普通的粗糙红砖仅仅在后边小巷子的墙体中显露出来。与那些有着内部采光天井的公寓建筑相比，这些设计也使更大比例的内部空间向街道和景观庭院开放了。[12] 对于公寓的租客来说，这些因素压缩了郊区的形态。

　　景观庭院还涉及了关于公寓建筑争论中的另一个重要问题——家庭的隐私性问题。那些主要依靠中央主楼梯和电梯的大型公寓建筑将居民和访客的交通流线都组织到单一的主入口中（即被楼梯和电梯环绕的大堂）或通向各个单元的公共走廊中。与此相反的是，庭院公寓在人们真正进入建筑之前就疏散了人流。在芝加哥，随着这种庭院形式的发展，更多建筑的入口开向庭院。每个入口都有通向楼梯的通道，每个楼梯平台都能到达两个公寓单元（图8.4）。因此，每个入口只有六到八个家庭使用，而不是所有的建筑租户都使用同一个入口。建筑评论家赫伯特·克罗利（Herbert Croly）认为芝加哥庭院建筑有着家庭意义，有很强的适应性，并且使人想起了盎格鲁–撒克逊人（Anglo-Saxon）的那种拥有隐私的家居生活。[13]

麦加的中庭：密度和社交的景象

　　然而，与芝加哥后来建造的庭院建筑不同，麦加既改变了它朝向外部庭院的外立面，也改变了朝向内部天井的内立面。艾德博鲁克和伯纳姆设计了两个侧翼，每个侧翼都环绕着一个巨大的天窗采光天井，每个天井长33 ~ 170英尺（图8.2，图8.5）。在每个侧翼中都有历史画装饰的大厅，楼梯以及浓密叶片装饰的走廊，这个走廊从天井的墙壁悬挑出来，并提供了通往各个房间的通道。每个公寓内部的房间都有朝向这个天井的窗户。并且从三角形的天

图 8.5　麦加公寓，建于 1891 ～ 1892 年。当麦加公寓为哥伦比亚博览会提供膳宿时，内部中庭被用作"女士们的会客厅"。细节来自于 1893 年的广告。芝加哥历史博物馆，ICHi-29342。

图 8.6　麦加公寓，建于 1891 ～ 1892 年。内部中庭以及楼厅扶手上叶片状金属制品的细部。照片来自于华莱士·柯克兰（Wallace Kirkland），1951 年。芝加哥历史博物馆，ICHi-29352。

窗接受自然光。这个天井为麦加公寓提供了两个充满光线的内部空间，从而以一种独特的形式解决了自然通风采光这一普遍问题。尽管郊区景观同样反映出这种对光线的需求，但他们仅仅在一种特殊的建筑形式中抓住了它，当中产阶级住户开始在高密度中生活和工作的时候，这种特殊的建筑形式会显露出来。

　　天井在一些重要方面有别于后来出现的庭院建筑形式，其很多样式成为后来庭院式建筑的一般模式，它在不经意间扩大了建筑的密度，但麦加的中庭展示了人们在大厅中来来往往的日常生活场景。公寓中的人们在阳台和门窗内部清晰地展现他们自己。在长廊的挑台上，中庭已经变成公共场所，在那里，人们能欣赏风景也能被当作风景欣赏。[14] 所以，麦加的设计包含了两个有价值但却相反的意向。一个意向体现在外部庭院和分散的入口中，反映出对独居生活和家庭隐私的保证，另一个意向，表现为有天窗的天井，使 500 人聚集在一个屋顶的社交性和群居性成为可能。麦加用了几年的时间便以更加私密的模式完全打败了芝加哥公寓建筑师们的世界性作品。

　　麦加新颖的庭院遵循了在市中心商业建筑中明显体现的一般性理论。在那里，建筑师不得不学会为了采光牺牲一些空间，"忽略门外不被完全照射的一切。"[15] 成功的商业建筑师警告说，暗房间不应该被用于租用或不应该被建成。麦加的中庭（图 8.6）在芝加哥一些商业摩天大楼中曾有过先例。芝加哥论坛报将麦加的中庭同鲍曼（Baumann）和何由（Huehl）设计的建于 1888 年的有天窗采光的 13 层商业大厦进行比较。那栋建筑含有一个 35 英尺宽 108 英尺长的带天窗的中庭，中庭以画廊和华丽的扶手栏杆作为其边界，并为每一层的办公室提供入口通道（图 8.7）。论坛报通过商会大厦来描绘麦加的平面图，并制作了一个以其 200 英尺高的中庭而闻名的模型。此外，它还挑选出了一座麦加建筑师们所熟悉的建筑；艾德博鲁克和伯纳姆在商会大厦中庭的最顶层运营着的建筑事务所。[16] 麦加的开发商乔治·W·亨利（George W. Henry）有一个房地产公司也对着中庭开放，该公司就在艾德博鲁克和伯纳姆事务所的下面两层。

　　从 19 世纪 70 年代开始，芝加哥许多优秀的建筑师通过其设计的大量天然采光建筑而对

189

190

179

图 8.7 商业会所，建于 1888～1890 年。由建筑师鲍曼（Baumann）和何由（Huehl）设计。图片为楼厅和带天窗的内部中庭，麦加的开发商和建筑师的办公室就在这里。哥伦比亚大学（Columbian University）艾弗里图书馆（Avery Library）。

图 8.8 芝加哥，伯灵顿昆西铁路建筑（Burlington Quincy Railroad Building），建于 1881～1882 年，由建筑师伯纳姆和鲁特设计。内部带天窗的中庭和楼厅的透视图。来自《纽约每日画报》（New York Daily Graphic）1883 年 2 月 26 日。

建筑界产生了重大影响。在 19 世纪 80 年代，现代采光天井已经变成了摩天大楼结构体系中一个完整且极为庞大的部分。例如，1881 年伯纳姆和鲁特设计的六层的芝加哥伯灵顿（Burlington）和昆西区（Quincy）的铁路办公大楼，该建筑围绕着一个 50 英尺宽 100 英尺长的中庭。铁制的走廊环绕着这个采光中庭，并为办公室提供入口通道（图 8.8）。伯纳姆和鲁特于 1893 年设计的共济会（Masonic）寺庙建筑包含了一个中心的采光中庭，这个中庭到达天窗的高度为 302 英尺，其他芝加哥建筑中所包含的中心采光中庭没有充分显示出如此显著的建筑效果。伯纳姆和鲁特在 1885 年设计的贫民公寓，包含了一个高度在第二层休息大厅处而不是建筑顶层的采光中庭，并且依靠双面走廊系统而不是那种为办公室提供入口的单面走廊系统。[17]

芝加哥的那些带有内部天窗的商业和居住建筑大体上代表了 19 世纪的建筑风格。玻璃制造和金属技术的发展使光线在建筑内部空间的照射成为可能，这在 19 世纪体型日益庞大且极为复杂的建筑中被证明是犹为重要的。有天窗的零售街道以及行人通道旁边的商店遍及欧洲和美国的主要城市。有中央天窗和各层走廊的拱廊，包含了麦加天井系统的主要特点。艺术画廊、火车站、音乐学院、监狱、收容所、百货公司以及办公大楼都用这种天窗以达到更好的效果。例如，伦敦的 J·B·邦宁煤炭交易所（J.B.Bunning's Coal Exchange），有面向走廊的办公室，环绕着一个圆形的中庭，这个中庭的顶部设有玻璃和金属制成的天窗，许多小型拱廊为商店提供了顶部遮盖物。

191　　　纯居住建筑中拱廊的应用在法国社会改革家查尔斯·傅立叶（Charles Fourier）设计的 19 世纪早期乌托邦式的理想村庄项目中表现出来。值得注意的是，在傅立叶关于拥有 2000 名居民的集合社区构想中，包含了一个内部的"街道走廊"来为一些楼层提供通往公寓的通道。

图 8.9　耶鲁，建于 1892～1893 年。由建筑师约
翰·J·朗（John T.Long）设计。照片来自 C·R·蔡
尔兹（C.R.Childs），1909 年勒罗伊·布洛马特
（LeRoy Blommaert）的收藏。

图 8.10　耶鲁，建于 1892～1893 年。照片为内部带
天窗的中庭、楼梯和电梯核。照片来自米尔德里德·米
德（Mildred Mead），1953 年。芝加哥历史博物馆，
ICHi-24351。

它也包含了封闭的带天窗的走廊以连通社区的不同部位，这个理想村庄的建筑风格以其走廊
系统突出了以集体为基础的居住性中庭风格。在芝加哥，人们对家庭隐私的重视与傅立叶对
群居生活模式的鼓励形成了鲜明的对比，就像监狱设计者利用天井来寻求对入狱者更好的监
管一样。芝加哥建筑体系延伸了这种建筑类型的不同用途。[18]

　　麦加的中庭也体现了欧洲和美国大部分传统中心庭院公寓建筑的一些特点。中心庭院为社
区建筑物的围合提供了一个开放的半公共的空间。就像阿尔佛雷德·特雷德韦·怀特（Alfred
Treadway White）于 1890 年在布鲁克林设计的河畔公寓那样，在一些著名的典型住宅中，设计
者建造庭院来为儿童和成人提供被保护的休闲空间。庭院也理所当然地改变了传统的社会生活
模式。为了能给内部的房间提供光线，一些开发商设计了漂亮的庭院花园、草坪和马车道。然
而大多数中央庭院与外部庭院发挥着相同的作用；他们将居住者分散到单独的楼梯和坐落在建
筑内部的电梯中，只为每层很少的公寓提供通道。把整个循环系统放置到外部庭院的做法是更
非同寻常的。阿什菲尔德村舍（Ashfield Cottages）于 1871 年由利物浦劳工寓所公司（Liverpool
Labourers' Dwelling Company）建设，包含外部楼梯和连续的露台来到达上边三层的公寓。1895 年，
弗兰克·劳埃德·赖特的两层的芝加哥样式住宅——弗朗西斯科平台（Francisco Terrace）提
供了通向二层的通道，这个通道沿着一个环绕中庭的连续平台。这些非同寻常的设计与麦加的
情况如出一辙，在更为普遍的庭院建筑内部缺乏群居性。在美国，一般来说，家庭观念阻碍了
对中心庭院建筑的开发，这种开发的目的是提升或开拓此类建筑在集体活动方面的潜能。[19]

　　麦加公寓作为芝加哥第一个拥有中庭的住宅建筑而兴起。1892 年，当地建筑师建造了另
外两个带天窗采光中庭的芝加哥公寓建筑。约翰·T·朗（John T.Long）设计的耶鲁（Yale）
，就是一座坐落在耶鲁大街和 66 大街拐角处的公寓建筑。这个罗马风格的七层建筑有一个六
层高的天窗和一个宽 25 英尺、长 82 英尺的带长廊的中庭（图 8.9，图 8.10）。[20] 和麦加一

192

图 8.11　布鲁斯特（Brewster），建于 1892～1896 年。伊诺克·希尔·特诺克（Enoch Hill Turnock）设计。照片来自 C·R·蔡尔兹（C.R.Childs），1909 年勒罗伊·布洛马特（LeRoy Blommaert）的收藏。

图 8.12　布鲁斯特，建于 1892～1896 年。照片为内部带天窗的中庭，玻璃空中走廊，楼梯以及电梯核。照片来自鲍勃·塔尔（Bob Thall），1982 年。芝加哥地标委员会。

样，耶鲁的 54 个公寓有面向中庭开窗的内部房间。建在用地界线内的耶鲁，在恩格尔伍德（Englewood）郊区的街坊中显得极不和谐，双层木结构房屋在这片街坊中才是占主导地位的。然而，光线向耶鲁中庭的涌入，暗示了大家共同关心的采光和通风问题，该问题能够描绘出区域发展的特性。1892 年，在一个芝加哥北部密集的城市街区中，伊诺克·希尔·特诺克（Enock Hill Turnock）设计了这座城市第三个带天窗采光中庭的居住建筑。这个八层的布鲁斯特公寓在戴弗斯大道（Diversey Boulevard）和松树林大道（Pine Grove Avenue）的拐角处。原计划于 1892 年竣工，但在几年后仍未完成（图 8.11，图 8.12）。布鲁斯特的采光中庭比麦加和耶鲁的狭窄。在每一层中，这个分层的玻璃走廊延伸穿过了室内庭院的中心，同时，短悬梯延伸到了建筑 48 个单元的门口。[21]

　　在受哥伦比亚世界博览会影响的建筑大繁荣时期中，开发商建设了麦加、耶鲁和布鲁斯特，在 1894 年，这种繁荣被大萧条取代，大萧条一直持续到世纪之交。在公寓建筑重建的时候，开发商有选择地借鉴了那些在麦加公寓中出现的先例。在世纪之交，开发商每年在芝加哥建造出上万个公寓单元。其数目通常是独栋住宅的 4～5 倍或更多。[22] 回首这段建筑设计中紧张的探索阶段，开发商们建造了数以百计像麦加一样带有外部庭院的建筑。他们没有建造带有天井和围廊中庭的建筑；其内部天窗没有被芝加哥住宅设计所采用。高层公寓建筑将居民和访客集中到一个主要的入口，以此来代替中庭；在电梯周围通常有华丽装饰的休息大厅，大厅同样为人们提供主要的内部公共空间。这些电梯公寓在密歇根湖岸边的狭长带状地带中很常见。利用湖边风景和游憩资源提升地块价值，并鼓励设计师使建筑朝向主要的景观。在高层地区，当真正的地方性文娱设施存在于湖滨外部景观中时，开发商不愿意慷慨地为内部采光中庭分配一些空间。在世纪之交，高层公寓的景观文化以及对低层公寓的家庭隐私性所做的持续努力，促使了替代性公寓的出现。

附近街区的变化

194

在对建筑的模仿缺乏时，公众和历史对麦加华丽天井的持续重视和革新计划，更依赖于建筑物本身的命运而不是其所激发的结构灵感。麦加的历史因此与城市变化的动态息息相关，这种动态彻底改变了公共和个人对建筑的看法。19 世纪中期，很少有人在麦加内部建造房屋或进入此地。19 世纪 50 年代，当铁路延长线穿过这一区域时，带来了各种形式的工厂和一栋又一栋的工薪阶层住宅。麦加的基地位于芝加哥的岩石岛（Rock Island）和太平洋铁路（Pacific Railroad）东部的一个街区中。一个重要的工业带在远离铁路的一侧得到发展。在这里，1865年成立的矿业联盟得到了缓慢发展。在麦加未来基地的东部，参议员斯蒂芬·A·道格拉斯（Stephen A.Douglas）于 19 世纪 50 年代早期购置了一个 70 英亩的郊区湖滨地块，并为芝加哥第一所大学提供了场地。在郊区住宅东侧和矿业联盟西部之间的地块中出现了许多工薪阶层住宅，这些一到两层的砖木结构住宅建设在 25 英尺宽的地块上。[23]

斯泰特大街和 34 大街拐角处的地块坐落在一个新兴的商业干道旁，并被简陋的房屋环绕，它似乎并没有为投资额达到数十万美元的中产阶级住宅提供更广阔的土地。19 世纪 80 年代和 90 年代早期，在麦加西侧的街区上，规模庞大的建筑群的建造无疑鼓励了麦加的开发商。在这个街区中，肉类加工包装为中产阶级家庭生活提供了一大笔慈善资金。1886 年普利茅斯公理教会教堂（Plymouth Congregational Church）耗资 20 万美元创立了阿穆尔布道团（Armour Mission）。它占据了由伯纳姆和鲁特设计的一栋罗马风格建筑，这个布道团为邻近郊区的贫穷居民提供了精神、教育和娱乐活动（图 8.13）。1886 年，为了建立一套永久性教会支持体系，菲利普·D·阿穆尔（Philip D.Armour）建立了阿穆尔公寓（the Armour Flats），这 29 栋三四层高的建筑包含了 194 个中产阶级公寓单元。这些住房的租金可以支持这个教会的运转。阿穆尔公寓的设计师巴顿和费舍尔（Patton & Fisher）利用整个地块的联排住宅形式来掩饰住宅小区的密度。粗拙的马凯特砂岩（Marquette sandstone）外立面用砖和陶瓦点缀，布置在明显部位的烟筒堆、拐角处的塔楼、飘窗、变化多样的体块以及多变的图案，这些都采用了近

图 8.13　阿穆尔布道团，建于 1886 年。伯纳姆和鲁特设计。来自艾琳·麦考利（Irene Macauley）的《伊利诺伊理工大学（Illinois Institute of Technology）的遗产》。

图 8.14 阿穆尔公寓
（Armour Flats）， 建
于 1886 ~ 1890 年。巴
顿和费希尔（Patton &
Fisher）设计。阿穆尔公
寓（Armour Flats）位于
右侧；麦加公寓在左侧
的背景中。木结构连排
房屋的样式在周边街区
中是典型的。照片来自
1909 年勒罗伊·布洛马
特（LeRoy Blommaert）
的收藏。

代城市独栋住宅建筑的一般形式（图 8.14）。[24] 阿穆尔（Armour）鼓励公司的中层经理和雇员租用阿穆尔公寓。[25]

　　1891 年，阿穆尔为一座大体量的五层建筑进行了奠基，该建筑是由巴顿和费舍尔设计的。这座给人留下深刻印象的建筑是由阿穆尔出资 100 万美元建设，并用来安置阿穆尔协会的，这座建筑还容纳了一个培训工业技术人员和工程师的学校。这座位于麦加西侧的建筑在它最后建成的街区中成为一个纪念碑性质的标志（图 8.15）。在该协会创立的同时，位于州大街（State Street）的麦加也接近完工。麦加和阿穆尔之间的关系在之后的十年中越来越密切，简单的地理位置和复杂的城市动态渐渐地影响了它们的制度历程和建筑历程。

　　在麦加开放时，它为芝加哥的居民提供了公寓；然而，希望利用哥伦比亚世界博览会展示业务并赚钱的房屋拥有者们出租了他们的房子。麦加处在交易会和集商业娱乐为一体的市中心的过渡区域，斯泰特大街的缆车从其门前通过，最近刚刚建成的南部地区高架列车的 33 大街站距离麦加只有一个街区。麦加酒店为在其中居住的家庭提供了优厚条件，它可以提供一个有着 5 ~ 7 个房间的套房，这种套房带有卫生间。酒店还提供每天租金在 25 美分到 2 美元不等的带转角和景观窗的房间，这种房间的花费略高。旅行者对展览会的赞助很快就过去了，紧接着是国内的经济大萧条。麦加没有能够建立起一个稳定的中产阶级居住群体。事实上，它最初的所有者们失去了房屋所有权。来自俄亥俄州米德尔顿（Middletown）的实业家保罗·J·佐尔格（Paul J. Sorg），曾经以每年 12000 美元的价格购买麦加的场地并将其出租给开发商，他最终获得了这块土地和土地上的建筑。保罗将一些公寓进行分隔，租房者可以以每月 10 ~ 35 美元的租金租用 2 ~ 7 个不等的房间。这些租金全部都低于位于麦加东南部的中产阶级公寓的价格。[26]

　　1900 年 9 月，美国政府人口普查员对麦加进行普查时发现，107 个单元中共住有 365 人。在他们中，有蓝领和白领雇员以及少数中产阶级专家。麦加公寓还住着木匠、电工、油漆工、纺织工、铁路工人、杂货店雇员、保险公司和其他商业机构的职员、旅行推销员、鸡蛋检查师、临时工、几位调酒师、侍者、厨师、裁缝、会计、一位排字工人、机械师、一位屠夫、一位食品加工厂领班、建筑师、一位医生、一位眼镜商、一位音乐家、火车司机、消防员、铁路售票员、音乐教师、一位巡夜者、一位邮局职员、裁玻璃工人、货运检查员、门卫、一位房

图 8.15 阿穆尔学院主要建筑，建于
1891 ~ 1893 年。巴顿和费舍尔设计。
来自艾琳·麦考利（Irene Macauley）
的《伊利诺伊理工大学（Illinois
Institute of Technology）的遗产》。

地产经纪人、一位车夫、一位货车司机、装饰师、一位退休的资本家，还有一位插花经销商。一些家庭靠收容寄宿者来获取租金。所有的家庭都没有常年住在家里的仆人。1900 年，绝大多数麦加居民都出生在美国，许多人的父母也出生在美国。一些居民的父母有苏格兰、爱尔兰、德国、加拿大或波兰血统。所有的麦加居民都是白人。[27]

　　附近的街区并不都是这样的。在那段黑人数量迅速增长的时期，住房的稀缺和种族排斥刺激了黑人集中聚居模式的发展。南部的黑人搬到市中心南侧的一个被称为黑人聚居区的区域中。这个区域位于麦加西侧沿铁路和工业带的地方。它向麦加的东部延伸到沃巴什大街（Wabash Avenue），沃巴什大街在 19 世纪 90 年代早期之后遭受到毁灭性的影响：高架运输线摧毁了沃巴什与斯泰特大街之间的小路。1990 年，黑人占据了这一区域的许多房屋，从卢普（Loop）的南部一直延伸到 39 大街。他们住在麦加地块中位于街区北部尽端的房屋里，他们驱赶了许多像他们的白人邻居一样的房屋占有者，这些人中有油漆工、临时工、厨师、裱糊工人和服务员。麦加的中庭创造出了一个白人专有的领地，以建立一个和谐的街区。[28]

　　麦加和相邻街区间的种族差异在之后的数十年中愈演愈烈。1910 年，麦加的居民还都是白人，然而黑人们却占据了邻近的许多房屋和公寓。和麦加公寓一样，阿穆尔公寓也一直有白人居住。1910 年，麦加公寓里土生土长的美国人仍然占多数，尽管也有来自德国、瑞典、奥地利、加拿大、爱尔兰、苏格兰、英国和俄罗斯的移民居住在这座建筑中。例如，在俄罗斯出生的犹太人高曼（Goldman）和他妻子以及四个孩子中的三个居住在麦加公寓，他是一个 50 岁的犹太教的司事，他的一个儿子是个裁缝，一个女儿也是裁缝。1910 年，麦加居住着守门人、厨师、服务生、制帽师、演员、记者、劳工、钢琴搬运工、电梯操作员和许多其他职业的人，这些人都与 1900 年的居民有着相类似的职业。[29]

　　1911 年，佐尔格房地产公司（the Sorg estate）以 40 万美元的价格将麦加售出，这一价格是 20 年前麦加建造费用的一半。每年 42000 美元的租金以及 17 万美元的抵押款使得对麦加的投资看起来有很强的吸引力。1912 年，富兰克林·T·彭伯（Franklin T.Pember）和他的妻子购买了麦加，他是一位银行家、毛皮贸易商、代理商和农用工具制造商，他们居住在纽约北部的郊区。[30]第一次世界大战引发了大量非裔美国人从农村迁徙到芝加哥来从事工业工作，而富兰克林的投资恰在这个大移民的前几年。由于芝加哥黑人人口在 19 世纪 70 年代增长超过了一倍，从44102人增长到到109458人，麦加附近的公寓也因此接收了一批新涌入的居民。为了维护自身财产利益，许多芝加哥白人采取了警告和敌对行为来对待非裔美国居民的扩张，这些行为包括打碎窗户和向房屋扔炸弹。种族暴力事件促使黑人采取了比之前更加集中的居住模式。这也给那些已经建立的黑人聚居区附近的白人住宅的产权转换带来了经济和社会的压力。[31] 在他们购买麦加数月之后，富兰克林的出租代理公司在芝加哥卫报上刊登了广告，向非裔美国人出租房屋。广告宣称麦加只针对"上层人士"开放，这个存在了20年的建筑作为芝加哥南部黑人聚居区的标志性建筑站在了那里。[32]

  1919年7月，芝加哥南部的种族冲突已经演变成了全面暴乱。一群白人在密歇根湖用石头砸向一个游泳的黑人少年，造成少年溺水身亡。这个事件引发了一个多星期的暴力行动，这些行为造成了巨大的损失。38人死亡，537人受伤，超过1000名难民逃离家园。最严重的一些暴乱发生在斯泰特大街的各个地方以及麦加南部和北部。[33] 在发生暴乱之前，麦加已经完成了从白人住户到黑人住户的转变。[34]1900年，麦加被那些与曾经住在这里的人有着相似职业的人们所占领。这其中有守门人，铸造工人，机械师，家具商，制革工人，裁缝师，屠夫，面包师，厨师，洗衣女工，门卫，女仆，侍者，理发师，修甲师，临时工，扳道工，钢铁工人，音乐家，司机，邮政人员，航运职员，小贩，床垫、斗篷、帘、衣物和雪茄制造商。几乎所有居民都出生在美国，大多数人出生在除伊利诺伊州以外的南方各州，人口普查专员统计出这个地方有148户510位居民。大部分家庭通过收容寄宿者来帮助支付房租。当时，居住在麦加公寓的家庭都是庞大而复杂的。例如，托马斯·麦克卢尔（Thomas McClure），一个31岁的亚拉巴马州当地人，在纳什摩托公司（the Nash Motor Company）担任司机，他和他的妻子卢拉（Lula）生活在一起，卢拉是一个28岁的田纳西州人，没有工作。在麦克卢尔家，住着一位48岁的大叔，恩贝施·克拉克（Nobles Clark），他是田纳西州人，在一家包装公司担任屠夫。杰西·沃克（Jesse Walker），一个29岁的来自亚拉巴马州的装修工和一个来自南卡罗来纳州的21岁的女侍者玛蒂·皮尔森（Mattie Pierson）生活在一起。[35]

南面的爵士乐俱乐部和"麦加单调的布鲁斯乐曲"

  当麦加的居住者从白人转变为黑人时，外部庭院和中庭里公共生活的景象变得与附近街区的生活更为接近了（图8.16）。20世纪前十年后期，麦加作为芝加哥非裔美国人的贸易和零售中心，坐落在街区的北部。在35大街和斯泰特大街周围，有许多商业建筑，其中很大一部分是非裔美国人建造的，这些商业建筑包括银行、地产公司、保险机构、零售商店、互助会临时住房以及报社。在20世纪10年代和20年代，这一地区也出现了丰富多彩的夜生活，其中包括许多芝加哥著名爵士俱乐部，这些俱乐部以著名音乐家为特色，这些音乐家包括金·奥利弗（King Oliver），路易斯·阿姆斯特朗（Louis Armstrong）和杰利·罗尔·莫顿（Jelly Roll Morton）。当北京剧院于1905年开业时，它成了引领时代的宠儿，该剧院位于27大街和斯泰特大街中；其他的俱乐部包括：麦加南部街区的蒂卢克斯（De Luxe），两条街区以南的梦境咖啡馆（the Dreamland Cafe）和三个街区以北的名流俱乐部（the Elite Club）。皇家花园（The Royal Gardens）和夕阳咖啡馆（the Sunset Cafe）与其他俱乐部共同分享当地的夜生活，这些俱乐部包括欢乐生活俱乐部（High Life）和表演者俱乐部（the Entertainers）。[36]

图 8.16 基思小学（Keith Elementary School）的学生们穿过麦加公寓前面的 34 大街和迪尔伯恩大街（Dearborn Street）的交叉口。照片来自华莱士·柯克兰（Wallace Kirkland），1951. 芝加哥历史博物馆，ICHi-29353。

当地的乐队开始弹奏和录制名为"麦加公寓的布鲁斯"（Mecca Flat Blues）的蓝调乐曲时，麦加与爵士乐之间的联系成为永恒。1924 年 8 月，钢琴作曲家詹姆斯"吉米"·布莱斯（James "Jimmy" Blythe）和爵士乐歌手普里西拉·斯图尔特（Priscilla Stewart）一起录制了"麦加公寓的布鲁斯"。两年后，布莱斯又创作了名为"爱存在于这里并飞向麦加公寓"（Lovin's Been Here and Gone to Mecca Flat）的歌曲。1939 年，钢琴家艾伯特·安蒙斯（Albert Ammons）也录制了"麦加公寓的布鲁斯"。音乐家们不断地录制这首歌，一直到现在。在吉米·布莱斯和普里西拉·斯图尔特录制的版本中，刻画了"麦加公寓男人"（Mecca Flat Man）和"麦加公寓女人"（Mecca Flat Woman）的戏剧性形象，他们过着世俗淫乱的生活，造成了他们另一半的无尽悲伤。当地"即兴表演的歌手"不断给"麦加公寓的布鲁斯"增添新的内容，描绘了麦加公寓居住者的努力、苦难和悲剧故事。一个观察家推测：如果收集并印刷这些歌词，都能够出一本书了。[37]

当音乐家们从麦加公寓中捕捉灵感时，他们不仅仅是把音乐的乐谱记录下来。通过参考当地居民和当地地标，他们能够将新奥尔良，圣路易斯与其他爵士乐的混合乐植根于独特的芝加哥习语中。在麦加的音乐中，凄惨淫乱的故事和忧郁的题材也许是更常见的，因为城市景象在中庭中生动地表现了出来；这些故事似乎证明了 19 世纪对公寓住宅生活的批判。根据这首歌所唱的，这里集中体现了高密度生活中的诱惑和犯罪以及明显的对家庭隐私和家庭道德的破坏。然而，中庭公共空间给了麦加一种空间感和一种其他私人建筑所不能享有的可被理解的身份。在芝加哥文化中，将公共空间渗透到家庭空间的理念使设计在概念方面出现了问题，但是现在这种理念却使设计变得著名，或者臭名昭著。20 世纪 60 年代，芝加哥诗人格温多林·布鲁克斯（Gwendolyn Brooks）促进了麦加在诗歌方面的发展。她在麦加的工作是跟随家庭成员一起寻找一个丢失的孩子，他们拜访了一座又一座公寓并且沿着楼厅一路询问。这首诗用引人入胜的故事情节和冷漠的人物角色，恰当地表现了一座建筑所代表的世界大同主义的思想。[38]

阿穆尔学院，黑人聚居区和麦加

简单的地形经常将麦加和阿穆尔布道团、学院和公寓联合在一起。从表面上看，附近街区的种族构成不应该影响到阿穆尔，因为阿穆尔有着世界性的包容一切种族的眼界。这个教会以"世界的，完全非宗教的，不受任何限制，无论种族、信仰和肤色"作为信条被创立。阿穆尔学院自19世纪90年代成立以来一直是兼收白人与黑人的学校。然而，阿穆尔的官员们却被黑人聚居区的扩张所困扰，他们发现越来越难以说服公司的员工和阿穆尔学院的教员们住在阿穆尔公寓。教会和学院的官员们回应了房屋损毁问题，他们称这一问题是由于非裔美国人移民到芝加哥而引起的：这些人毁坏了阿穆尔公寓。1917年和1919年期间，194套公寓中的131套被拆除，留下的公寓也都被变成了办公室、实验室和教室。（图8.17）。[39]

在拆除阿穆尔公寓的过程中，政府官员清除了中产阶级住宅景观的遗迹，这些住宅景观曾为麦加的建造提供了背景环境。尽管在学院建筑和周围住宅之间设置了一个真实的缓冲区，但阿穆尔学院还是积极争取将校园整体迁移。早在1902年就有一些关于阿穆尔学院成为芝加哥大学附属学院的讨论。1920年，J·奥格登·阿穆尔（J.Ogden Armour）以100万美元的价

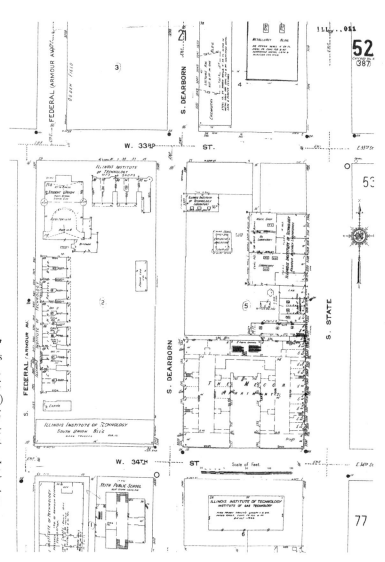

图8.17 1949年麦加公寓和伊利诺伊理工大学（Illinois Institute of Technology）的地图，在1917～1919年阿穆尔公寓被拆毁前，迪尔伯恩（Dearborn）沿线的闲置地块被阿穆尔公寓占据。联邦大楼前面的"查宾大楼（Chapin Hall）"将阿穆尔公寓的一部分改作成了物理实验室。阿穆尔布道团的建筑已经转换成了学生会。照片来自桑伯恩地图公司（Sanborn Map Company），芝加哥保险业地图，第四卷，1912～1949。国会图书馆。

格购买了一块 80 英亩的南海岸地块，该地块位于芝加哥附近发展中的郊区，距离学院南部五英里远。随后，阿穆尔学院经历了财政危机，1992 年，阿穆尔学院卖掉了位于南海岸的地块，并声称该地块已经变得太宝贵以至于不能再保留，同时，学院也期待着投资来为其重新安置提供资金。[40]

　　阿穆尔学院一直致力于获得一笔捐款并从古老的校园中迁移出去。20 世纪 20 年代和 30 年代，它试图隶属于西北大学。经过慎重考虑，阿穆尔学院搬到了市中心北部湖滨的一个 11 层的建筑中。经济大萧条使学院资金周转困难的处境雪上加霜，与此同时，经济大萧条也降低了为学院重新安置来集聚资金的可能性。1937 年，学院董事会组成的委员会深入研究了阿穆尔的前景。委员会主席詹姆斯·坎宁安（James Cunningham）坚持认为学院有着光明的未来，因为它是一所科学和工程教育的顶尖学校，同时被董事会管理，该董事会由能够"不断思考"的工业领域领导者们组成，并且阿穆尔学院坐落于世界最大的工业中心之一。[41]

　　1937 年委员会明确认识到学院的命运与地理位置密切相关。在花费几个月的时间，在卢普区，从北边、西边以及郊区观察它的位置之后，董事会主张把它保留在现在的位置上。坎宁安说：

　　　　毫无疑问，这会使你们震惊。学院目前的地理位置是 33 大街和联邦所在地，这里曾经是黑人聚居区的中心，但它对于黑人来说太荒废和破败了，以至于他们已经向南边搬迁了。可以确定，在他们身后留下了一个完全被破坏的区域。物极必反，这只是委员会的结论，现在的学院占据着 9 英亩的区域。我们计划购买大约 30 英亩土地来与这 9 英亩连接在一起，经过大风暴袭击，建筑变得破败，我认为这个区域建筑的修复是可以实现的。拥有像斯泰特大街一样的林荫大道是有可能的。这个大道源自圣路易斯的南部，当然，它也会在很大程度上影响整个区域的发展趋势，许多学习房地产的学生毫无疑问的决心从事圣路易斯南部这一区域的开发，这一区域被称作是白领阶层的社区。[42]

　　然后，董事会制定了一个秘密收购所需地块的策略，来控制 31 街以南到 35 街，斯泰特大街以西到岩石岛之间的区域，该收购策略包含了对麦加的收购。

　　学院借鉴了 20 世纪 30 年代清除贫民窟的先例来制定方案。1934 年和 1937 年颁布的联邦立法支持大规模聚居区和城市地带的清除。20 世纪 30 年代中期，规划师们提出了许多南部地区清拆计划。1934 年，联邦政府为国际开发协会的艾达·B·威尔斯家园（the Ida B.Wells Homes）挑选了一块位于 37 街和南公园大街的 47 英亩的土地。这项工程于 1941 年开工，为这里提供了 1662 套公共住房单元，而这里以前存在的却是 19 世纪上层社会的联排住宅和独栋住宅。房东们曾经把这些建筑分成许多更小的单元，这些小单元主要被非裔美国人租住。[43] 土地清拆工程为郊区化提供了另一些可供选择的方式；他们可以选择留在原来的地方，通过清拆土地和更换邻居的方式来减缓郊区化给他们带来的冲击。

　　学院采用了一种通过私人房产市场来继续进行更新的计划，而不是采用芝加哥城市更新中最普遍的做法。芝加哥房地产经纪人牛顿·C·法尔（Newton C.Farr），他负责董事会为学院购买不动产的相关事宜，他提到："在麦加公寓中，有 178 套公寓被黑人占据，而这些公寓在（黑人聚居区的）扩张中已经引起了他们的关注。"

　　法尔认为，每年总（租金）收入 38881 美元和净（租金）收入 9739 美元的麦加公寓可以

200

189

卖到 85000 美元。1938 年，董事会秘书阿尔弗雷德·L·尤斯蒂斯（Alfred L.Eustice）以一名普通市民的身份，从富兰克林·彭伯（Franklin Pember）手中以 85000 美元的价格买下了麦加公寓。[44] 与此同时，学院的征地计划也秘密地进行了一些年并且购置了一些土地。

伊利诺伊理工大学：
密斯·凡·德·罗（Mies van der Rohe）的校园规划和附近街区的抵抗

人们对阿穆尔学院未来的讨论表明了他们对于周围街区的景观和人文特征的强烈敏感性。1940 年，学院校长亨利·汤利·希尔德（Henry Townley Heald）写道：学院被附近街区日益恶化的情况所困扰。[45] 董事会看到老师和学生的士气都因此而减弱了。多年来，通过各种各样的重建规划，人们开始担心学院附近的城市环境可能使学院在与其他国家级院校的竞争中处于不利地位，比如麻省理工学院（the Massachusetts Institute of Technology）、加州理工学院（the California Institute of Technology）。[46]1940 年，当阿穆尔学院与路易斯学院合并成为伊利诺伊理工大学（Illinois Institute of Technology）时，这种担心就变得更强烈了。1941 年，学院公布了新的校园规划，在黑人聚集区的地块上建设现代化建筑。尽管中心地块被学院控制着，董事会还是担心着通往校区的道路；董事会希望有一条源于卢普区的林荫大道，但同时也希望控制所有通往未来校园的街道的前方空地。[47]

1941 年，当阿尔弗雷德·尤斯蒂斯将麦加公寓转让给学院时，这座建筑迅速带有了种族和阶级的色彩，这种种族和阶级的色彩决定着董事会对临近街区的居民和建筑的看法。20 世纪 40 年代早期，麦加公寓容纳了超过 1000 名居民。十年经济大萧条和战争引起的移民潮以及白人对黑人聚居区扩张的持续性抵抗，这些因素共同导致了麦加公寓的居民数量远远超过了其设计容量。20 世纪 20 年代，绝对密度和公寓居民的可见性使这个地方成为一个文化利益的载体。随着委员会对校园规划的不断实施，同样的密度和知名度就使董事会因为它的位置而懊悔。同样的，这么多人将麦加视为家的事实也给学校的清拆计划提出了一个难题。董事会希望，通过简单的购买行为就能够彻底将临近街区的历史遗迹清拆。但事实很快表明，当地居民并没有搬到南部更远的地方，而且清拆这个地方需要更强的力度。[48]

1941 年，当学院开始接管麦加公寓时，就想要尽可能快地拆除这些建筑。然而，董事会已经决定等到 1942 年 9 月麦加公寓的租赁期满之后再来清空这个建筑。一种紧迫感笼罩在对麦加公寓的审议中，因为芝加哥消防局依据地方消防法规起诉该学院并强制要求其安装消防喷淋系统。[49]据估算，麦加公寓安装该系统需要花费 26000 美元。学院拖延了消防诉讼，并希望承租人的租约失效或法院允许立即拆除这座建筑。然而，到 1942 年，战争加剧了住房危机，被提议的拆除计划带有了一种特殊的意味。当租约即将期满时，学院试图清空这座建筑。这引起了公众的争议，都市住房委员会（the Metropolitan Housing Council）、芝加哥城市联盟（the Chicago Urban League）、芝加哥福利院（the Chicago Welfare Administration）和当地政客都加入到了麦加居住者的队伍中一起抗议。都市住房委员会断言，人们对麦加公寓没有深厚的感情，它现在被认为是旧的，拥挤的，不卫生的，有火灾隐患的；尽管如此，该委员会宣称，"战争正在进行，在芝加哥不会有新的建筑被建成。并且黑人社区已经超越了饱和的极限"。[50]

1942 年，牛顿·法尔对麦加的租客表示同情。一旦战争限制了校园的建设，这种 22000 美元的净租金收入作为学院购买不动产的投资手段似乎是很有吸引力的。校长希尔德却对法尔的观点无动于衷。他坚持认为忽略寄宿家庭的数量，吸纳黑人居住区的 175 个家庭当然是有可能的。希尔德表达了对于麦加公寓和学院临近街区的极端厌恶，他总结说，"只要麦加公寓仍然存在，它就会严重阻碍我们清拆校园，尽管它可以带来收入，但我真的认为我们拆除它比我们留下它更有意义。"[51] 尽管存在希尔德这样的观点，但来自市民组织的压力以及芝加哥市政委员会主席亚瑟·G·林德尔（Arthur G.Lindell）的支持，迫使学院延期拆除该建筑。

1943 年，保护麦加的斗争转移到了伊利诺伊州的众议院和参议院。毕业于西北大学的非裔美国人同时也是该州参议员的克里斯多夫·埃塞克斯（Christopher Wimbish），很快成立了一个联盟来阻止麦加即将发生的拆除行动。他提出的议案反对拆除麦加，该议案在众议院以114 票比 2 票通过，在参议院以 46 票比 1 票通过。这场法律上的争论以充满激情的爱国主义为特色。该法案的支持者指出，在国外，有超过 40 位的麦加居民为他们在国内不能享受的民主而斗争，然而学院却打算将他们家人头上的屋顶掀翻。一位议员指出，这项议案对于私有财产权利的干涉是"非美国式的"。这一言论遭到了一位议案支持者的严厉反驳："你们拒绝投票阻止对这些妇女儿童、战争工人、残疾人和伤员的驱赶，你们在登记表上写下'不赞同'，你们的这些行为才是'非美国式'的，你们才是品行不端的。"[52] 除了爱国主义之外，议案支持者还希望避免一些可预见的问题，这些问题是由麦加的房客们在附近白人居住区内寻找住房所产生的。[53] 尽管得到了广泛的支持，州长德怀特·格林（Dwight Green）还是以违反宪法为由否决了麦加议案。[54]

州长否决之后，参议员埃塞克斯将这场斗争推向了芝加哥地方法院，在那里，他代表了那些被威胁驱逐的租客们。他认为这个案件涉及"财产权与人权的对抗"。他指出，黑人面临着在这个城市找到住房的困难，而这个城市的"限制性规定和街区种族性限制了黑人的正常扩张"；这些租客们"被美国贫民区体制所包围"。学院的律师们不得不承认，这一区域在战争结束前是不可能被重建的；但他们辩称，这个建筑是不安全的，应立即拆除。法官塞缪尔·赫勒（Samuel Heller）禁止了对麦加房客的驱逐并责令学院遵守所有的市政建筑安全标准。[55] 学院雇用了一个巡查人员而没有安装喷淋器。并且给租客们写信要求他们搬走，信中说，"继续住在建筑内的所有人将自己承担责任和风险"。[56] 事态的发展给麦加的建筑和文化历史增加了政治内容。

在拆除麦加的努力失败的几个月之后，伊利诺伊理工大学试图使自己和麦加公寓保持一定的距离。1943 年 7 月，美国军事部（the United States War Department）决定出售史蒂文斯酒店（the Stevens Hotel），这个酒店是在第二次世界大战初期购买的，用来作为培训学校和兵营。这座 25 层高的大厦坐落于七大街和八大街之间的密歇根大街中，在 1922 年到 1927 年期间由霍拉伯特（Holabird）和罗氏（Roche）设计，拥有 3000 个房间、许多间公共会议室、一个 4000 座的大礼堂以及厨房和餐饮设备。这座建筑拥有超过 150 万平方英尺的空间，可以被轻而易举地改造成为学生宿舍、实验室、办公室、教室、图书馆、礼堂和体育馆。当董事会听完史蒂文斯酒店的可行性报告后，立即决定抓住这个机会，将学校从"黑人聚居区"迁移到"芝加哥的文化中心"去。一个董事会成员坚信这一举动必然会给学生和教师的心理产生积极的影响。[57] 董事会在报告中说，学生宿舍拥有穿过格兰特公园看到密歇根湖的良好视线，这有助于学院培养"国家价值观"。同时它临近艺术学院、菲尔德博物馆（the Field Museum）、天文馆（the Planetarium）和芝加哥公共图书馆（Chicago Public Library）以及其他机构，这将会给伊利诺伊理工大学的科学技术教育增加人文文化背景。[58]

学院出价 58.1 万美元，由于出价低于另一个投资者而没能收购史蒂文斯酒店，这个投资者计划在这里重开一个酒店。[59] 于是，伊利诺伊理工大学又恢复了早期的计划，即在原

图 8.18 伊利诺伊理工大学校园扩建的模型照片拼贴和芝加哥南部的空中航拍图，在校园扩建中，路德维希·密斯·凡·德·罗担任建筑师和规划师。照片拍摄于 1940 年。《密斯·凡·德·罗建筑》，现代艺术博物馆。艺术家版权协会。

有校园内部和周边开辟一个地块。校长希尔德积极倡导学院用地界线以外大块土地的清拆和再开发。1946 年，在芝加哥住宅讨论会中，校长希尔德将芝加哥 15000 英亩荒芜土地的存在称为是"无法忍受的"，他陈述道："荒芜是一种致命的疾病，它腐蚀破坏着我们的城市并且浪费着用于城市建设的资产和投资。"他主张让那些著名的地产公司来聚集大片土地以鼓励开发商重建这片城市区域而不是重建扩张的郊区。他说，"学院只有两个选择：逃离或奋起抵抗。我认为这是每个人的选择——并且奋起抵抗意味着每个人都要承担相应的责任。"[60] 在多年的逃避之后，学院应该奋起抵抗。奋起抵抗意味着为拒绝拆除麦加而战。1946 年，伊利诺伊理工大学和迈克尔·里斯医院（Michael Reese Hospital）联合起来建立了南部规划委员会（the South Side Planning Board），该委员会是一个为该区域提供新的发展前景的非营利组织。这个委员会由希尔德担任第一任主席，并将侧重点放在罗斯福大街到四十七大街以及岩石岛地块到密歇根湖之间的大片区域。委员会认为这个 7 平方英里的地块是成功再开发所需的最小地块。委员会支持了南部高速公路的建设工程，该工程涉及拆除校园西侧的一大片住宅。委员会很快确定了 333 英亩的地块作为公共空地，其中包括学院和密歇根湖州之间的全部区域。[61]

尽管伊利诺伊理工大学提倡建设公共住宅和私人住宅，但是，它并不希望这个地区到处都是低收入家庭的住宅，并且努力使校园附近的地区成为中产阶级和白领们的社区。1944 年，当得知芝加哥住房局（the Chicago Housing Authority）计划在校园北部朝向卢普区的区域实施一项低收入家庭住房工程时，董事会表现出了强烈的抗议。希·德预想了一种学生和教员的社区，"它不会受到低收入住房工程的影响。我们相信，通过大型科技中心的刺激，南部的大片地区可以完全恢复，并且再次成为城市中重要的商业、居住和文化区域。"[62] 学院没能远离公共住宅。在它的北部，迪尔伯恩住区（the Dearborn Homes）作为第一个高层公共住区，在 1950 年投入使用。该住区有十六栋带电梯的建筑，这些建筑有 6 ~ 9 层高，共包括了八百个居住单元，同时，迪尔伯恩住区还采用了铺满绿植的现代主义形式。[63] 这个住区使所在街区的形式和风格更加现代化，但并没有改变这个地方的种族特征和阶级特征。

当制定南部地区重建计划和伊利诺伊理工大学校园开发计划时，很显然，麦加所代表的就不仅仅是社会挑战和政治挑战了。荒芜地区的建筑与颜色鲜明的现代建筑形成强烈对比，

图 8.19　麦加公寓，建于 1891 ~ 1892 年。图片背景为阿穆尔公寓，图片视角为沿着 34 大街向西看去。麦加公寓压着红线。能在照片中看到麦加斯泰特大街的两则新闻报道。一道大栅栏从街道中分隔开外部的庭院。照片来自 1909 年勒罗伊·布洛马特（LeRoy Blommaert）的收藏。

图 8.20　左侧是天然气工业大学建筑，建于 1947 ~ 1950 年。路德维格·密斯·凡·德·罗设计。建筑坐落在一片小草坪上，远离红线。麦加公寓在背景中，压着红线。照片来自华莱士·柯克兰（Wallace Kirkland），1951. 芝加哥历史博物馆，ICHi-29349。

而颜色鲜明的现代建筑被预想成新型都市生活和被改造的街区的关键。1938 年，路德维格·密斯·凡·德·罗来到学院，并领导了该学院的建筑系，推动了该地区新建筑的发展。密斯运用了一些早期工作室体系来设计新校园，随后他开办了一家私人事务所来使这个计划更加完善。[64] 密斯提出了一种与众不同的建筑思想，他的规划需要对罗马风格的阿穆尔布道团和阿穆尔学院进行拆除。在这个地方，密斯最终为学院设计了 22 栋建筑，他打算用砖、玻璃和钢材建造这些现代风格的建筑。简洁抽象的线条和比例均衡的空间呼应了"拆除这个街区"的议程。

　　在伊利诺伊理工大学官员的头脑中，密斯的风格与邻近历史街区破败的特征无关。用于介绍校园规划的插图强调了学院建立统一样式和统一城市形态的努力。在南部地区上空航拍的照片，清晰地展示了这个校园的建筑模式。这个地区就像一锅大杂烩，没有规则感和协调感，建筑有高有低，有宽有窄，有木头建造的，有砖材建造的，有住宅的，有商业的（图 8.18）。校园规划的目的是拆除邻近街区，规划中主要采用了一种低高度、低密度的形式，这种形式可以在被美化的景观中蔓延，这种被美化景观是由干净的土地、空出的小巷以及早期城市网格中的公用道路组成的。在新校园的建设中，将把临街建筑移走，并在它们的周围铺上草地（图 8.20）以代替压着用地红线的老建筑（图 8.19）。麦加建在斯泰特大街和迪尔伯恩大街的用地红线上，有着黏土砖的斑块，它的存在明显破坏了早期校园的规划样式和城市意象，早期的校园规划是沿着 33 街这一轴线对称分布建筑的（图 8.18，图 8.21）。校园规划者也希望校园能与周围环境相协调，他们认为校园周围会被建成一个由大片公园环绕的规划良好的住区。[65] 事实上，奥因斯和梅里尔（Owings & Merril）、沃尔特·格罗皮乌斯（Walter Gropius）、雷金纳德·艾萨克斯（Reginald Isaacs）和其他一些著名的现代主义设计师在南部规划中，秉承了密斯的

图 8.21　伊利诺伊理工大学校园模型，照片于 1942 年拍摄于芝加哥。路德维希·密斯·凡·德·罗设计。照片中左侧是教职工詹姆斯·克林顿（James Clinton），中间是密斯·凡·德·罗，右侧是大学校长亨利·T·希尔德。照片来自艾琳·麦考利（Irene Macauley），《伊利诺伊理工大学的遗产》。

承诺:对历史建筑形式和城市形式进行了彻底中断。[66] 现代都市生活通常避开零售空间的传统模式,这种传统模式适应街道和行人。传统模式与单独使用的分区制和现代规划师所提倡的专用模式背道而驰,例如麦加在斯泰特大街前的 12 个商店。

　　校园规划和密斯的美学理想几乎没有为有着 55 年历史的麦加留下空间。对称校园的理想最终向保留学院最早的建筑做出了让步,这座最早的建筑是由巴顿和费舍尔设计的,它纪念了学院在博爱精神支持下的成立,但是这座历史性建筑的保留无疑证明了保留这座建筑比保留与麦加有关的街区故事更容易。一个更复杂的校园规划没有实行,这个规划可能包含了麦加和其他已经存在的建筑。然而,学院从来没有考虑过要把麦加作为学生宿舍,尽管它的中庭能为那些痴迷于群体性校园生活的学生们提供一个理想空间。把麦加作为学生宿舍也会破坏学院置换麦加黑人居住地的基本理念,但这座建筑必须被拆除是因为它没有符合建筑规范。[67]

　　在 20 世纪 40 年代中期,斯基德莫尔、奥因斯和梅里尔为学院的学生公寓和教师公寓做了一个规划,这个规划显示,除了几栋在密歇根大街的老住宅可以作为联谊会会员的临时用房之外,没有一个临近街区的建筑适合作为公寓。[68] 由于未能将已经存在的建筑(例如麦加)作为一种校园扩建的资源,学院必须承担巨额费用。学院的住房工程采用了一种高层模式,致使十层公寓的花费超过了百万美金,例如密斯设计的根绍鲁士学生宿舍(Gunsaulus Hall),它的居住者数量远远少于 19 世纪 90 年代麦加所容纳的居民人数。学院和规划者认为临近街区的建筑价值很小。非裔美国人联合会(African-American community)的领导者们,其中包括芝加哥黑人商会(the Chicago Negro Chamber of Commerce)董事长、房地产经纪人奥斯卡·C·布朗(Oscar C.Brown)提出了一个计划,该计划指出,许多公寓住宅应该被保留下来并加入到规模更庞大的重建工程中。比起关心南部地区与其周边街区之间的发展缓冲区,布朗更希望为非裔美国人提供好的居住机会,布朗提出了一个非激进的、以保留为宗旨的南部重建构想。[69] 然而,规划者们决定建立一个功能单一的学术性校园,在这里,学生们可以与社会隔离,而这个社会是学生们将来要去服务的地方。

　　伊利诺伊理工大学开始了现代校园的建设。1950 年 2 月,董事会记录了南部住区的减少,并再次主张拆除麦加。[70] 校长希尔德又一次坚称麦加是不安全的。[71] 麦加租客以大规模抗议来回应(图 8.22,图 8.23)。参议员埃塞克斯又一次给他们提供了法律援助和行政援助。一

图 8.22　图片为麦加居住者协会的会议场景。来自小查尔斯·斯图尔特(Charles Stewart, Jr.),1950 年。芝加哥历史博物馆,ICHi-25338。

图 8.23　在伊利诺伊理工大学的驱逐过程中,麦加公寓的租户们将法律提案分类归档。照片来自小查尔斯·斯图尔特(Charles Stewart, Jr.),1950 年。芝加哥历史博物馆,ICHi-24830。

位麦加居民莉莲·戴维斯（Lillian Davis）在争论中表示，驱逐支付租金的租户是违反宪法的，她说：一个人必须有一个地方来居住，这是生活的法则。[72]参议院的沃德（Ward）申请在房客们被合法驱逐之前禁止批准拆除许可，并且开始着手一个缓解他们困难处境的计划。这些建议书被送到市议会的住房委员会，但没能实施。[73]尽管早期的争论得到了回应，但麦加保护运动的动力已经不复存在了。租客们不再反对拆除麦加，而是更希望尽快帮助他们找到私人或公共住房来安置。[74]麦加保护运动中，学院也由于不断降低的租金和拒绝出钱维修保护贫困租客们的建筑而耗费了大量的精力。当法庭允许麦加重新安置租客时，穷人们又重新搬回到麦加，这些使麦加有了"最差贫民窟"的称谓。[75]

麦加的神话：黄金时期和拆除

20 世纪 50 年代早期，那些拆除麦加的成就都曲解了历史。麦加神话的出现述说了一个从优雅中堕落的经典故事。在麦加的历史进程中，这个"名噪一时的公寓"沦落为了一个"贫民窟公寓"，这是由于黑人搬入公寓而引起的。[76]在芝加哥的黄金时代，为那些有钱人而建的麦加曾经是一个名胜地，它的地板用的是意大利瓷砖，它一排排凸起的阳台能够俯瞰带喷泉的外庭院，然后这些富人搬出去了，那些不太富有的人们取代了他们，他们放弃了麦加的优雅，使麦加变成了穷人居住的黑人聚集区；麦加成了最臭名昭著的贫民窟。[77]

作家约翰·巴特罗·马丁（John Bartlow Martin）在一篇关于建筑的拓展性论文中延伸了麦加神话，这个论文名为《芝加哥最奇怪的地方》，于 1950 年发表在哈珀杂志（Harper's Magazine）上。[78]马丁续写了这个"辉煌宫殿"的故事，这座"辉煌宫殿"是一个使人们感到眩晕的胜地，好像这座芝加哥最好的公寓不是在美国一样。然后，这座宫殿开始衰落成同样"闻名"的地方——世界上最值得关注的贫民窟。马丁的文章配上本·沙恩（Ben Shahn）那令人难以忘怀的线条图案，完全捕捉到了集中在建筑中庭的生活景象（图 8.24）。这幅画表现出混乱的中庭生活景象，它以男人和女人从阳台向下面的楼层吐痰为题材。这个中庭总是充满租客的吵闹声。有小孩从阳台上往下小便。人们讨论一个皮条客把一个妓女从阳台上扔下来，一个男人为了争夺女人而谋杀了公寓的门卫。马丁的文章反映了与"麦加公寓蓝调"相同的关于中庭生活的公共人性道德。在伊利诺伊理工大学和其他南部地区规划师的观点中，麦加公寓从辉煌到败落，表明了城市更新是不可避免的以及开辟一个新的黄金时代的需求。

马丁的文章把伊利诺伊理工大学现代化的校园同麦加公寓进行比较，这所学校的建筑外表是由光滑的玻璃和砖墙组成的，周围环绕着新种植的花草树木，而麦加是一个巨大的灰色建筑。[79]传统风格和材料的概念性比喻都是为了表现现代风格，新奇的代替陈腐的，高的代

206

图 8.24 楼厅中的麦加公寓租户们，本·沙恩（Ben Shahn）画。来自哈珀（Harper）的杂志，1950 年 12 月。

图 8.25　麦加公寓，建于 1891～1892 年。在楼厅中，戴帽子的租户们探出头向下看。照片来自于华莱士·柯克兰（Wallace Kirkland），1951 年。芝加哥历史博物馆，ICHi-29354。

图 8.26　麦加公寓，建于 1891～1892 年，1952 年 1 月被拆除。照片来自于柏妮丝·戴维斯（Bernice Davis），1952 年。芝加哥历史博物馆，ICHi-29350。

替矮的，白的代替黑的，所有这些都支撑了学院的拆除计划。所有针对麦加的处理方法都表明，它是一个不值得再存在下去的建筑，它是一个没有以前那种社会地位的建筑，它没能够引起人们的历史崇拜感。但是租客们的期望值在下降。在麦加生活了 31 年的杰西·米尔斯（Jesse Meals）告诉记者"你看，居住在这里的许多人将会悲痛欲绝。"[80]

　　在哈珀杂志的文章发表一年后，生活杂志重新编辑了马丁的文章，并以华莱士·柯克兰（Wallace Kirkland）所做的一个摄影集的标题作为了文章的标题——"麦加，芝加哥最豪华的公寓，现在消失了。"[81]（图 8.25）这座建筑的社会地位确实下降了，但是下降的程度远没有评论员们所说的那样厉害。这座建筑保留了大量工人阶级的住所。这座建筑在它的整个生命历程中，只在哥伦比亚博览会中被记录了一个事实，那就是只有在麦加公寓才能够享受到带有精美家居和较好餐厅的酒店。然而，从衰落到荒芜的转变加速了它被拆除的命运。1950 年，吉姆·哈尔布特（Jim Hurlbut）在 WMAQ 上发表了针对伊利诺伊理工大学拆除计划的评论，"毫无疑问，当这座公寓还是财富和社会地位象征的时候，一些生活在城市中的人由于仅仅看到过一次这座传说中的公寓而遗憾，甚至有些人可能正在倾听那些曾经住过这座公寓豪华套房的人讲述关于这座公寓的故事。当然，现在麦加公寓更多的是一种极度贫穷的标志。"在哈尔布特的评论中，拆除麦加将有助于学院"在最坏的贫民窟中心建设最好的景观，它将会是这个城市最吸引人的地方"。[82] 对于设计者和学院来说，拆除麦加是实现他们构想的关键。

　　伊利诺伊理工大学雇用社会服务人员来帮助租客们重新安家并协调住房机构的工作。清空这栋建筑用了将近 18 个月。1952 年 1 月初，超速救援公司（the Speedway Wrecking Company）拆除了麦加。（图 8.26）。

207　　芝加哥太阳报（the Chicago Sun-Times）以"难以置信，芝加哥南部贫民窟走到了生命的尽头"为标题报道了这一事件。很快麦加就变成了芝加哥建筑文化中的一个传说，一些人捡来了麦加公寓的废墟物。装饰在中庭走廊上的独特的薄片状装饰物在地方建筑收藏者中很受欢迎。这种方式将麦加的建筑样式和麦加的记忆保留了下来，然而，脱离经济和社会规划的城市重建更提倡自由。

大约在麦加被拆除三年之后，坎宁安领导下的伊利诺伊理工大学董事会的董事们在麦加的原址上为新建筑进行奠基（图8.27）。由密斯设计的克朗会堂（Crown Hall）将成为建筑系的办公场所，同时，它坐落于麦加公寓旧址之上。在样式中，克朗会堂与麦加公寓形成了鲜明的对比，它的屋顶是从四个暴露在外的梁上悬吊下来的，它的外立面由简单的玻璃和钢结构组成。克朗会堂采用了玻璃帐篷的形式（图8.28，图8.29），它就像一个巨大而简洁的玻璃盒子悬浮在地面上。[83]密斯采用了现代材料和形式来表达内部空间，这个内

图8.27　1954年12月2日，路德维格·密斯·凡·德·罗（Ludwig Mies Van Der Rohe）设计的伊利诺伊理工大学（Illinois Institute of Technology）克朗会堂（Crown Hall）的开工典礼。出席者有：詹姆斯·D·坎宁安，从左数第一位和亨利·克朗（Henry Crown），从左数第四位。照片来自艾琳·麦考利（Irene Macauley），《伊利诺伊理工大学（Illinois Institute of Technology）的遗产》。

部空间充满了自然光线，人们进进出出的景象使它看起来很有生气。具有讽刺效果的是，它采用了艾德博鲁克和伯纳姆在麦加公寓中庭设计中采用的设计元素。

工程结束后，克朗会堂很快就开始了它自己的神话。建筑师埃罗·沙里宁参加了克朗会堂的剪彩仪式，他坚信，密斯的这个建筑作品将会使他成为芝加哥的第三位建筑大师，仅位于路易斯·沙利文和弗兰克·劳埃德·赖特之后，而这两位建筑大师确立了城市在现代建筑领域中的中心地位。"这种开创芝加哥建筑样式的探索精神同样刺激了这座校园的建设……因为，芝加哥是一个有着大胆想法的地方，一个贫民窟给一座名校的校园建设让路，这座校园是一座新鲜的、干净的、美丽的、和谐的地方，成为整个城市环境的模型"[84]沙利文和密斯在其他方面的联系（图8.30）被忽略了，沙利文普遍的叶片状装饰，他的关于建筑和街道之间重要联系的直觉，他的关于如何营造城市密度的知识。相比于克朗会堂，这些特征与麦加公寓更为相似。学院的

图8.28　路德维希·密斯·凡·德·罗设计的伊利诺伊理工大学克朗会堂，建于1950～1956年。照片来自于海德里希·布莱辛（Hedrich Blessing），1955年。芝加哥历史博物馆，ICHi-18506-M3。

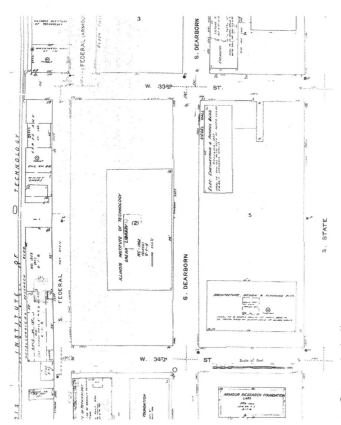

图 8.29 1970 年伊利诺伊理工大学规划图。这座被设计和规划的建筑是克朗会堂，它占据了麦加公寓的基地。在图中，校园大片的开放空间和低矮的建筑是很明显的。图片来自桑伯恩地图公司（Sanborn Map Company），芝加哥保险业地图，第四卷，1912～1970。国会图书馆。

新建筑创造了一个芝加哥建筑历史的神话，即使它们破坏了衡量建筑的继承和改变的物质基础。

在许多方面，南部的贫民窟成为反映种族生活的缩影，通过它，伊利诺伊理工大学的官员们观察了麦加公寓数十年，他们没有能够看到这座建筑的创新之处。他们没有能够领会到租客们的努力，这些租客们努力保护房屋，并且努力在被种族歧视和暴力所分割的社会中明确家庭范围，同时，他们也没能领会到在这座独户住宅中蔓延的家庭观念。此外，对密斯设计的批判性热情造就了一段关于芝加哥历史保护的故事，从表面上看，保留那些看起来像麦加公寓一样的建筑是很不协调的。[85] 当然，麦加的外部庭院在很大程度上也表现出了对芝加哥家庭建筑的中肯。麦加独特的内部空间以及租客们的聚集，没有能够赢得广泛的效仿。事实上，学院拆除麦加的坚决程度是随着非裔美国人文化的集中度而变化的，表现在天井周围、窗户边和庭院中。"麦加公寓的蓝调"所唤起的文化生命力和麦加保护运动的强大力量有效地强调了一座建筑和一种都市生活的价值，这种都市生活是一种可以拥抱而非抛弃人类聚居本性的城市公共生活。这种空间无疑可以满足而非贬损任何的"整体环境"。要想抓住麦加的发展意义和历史价值，就必须从它的作用和拆除的必然性而不是它的原始环境来继续它的故事。

图 8.30 1965 年在麦加克朗会堂举办的路易斯·沙利文建筑展。伊利诺伊理工大学承办。

一个弗吉尼亚的法院广场

殖民复兴

　　在受保护的地区中，历史建筑保护工作从未停止。自然气候和人为使用使得建筑和景观变得恶化。这种需要持久进行的保护工作，如果只是对其看得见的物理变化进行维护，可能就会改变其历史意义。历史保护还涉及解释的持续责任。它需要以历史角度来评估特殊地区的变化，审议流行的解释或者是误解。这样做的目的是给予历史和地区最为准确的解释。新的解释应该赋予具有历史意义的地区。20 世纪 20 年代，当蒙蒂塞洛（Monticello）作为托马斯·杰斐逊的国家神社被保护的时候，很少有人能知道这里曾经囚禁奴隶，托马斯·杰斐逊和他的一个奴隶萨利·海明斯（Sally Hemings）有着夫妻关系。但是对被奴役人民生活的关注，提升了这块场地的历史重要性。1998 年，DNA 证据证实了杰斐逊和海明斯的孩子们的关系，新的信息使这块场地和历史有了更复杂的解释。[1]

　　为了显示这项工作的公民力量，历史保护也需要不断参考流行的神话，这些神话流传于美国传统景观之中。新英格兰村（the New England village）的中央绿地，就突出证明了这一点。它曾被视为殖民地景观，因为其代表了清徒教、民主自由和爱国理想。按照这种理解方式，新英格兰镇（the New England town）的中心绿地和白色尖顶教堂已经被持久地歪曲和误解了，即使它们已经被保护。人文景观评论家 J·B·杰克逊（J.B.Jackson）坚定地质疑了这些流行的观点，他写道：从未有景观如此深刻被改变。殖民地景观在 19 世纪完全消失了，除了一些纪念碑外，其他没有任何遗留。[2] 地理学家约瑟夫·S·伍德（Joseph S.Wood）坚持认为人们对于新英格兰村，不是敬重殖民时期那段岁月，而是敬重 19 世纪农村社会者、历史保护者和当地历史爱好者。伍德认为保护应该顺应现代世界的方式，以其自身形象发觉过去。[3] 自 19 世纪 80 年代以来，参考神话和传统显得尤为重要。历史保护仅仅抓住了遗产旅游作为一种宣传方式，并告诉那些以市场为导向的政治家和经济领导们，不断发展的历史保护也能使其受益。1988 年，作为罗纳德·里根（Ronald Reagan）总统国家人文基金会主席的琳妮·切尼（Lynne Cheney）提供了 30 万美元的资助以鼓励文物旅游项目历史保护国民信托。[4] 目前尚不清楚这些努力带来的历史和旅游经济是否会磨灭这些关于传统景观的传说，并推动公民的批判性思维。[5] 尽管这样，历史保护应该力求准确并严谨地与历史契合，当人们看到一个历史地点的时候有一个清晰的理解。本文中一些关键的观点，包括了理解哪些历史层次和故事被遗忘，而哪些层次通过自我意识的保护而留存了下来。[6]

图 9.1 夏洛茨维尔法院广场（Charlottesville Court Square），阿尔比马尔县法院（Albemarle County Courthouse）位于中间；克拉克办公楼（Clerk's Office）位于左边。克拉克办公楼（Clerk's Office）正后面的建筑在 2009 年添加了古典柱廊并被用作法院。21 世纪早期的改造工程添加了砖砌的人行道、大街以及殖民风格的灯柱。联邦纪念碑（Confederate Memorial）位于前广场。托马斯·杰克逊（Thomas Jackson）的骑马雕塑位于左侧边缘。作者摄于 2010 年。

　　本章将探讨历史层次的一些重要见解和一个传统公众旅游景观——弗吉尼亚州夏洛茨维尔法院广场（图 9.1）。2004 年，夏洛茨维尔市（Charlottesville）花费了 300 多万美元来增强法院广场的历史特色。城市敷设了通信电缆，砖砌了大街和两边的步行道，在法院广场周围建立了围墙，安装了殖民地特色的灯笼灯。夏洛茨维尔市起源于 1762 年，法院指定这块区域为集会的场所。法院广场成为这个镇最早的发展核心。21 世纪，开发商认为在过去的两个世纪里这里已经改变，但是殖民地特色的建筑样式仍然明显，小镇中心的城市特色依然保留，这都值得保护和加强。[7]对于规划者来说，法院广场阐释了美国早期小镇的格局，这里曾经出现过三位美国总统，托马斯·杰斐逊，詹姆斯·麦迪逊（James Madison）和詹姆斯·门罗（James Monroe）。[8]更令人惊奇的是，与规划者的观点相反，法院广场的建筑和景观不是代表了殖民时期，更不是十九世纪时期，而是代表了 20 世纪早期的风格。20 世纪，法院广场发生了很大变化，比如变成了长方形，殖民复兴的形式代替了折中主义形式的建筑，持续增加并且分层清晰的景观。法院的北厢房可以追溯到 1803 年，但是建筑在 1859 年有着哥特复兴的正面，直到 1938 年才恢复了殖民复兴的形式。被保护的景观不是代表杰斐逊，麦迪逊和门罗，而是代表了 20 世纪早期政治的，几何的和种族的观念。这章也将探讨影响更大范围的城市景观的观点，主要是 19 世纪 30 年代夏洛茨维尔主要高中学校的建设和 19 世纪 60 年代城市更新对维尼格山（Vinegar Hill）非裔居民的记忆和社区的破坏。

212　法院广场联邦纪念碑和黑人居民

　　1900 年，当开始在弗吉尼亚州夏洛茨维尔市规划联邦纪念碑时，一场围绕着在法院广场竖立纪念碑是否合适的激烈讨论开始了。法院广场在很长时间以来一直作为一个众人瞩目的景观存在。这个镇的原始50亩土地被33英尺宽的南北向街道及66英尺宽的东西向街道划分成28个一英亩的简单网格。法院广场与众不同。它总共占地2英亩。占据了原始小镇的北部高地，是最初小镇规划中唯一被设计为可以作为任何特殊用途使用的场地。这场讨论看起来不同寻常。到了1900年，联邦纪念碑连同法院大楼、监狱和法院绿地被看作是传统城市景观的标准元素。19世纪晚期和20世纪早期用纪念碑纪念历史事件和美化美国城市和城镇的公共领域的城市美化运动，更为清楚地反映了这种联邦纪念项目。城市美化的倡导者丹尼尔·伯纳姆（Daniel H.Burnham）和查尔斯·马尔福德·罗宾逊（Charles Mulford Robinson）见证了1893年芝加哥哥伦比亚世界博览会中建筑和审美的统一性，这种统一性成为美国城市景观秩序化的典范。[9]对纪念碑和纪念堂的叙述很好地融合了创造更美观的城市景观的理想和改革的理想，即培养更强的和更明智的公民意识，尤其是对移民和新的城市居民。虽然对美国主要城市的变化和社会的混乱有些免疫，但夏洛茨维尔市举办过许多城市美化活动。令人惊讶的是，那些支持联邦纪念碑建设的人们以完全不同的观点看待法院广场。这些极端的观点是国内战争及随后的种族歧视的反映。

夏洛茨维尔市联邦纪念碑的建立正式起源于1900年，当时弗吉尼亚州立法机关通过授权立法，准许夏洛茨维尔市和阿尔比马尔县（Albemarle County）的官员们花费2000美元在法院广场修建一座纪念碑。纪念碑上要镌刻夏洛茨维尔市和阿尔比马尔县所有在战争中牺牲的联邦战士的名字。这项工程搁置了数年。因为纪念碑造价的上涨，当地联邦女子协会（UDC）的成员加入了这场运动。为纪念碑筹集资金的过程中，这些女人们最先质问纪念碑放置在法院广场是否恰当。她们觉得如果将纪念碑放置于拥挤的法院广场中，它将失去其功能性。她们坚称决不能让这么美丽的纪念碑牺牲于法院广场。[10]对法院广场作为联邦纪念碑场地的批判招致了对当时法院大楼的不满。1907年《每日进步》以《我们伟大的心愿》为标题发表社论支持一个新的法院大楼。编辑宣称："我们现在的法院大楼不仅在表面上看不过去，而且也与它所代表的公民职责不相符。"广泛列举完所有夏洛茨维尔市可以作为居住城市的其他原因后，编辑总结道："所有的事都会被我们糟糕的法院建筑所破坏。"[11]（图9.2）当地的联邦女子协会认为完全有理由去寻找除法院广场以外的，更加气派并给人更深刻印象的地点来放置联邦纪念碑。

除了关注建筑的设置，人们还担心在法院广场建立一座纪念碑不会达到预期的关注效果。1908年，他们质疑道，"法院的院子位于街道的背面，很少有人来这里参观，无论是位置还是环境，都不适合作为建立纪念碑的场地……纪念碑应该竖立在被公众看到的位置。如果放置在隐晦和不可知的地方，他们将不能向死者致敬，而是反映活着的人贫瘠的信仰。"[12]把法院广场的公共空间描绘成不适合建立如此重要的纪念碑，这揭示了一个赤裸裸的不同观点，这个观点也指导了法院广场的规划者在2000年起草了改善方案。事实上，"小城镇中心的城市性质"的魅力可能在20世纪初以不同的力量影响着人们。这随后引发了一个问题，即这个观点是怎么随着时间变化的，1908年之后公民意识的变迁在很大程度上影响了法院广场上应该建设什么，应该拆除什么。

在19世纪期间，夏洛茨维尔商业发展中心搬离了法院广场，在法院广场南面两个街区创造了一种集中的都市生活界墙模式，沿线发展成为主要街道。住宅也搬到城市的遥远区域。这些变化使得该区域相比18世纪末期和19世纪初期变得次要了。不过，要了解法院广场作为纪念场所的不利之处，需要对建筑与法院广场的社会结构和由美国联邦女子协会、夏洛茨

图 9.2　阿尔比马尔县法院的南侧，建于 1859 年，从中央入口和尖顶窗可以看出其哥特复兴的风格。1871 年，哥特风格的塔被移除，加入了古典柱廊，使其完全被改造。

维尔市议会、纪念碑委员会的大多数成员和其他大量的当地居民支持的备选纪念场所进行详细完备的审查。米德维公园（Midway Park），一个位于西大街和里奇大街交叉口的小三角形公园，被看作是安放联邦纪念碑的最佳场地。这个公园在米德维学校（Midway School）前面，米德维学校是夏洛茨维尔市主要的供白人孩子学习的公立学校，始建于公元 1894 年（图 9.3）。米德维公园中的纪念碑（图 9.4）树立在西大街中央，作为街道终点连接了夏洛茨维尔市区与弗吉尼亚大学（the University of Virginia）将近一英里长的直线路程。相比之下，第 5 大街的轴线通向法院广场最突出的潜在纪念位置，并且只有 3 个街区的长度，而且相比之下很庄重。西大街（West Main Street）有 60 英尺宽，而第 5 大街只有 33 英尺宽。1908 年，波尔克·米勒（Polk Miller），一位帮助 UDC 为联邦纪念碑筹集资金的联邦老兵，积极支持米德维公园作为安放纪念碑的场地。波尔克的观点在很大程度上考虑到了可视性和中心性的问题；结合这些主张他还引用了一个有趣的城市成长理论："这个小镇像所有城镇那样是日益向西部发展的。在几年内，大部分的市民将居住在米德维公园的西面。我认为一个纪念碑应放置在尽可能多的人能看见的位置，并不用为了看它而到处寻找。"[13] 为了强调纪念碑教导公民的价值，米德维公园倡导者指出了纪念碑放置在这所有将近 2000 孩子的学校前面的"教育价值"，孩子们可以接受持续的激励。[14]

　　除了基地的可视性和可达性问题，在政治和社会上，形成了法院广场作为联邦纪念碑的安置地点是否恰当的讨论。在政治上，法院广场属于阿尔比马尔县，即它是完全处于夏洛茨维尔的管辖范围之内。相反地，夏洛茨维尔本身完全被阿尔比马尔县的领土所包围。因此，一个被夏洛茨维尔和阿尔比马尔县共享的纪念碑建设在复杂的政治背景下，是不太可能的。

图 9.3 联邦女子协会推荐，作为建立联邦纪念碑场地的米德维公园上向东望去。为白人孩子建立的米德维学校在远处。

作为这个令公众自豪和纪念发展的纪念物，联邦纪念碑可以屹立在任何土地上，点缀任何建筑。1900 年，弗吉尼亚州的立法机构已经指定了法院纪念广场的地点，从而解决了政治上市和县不同的地理争论。1908 年，夏洛茨维尔议会想要把纪念碑的地点改到米德维公园，这一提议得到了联邦女子协会的积极支持。把纪念碑建立在米德维公园，可以点缀这个市的显著建筑之一——米德维学校，装扮城市的主要街道之一——西大街。

对米德维公园提议最激烈的抵抗是来自纪念碑委员会的县代表，尤其是米卡亚·伍兹（Micajah Woods），他是该委员会的主席，是英联邦的代理人并且是一名联邦的老兵。伍兹坚持认为法院广场是联邦很特殊的历史地点，是建立纪念碑的最适当地点。支持者们认为，自从阿尔比马尔县创立以来，夏洛茨维尔的法院广场一直是夏洛茨维尔和阿尔比马尔的人们集会的地方。这里已经成为威严和神圣的地方，许多伟人和该地区居民的祖先曾踏足于此。几乎每月或者每天都有很多依然健在的联邦老兵和他们的后代来访问这里。[15]即使纪念碑委员会大多数的成员表示支持米德维公园的选址，伍兹坚持认为法院广场这一立法指定的地点，是不能违背的。他补充道："我很高兴的是，艺术家和专家检查这个地点之后认为，对于这样一个纪念碑，它是最理想的位置。"确实应站在有专家权重的一边。
此外，全国各地户外的纪念碑和纪念物已成为引领城市美丽风光的美国市民景观。最后，伍兹拒绝接受纪念碑委员会委员们把纪念碑定位于米德维公园的提议。联邦女子协会阿尔比马尔分会认为，他们是"被不公平和专制主义"压倒的。[16]阿尔比马尔县的纪念基金比夏洛茨维尔市和联邦女子协会联合贡献的还要多出近 50%，并坚持主张法院广场作为纪念碑的场地。

图9.4　米德维公园连接了商业区和弗吉尼亚大学，构成了西大街的终点。被选作联邦纪念碑的场地。

图9.5　联邦纪念碑，由美国青铜铸造公司（the American Bronze Foundry Company）建于1909年，作者摄于2010年。

夏洛茨维尔联邦纪念碑的顶部站立着一个由青铜铸成的"准备战斗"的普通步兵战士，它是由芝加哥的美国青铜铸造公司铸造的（图9.5）。艺术历史学家柯克·萨维奇（Kirk Savage）称这种类型的纪念碑在19世纪末期的广泛扩散帮助美国人纪念那些死于战争的人，同时也是吸引退伍老兵和宣传公民士兵作为美国社会中公民道德楷模的地方。[17]这种纪念碑倾向于提高普通公众生活中的爱国主义和牺牲精神。和其他社区一样，在夏洛茨维尔，固定在石头上的这些纪念碑也无疑向人们讲述着内战（时期发生的故事）。华盛顿的凯尔花岗岩公司（the Kyle Granite Company）提供了一座由产自佛蒙特州（Vermont）巴雷（Barre）的花岗石纪念碑的基座和题字。这座纪念碑调用了内战中一篇特殊的叙述文章中的内容；基座的北面有一个带有弗吉尼亚封印的古铜色大奖章和碳化硅制成的西姆珀的座右铭（因而始终称霸）；北面的题字写着"国家权利捍卫者战士联盟"。基座的西侧写着勇士铭文，"你勇猛、你忠于职守、你在匮乏下的毅力教我们如何经受苦难和变得强大，让我们难以忘记"。这座纪念碑的东侧标示着负责架设纪念碑的缔约方：为纪念夏洛茨维尔和阿尔比马尔志愿者的英雄主义，爱让记忆永恒。南面写着 1861– 弗吉尼亚 –1865 年，并且在大炮和炮弹的石柱浮雕的上方石头上雕刻有联邦的战旗。在夏洛茨维尔和阿尔比马尔县，对于内战可能存在不同的记忆。当然，当地的非洲裔美国人将对有冲突的"国家的权利"的解释进行争论。然而，他们的意见在法院广场上没有被给予解释或悼念。此外，在夏洛茨维尔纪念碑上呈现的形象沿用了各个地方纪念碑上肩负着公民责任的士兵形象，这些形象被描绘成白色。对于一个联邦的记忆，白色的表现形式比超过 20 万黑人曾担任联盟士兵的表现形式更容易理解。[18] 不过实际和有代表性的呈现可以使当地的非裔美国人在法院广场的讨论中快速确定其在解放战争中的重要性。

1909 年 5 月 5 日，数以千计的社区居民参与了联邦纪念碑的落成仪式。全市职工和学生放假，并在弗吉尼亚大学到法院广场的路段上举行了一次大游行。行进者包括联邦女子协会的成员，她们沿着游行线路，直接地从西部大街长轴穿过了米德维公园站点，在那里她们曾大力宣扬纪念碑。游行队伍最终来到第五大街的短轴，在那里，纪念碑形成最终的景象，这条街道直接通向法院广场。这条路线对游行者似乎苦乐参半，他们可以轻松地体验到中途站点的巨大可能性和其与法院广场站点之间的区别。对于那些支持法院广场的人，这无疑是采取重要措施进一步点缀城市风景，走向美丽城市的一天，同时也确实是夏洛茨维尔最终和所在地的政府及司法部门确定同盟纪念碑为南部标志性形式之一的一天。

联邦纪念碑上白色步兵的表现形式和石头上"国家权力"的叙事设置遗漏了大多数当地非裔美国人被奴役和解放的历史影像。然而，一些本地黑人受邀参与纪念馆的建设。官方正式且精心地编排庆祝活动，包括沿游行路线中不同团体和官员可以聚集并可以临时加入的点和在法院广场上他们能坐的地点。所有这一切都布局完善后，又增加了对当地黑人的邀请。"在战争期间忠实地担任厨师和仆人的这些有色人种被邀请加入队伍和参加锻炼，并且他们将于 10 点在教学楼前面对汉弗莱·谢尔顿（Humphrey Shelton）作报告，并且有指定的地方分配给他们"。[19] 汉弗莱·谢尔顿是在南北战争期间陪同 M·格林·佩顿（M.Green Peyton）的一个奴隶。根据 1920 年的一段同盟历史记载，谢尔顿在解放后照顾佩顿的认真程度和他作为奴隶时是一样的。谢尔顿后来作为管理员在弗吉尼亚大学工作了将近 50 年。[20] 从他在正式活动中的出席记录表明，他可能参加了落成典礼。可能更吸引人的以及更重要的不是厨师和公务员参与联邦纪念碑的落成仪式而是对法院广场附近的非裔美国人厨师、家仆和劳动者的自由许可程度，这些形成了社会和物质结构的一个重要和高度可见的部分。的确，共有三十个成员的黑人家庭占据了法院广场西侧对面的几栋建筑物，这个事实很有可能导致了夏洛茨维尔居民早期观点的形成，即这些空间对于联邦纪念碑的设置是"不雅观的"。[21] 随后针对法院广场城市美化的倡议开始涌现，它们中的一部分似乎要求从法院广场中完全清除这些黑人。

217

联邦纪念碑落成后的几年里，法院广场上的黑人居民数量实际在扩张。这些居民包括劳动者艾伯特·布鲁克斯（Albert Brooks），奥斯丁·布朗（Austin Brown），罗伯特·布朗（Robert Brown），索罗门·派克（Solomon Parker）和波特·休斯巴里（Porter Suesberry），洗衣女工阿曼达·布朗（Amanda Brown），贝蒂·琼斯（Bettie Jones）和卢·安德伍德（Lou Underwood）以及家庭佣工莉齐·布朗（Lizzie Brown）和艾达·罗宾逊（Ida Robinson）。[22]20世纪 10 年代以后大约 20 或 25 年的种族转变之后，黑人租借者开始占据法院广场西边的每栋

图 9.6 阿尔比马尔县议会大楼对面的麦基街区（McKee Block），包含了一些夏洛茨维尔最古老的建筑。从北面看向建筑。

建筑（图 9.6）。随着种族转变的完成，阿尔比马尔县议会开始构想改善计划，拆除每一栋房屋。1914 年 3 月 18 日，县委员会通过一项决议，将法院广场与住区之间通往西边的街道割让给夏洛茨维尔学校董事会。县属街道的授予开始改变这个城市，推倒西面街区的所有建筑并且建立一个为某个地方白种小学生服务的学校建筑，用观赏篱笆封闭这个场所，提高街道的品位使之成为法院大楼的院子，用草坪覆盖，并将其作为学校的操场。县委员会规定，一旦这个场所"停止作为白人学生的公立学校使用，这个街道用作操场用途的权力也将停止，并且阿尔比马尔县将拥有这个街道并决定它的用途"。[23] 有趣的是，事后拟议的计划将会使一所学校和联邦纪念碑并列存在，这在较早前被称作中途公园站点的优势。提案上指出，进步日报坚持认为，它会提供一个"令人钦佩的位置"用于一所学校，但是也将撤销一个长期
218 影响市容的旧建筑物。"[24] 如果计划继续执行，白种市民将成为法院广场一道亮丽的风景并取代黑种工薪阶层市民。最终，该市决定法院广场对于一所公立学校来说是不适当的场所。学校计划没有再度出现，但在几年内执行了一个全新的改善法院广场的计划，成功地将广场西边的一座建筑物连同他们的黑人租户一起清除了。

19 世纪期间，法院广场西侧对面的街区被命名为麦基街区，这是一个家族的名字，从 19 世纪早期到 20 世纪早期他们数代人居住于此。在 19 世纪初，这个街区有五栋主要建筑面向法院广场。麦基街区中由木材和砖构建的两层楼，包括一些城市较旧的楼宇，建于 18 世纪 10 年代或更早（图 9.7）。实际上，杰斐逊广场转角处的麦基街区 301-307 号的一半砖砌房屋，在 1817 年被一个制帽师安德鲁·麦基（Andrew McKee）购买，并且遗留给他的儿子——安德鲁·罗伯特·麦基（Andrew Robert McKee），他一直居住在那里直到 1983 年去世。许多建筑物用作住宅和商业，包括干货、酒店、一家裁缝店、银行办公室和一个邮局。回顾麦基街区的历史，很难区分建筑和其在 20 世纪早期被定义为一个"眼疮"的社会表征。砖瓦房是坚固

图 9.7　从法院广场西南侧看到的麦基街区。照片由 K·爱德华（K Edward）于 1900 年拍摄，存放于
UVA 特殊藏品图书馆（UVA Special Collections Library）。

的，建筑是精良的。事实上，当麦基街区 315—317 号建筑最终被拆毁时，承建商发现它们的
建造是如此坚固以至于他不能推倒这面用 9 英寸砖以佛兰德（Flemish）搭接模式砌成的墙。
因此，他只能把砖从墙上一块一块拿下来。[25]此外，在法院广场西面建筑物被拆除的同一时间，
几乎同一时代的南面和东面的建筑被保留了下来并且改作了新的用途。那些建筑后来仍然存
在了八十多年，它们帮助构成了法院广场的"历史性视觉特征"。

　　麦基街区从白人到黑人的种族过渡发生于 18 世纪 80 年代晚期到 19 世纪 10 年代早期的
这 20 年间，而且很明显，在这片区域中由北到南形成过渡。在 19 世纪早期，毫无疑问，有
黑人居住在这块区域，但是他们大都作为白人家庭的佣人生活于此。在 19 世纪 80 年代晚期，
位于麦基街区北端高街（High Street）转角的 327-331 号的整座建筑被租赁给几个黑人用户。
在 1894 年 8 月 4 日，一位名叫约翰·韦斯特（John West）的夏洛茨维尔理发师兼房地产开发商，
成为在麦基房产公开拍卖会上出售的 319-321 号 2 层框架房子的最高出价人。韦斯特出生于
1849 年，他的母亲是一个奴隶，被一位自由的黑人母亲所收养，通过房地产投资成为 20 世
纪初夏洛茨维尔市最富有的人之一。这块地区最南端的房子是位于杰斐逊街街角的房子，麦
基家族（McKee family）从 1817 年就生活在这里。这座房子一直归麦基家族所有，直到 1905
年被卖给 J·J·莱特曼（J.J.Leterman），这个人最初是把房子租给了白人租户，1910 年之后，
他开始把房子租给黑人租户，这座房子从而成为这块区域从白人到黑人过渡的最后一家。[26]

保罗·古德洛·麦金太尔（Paul Goodloe McIntire）和夏洛茨维尔市的城市美化

　　1915 ~ 1916 年期间，夏洛茨维尔市的学校董事会为白人孩子在第二大街建立了麦古
菲学校（McGuffey School），距法院广场西侧四个街区。新学校使得拆除麦基街区（McKee
Block）作为学校的场地这件事变得不大可能。几年之后，拆除麦基街区又被提上了议程，作
为美化法院广场计划的一部分。1918 年，保罗·古德洛·麦金太尔，一个非常富有的商人和
慈善家，在他成为一个股东和投资者并在芝加哥和纽约赚取财富之前，曾经在夏洛茨维尔镇

度过了他的童年时光。他悄无声息地买下了麦基街区所有的房子。保罗·古德洛·麦金太尔随后拆除了所有建筑物，使该地点成为一个小型公园，竖立着一座曾经的联邦领袖托马斯·杰克逊（Thomas Jackson）的骑马雕塑。监事会捐赠了法院广场和麦基街区之间的街道作为整个公园的一部分。这样一来，麦基街区变成了法院广场的一部分，使得法院广场由正方形变为一个长方形。作为送给城市的礼物，保罗·古德洛·麦金太尔强调这片区域应该命名为杰克逊公园（Jackson Park），并永久作为公园使用，不应再添加任何建筑物。

作为麦金太尔送给城市的礼物，杰克逊公园和杰克逊骑马雕塑成为城市美化方案的一部分，这也是他奉献给夏洛茨维尔市和弗尼吉亚大学的。1916 年，一场社区运动开始了，大家呼吁建造一座纪念馆以纪念阿尔比马尔县的梅里韦瑟·路易斯（Meriwether Lewis）和威廉·克拉克（William Clark），这最初激发了麦金太尔对当地的热情。约翰·L·来芙（John L.Livers）是一位城市轨道交通和银行所有者，他开展了这场运动。他主张把纪念馆放在米德维公园，很多人认为那是应该放置联邦纪念碑的地方。来芙还聘请夏洛茨维尔最具代表性的本土建筑师来对其进行设计，包含了花岗石石板，路易斯和克拉克的铜像以及供米德维学校孩子使用的饮水处。这场运动花费了 5000 美元，但是只筹得一半资金。随后来芙试图把这场运动和更大的城市美化联系在一起。像《每日进步》报道的那样，试图推动这些进步，使得社区向更好的方向和标准进步。报纸报道非常支持这个计划，并宣称这场运动应该被树立为城市美化运动的起点。《每日进步》坚持认为一个没有运动的地方是没有记忆和历史的，并质问，谁能站出来帮助这个运动，为其捐款？[27] 看到这篇社论，麦金太尔提出为路易斯和克拉克纪念馆捐款。他还资助了其他的城市美化项目，包括在法院广场开展的一些项目。[28]

参与路易斯和克拉克项目时，麦金太尔的计划很快使约翰·L·来芙的观点和尤金·布拉德伯里（Eugene Bradbury）的设计黯然失色。除了奖章和喷泉的建议，麦金太尔还花费 25000 美元委托纽约雕塑家查尔斯·凯克（Charles Keck）为路易斯和克拉克设计一座雕塑。作为一位著名的雕塑家以及全国雕塑协会的成员，凯克曾就读于罗马的美国学院并且求师于奥古斯都·圣戈登（Augustus Saint-Gaudens）五年时间。1919 年，凯克的设计不仅刻绘了路易斯和克拉克，而且塑造了萨卡加维亚（Sacajawea），一位参与这项探险的印度人。三个人的青铜组合塑像树立在雕刻着花岗石的底座上，庆祝他们横跨大陆的探险（图 9.8）。1917 年，在路易斯和克拉克的雕塑完成之前，麦金太尔又提出建造另外一座公园和纪念雕塑的计划。他捐赠出法院广场西面两个街区的土地作为城市公园并且建造了联邦将领罗伯特·E·李（Robert E.Lee）的骑马青铜像以此来纪念他的父母。1917 年 6 月 9 日，麦金太尔的计划公布之前一周，成千上万的人聚集在葛底斯堡（Gettysburg）请求建立罗伯特的骑马雕像纪念碑，这件事引起了国家的重视。

夏洛茨维尔的居民惊讶于麦金太尔先生创造奇迹的闪电般的速度。麦金太尔似乎挥挥手就实施了重要的城市更新计划并且提升了艺术家的品位。报纸调查了麦金太尔早期的努力，标题是：城市从沉睡中苏醒，长久的午睡即将结束。[29] 那时很少有人理解麦金太尔慈善事业涉及的范围，1918 年 6 月麦金太尔写信给弗尼吉亚大学校长爱德温·奥尔德曼（Edwin Alderman）解释道，他在法国采取的慈善和战争救济工作意味着他不能干预奥尔德曼的意见并捐赠纪念碑来纪念革命战争的同盟将军乔治·罗杰斯·克拉克（George Rogers Clark）。不过，麦金太尔说得很清楚，他的头脑中有很多项目："战争后我希望做几件有利于夏洛茨维尔大学的事情。"[30] 麦金太尔遵守诺言，杰克逊公园计划在 1918 年 12 月公

220

图 9.8　米德维公园里路易斯、克拉克和萨卡加维亚的雕像，落成于 1919 年。查尔斯·凯克设计。雕塑被当作一台新道路清扫机的拍摄背景。

之于众。1919 年 3 月，麦金太尔宣布计划为夏洛茨维尔的白人居民建造一座公共图书馆，这座图书馆将会建造在能够俯瞰公园的地方，麦金太尔聘请了纽约建筑师沃尔特·达布尼·布莱尔（Walter Dabney Blair）来设计这座图书馆，并为杰克逊公园做了规划。布莱尔出生于弗尼吉亚的阿尔比马尔县，在弗尼吉亚大学毕业前曾在宾夕法尼亚大学（the University of Pennsylvania）和美术学院（Ecole des Beaux-Arts）学习建筑。麦金太尔坚持认为这座图书馆外面的空间是永久属于公民的。[31]1919 年，为了进一步推动在夏洛茨维尔土地上努力培育的生活艺术，麦金太尔捐赠了 15.5 万美元给弗尼吉亚大学成立艺术专业，该专业研究建筑和音乐。在艺术和建筑方面，学校的目的不仅仅是培养出真正的艺术家，而是为了通过提供艺术课程，使弗尼吉亚大学的学生受到艺术熏陶，并提高他们的艺术鉴赏能力。这些课程涵盖了一般的历史以及艺术欣赏的优秀范例，包括表演、摄影、绘画和世界艺术中的杰作复制品。[32]与此同时，麦金太尔捐赠了 6 万美元在学校里建造了一个露天希腊剧场。[33] 221
麦金太尔那时同意在校园土地边缘主要大街的西部建造乔治·罗杰斯·克拉克的纪念碑。1921 年，他捐赠 20 万美元开设了经商专业。当爱德温·奥尔德曼称麦金太尔为美丽的情人和赠予艺术家时，人们当然理解他的意思。[34]

　　从全国范围来看，城市美化运动倾向于把精力放在感兴趣的改革者和城市官员最容易控制的区域，包括城市街道、文娱中心、公共建筑和古迹景观。美化运动往往回避私人物业发展的审美维度。麦金太尔当然沿着熟悉的城市美化路线发展。不过尽管他的早期项目都是谦和的，麦金太尔却建立了城市美化的夏洛茨维尔维度。包括早期城市更新中通过建立大型城

图9.9 李公园（Lee Park）。公共图书馆，有着半圆形门廊，保罗·古德洛·麦金太尔捐赠给夏洛茨维尔的，建于1921年。沃尔特·达布尼·布莱尔设计。图书馆侧面的邮局和教堂建于1904年。

市景观公园来提高居民的生活质量。在20世纪20年代，夏洛茨维尔的乡间小道和自然景观在城市的各个方向都可以看到。然而，当这座城市探索了建设大型风景公园的可能性之后，显现出了宏伟城市的另一面。保罗·古德洛·麦金太尔于1926年购买了土地用来建设两个公园，其中一个是麦金太尔公园，占地92英亩，供夏洛茨维尔的白人居民使用。同时，麦金太尔用9英亩土地建设了华盛顿公园供有色人种居民使用，那里曾经作为城市的隔离和仓储用地。《每日进步》的头版头条中写道："麦金太尔给予了城市两个公园，位于拉格比大街（Rugby Avenue）的92英亩的公园将被白人居民使用，位于玫瑰山（Rose Hill）的第二个公园将被其他种族的人们使用。"[35]

222

麦金太尔城市建设项目所涉及的广泛范围使其牢牢遵循美国城市美化运动的传统。住宅、办公和休闲生活的地方都很接近对于城市美化运动有帮助的地方。1893年哥伦比亚世界博览会期间，麦金太尔居住在芝加哥。博览会的口号并没有在芝加哥引起美化城市的国民运动，但芝加哥确实成为和谐艺术、遵守秩序以及控制盛大城市规模的榜样。雕塑家参与创建的恢弘壮丽的场景有助于推动整个国家的许多城市对于永久纪念碑的需求。当麦金太尔在1901年纽约证券交易所购得一席之位并从芝加哥搬到纽约时，他发现这座城市正处于在公共空间及公共建筑中建立纪念碑或纪念馆的伟大运动之中。麦金太尔首先在百老汇66号办公，然后又搬到了71号。这两处都位于美国海关大楼北侧的同一区域，该大楼建于1900到1907年，有着卡斯·吉尔伯特（Cass Gilbert）注重修饰的艺术风格。海关大楼由丹尼尔·切斯特（Daniel Chester）设计，有着外部的雕塑，它是建于20世纪早期的许多公共建筑之一，这些建筑都包含了具有深刻寓意的雕塑。在麦金太尔从办公地点到纽约证券交易所走动的过程中，向墙街（Wall Street）北侧看去时就可以看见约翰·昆西·亚当斯·沃德（John Quincy Adams Ward）1883年设计的乔治·华盛顿雕塑。在麦金太尔向生活了一段时间的住区行走的过程中，向中

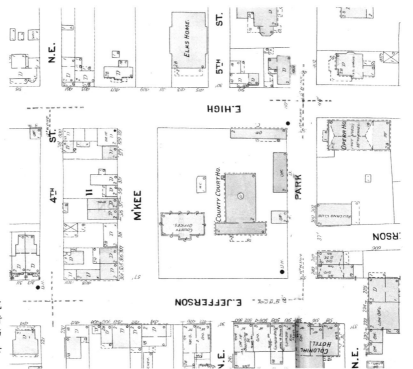

图 9.10 1907 年的法院广场，地图显示麦基街区位于左侧，私人律师办公室位于右侧，在法院后面。

心公园东南角望去就会看到由奥古斯都·圣戈登于 1903 年设计的骑马雕像。联邦圣殿的这位英雄雕像出现的时间晚于麦迪逊广场公园（Madison Square Park）中圣戈登设计的美国荣誉海军学院（Admiral Farragut）20 多年。

麦金太尔个人对马术的爱好可能促使他住在芝加哥、纽约以及后来夏洛茨维尔的郊区，因为在这些地方他可以驯养马匹。在芝加哥生活的最后几年里，麦金太尔住在郊区附近。在纽约工作时，他住在城市里，但是他花了更长时间生活在新泽西州（New Jersey）的麦迪逊（Madison），回到夏洛茨维尔市的最后五年里，他住在康乃迪克州（Connecticut）的格林尼治（Greenwich），和著名的狩猎骑马俱乐部住在一起。格林尼治的规模比芝加哥和纽约的都要大。但是这座城市同样也是致力于城市的更新。1890 年，格林尼治专门纪念了"1861～1865年为联邦而战的赤子们"。这个雕像由拉扎里（Lazzari）& 巴顿（Barton）雕刻，内容是一位普通士兵高举一面红旗。同样当麦金太尔在格林尼治的生活快结束的时候，社区正在开展一项活动，即为一名飞行员建立永久纪念碑，他是格林尼治的一位居民，第一次世界大战期间在飞往法国的途中不幸丧生。麦金太尔在芝加哥、纽约以及格林尼治遇到的城市更新运动毫无疑问有助于他以后开展城市美化运动。麦金太尔城市远见的另一个来源是他周游世界的旅行。1920 年，一份刊登在《华盛顿先驱报》中的关于麦金太尔的文章报道称，在过去的 20 年间，麦金太尔大部分时间都在国外旅行。他几乎游览了世界上每一个国家，麦金太尔有一段时间定居在意大利，那里使他想起了自己的故乡弗吉尼亚。[36] 正因为他们倡导建立美丽的城市，像巴黎和罗马这样的城市才会为麦金太尔的城市美化计划提供了范本。麦金太尔受到了在国外尤其是意大利这样的城市中所见所闻的启发，并且在艺术中极力追求最佳的形式和最高的品位，他把精力放在了改善夏洛茨维尔的计划中。[37]

在夏洛茨维尔，一座城市绝佳的审美眼光与明显的种族歧视相结合，赋予了这座美丽的城市独特的地方规划。麦金太尔提供的种族分离模式以及他的公共图书馆只为白人服务的事

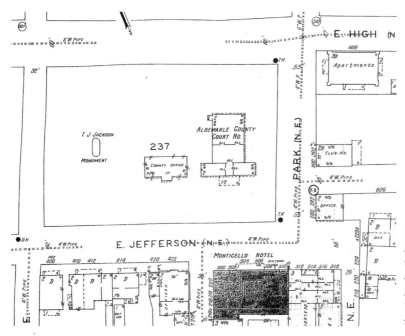

图 9.11 1929 年拆除了麦基街区和私人办公室之后的法院广场地图。保罗·古德洛·麦金太尔捐赠了麦基街区的土地和杰克逊雕塑作为法院广场扩张的一部分。

实使人们更愿意相信法院广场的改善在结构和城市景观更新上都支持种族分离的观点。公园美化与法院广场美化的不同点在于当地黑人从来没有一个独立的法院。法院广场上黑人住宅的拆除把黑人从当地驱赶出去并剥夺了他们的公民权利和政治权利。而且，占据麦基街区的纪念空间使得对法院广场同盟的历史叙述更加形象，该同盟在更早的时候就与 1909 纪念碑一同建立了。《每日进步》捕捉到了某种过渡的东西：麦金太尔先生的另一次实践是拆除了麦基街区中残破的建筑群，在那儿，我们会看到青铜制的杰克逊，他的表情严峻，充满英雄气概，他取得的成就和他的名誉充斥在这片土地上，并被全世界的作家所描述。[38]（图 9.10，9.11）纪念碑上的话"用名誉铺满大地"带有一种强烈的地域感和文艺感，该纪念碑坐落在扩大的法院广场中。黑人居民失去了用更复杂东西填满地面的能力，这种东西与黑人奴隶制、解放和公民权利联系在一起。

查尔斯·凯克设计的路易斯和克拉克纪念雕塑获得了官员的认可，包括弗吉尼亚大学的房屋建设主任威廉·兰贝斯（William Lambeth）。威廉·O·沃森（William O.Watson）是麦金太尔的夏洛茨维尔代表、受托人和朋友，他写信给麦金太尔：兰贝斯是一个拥有良好判断力的人。我很高兴雕塑能够使他感兴趣。[39]凯克获得的好评使他赢得了设计 35000 美元的杰克逊骑马雕塑的资格。

凯克设计的杰克逊雕塑捕捉到了疾驰的马和骑手，他们专注于完成同一个使命（图 9.12）。在雕塑揭幕的时候，评论家们很容易看到英姿的写照，在纪念碑上写着："令人印象深刻的伟大士兵的肖像，机警灵敏，坚定的目标和迅捷的行动，这些都刻画在了脸部和身体上，纪念碑彰显着杰克逊是一名相信行动的战士。"[40]雕塑的生动逼真赢得了好评，使它跻身于美国最好的骑马雕塑行列中。两个人物赋有寓意，女人寓意信心，男人寓意勇气。他们站在花岗石底座上。底座上镌刻着杰克逊参加的重大战役：马纳萨斯战役（Manassas），山谷战役（the Valley Campaign）和钱瑟勒斯维尔战役（the Chancellorsville）。杰克逊纪念碑的部分力量来源于联邦神殿的一般历史地区，部分力量来源于重新配置法院广场空间的命令。部分力量来源于骑马雕塑的组成元素——骑手的力量和控制被看作是一个物质权力和控制的象征。[41]

在雕塑中，杰克逊身穿联邦制服，骑着他的栗色小马，使人们相信杰克逊本人的领导能力。马的设计是经过凯克跟一些纽约和夏洛茨维尔的具有挑剔眼光的马夫们商量后完成的。麦金太尔在弗吉尼亚大学设立艺术与建筑专业，首先聘请的教授是威廉·兰贝斯、菲斯克·金伯尔（Fiske Kimball）和一位弗吉尼亚绅士考登先生（Mr.Cowden），他们都对凯克设计的马模型十分满意。麦金太尔的代表威廉·沃森的评论很少涉及头部的高度，嘴和耳朵的位置，鼻孔的大小，臀部的完整度及高度，脖子的弯曲度。凯克坚持认为模型照片的低质量解释了人们亲自看到模型后的热情，但是他同意完成他的设计之前一定会考虑评论家的意见。[42] 随后，麦金太尔亲自解决了关于雕塑名称问题的争论。他希望雕塑叫作"石墙杰克逊"（"Stonewall Jackson"）或者"托马斯·乔纳森·杰克逊"（Thomas Jonathan Jackson）。麦金太尔也拒绝了威廉姆·兰贝斯和一些代表，

图 9.12　法院广场中的托马斯·杰克逊的雕像，落成于 1921 年。查尔斯·凯克设计。占据了麦基街区的场地。

他们建议雕塑应该向北面对更繁华的高街。这样一个位置会使雕塑的背面对着法院和克拉克办公室的主入口。麦金太尔坚持认为应使雕塑面对南面，这样能反映周围建筑的轴线。[43]

保罗·麦金太尔没有出席杰克逊雕像的落成典礼。1921 年 10 月 19 日举办的落成典礼吸引了数千人参加，这个典礼同时也是联邦老兵的一次重聚（图9.13）。游行队伍穿过城市街道，经过米德维学校和麦古菲学校时学生们也加入了游行队伍。落成典礼委员会一致认为应由爱德温·奥尔德曼代表麦金太尔正式向人们揭开纪念碑。奥尔德曼作为顾问协同凯克设计了雕塑，他在演讲中提及了国内战争并明确了纪念碑的历史意义。演讲清晰地阐述了国内战争的意义。他说道：

　　二十年前一场宏伟的战争降临在这片土地上。在人类历史上没有比这场战争更加激烈的了。这是一场被两种伟大思想驱动的捍卫国家命运的战争——是地方自治思想和联邦联盟思想的对抗。称它叛乱是无知的发言；称它叛国是愚蠢并邪恶的。这是一场关于思想、原则、政治争论和古英格兰自由理想的忠诚的战役。我没有心情，世界也没有心情，只是赞美战争或作为人类纪律的代理人来张扬武力，但我可以理直气壮地宣告，几位经过战火洗礼的最崇高而神圣的人和世界为丰富人类的精神而永远珍惜的几个名字。我们聚集在这里，在这一个历史悠久的城市中心位置，在这个他出生的地方，要在此设置一个托马斯·乔纳森·杰克逊的骑马雕像，他是那些被高度赞扬的伟人之一，他在不可战胜的青年荣耀中毫无争议地成为英格兰民族英雄和军神之一。[44]

图 9.13　1921 年 10 月，杰克逊雕塑落成典礼，也是联邦老兵的一次重聚。

正如十二年前邦联纪念会上的献词一样，演讲词及仪式并没有纠结于黑人奴隶解放或者公民；这些历史问题不易粉饰，承认"古代理想的英格兰式自由"也并不容易。1909 年和 1921 年之间存在一个关键的转折点。1909 年，生活在麦基街区的黑人居民可能曾经建议，通过他们的存在使事件的其他一些解释被保留下来。1921 年，在拆迁麦基街区后，黑人不再存在于广场西侧，或者不在广场的任意一侧了。

226　　尽管法院广场与杰克逊公园和杰克逊纪念碑将面临彻底的改变，但为城市美化所做的努力并没有在 1921 年结束。事实上，麦金太尔的天才设想很快为法院广场的美化方案提出了进一步的要求。1921 年 3 月 25 日，在杰克逊雕像献出之前，商会董事会推出了新的法院广场美化活动。该商会董事会指出，通过麦金太尔的"慷慨"援助，社区福利成为可能。然后，"恭恭敬敬"地向县监事委员会请愿，希望"采取必要的清理措施以提高毗邻杰克逊公园的各县的价值，并将除法院和克拉克办公室以外的市政厅广场上所有的建筑物进行拆除。"[45] 商会的建议是在法院广场的中心建设一个引人入胜的建筑，并且三十年内不会被取代。自 1855 年起，几位著名的律师从县政府得到许可后，在毗邻法院的作为公有财产的法院广场上建立了律师事务所并将其维持了下来。有时，这里的杰出律师会成为英联邦的律师或巡回法院的法官；然而，一般的建筑物通过家族传承或出售给其他律师，而被用作私人律师事务所。县政府收取廉价的租金，为事务所指定了确切的位置，规范"风格，光洁度和外观"，在某些情况下，要求他们建两层高的砖墙和石板屋顶的建筑。全县没有批准所有申请者在法院广场上建设分部，也保留建筑物的所有权，并付给业主所估算的升值价值。[46]1921 年，内部使用者向政府要求在清理法院广场时行使其权利，要求先拆除建筑物。R·T·W·杜克（R.T.W.Duke）作为英联邦的律师和董事会的法律顾问，不得不回避县委员会的审议事项，因为他拥有这些有问题的建筑物中的四座。董事会在 1921 年 4 月要求职员向所有在广场上设有办事处的律师发出通知，

图9.14 19世纪法院广场中的私人律师办公楼。1921～1922年在公共美化运动中被拆除。

他们应该在6个月内迁出他们的办事处（图9.14）。[47]这昭示着他们的目的是通过为有历史意义的法院创造一个更加开放和宽广的环境来拓展麦金太尔的城市美化运动。在他们清除法院广场的决定到来的同时，夏洛茨维尔开始了"城市美化和清洁竞赛"，这一竞赛的主题是"环境的影响是一个人性格发展的巨大因素"。竞赛委员会成员称，"其他条件相同的情况下，一个在充满乔木、灌木和花卉的干净环境中成长的孩子，将比一个在丑陋、得过且过、漠不关心美好事物和环境卫生的氛围中长大的孩子更高。"[48]开放法院广场有助于将市政设施秩序化。

杰斐逊的特色和法院大楼

　　R·T·W·杜克退出了建议政府清理法院广场的计划，但他没有退出公开辩论。他坚持到1922年8月，坚持的时间长于任何其他律师事务所的老板。杜克不接受政府提供的1600美元的财产赔偿，直到政府决定启动法律程序。1921年4月，杜克对商务部清除律师事务所的计划进行了一次漫长而复杂的反驳。他指出，私人办公室主要位于法院大楼的东侧，并没有真正破坏杰克逊公园的新面貌，杜克接着提出了一种更为激进的改进方案。他建议拆除广场上的每一座建筑，包括业务员的办公室和法院本身（图9.15）。他认为，职员的办公室是无可救药的人满为患，甚至不防火。至于法院，他在长达60年之久的时间内，见证了这座建筑，这期间他还担任过法官，他认为："该法院对法官、陪审员以及所有被迫坐在那若干小时的人们的健康是一个真正的威胁。在作家多愁善感的头脑中，除了在当前状况下的厌恶情绪和他已经感受了46年之久的惊讶情绪之外，没有与之相关联的情绪。"杜克概述了在法院中长期以来的补充和适应。他反对的是法院的门廊和建筑并未和第五街的轴线及广场形成统一，杜克认为这是一种公民尊严的缺失。[49]

　　为了建议拆除法院，杜克试图通过现代化的便利和美好的事物来调和他自己的利益与对法院广场的历史人物的感情。类似的紧张关系在过去的要求和未来的需要中很常见，并已经纠缠了法院几十年。当地报纸的编辑们一再呼吁建设一个新法院，因为现有的建筑是绝对不舒服的，在各方面远远落后于时代……是城市和政府的明显污点。[50]以多数人的观点来看，法院广场建筑上历史悠久的铜绿对空间和城市来说几乎没有什么必要。在1907年，《每日进步》的编辑提出历史有碍于城市的发展。他们在社论中写道，"夏洛茨维尔的首要吸引力是作为

图 9.15 雅宝郡教堂南翼，建于 1859 年，古典门廊的增加并没有导致早期哥特风格元素的消失，墙面粉刷也保留了下来。霍尔辛格工作室照片。1912 年，UVA 特藏图书馆。

一个住宅城市；而且最重要的是，我们的公共广场应该是一个有吸引力的奇观。这样它可以永远存在，直到一个新的更漂亮的法院建筑取代以前过时的建筑——现在占据了广场中心的建筑。"[51] 在其他时候，人们实际上认为，法院的怀旧风格是有保存的理由的。仅在一年之前，在必须有一个新的法院的呼声中，《每日进步》的编辑们曾争论了建筑具有"历史性的意义和关联，应保留被毁灭和被现代化的权利。"编辑认为更破旧的法院北部"应予以保留"，因为它"有着过去革命时代的记忆……投资具有丰富的历史价值……我们说，有些东西必须是留给历史情怀的，有些东西是要给予崇敬之情的"。[52] 这个提议呼吁保留建于 1803 年的法院北部，同时拆除建于 1860 年的南翼来保证空间的扩大，并且向街道方向扩展建筑。

20 世纪 20 年代，人们对法院大楼周边的情绪感似乎加强了。《每日进步》承认，"强烈而良好的公众情绪是建立在对伟人和具有划时代意义的历史时期的崇敬之上的，拆迁法院是不可想象的"；以编辑的观点来看，"历史协会禁止对阿尔比马尔正义寺庙的珍贵结构进行破坏。"[53] 比起拆迁和建设一个现代化的建筑，保护法院大楼或许能让夏洛茨维尔得到更多。杜克在争论中提到，连续的建筑添加和室内重塑已经完全剥夺了其原汁原味的历史风貌，他试图通过这个说法来缓和上涨的建筑保护情绪和对建筑的崇敬感。在他看来，保存下来的是不值得崇敬的。杜克写道：

> 一些我们高度尊重的并且公民呼吁保留的建筑应该因为感情上的原因而被保留——杰斐逊曾去过教堂，并且大律师在那里辩护……旧法庭没有了，但砖头依然存在，而且这里将会建起具有历史保护价值的其他东西。我怀疑，如果它们正如现在发现的一样好，他们可以被用在新大楼。维护旧法院的说法近乎荒谬。那里什么都没有留下，只有四堵砖墙不合时宜地伫立着。

杜克提出的是一个美观的，防火的，殖民地风格的法院，"它像现在的新门廊，如果你

图 9.16　蒙蒂塞洛酒店，建于 1925 ~ 1926 年。约翰逊和布兰南设计。从法院广场南面望去，杰克逊雕像在右面，联邦纪念广场在中间，阿尔比马尔县办公室在左面。

愿意的话：与新的历史环境有一个更好的联系，”带来了新公园的美景……使整个广场成为城市和县域的点缀，从而表达我们对麦金太尔先生的慷慨的感谢。[54]

　　杜克对历史场所中带有殖民元素的新建筑物感兴趣，这种元素很快就在法院广场中得到了表达。这种元素没有出现在新法院的形式中，而是出现在"杰斐逊"摩天大楼酒店的形式中。20 世纪早期的几十年中，夏洛茨维尔的商业领导者们认识到，城市经济的未来注定会在很大程度上依赖于该地区的风景名胜和历史遗产、旅游和民居。1924 年，在法院广场南侧建立九层的蒙蒂塞洛酒店的决定仅仅是努力并置历史和现代化住宿形式的开始。这座摩天大楼酒店的客人可以俯瞰该地区的风景名胜和附近具有历史意义的法院广场，还可以远眺美景：蒙蒂塞洛，弗吉尼亚大学和蓝岭山脉（the Blue Ridge Mountains）。在并置现代和历史形式中所取得的成就，源自于理解游览夏洛茨维尔的游客是"汽车旅游者……他们要求更好的住宿酒店"，他们带着现代的期望引领现代生活，开着现代的汽车驶过高速公路来参观历史名胜。[55] 对这些汽车带来的游客，摩天大楼的形式似乎是高品质酒店的一个保证。

　　斯坦诺普·S·约翰逊（Stanhope S.Johnson）和弗吉尼亚州林奇堡（Lynchburg）的雷·O·布兰南（Ray O.Brannan），超过了纽约建筑师威廉·范·阿伦（William Van Alen），赢得了蒙蒂塞洛酒店的设计。威廉·范·阿伦后来设计了七十七层的克莱斯勒大厦（Chrysler Building），这座装饰艺术的摩天大楼在 1930 ~ 1931 年期间保持了世界第一高楼的纪录。[56] 约翰逊和布兰南设计了一座摩天大楼，然而，意识到游客对历史和传统的兴趣之后，他们试图通过在不同于本地风格的建筑中运用熟知的杰斐逊建筑元素来缓解建筑的现代风格（图 9.16）。[57] 初步的设计报告描述了这种现代形式和传统元素的并置。《每日进步》中写道，该酒店将是"一个能与更好的酒店相媲美的宏伟建筑，这种更好的酒店存在于比夏洛茨维尔更宏大耀眼的城市中"。这将是一座彻底现代化的并适合建在美国大城市的摩天大楼。尽管如此，酒店也将采取夏洛茨维尔的地域元素：

图9.17　经过1938年改造后的杰斐逊式风格的阿尔比马尔县法院南面。

建筑的处理将与杰斐逊时代流传给我们的建筑处理传统相一致。庄重的线脚是殖民风格的经典，被夏洛茨维尔的公民如此钟爱地用于大学建筑、蒙蒂塞洛和其他被托马斯·杰斐逊不朽的天才灵感所启发的作品中。这个阶段将成为低层建筑的典型时期，漂亮的砖轴正掀起一个优美的飞檐，柱顶上门面的建筑特色和价值完全符合往昔伟大设计师的杰作，在记忆中我们很乐于保持绿色，它对国内艺术上的影响被坦率地承认。[58]

建成后，在广告中宣传称：蒙蒂塞洛酒店拥有往日弗吉尼亚州的一切魅力……它殖民地气氛的美丽和魅力。[59]人们认识到，可以从远处观看和欣赏到这座建筑……与当地的旧殖民时期的建筑色调相协调……现代主义与古典主义的完美融合。因此，蒙蒂塞洛营造了古代阿尔比马尔的氛围，它的风格深深地植根于逝去的年代，但同时又屈从于当代的建筑和工业成果。[60]蒙蒂塞洛酒店是由杰克逊公园酒店公司（Jackson Park Hotel Company）拥有和经营的。很显然，在法院广场的大规模投资，是以不采取措施拆除麦基街区（McKee Block）和保罗·古德洛·麦金太尔的杰克逊纪念碑建设为前提的。

对于阿尔比马尔县来说，从未接受杜克提出的以历史风格设计一座现代法院的想法。该县很快清除了法院广场中的私人律师所，包括杜克拥有的。像杜克一样，很多人认为法院广场的建筑单调、昏暗，并且无法让人敬畏或是保护。有些人呼吁拆除现存的建筑。另一部分人支持重建这些建筑使其更具历史特色，并值得人们瞻仰和保护。剥去美学和历史的外衣，

一个新的法院广场也许能够满足现代需求，同时把公众注意力集中在广场的历史特色上。正是这种方法在20世纪30年代被采用，在美国革命者的要求和商业会所美化委员会的敦促下，当地官员们使法院广场中的建筑物拥有了"杰斐逊式风格"或"殖民地风格"的外观。20世纪30年代，建设活动完全转化了法院广场中的建筑并且形成了"殖民建筑风格"，规划者们

在 2000 年法院广场规划中认为这种风格是"值得保留的"。

20 世纪 20 年代，一旦私人律师事务所被拆除，就有两件事情需要考虑，一件事情是向法院提供主要入口的法院大楼南翼，另一件事情是作为书记办公室的与西面相邻的建筑。法院大楼的南翼有着相当复杂的建筑和美学历史。1859 年，威廉·阿尔伯特·普拉特（William Abbott Pratt），一位里士满（Richmond）建筑师，在 1858 ~ 1865 年期间担任弗吉尼亚大学建筑和土地负责人，设计了两层高的哥特式复兴风格的南翼。主要入口通过一个尖的挡水檐穿过了一个尖的拱门。一个大型哥特式风格的尖顶窗抬升到前门之上。两座围绕狭窄螺旋楼梯的山墙塔楼分布在入口两侧。入口两侧的窗户是更常见的双悬窗，并带有 9*9 的窗格。然而，就像主要入口一样，它们有着突出的挡水檐。翼的外部以灰泥覆盖，法院较旧的部分被粉刷成白色以和灰泥相协调。哥特式形式与局部杰斐逊式风格的古典主义色调形成鲜明对比。有趣的是，威廉·普拉特早在 19 世纪 50 年代末为弗吉尼亚大学设计运动场地时，就曾探索过平面美学的其他方面。普拉特为这所大学设计了医务室和一系列学生宿舍，这一系列的学生宿舍形成了道森街道（Dawson's Row），这条街道顺应了基地中坡地的地形，而不是简单地遵从杰斐逊早期校园规划中的几何学。在道森街道中，这六座两层的学生宿舍形成了优雅的弧度，仿佛它们在向着门罗山（Monroe Hill）的顶部上升。普拉特的规划似乎与早期校园形成了审美上的对比。19 世纪 80 年代，在法院广场上，哥特式的法院很可能呈现出了一种类似的引人注目的风格。1871 年，阿尔比马尔县的官员们大幅度修改和淡化了法院独特的线条。他们委托 G·华莱士·斯普纳（G.Wallace Spooner）重新设计法院前部，将入口两侧的塔楼迁移，建一个新的花岗石走廊，这个走廊有着由四根爱奥尼式柱子支撑的突出的古典风格门廊。外部的灰泥、入口处的哥特式尖拱以及上部的窗户保持了早期设计中的明显痕迹，1871 年之后，这些被一种公民纪念碑中常见的古典表现形式所平衡。[61]

1937 年，阿尔比马尔县的官员们试图美化法院，他们用新油漆粉刷建筑物，覆在脱落的黄色油漆上。[62] 在对法院大楼的设计进行讨论时，一些当地居民呼吁监事会清除 1859 年普拉特的设计中残留的部分。1938 年 2 月，美国革命女子协会阿尔比马尔分会的主席萨莉·R·谢弗（Sallie R.Shaffer）加入到公民的队伍中，要求用砖代替法院前部的灰泥，并要求去掉 1803 年建造的北翼的粉刷以暴露原始的红砖。董事会任命了两名 DAR 的成员和两名美化委员会的成员来查阅资料并形成一个法院改善计划，这其中包括了建筑师米尔顿·格里格（Milton Grigg）。委员会同意了最初的建议，即清除灰泥并用砖贴面代替它。他们还建议从后部剥漆，更换楼前的哥特式拱形元素与古典插孔拱门以及清除八角形桥墩、两侧前门和塔的遗迹。[63] 萨莉·谢弗在给 DAR 分会的回复报告中写道："法院外部将被恢复成杰斐逊风格。"[64] 佛兰德式连接的饰面和窗户上部的拱门都彰显了其从未有过的杰斐逊式风格，尽管这些使这座建筑的北面部分和南面部分得到了统一（图 9.17）。建筑的表皮、新的窗户和新的入口玄关都与古典门廊进行了无缝贴合，该门廊是 1871 年被加到这座建筑上的。美国革命女儿会对此感到欣慰，她们通过了一项决议，表彰负责法院复原的监事局。[65]

美国革命女子协会（DAR）也把两块牌子放在了法院新入口两侧的墙上。一块牌子记述了建立阿尔比马尔县的历史。另一块牌子讲述着法院本身的历史并随时准备记录一些新的内容。那上面记载了法院建于 1763 ~ 1781 年，在 1803 ~ 1860 年期间进行加建。1938 年完成了改造和修复工作。[66] 牌子上的记述让人难以相信。18 世纪法院的样子已经不复存在，1803 年加建的那部分在现有建筑物的后面，已经和法院融为一体。所以，游客看到这种法院建筑所产生的印象是错误的，而且，1938 年的工作不是对于法院建筑进行改造和修复，而是开创

231

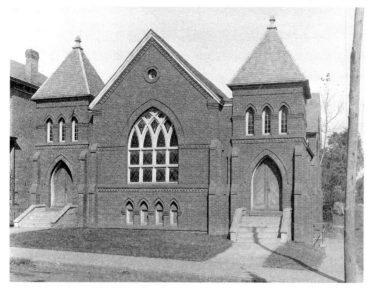

图 9.18　高街施洗者教堂，建于 1901 年。罗伯特·卡尔森·范德格里夫特设计。教堂位于法院广场东面两个街区。

图 9.19　1937～1938 年高街施洗者教堂改造为住宅。

了法院建筑的全新面貌。牌子上的记载和新设计本身的目的是一样的，都是为了把人们带回到过去，甚至带到一个根本不存在的时期。

　　法院建筑在进行建筑改造的时候，一个类似杰斐逊式风格的改造正在法院广场东侧的两个区域进行着。在高街和第七大街（7th Street）的西北角，一位夏洛茨维尔的汽车经销商 F·布兰得利·佩顿（F.Bradley Peyton）购买了高街施洗者教堂（High Street Baptist Church），并把它改造成了公寓。高街施洗者教堂建于 1901 年，由罗伯特·卡尔森·范德格里夫特（Robert Carson Vandegrift）设计，是一座红砖砌筑的哥特复兴式建筑（图 9.18）。临街的山墙有一个大型哥特复兴式窗口，门口两侧有两座塔。建筑四周都设计了基座。高街施洗者教堂在 1929 年搬进了大学附近一幢新建筑中，把一小部分留在了高街上。1932 年，一场大火烧毁了高街中许多大楼的内部。佩顿在 1936 购买了这座建筑，在 1937～1938 年间，当他把这座建筑当作住宅使用时，他把建筑正立面改造成了格鲁吉亚殖民复兴（Georgian Colonial Revival）样式。山墙的小窗口，使得佩顿的公寓和教堂之间有了明确的连续性。[67] 尽管高街中建筑的侧壁上还有基座，但是从蒙蒂塞洛酒店到法院再到附近的小住宅，他们的风格朝着杰斐逊式风格发展已经成为一种趋势。

　　1938 年，法院和高街施洗者教堂的风格都变成了杰斐逊式风格，一个更加重要的项目正

图 9.20 阿尔比马尔县克拉克办公楼,建于 1938 年。埃尔默·伯勒斯设计。建筑参照了弗吉尼亚 18 世纪和 19 世纪公共建筑。

在法院广场进行着。对外业务的与日俱增,使得位于法院西侧的建于 1891 年的法院民众办公厅的办公能力达到了饱和。这座一层的红砖建筑有着自己独特的非古典样式的风格,根据当时的评论,这座建筑的样式有些碍眼。[68] 这座民众办公厅由巴尔的摩(Baltimore)建筑师威廉·F·韦伯(William F.Weber)设计,其主入口上部有尖尖的山墙。最初县教委计划只是在该建筑的北侧加建一部分。但是,随着计划的进行,当从联邦政府的工程管理部门筹集到资金时,县教委认为加建部分不足以满足全县的需要,应该建设一座全新的建筑来为县里所有的办事处提供充足的空间。[69] 董事会聘请夏洛茨维尔建筑师埃尔默·E·伯勒斯(Elmer E.Burruss)来设计这项工程,并指出对伯勒斯设计的之前加建的费用不再予以支付。尽管这座两层建筑的规模比任何 19 世纪早期殖民式的建筑先例都要庞大,伯勒斯还是设计了一座骑楼寺庙形式的建筑,其灵感来源于革命前的骑楼法院以及革命以后的弗吉尼亚建筑风格。这种样式在 19 世纪早期的几个弗吉尼亚法院建筑中存在,同样在托马斯·杰斐逊为弗吉尼亚大学设计的第七亭中存在,伯勒斯也设计了一座建筑来美化法院广场。他说"为了与最近拆除的法院广场的风格相协调,建筑将是殖民建筑的样式"。[70] 当新建筑完工时,旧建筑就被拆除了,民众办公大厅离法院广场北面更远了,这使得杰克逊雕像从杰斐逊大道上看上去更加直接。格鲁吉尼亚(Georgian)民众办公大厅的样式恰恰是杜克设计的新法院大楼的风格。1938 年完成的这座建筑同样定格了 20 世纪的城市建筑风格并将成为 21 世纪法院广场上新建建筑努力协调的目标。

232

233

在夏洛茨维尔法院广场中,20 世纪 30 年代新克拉克办公楼的建立和法院的新砖饰给予了城市更加和谐的乔治风格(Georgian)人文景观。实现这种审美目标需要涉及少数有限的保护,例如,去除 1803 年法庭北翼的油漆以及大量的拆除工程,这些拆除工程包括拆除建于 1891 年的秘书办公室和许多建于 19 世纪的占据着法院广场的砖式建筑,以及清除威廉·普拉特设计的建于 1859 年的哥特式风格法院的外部遗迹。从历史层面上讲,法院广场的建筑风格是混乱的,因此,需要替换狭隘的杰斐逊式风格,并改善蒙蒂塞洛的面貌,蒙蒂塞洛在 1923 年向公众开放后,就成为杰斐逊圣地。并且,自 1926 年起,一种与之类似的保护、拆除和新历史化建设的联合发生在了威廉斯堡和弗吉尼亚,在法院广场上也完成了一个杰斐逊式风格的混凝土模型。20 世纪 30 年代,在夏洛茨维尔复兴杰斐逊式风格的要求与在华盛顿的潮汐湖(Tidal Basin)建立杰斐逊纪念碑的运动同时发生。因此,当美国革命女子协会鼓励阿尔比马尔县的官员们在法院广场中采用杰斐逊式风格时，她们提出的理由是人们对当地历史和国家历史越来越重视。[71]

1909 年的联邦纪念碑，以及后来添加的杰克逊骑马雕塑，强调了国内战争是当地重要的历史以及这场战争指引了建筑上的努力和公民的意愿。麦基街区中非裔居民住宅的拆除，为杰克逊雕像提供了更广阔的空间，使得建筑与历史的距离逐渐拉近，并使得当地开始关注公民意愿。法院广场西面的黑人工人家庭构成了一种社会现象，这似乎与联邦或者杰克逊提出的自由独立的景象相悖。法院广场的变化为人们提供了物质和社会空间，使人们能够更好地认识历史，同时也隐藏了历史的其他方面和当下社会的其他方面。在努力提供与托马斯·杰斐逊和联邦相关的历史记载时，建筑和社会的多样性被削弱了。

法院广场与城市共进步

1938 年，阿尔比马尔县的政府官员们提出了法院广场的改进措施，夏洛茨维尔的学校试图向联邦公共事业管理处提出申请，申请建立一所供城市白人孩子学习的高中学校，这座建筑应包含了一座纪念碑，来补充夏洛茨维尔镇的人文景观。在之前的计划中，杰克逊纪念碑位于法院广场，种族与空间的复杂联系，使得这项工程十分重要。种族问题由于城市独立的教育系统而一直存在。建立一所新高中的进程按计划进行，这也是对黑人高中学校的补充。但更为重要的是，不同街区的人们都希望这所学校建立在自己的街区，政府官员试图寻找一处地点，像现存的高中那样，位于市郊附近，城市外围的人可以就读于这个学校，这样，人们就更倾向于把学校建立在黑人社区附近，首选就是现在高中的场地上，即米德维公园对面。学校董事会决定在米德维学校的原址上进行重建，政府官员否决了这个计划，因为场地缺少将来扩建的空间以及操场用地。

为新高中另选一个地点将有可能选择比现有建筑物所占用地点的更昂贵的地点。学校董事会开始认真考虑普莱斯顿大道（Preston Avenue）中的地点，位于市区以西，在夏洛茨维尔维尼格山（Vinegar Hill）附近的边缘地区。对倾向于把学校建设在城市其他地段的人们来说，似乎很容易找到普莱斯顿大道的缺点。它比许多其他可选的地点地势更低，它位于申克河支流（Schenck's Branch）的旁边，这条被污染的溪流穿过了城市燃油工程所在地，并在城市最贫穷的社区中流过，沿途接收化学污染物和未经处理的污水。伫立在选址附近的燃料油罐也被指出存在一些潜在的危险。有些人反对选址在普雷斯顿，经纪人欧内斯特·达夫（Ernest Duff）戏称，"应将学校更名为申克河支流小学，而不是市高中。"[72] 普莱斯顿选址的支持者坚持认为，新址应位于靠近城市人口中心的地方并且证明不会因为成本高昂而被谴责，因为该地域被性格温和的非洲裔美国人住所占据，而不是房屋和建筑更昂贵的街区；该选址还可能包括铁路附近的大片土地，将来可以被用来做田径场地和响应国家要求的扩展场地。作为倾向选择普雷斯顿大道位置的学校官员们，他们却似乎更注重麦基街区和法院广场剧院，他们似乎准备将一个大型公共建筑放置在一块主要由非裔居民占据的地点。

1938 年 9 月 20 日，夏洛茨维尔选民参加了投票并同意发行筹集当地高中建设预算 55%的债券，而且需要获得联邦政府对该预算 45%的捐款。选民们投票通过了债券的发行。阿奇博尔德·D. 达布尼（Archibald D.Dabney）法官通过使用法庭的反对票支持了普莱斯顿大道选址的征用过程，这就需要重新权衡支持者和反对者的数量。法官达布尼回绝了多数反对该选址的观点，他相信，申克河支流可以通过管道和用泥土覆盖的方式经过该地段，实际上该选址不是一个"不健康的窟窿"，而是个合适的高地，并认为附近的汽油罐没有构成危险，但在任何情况下都可以很容易地被移走。他还称普莱斯顿大道中的地段比城市核心位置的其他任何一片相同规模的土地都要廉价。法官达布尼设置了48500美元的征用奖项，他宣称："当然，通过购买得到法院和麦古菲学校之间的14英亩土地对学校和操场的选址更好，但是这将花费至少2500亿美元。靠近市中心附近没有任何地方能有这片土地的面积……对于居住在城市边缘的公民来说，在可以找到一个对所有人都能接受的相当不错的选址的情况下，有一个位于城市另一边的学校是完全不公平的。"[73]

在权衡普莱斯顿的位置时，法官达布尼也间接提到了其种族和经济背景。他指着普莱斯顿大道的南侧，拟建学校的对面，说道，"不远处有个应该被清除的贫民窟，那里可以以很低廉的价格被收购并且那些老房子可以被拆除，优质的房子可以代替这些贫民窟并且获得很好的利润，这些利润远高于拆除贫民窟所消耗的资金。"因此达布尼设想，这些贫民窟中的八所房子可以被迁移并经过改造成为更适用、美观并且更适宜居住的学校建筑。他并没有说非裔或白人居民会购买这些迁移的房子。但有，随着一所体型庞大的白色高校在普莱斯顿大道北侧被盖起，至少白人居民有可能定居在这个"贫民窟"区域。[74]通过设想高中建设的可能性，达布尼法官预计夏洛茨维尔市民景观的加建会遵循自己所在的法院模式，在法院广场的建设中，杰克逊的骑马雕塑代替了麦基街区和非裔美国租住者。

除了场地，其他争议围绕着这所高中的早期发展。一些人反对，因为这样会增加纳税。达布尼法官（Judge Dabney）发表了评论，他问道，"教育是能用价格衡量的吗？"随后引用了杰斐逊的政治理论并回答道："杰斐逊的理论'知识是民主生存所必需的'已经被现代历史所证实。我们也不应该失去这宝贵的机会，为了能使我们的孩子成为更好的市民而提供一切便利。"[75]对此观点不反对的人们却不同意将这些税金用在夏洛茨维尔市民之外的人身上。学校董事会同一位林奇堡的建筑师彭德尔顿·S·克拉克签署了协议，委托他设计新高中。在一次由埃尔默·E·伯勒斯主持的会议中，当地吉瓦尼斯俱乐部的成员提出了异议，反对聘请外地建筑师。《每日进步》的社论也反对外地建筑师，宣称："P.W.A.分布理论是为那些实行分配制度的地区提供就业的。林奇堡也很难被认为处在夏洛茨维尔的管辖范围内。"[76]彭德尔顿·S·克拉克宣布，他打算聘请夏洛茨维尔的工程师、绘图员和艺术家来帮助该委员会。[77]尽管是个局外人，克拉克设计的新高中还是采用了人们所熟悉的格鲁吉亚（Georgain）元素，同时采用了古典柱廊、窗户上方的千斤顶拱门以及塔楼和圆屋顶。那个年代的人们都喜欢法院广场那样的形式，达布尼法官在审视建筑时希望建筑是杰斐逊式风格的，从这方面看，这个设计恰好与当地人们的喜好相契合。对于莱恩高中在普莱斯顿大道中的位置这一问题，克拉克的设计想法似乎也是为了取悦当地官员。基地中这些需要拆除的房子直接面对着普莱斯顿大道。它们位于大道的前面，朝向南方，它们的上部就是非裔美国人的维尼格山街区。克拉克并没有保持这所新高中的建筑物和街道的历史方位。相反，他旋转了整个建筑使其远离维尼格山，并更直接地面对市中心，那里以白人拥有的商业和居住建筑为主，一所白色的小学和县法院坐落在那里。

新高中对面的贫民窟并没有按照达布尼法官预期的那样被清除，至少没有立即被清除。高中面向市中心建设（图9.21），伴随而来的是维尼格山附近的视觉中断，最后没有在莱恩高中和夏洛茨维尔的非洲裔美国人社区间创建一个永久性屏障。1956年8月，根据1954年最高法院在布朗教育委员会问题上的决议，美国巡回法院法官约翰·保罗（John Paul）下令夏洛茨维尔市合并维纳布尔小学（Venable Elementary School）和莱恩高中。在1958年9月，经过多次呼吁，法官保罗下令维纳布尔小学和莱恩高中录取非洲裔学生。弗吉尼亚联邦的一部分人大力阻挠，从1958年9月至1959年2月，莱恩高中全部关闭以遵从法院的合并命令。

图 9.21　向北俯瞰夏洛茨维尔非裔社区中心的商业和住宅。背景中是莱恩高中（Lane High School），1938 ~ 1940 年为白人孩子建造，由彭德尔顿·S·克拉克（Pendleton S.Clark）设计。

弗吉尼亚州州长和立法机关坚持与种族隔离的法律和变化的政治策略对抗，1959 年 9 月，莱恩高中接收了第一位非洲裔学生。[78]

在非洲裔学生来到莱恩高中的几个月内，夏洛茨维尔的居民和官员，围绕种族和空间问题进行了公开的社会辩论。他们提到了 20 年前达布尼法官提出的"维尼格山附近贫民窟拆迁"的拟议。维尼格山市区重建工程的规模远远超过之前麦金太尔法院广场重建项目的规模。项目将涉及拆迁数百个建筑物，包括住宅，商业楼宇，联排小屋和作为夏洛茨维尔非洲社区历史核心的教会。数百个在美国弗吉尼亚大学、夏洛茨维尔市政部门、市中心酒店和企业工作过的工薪阶层居民们，将与他们的家人一起迁往远离维尼格山的新公共房屋中。维尼格山市区都市美化项目的辩论在市民中出现了严重分歧。许多保守的声音增加了，他们反对这个涉及地方事务并且超越了学校整合的联邦计划。拆除居委会以及在公共房屋中收容一些流离失所的居民的想法似乎忽视了私人倡议。这个想法削弱了私营的房地产市场，为城镇住房的"社会主义"方式做好了准备。因此，反对拆迁是违背公共主动性，而不是有利于保存的做法。纳撒尼尔·麦克金·尤厄尔（Nathaniel McG. Ewell）给《每日进步》的编辑写了一封信，谴责市区重建计划，他提到：

> "通过鼓励一群人去以高出他们可以承受的标准生活而使他们贫穷，这样对吗？让孩子们长大，但不给他们相应的生活，并且答应如果他们不能养活自己，政府会供养他们，这在道德上说得过去吗？我们必须记住，人住在简陋的房屋中，这些房屋没有形成贫民区。'贫民窟'是生活标准低下的人可能住的地方。真正的公营房屋，将打开邪恶的潘多拉盒子，为了换什么呢？当然是向社会主义国家又迈出的一步。"[79]

图 9.22 城市更新中邻里被清除之后，向夏洛茨维尔城市中心东面俯瞰。

　　赞成市区重建，并坚持社会需要"建设一些贫民窟"的观点中提到，私人房地产市场不会也不能解决现代住房系统所提供的例如房屋室内管道和热水等住房问题，这些争论中出现了较为温和的、渐进的声音。[80] 在维尼格山，居民可以远瞻到改善住房的前景，但是，他们也承认，强拆的不仅仅是最棘手的住房，同时还有大量的住宅和商业体系，这些体系是夏洛茨维尔非洲裔社区的社会生活和记忆的全部组成部分。[81]

　　诱发维尼格山辩论的一个因素是，许多夏洛茨维尔的领导人看到，一个贫穷的非洲裔社区紧邻繁华的商业中心，对商业中心的长期生存是不利的。经过数十年的消沉和战争，在夏洛茨维尔市区如何应对私人汽车运输和住宅郊区化生存的挑战成为亟待解决的问题。在城市的西部边缘，于 1959 年 10 月开业的购物中心，打出了广告"在我们的商场轻松舒适地购物吧，这里有配套的宽阔且免费的停车场"。即使在城市市区重建之前，维尼格山的一些地面停车也已经开始重建，以满足越来越多的人驾驶私家车前往市中心的需求。夏洛茨维尔的许多领导人提出了拆迁维尼格山的计划，作为拓展市区重建的最佳方法。在夏洛茨维尔市关于维尼格山市区重建计划的选民公投前，市长托马斯·J·米基（Thomas J.Michie）声明：

　　　　这次投票是关于双管方针的，为那些现在居住在贫民窟的人提供体面的住房，同时采取措施使存在的贫民窟和丘陵成为重要的和有吸引力的业务领域并扩展现有的市中心商务区。我们很幸运，因为在城市最糟糕的贫民区本身竟能有如此完美的市区重建计划。从财务以及社会和文化的角度来看，用维尼格山的现代企业替代现有的贫民窟是最前瞻性的一步，并且已在夏洛茨维尔实行了很多很多年。[82]

图 9.23　1965 年维尼格山城市更新工程中拆除中的锡安联盟浸信会教堂（Zion Union Baptist Church）。1965 年拍摄。

1960 年 6 月，夏洛茨维尔居民对维尼格山市区更新进行了全民公投，投票结果是 3689 票对 23 票，他们赞同最低的利润计划，[83] 多数赞成的结果使得市议会提出清除维尼格山（图 9.22）。

夏洛茨维尔在城市美化方面的"双管方针"借鉴了美国其他城市的经验。第二次世界大战后，中央商务区的财富投入到市区重建和公用房屋计划中，用以改善破旧的住房条件。[84] 维尼格山计划迁移了许多市区边缘的在许多人看来已经破败了的建筑，同时还为市区在完成商业向郊区发展扩张中提供了土地。从某种意义上说，维尼格山计划扩充了公立学校的官员们把莱恩高中的位置选择在普莱斯顿大道的理论体系。该地区提供廉价并且处于市中心的土地征用，通过建造出满足许多市民和商界领袖心目中理想的城市建筑，就可以获得这些土地的征用权。拆毁非洲裔美国人房屋的做法，为纪念国内战争和杰克逊的事迹提供了空间，它扩充了指导公职人员和保罗·古德洛·麦金太尔的理论体系。像 20 世纪 20 年代法院广场的景观一样，通过一个白人得到特权和优待的主导镜头，20 世纪 60 年代整个市中心的全貌可见一斑。建造纪念和回忆性建筑物的权利是白人特权中一个重要的组成部分。

大约在 2000 年左右，当夏洛茨维尔的规划人员和官员支持法院广场作为一个重要的历史遗产与记忆存在时，他们也要开始努力解决空置杰斐逊学校的问题，这是一所在夏洛茨维尔可以被保存和重新使用的具有历史意义的非裔美国人学校。学校建于 1926 年，现在还位于紧邻维尼格山的地块中。到 2000 年，当地居民和城市官员设想把学校作为一个在夏洛茨维尔纪念黑人历史的场所。在空置楼宇中建立非裔美国人博物馆和文化中心的建议大量涌现。显然，记忆的画布因为社区而扩大，社会保护的重点已显著改变。然而，杰斐逊学校保存运动的紧迫性，反映了非洲裔美国人对保存建筑历史所做出的努力。杰斐逊学校面积庞大，许多其他建筑、一些本地建筑以及非洲裔美国人社区的本地建筑已经在 20 世纪 60 年代的维尼格山市区重建中消失。老杰斐逊学校，建于 1894 年，在第四大街；在商业街和第四大街的东南角有 19 世纪建的小屋；在第四大街有锡安联盟浸信会教堂（图 9.23），在那里一代又一代的崇拜者受洗，结婚，悼念他们死去的亲人，祈求他们的神；还有其他许多商店和当地非洲裔社区的企业。能够产生位移感的记忆无疑是那些私人地标和公共地标。例如，裁缝玛丽·S·琼斯（Mary S.Jones）和她的丈夫查尔斯·N·琼斯（Charles N.Jones），他是《每日进步》的警卫，在 1930 ～ 1931 年期间在 306 街 3 号建造了他们自己的房子，实现了拥有住房的美国梦。查尔斯在 1951 年去世，玛丽一直住在自己的家，直到 1963 年夏洛茨维尔重建和房屋管理局购买并拆毁了她的房子。已存在 35 年的玛丽·S·琼斯的房子不能被称为贫民窟。[85] 然而，它和其余的邻居一样被清除，个体的里程碑意义也同时消失。在夏洛茨维尔，某些故事和某些历史被人们庆祝并建立纪念碑，而其他的故事则被贬值或预留。近期，在对杰斐逊学校和其他地方的保护行动中增加了记忆和庆祝的内容，就像那些被遗忘和贬低的地方一样。

法院广场的记忆与遗忘

当人们参观受保护的历史悠久的法院广场时，毫无疑问他们可以了解夏洛茨维尔市。他们也许会看到法院广场里殖民风格的景观，这反映了 20 世纪早期的设计和文化，同时也反映了当地对殖民复兴的信仰。法院广场改造抓住了民间故事，尤其是那些值得记忆、纪念和保存的民间故事。这些民间故事可以追溯到国内战争，同时也使托马斯·杰斐逊、美国革命和美国民主建立了联系。修复或保留那些法院广场上与建筑、景观和雕塑有关的民间故事，涉及纪念内容的编制以及社会与建筑的消逝。当杰克逊和他的战马铜像从麦基街区拆迁的灰尘中出现时，非裔美国人在很大程度上失去了历史地位。纪念雕像构成了一个简单但却不太准确的对历史和现实的描述。19 世纪 10 年代到 20 年代的这个过程预示了 19 世纪 60 年代大规模的城市更新，一个更宏伟的现代市区从弗吉尼亚拆迁的灰烬中诞生。在夏洛茨维尔市，还要有数年时间，杰斐逊学校的非裔文化中心才能开始真正唤起那些被毁灭，被丢失和被遗忘的历史。对于那些参观法院广场的人们来说，除了遗产旅游的迫切性之外，更重要的是鼓励保存当地文化，对历史的公正对待，以及更加开明的公民意识。

第 10 章

被历史驱动

弗吉尼亚州的历史性公路标志计划

通过改变交通方式这一重要途径，人们与历史遗迹相遇。一战之后，越来越多的美国游客从火车出行开始转向私家车出行，而随着对风景名胜和历史遗迹的探索，国家公路网也全面铺开。早期的游客基本只能透过行驶列车的车窗瞭一眼这些历史悠久的地方。相比之下，私家车确实会让更多的游客有时间体验旅游乐趣，他们可以随心所欲地控制时间和形式，享受与历史的约会。私家车同时允许游客更大范围的游览景点，置身于更多与地方或国家的历史描述相关的景点。[1]铁路公司曾一直努力提升景区和历史悠久地区的知名度，以便建立客运专线。私家车让人们可以到达那些企业家和官员仅是放在地图上的偏远地带。私家车出游旨在建立一个新的景观和经济旅游系统。这个新的交通体系如何适应并改变历史保护实践和历史公共呈现呢？新的私家车旅游方式又将如何影响那些讲述历史故事的特定地点的社会地位？

值得一提的是，私家车可以充当"优秀历史教师"。1923年，一篇名为《洛杉矶时报》[2]的短文，强调了这种新的私家车旅行方式的关键问题。一辆奢侈的拉斐德旅行车（取名拉斐德以纪念这位勋爵），在拜访完圣巴巴拉附近的特派团之后，开到一个位于洛杉矶市中心的酒店。从车上走出一位年轻司机，摘下他的护目镜，用手帕擦擦脸，对坐在后座的乘客说道，"妈妈，我想我已经在学校学到了所有的课程知识，但这汽车是一个更好的历史老师，胜过我在学院遇到的任何教授。"这位母亲微笑答道，"是的，孩子，如果没有这辆车带着我们到这些曾发生过轰动或浪漫的事件的景点，也许我再也想不起来这些回忆，并把它们讲给你听。"这个故事有四点引人注意。首先，私家车出行在当时被认为是认识历史的开放性新角度。其次，这种身临其境的感觉，似乎比在教室里教课和书本学习的方式更有效地传达了历史。再者，游客们光顾了洛杉矶酒店，这为正在增长的私家车旅游经济推波助澜。最后，对于所有这些显而易见的且能够有力的教育年轻人的方式来说，旅途中母亲的回忆和讲述是一个十分重要的方面。这种新型的汽车旅行方式与其他相遇历史遗迹的方式所面临的问题是相同的：如何使人们在到达一个历史遗迹时在这里学到东西？对历史遗迹的理解与观看它是同样重要的甚至更重要，比如人们本来对这个地方的认知是什么，人们能从这里学到些什么，或是当人们游览完一个地方，这个地方能够吸引他们继续探索。在这个私家车出行的时代，如果知识丰富的母亲不在身边，如果很多人为了经济发展只能选择脱离公民、政治和社会的影响去

图 10.1 美国的弗吉尼亚高速公路历史标志，线路 60，在亨里科（Henrico）县。这些标志与这片区域于 1862 年 6 月发生的内战相关。照片，c.1938，弗吉尼亚图书馆。

建造历史，怎样才能做到以上这些？

　　为了开启私家车出行、历史遗址保护和历史叙述的话题，本章节探索了弗吉尼亚早期具有历史开拓意义的公路标志建设。在 20 世纪 20 年代末，弗吉尼亚人为了把历史叙述融入景观中，便将刻有历史叙述的金属牌立在主要洲际公路的沿线上。在三年左右的时间里，国家保护与发展委员会将八百多块历史标志牌立在了弗吉尼亚的路旁（如图 10.1）。19 世纪末，爱国社团在历史遗迹放置牌匾的工作激励了整个国家。但是这个高速公路项目很快黯然失色，无论是地理性质的还是主题性质的，所有那些为标记历史遗迹而做的早期努力都宣告失败。为了促进旅游业和经济的发展，公路标志计划采取了重大的革新，这在历史上是一次时髦的呈现。这个计划巧妙地响应了私家车出行带来的可能性。它筑成了游客与过去的相遇，又巧妙地促进了国家现在和未来的发展。在 1929 年，主持高速公路标志项目的官员称，游客们只有在弗吉尼亚乡村才能感受浪漫和历史，这在美国其他地方是没有的。他声称，"旅游产量是最好的产量，它零开销又能让每个人都富裕起来。"[3] 虽然弗农山、蒙蒂塞洛山还有威廉斯堡山都被笼罩在巨大的争论下——弗吉尼亚是否对国家保护和历史做出贡献，但是这次公路标志的革新的重要性还是很快被认可并被其他州效仿。[4]

　　在公路历史性标志建设中，有一些联系是伪造的，比如遗产和旅游之间的联系，历史与经济之间的联系，这有别于早期一些常年性的项目。弗吉尼亚的新的经济产量算法考虑了历史遗迹对经济建设贡献的可能性，这使公路标志建设有了独特形式和特点，并且使它与美国革命的产物、联邦的产物以及弗吉尼亚遗产保护单位区别开来。在弗吉尼亚，历史遗迹的管理者和业主没有传统地把旅游业和经济看作他们工作的中心。1842 年延伸至弗吉尼亚的拉斐德的朝圣，发现了这独特历史遗址的令人回味的力量，但是由此激发的爱国主义和纪念活动远远超过了旅游业。弗农山妇女协会，在 1860 年创立华盛顿之家并使之成为民族神社，矛盾

242

地反对了随后针对华盛顿与弗农山之间电车服务的提议。他们担心这个错误的分类终将冲没人们的财产。事实上，他们认为与一流旅游相对的群里旅游是向华盛顿遗产传播妥协。[5] 相似的，那些爱国社团经常抵制历史的商业化，并且，实际上，是限制了其成员的名册。例如 DAR，只允许美国革命爱国者的直系后裔加入。爱国社团对社会和政治的密切关系的培育，超过了对旅游的兴趣。

旅游与发展的倡导者们考虑到历史圣地的利用与意义，对此发表了感性的阐述。当开始这个公路标志计划的时候，哈利·F·伯德（Harry F.Byrd）官员和他的同事威廉·E·卡森（William E.Carson）从新的视角中得到缩影。并且，这个项目一直在强调其重要性已经超过了经济发展。尽管在里士满有官员和历史学家来监督，但这个项目还是利用本地人的热情挖掘水库，因为那些居民对于借由庆祝与不同阶段历史的联系来建立并加强他们与场所的感情很感兴趣。在本地年鉴记录官与专业官员之间存在的一直变化的动态因子促成了这个项目，与此同时，就在 20 世纪早期的美国，这个关于公共历史和保护的项目发生了戏剧性的梦想转变。

公路，旅游，以及历史的标志

在 1920 年间，很多弗吉尼亚人十分喜欢这个公路项目，或者更确切地说，是优质公路项目。关于这个公路的问题，尤其是他们多快能有进展和他们是否要支付除了当前税收以外的其他开支或者是通过长期债券的形式，成为哈利伯德 1925 年竞选州长的一个重要议题。一块有十五年历史的夏洛茨维尔（Charlottesville）的牌匾使伯德及其顾问威廉卡森设想出一个在高速公路、历史和发展之间的有趣联系。在 1910 年，毗邻阿贝马力县法院的地方，通过弗吉尼亚古风保护协会，放置了一个标志，标志上写着：老天鹅酒店，杰克·朱厄特（Jack Jouett）在这里出生直至去世，他在 1781 年 6 月塔尔顿举行的弗吉尼亚大会上拯救了州长杰斐逊（Jefferson）先生。伴随着保罗瑞夫的故事，弗吉尼亚的保护主义者和历史学家曾经拥护杰克·朱厄特与新英格兰争夺历史制高点。在夏洛茨维尔，卡森向伯德建议沿州公路放置类似的历史标志，这会使游客和居民一样对此感兴趣，从而促进州经济发展。[6]

当这个公路标志计划开幕时，杰克·朱厄特的住处被重新标志了。设置在杰克出发的路易莎（Louisa）县而不是旅程结束的夏洛茨维尔，而这类标志记录了相同的故事。这是稍微详细的资料：在 1781 年，6 月 3 号晚上，杰克朱厄特，在这里的酒馆看到塔尔顿（Tarleton）的英国骑兵穿过，怀疑他们是去夏洛茨维尔逮捕州长杰弗森和立法机关，朱厄特从另一条路到了那里，及时地给了他们警告。尽管有基于史实的基本协议，但这两个标志出现在截然不同的社会机制下。在弗吉尼亚历史保护协会的支持下，制作历史标志牌成为最先激励用传统视角看弗吉尼亚历史的实践，并颂扬了这种旧秩序。这个协会建立于 1889 年，并对保护威廉斯堡的庞德·霍尔（Powder Horn），弗雷德里克斯堡（Fredericksburg）的玛丽·华盛顿故居（Mary Washington House），士美菲路（Smithfield）的圣卢克教堂（St.Luke's Church）以及其他大量的历史圣地做了很多重要工作。放置这些并不昂贵的历史标志既纪念了弗吉尼亚历史，又免去了为历史建筑或者遗址命名的花费。历史学家詹姆斯·林格伦（James Lindgren）争辩称，在保护历史地区、标志历史名胜和传播早期弗吉尼亚历史知识的方面，通过演讲和出版刊物，协会成员追求的是增进历史记忆，再现南方民族团聚以及抵抗弗吉尼亚在世纪之交种族和经济重新调整的力量。[7] 与后来州际公路标志工程的强烈对比可见，这个协会利用其里程碑来庆祝过去，同时构成一个共享关于当地及其未来的观点的社团。

1910 年朱厄特牌匾的揭幕，是以这个协会为一些广泛的社会境况的评分来作为支撑。在 19 世纪大量遗忘历史的背景下，朱厄特和他的故事复苏在 20 世纪之交，当时是因为一个夏洛茨维尔法官，R.T.W 公爵（R.T.W.Duke, Jr.），研究了亨利·S·兰德尔（Henry S.Randall）于 1858 年著的杰斐逊传记中的朱厄特。[8] 在 1901 圣尼古拉斯（St. Nicholas）杂志上，公爵出版了一个关于朱厄特的旅程的论文，公爵作为首席的地方官，鼓励协会蒙蒂塞洛（Monticello）以新的形式来建立一个朱厄特的标志作为其最初的工程之一。这个标志放在了精致的雷德兰俱乐部（Redland Club）的外墙上，这里原先是公爵所说的朱厄特的天鹅小酒馆。当这个协会揭示了这些标志，它圣化了当时的社会空间，雷德兰俱乐部，同时也是历史圣地天鹅小酒馆。在朱厄特的 129 周年庆典上，揭示了这个标志，从而指出了历史的时间及地点。这个协会相应地秘密安排杰克·朱厄特的后代们到肯塔基州（Kentucky），并且尝试按时间和地点绘制家谱，用以找他的物件。这些后代们没能来到夏洛茨维尔，但是他们衷心地感谢这个协会成员，"在这个狂奔的年代还有意愿去回顾历史，见证公平，而于其自身是为那些有价值的牺牲去尽一份力。"[9] 这个协会于下午 5 点在约两百人的拥挤人群前面揭开了这个牌匾，"大多是女士"，威廉·M·兰多夫（William M.Randolph）博士说道，他是杰克·朱厄特的直系后裔，正站在朱厄特的后裔前，将附在牌匾上的盖布掀开。人群聆听着法官公爵和弗吉尼亚大学 R·希思·达布尼（R.Heath Dabney）教授的讲话。在揭幕之后，"女士和先生们被邀请到俱乐部参加优雅的茶点聚会，有冰激凌，蛋糕和茶点。"[10] 由此，这些参与者构成了当今社会，恰恰在他们专心于历史的时候。

当这个州为杰克·朱厄特竖立标志 15 年之后，这里没有了演讲，没有了周年庆典，没有成群的女士和先生们，也没有通过俱乐部、讲话、社团后裔、或者优雅的茶点形成的社会组织。弗吉尼亚高速公路部门雇员只是将这些标志放置在这里，并没有大张旗鼓地进行。尽管对于朱厄特纪事来说，编年史纪念协会的标记和历史性高速公路的标志存在相似性，然而这两种纪念方式在意义和目的上却有很大的不同。

第一笔用于高速公路历史标志的 5 万美元，来自弗吉尼亚州的广告基金。宣传，推广和发展主导着传播与标记的历史的计划。除了优质公路项目，哈利·F·伯德致力于完成更好地提升资源和发展弗吉尼亚这个承诺。在 1926 年 7 月 1 号，州保护和发展资金伴建立起来了，威廉·E·卡森当选主席。立法机关为资金提供广阔的力量，用以发展和提升本州的自然和历史资源。这个资金可以通过公共买卖获得景区性质的、娱乐性质的以及历史性的地点，如果必要的话，可以通过征用来解决。这些地点应当"保护和保持实用性、观察性、教育意义，还有弗吉尼亚人民的健康和快乐。"[11] 这个立法机构必须去适应钱花在这样的事情上，但是这个立法机构无疑支持了历史和历史圣地作为公众支持的有价值的事物。

从这个州的视角来看，对于历史和景区的提升反映了私人的资金对弗吉尼亚高速公路历史协会的支撑。最初在林奇堡狮俱乐部（Lynchburg Lions），这个成立于 1924 年的协会是一个商业和公民组织联盟，为了寻求传播美国关于这个州的"丰富历史和景观的吸引力"相关信息，为了提升高速公路发展和旅游业，发行了经由弗吉尼亚历史高速公路可到达的弗吉尼亚历史遗址和圣地，这是一个讲述一星期走 700 英里横穿弗吉尼亚中心地带的旅程向导。这个向导包括对位于高速公路沿线的历史和景观胜地简单的描述，同时还真实地描述了多样的高速路条件，沿线一路都有提示。某种意义上来说，这种格式复制了早期的地图，向导是轮胎和汽油公司推出的，通过美国汽车协会和其他汽车俱乐部来推动汽车旅游。[12] 在这个协会的观点来看，高速路急需发展，以制造"爱国者，学生，历史学家和美国旅游者对最伟大民族的历史性兴趣观点"。[13] 在 1926 年，弗吉尼亚立法机构对这个机构确立宪章，尽管这使保护和发展委员会所做的努力黯然失色。罗阿诺克（Roanoke）的银行家和报纸出版商朱尼厄斯·P·菲什伯恩（Junius P.Fishburn），同时还是一名著名环球旅游者和历史高速公路协会主席，成为一名制定保护和发展协会宪章的成员，并且将推动一个极具雄心的计划，这个计划是这个协会从未想到的。[14] 这个委员会很快达成一致，认为"这么重要的政治机构"将花费委员会"广告资金"的大部分。[15]

244 　　　弗吉尼亚历史高速公路协会没有建议路边标志。这些向导和地图将帮助人们驾驶在高速环线上穿过弗吉尼亚。他们的项目代表了在国家性工作、州爱国倡议和全面的旅游业推进三者之间的过渡。高速路协会认为对于叙述历史和沿上千英里散开的景观点，早已经被各种爱国组织探索过。这个协会将时下流行的汽车旅行、公路改善还有旅游业提升有趣地并列，使之成为高速路标志计划的核心经济元素。

　　　1906 年圣达菲足迹（Santa Fe Trail）的标志，是堪萨斯州（Kansas）的美国革命女子协会（DAR）的一个倡议。一个爱国组织，绘制了一张历史线路，穿过一条延伸的区域性景观带。堪萨斯州女子协会成员都住在一个州，在这个州的行政范围内，有"少量历史性里程碑或者有历史趣味的地方"，她们希望去完成国家的 DAR 承诺——为历史地点制作标志并实施保护。在 1902 年，凡尼盖格·汤普森（Fannie Geiger Thompson）建议沿长约 500 英里的路程设置圣达菲足迹的标志。在 19 世纪期间，这些标志横穿了堪萨斯州，为西方的欧洲移民和美国人民提供一个最初的路线。在 19 世纪晚期到 20 世纪初期，已经在 1870 年代黯然失色的铁路印记，被当时的发展抹杀了。DAR 成员力争将他们目睹的事件标记下来，作为西部文化中的励志故事推行到整个国家。他们要求在历史地图上、档案以及原住人口登记册上记录，他们认为应该在这个线路旁边放 96 块花岗石标志。他们选择了意义重大的营地、堡垒和水井，还有充满奇遇的纪念性地点，有和平时期的，也有居住者、游客和本地人之间发生冲突的战争时期的。这个昂贵的项目利用和组织 DAR 本地委员会的人们和资源，在每一个标志揭开的时候，在当地社区进行资金筹集活动、论文声明和爱国演讲。这里几乎没有证据证明堪萨斯州的人们最初把圣达菲足迹的项目与旅游业或经济发展联系起来。它仅仅是市民的爱国教育项目。它使堪萨斯州景点的国家历史以一个独特视角被人们认识和赞美。圣达菲足迹的标记对毗邻的州也起了作用，在 1915 年，DAR 承担了一个相似的项目来标记横穿内布拉斯加州（Nebraska）的俄勒冈足迹（Oregon Trail）。[16]

　　　这个足迹标记工程由美国革命女子协会承担，并带动一些组织的分会加入，一起联合推进美国公路建设。在 20 世纪初，他们提出将爱国情感和历史兴趣整合到推进道路发展的运动中。团体组织四处寻求横贯大陆的高速路线，诸如全国古道协会和林肯高速公路协会，都从 DAR 协会的各种公路委员会得到支持。这些组织通过对英雄故事、进步思想和历史人物的颂扬，将高速路发展和民族文化联系起来。对高速公路与国家历史相结合的认同，毫无疑问地坚定了公路发展者声称的公众和私人对于高速公路发展的支持。历史兴趣也为当代高速公路基础设施发展施展了一定影响力。DAR 协会希望看到国家高速公路系统的建成，包括那些已经标记了的圣达菲足迹和俄勒冈足迹路线。历史同时也蔓延到了其他公路建设项目。在 1913 年，林肯高速公路协会开始推行一条横贯大陆的高速路，并将其作为 16 届总统的纪念物。在同一年，美国联邦女子协会（UDC）开创了杰斐逊·戴维斯（Jefferson Davis）高速公路，用于连接华盛顿与圣迭戈、加利福尼亚。开始于 1927 年并持续了二十年，在弗吉尼亚戴维斯高速公路沿线，UDC 建造了 16 座实体的花岗石和青铜的标志。在 1926 年，公共道路联邦局（the federal Bureau of Public Roads）开始将全国公路标志建设和数量标准化，使各道路和高速公路协会产生恐慌，当局拒绝采用现存的道路命名，而选择在已命名的高速公路基础上采用统一的路线数字。然而，当局所做努力证明了联盟的道路网是伴随着一系列向导出版物的，这些出版物可提供给游客们与风景胜地和历史遗址邂逅的机会。[17]当哈利·F·伯德和威廉·E·卡森同时推出弗吉尼亚新道路改善计划和高速公路标志计划时，他们提供了新颖的形式来结合高速公路和历史兴趣，处理那些纠缠了将近10年的事物。

相对朴素的弗吉尼亚历史公路标志有助于将那些更有纪念意义的爱国社团标志与过分装饰的道路广告区分开来。在早期的弗吉尼亚公路标志计划中，公路委员会委员，亨利·G·雪莉（Henry G.Shirley）建议采用"简单和统一"的标志，也许金属碑优于矮小的混凝土标杆。[18]标志的一致性与不断努力标准化的国家高速公路景观相似。[19]爱国社团提出这样的观点：标准的金属历史标志基本上都在40～42英寸，对于安全和效率的旅行有很大益处，但是它们作为纪念历史遗迹、历史圣地或特定遗迹的标志，就会显得奇怪。在项目早期，保护和发展委员会明确了"导向"标志和"纪念"标志的区别。在1928年，卡森坚持声称"那些纪念碑是在广告资金之外，没有资金来竖立纪念碑，并且我认为从一个广告宣传的角度来讲，这是十分合理的。"[20]委员会拒绝采用花岗石纪念碑，而采用DAR陈列出来的圣达菲足迹的标志。高速公路标志不仅需要高度清晰，而且应当设计的能让人在一辆移动的车中读到它，并且它的设计，应该将它与公路旁的广告明显区分开来。[21]实际上委员会的成员希望通过参与支持公路广告来加强他们工作的可视性和教学性。[22]高速公路标志计划旨在宣传弗吉尼亚和加强本地经济建设，无论如何，这些精致的关于遗产和文化的呼吁，表达了高雅的品位，统一的标志似乎是一个远离耀眼的公路商业广告的世界。在1927年，为了支持伯德官员提倡的关于户外广告的"控制并遏制罪恶"立法，弗吉尼亚的限制户外广告的社团主席坚称弗吉尼亚"每年花费了上百万的美元在公共的高速路上，并且自信地希望能通过巨大的优势（即追随州旅游运动的增长）来部分补偿这些巨大的花费……还有一堆户外广告，那些是为了他们自己的利益，可却来玷污这些优美的景色，还弄脏了这个州通往神圣历史圣地的道路。"[23]弗吉尼亚的标准化高速公路历史标志提供了一个新的路边广告形式，一种看来似乎加强了而不是弄脏了州景观和历史圣地的广告。

保护委员会坚持了标志"简单和统一"的观点，这甚至决定了执行历史标志工程而不需要高速公路部门的资金。就像卡森和伯德曾想象的那样，这个委员会的广告预算似乎是一个很好的方法，能让历史性工程在这里建设。在委员会的观点来看，"历史兴趣这一点吸引了人们，如果这里有好的道路，还有标志和标杆可辨认，游客们会在这个州消费，并且……成为一种行进的广告。"[24]这个州的一员顾问坚持认为如果历史标志和其他历史资源能够得到发展，"这个世界将会进入弗吉尼亚的大门，向这里鞠躬敬礼，并且每年留下上百万美元。"[25]卡森预计在美国每年游客和野营者花费3亿美元，他希望其中的2500万能花在弗吉尼亚。[26]虽然最初委员会认为"获利最大的是旅游"，钱直接源于以旅游业为代理的人，但委员会仍认为工业发展才是最重要的工作，他们希望游客们在弗吉尼亚有很好标志的高速公路上旅游，度过一段美好的时光，并且假设会对这个州的经济建设发展过程起到了很大的作用。委员会实际上抓住了历史资源，并开发和收获，就像其他自然资源一样。威廉·E·卡森声称，"这个州的繁荣不是独立于其市民的，因此它理应致力于市民并为他们做贡献，这里隐藏了财富，比如这里的矿藏、水资源、公园、森林、历史、景色、气候等等存在的事物……并且将这个州内在的价值和优势宣扬到世界上。"[27]

246

图 10.2　有关亚历山大商会（Alexandria Chamber）的商业广告，强调了历史的吸引力与工业和航空是一样的，有相同的机会。出自美国驾车人士（American Motorist），1928 年 4 月

在 1927 年，弗吉尼亚公共事业形成时期，委员会计划"通过没有目的但有效的手段来吸引个人转向弗吉尼亚，那些人的脚步和商业是我们所渴望的。"并决定"最有效方法是通过带领人们作为游客来到弗吉尼亚，使大家知道这里的吸引力和商业价值，当他们在这里时，让他们注意到这里工业的、商业的和居住的价值。换句话说，我们选择呼吁游客，通过工业追随而不是直接的通过那些抄来的广告商业宣传。"通过直接的广告宣传来说服制造业转向弗吉尼亚，看似十分无效而且太随意。"另一方面，游客宣传会有一个非常广泛且易接受的受众，并且在旅游业上可能满足了最小的花费和努力。实际上，提供给他一个娱乐和教育漫步的事物……弗吉尼亚在旅游业上拥有丰富的吸引力，所以我们使用这个形式的宣传是十分有利的。"委员会引用了其他州的一个项目同时作为对美国私人贸易的意见，来支持这个结论，即公共项目应该全部直接针对游客。[28] 为了在将来加速弗吉尼亚工业和经济发展，卡森和伯德抓住了历史的作用，并精确地建设历史标志。

保护和发展委员会以及其他经济发展的倡导者并不完全避开只为商业所有者的广告宣传。实际上，在 1920 年代末，委员会和当地私人贸易进行协调，夸口表示过往历史和工业未来都在一系列动态的广告里呈现。亚历山大商会（Alexandria Chamber）声称，"美国最具历史性的城市欢迎驾车旅行 20 余个著名的兴趣点，但是为了飞机和航空配件制造业的很多不寻常的优点，还邀请关注一些其他的生产线。"[29]（如图 10.2）。在 1928 年，诺福克－朴次茅斯商务会所（Norfolk–Portsmouth Chamber）在斯克里布纳（Scribner）杂志发行了广告，这个广告由官员伯德提笔，是一篇关于弗吉尼亚的文章。这个广告宣传了这个区域是"弗吉尼亚历史圣地的时尚驿站，同时是体现其当代休闲娱乐的设施，焦点是它快速的商业和贸易增长速度！"这些图片伴随着这些广告并置于 18 世纪景色的蚀刻版画，象征着未来的电的普及和喧闹的滨水区及工业区（如图 10.3）。[30] 这个并置图片贴近于当代高速公路发展和历史探索之间的联系，不同于广告的是这些图片和他们想象的场景的潜在不协调性。到历史圣地旅游的流行，一定程度上反映了当代市民厌倦了工业城市的观点。但是这个广告从没反应这个现实——对于历史景观来说，工业和贸易发展总是呈现出毁灭式的威胁。

当决定用公共的钱来建造历史标志，保护委员会迅速雇用了一班人马来做这个项目。在 1926 年 12 月，按照道格拉斯·S·弗里曼（Douglas S.Freeman）的有力建议开始行动，委员会吸引了里士满新闻领导（Richmond News Leader）的编辑还有一个献身于弗吉尼亚文化战争

Modern port of entry
to historic Virginia

"A great spirit may grow out of great memories"—GOVERNOR HARRY F. BYRD

图 10.3 诺福克－朴次茅斯商务会所（Norfolk-Portsmouth Chamber）的商业广告促进了当代驿站的设施。历史圣地，美丽景色。来自斯克里布纳（Scribner）的杂志，1928 年 6 月。

NORFOLK-PORTSMOUTH, center of Virginia's historic shrines, likewise is the embodiment of its modern facilities for rest and recreation, and the focal point of its rapidly growing industry and trade!

Jamestown, Williamsburg, Yorktown, Dismal Swamp, Old Point Comfort, Smithfield, Hampton—these and scores of other notable places rich in American tradition are but a few miles from Norfolk-Portsmouth.

Unexcelled resorts with hotels for every taste, at Virginia Beach—Ocean View—Cape Henry —Norfolk. Golf on seven magnificent courses. Thirty fast tennis courts. Riding, hiking, fishing, yachting—surf-bathing unsurpassed!

To industry also, Norfolk-Portsmouth offers a rare combination of advantages—accessibility of raw materials, abundant labor, convenient distribution, lower average freight rates, low cost of acreage, moderate taxes, ideal climate and living conditions.

The Norfolk-Portsmouth Chamber of Commerce will gladly send you complete tourist, vacation or industrial information on request.

NORFOLK-PORTSMOUTH
The year 'round Playground of the Old South

的历史学家汉密尔顿·詹姆斯·艾肯罗德（Hamilton James Eckenrode）来发展项目。艾肯罗德在 1904 年从约翰·霍普金斯（Johns Hopkins）大学得到博士学位，并写了关于重建当代弗吉尼亚政府的学术论文。艾肯罗德和弗里曼一起研究过有关里士满文化战争的战场历史，并且帮助弗里曼绘成了一系列关于这个战场的历史标记的图标。在爱国组织工作和委员会项目上呈现出的另一个联系是，弗里曼早就支持弗吉尼亚古迹保护协会里历史标记工作。

艾肯罗德很快证明了他的工作既重视广告内容，又重视弗吉尼亚景点与生俱来的讲述历史与旅游关系的可能性。凭借对于文化战争历史的个人和大众的兴趣，艾肯罗德预想一系列历史标记在"战争高速路"沿线的出现，必将突出参与特殊战争的军队的行动。在此游客们和访问者们将真正跟随揭开历史的叙述者在景点的空间穿梭："这样，这个军队行动，像李和格兰特的军队在 1864 年从斯波特瑟尔韦尼亚（Spotsylvania）到邻近的里士满，可以简单地通过阅读标志跟随。"[31] 艾肯罗德意识到可以探寻到更多的历史圣地的存在，编辑存档，并且直接运用到实地。在一开始时，他确定了优先考虑的事情。他强烈地感觉到车辆通行数量最大的道路，应该首先标志出来，并且委员会应该以文化战争历史为特色："应该相信的是

247

这个线路，广告做得很好，应该吸引很多的拜访者。并且，它应该唤醒这些曾经在弗吉尼亚的有趣的战场，并作为战场公园确保财政收入。"[32]

除了面对流行的历史观点，艾肯罗德还用声望确保历史准确性，他试图将保护发展委员会自身的专业历史知识与爱国组织的纪念性工作这两者加以区分。事实上，艾肯罗德看到精准的警务工作使得弗吉尼亚州所有标记任务履行的义务成为可能。在 1927 年，他提出，委员会应该采取纠正不精准标志的行动，在弗吉尼亚州的各主要的私人标志组织推行，他希望进一步探讨委员会是否有权"更改或删除显然不正确的标记。"[33] 为了进一步支持其声明的准确性和专业知识，委员会建立了一个部门，来组织杰出的历史学家和教育工作者。委员会的工作人员计划准备"批评与验证"的草案，招牌标榜"君子"的委员会致力于"兴起在弗吉尼亚州的历史知识"。委员会包括主席伦道夫 – 梅肯（Randolph-Macon），威廉（William）和玛丽（Mary），汉普登 – 悉尼（Hampden-Sydney），和东莱福州教师学院，弗吉尼亚大学的历史学家和其他州和地方机构。在随后几年，艾肯罗德与这个顾问委员会的成员的广泛地对应了相关内容的历史标记。例如，在 1927 年，艾肯罗德的导师，道格拉斯·弗里曼，审查圣彼得堡高速公路的铭文时写道："根据我所看到的，这些有关国家之间的战争是正确的。但关于这些革命时代的事，我没有确切的知识。"[34]

委员会的工作和创作的宣传板涉及了性别的根本性转变，这是在弗吉尼亚州具有里程碑意义的工作。那里的妇女控制了许多爱国社团，并通过其做纪念项目，例如，在 1910 年的杰克·朱厄特的牌匾的揭示仪式上，妇女是远多于男子的，现在这个协会的负责人为男性。事实上，高速公路标记项目使一个 1922 年才建立的委员会黯然失色。高速公路标记项目由州长任命，以"在合适的纪念碑上或历史遗迹做出标记，这是人民的共同财富"。各个主要的爱国组织，包括弗吉尼亚古迹保护协会、美国革命女子协会、殖民地贵妇人和 1812 妇女，还有联邦妇女，各出一名女性，共同构成了这个委员会。[35] 各个州几乎不提供资金筹集方式，在 1927 年前，就在委员会主席向州官员伯德接近，使他相信保护委员会能够承担标记工作之前，这个委员会实际上基本没有标记多少地点。官员伯德谢谢她的提议，并保证委员会"渴望获得你的意见，支持他们工作"。[36] 然后他敦促威廉·卡森与委员会成员沟通，并"利用"他们自己那些"尽量可行的建议"。[37] 事实上，委员会一直将妇女委员会作为第二咨询委员会，但女人从来没有承担过由男性主导的工作。

从纪念过去到发展未来

从成员由女性到男性的转变，意味着保护委员会更广泛的重新界定，纪念过去和发展未来，从纪念物到经济发展。尽管如此，委员会成员依旧培养妇女的爱国组织。他们明白，与这些妇女联系最紧密的似乎是其既定的选区工作。在 1927 年，卡森接受了邀请，解决弗吉尼亚州殖民贵妇在殖民地道路上的问题。在解释他对艾肯罗德的赞同时，卡森写道，"我急切需要这些女士社团，来支持我们的委员会，并且为了弗吉尼亚人民，我们应该通过任何方式，营销我们正在做的工作，本州的妇女是弗吉尼亚人仅有的对这项工作中有实际兴趣的对象。"艾肯罗德表示部分同意，但也已清楚表明，他立志要培养更多的"整体利益"，这意味着不属于妇女组织的男性（和女性）成员。[38] 妇女的支持并没有导致卡森和艾肯罗德非常认真地将她们当作顾问。艾肯罗德发现她们的历史工作并不精确，卡森喜欢跟艾肯罗德开玩笑，谈及能否在妇女组织的成员里找到富有的女人结婚。[39]

委员会对经济发展的兴趣使弗吉尼亚历史标志项目中占主导地位的成员从女性变成了男性。这也从根本上改变了历史纪念活动的地理精度。地标产生了巨大的能量，在历史土地景观上做标志，很大程度上来自其地区的特定字符，这里曾发生了很多事情，在这所房子里，山场上，一些重要的方式塑造了国家或地方的历史。居民和游客对于特定地点的注意力源自这里发生的特定历史事件，只在这里而不是别处——只发生在这里的历史事件成为地方的标志性回忆。从 19 世纪初，美国人感兴趣的保护性和历史性纪念活动培育了这种地方力量，例如拉斐德在 1824～1825 年间的旅行，提供了一种对地方纪念性的精心发掘方式。纪念碑之类的总是缺乏了此类与历史的珍贵联系，而标杆、牌匾还有景观，几乎都被定义了，强调了一种与地方的宝贵联系。这种与地点的联系总是作为一种链接，存在于过去的重大事件和现在存在的事情之间。委员会的高速公路标志，加强和加快了这个与景观定义之间早先的特殊联系。

在早期委员会面临着因工作仅打算纪念繁忙公路而带来的困境。1932 年，审查弗吉尼亚州的标记方案时，在公路杂志的一篇文章报道上指出，"在美国历史上，如果选择偏僻的地方表演来获取名气，那么这个明星的做法是不合适的。弗吉尼亚联邦认识到使主要公路与历史遗迹匹配并且公路仍是方便又直通的，那是不可能的，所以弗吉尼亚联邦将她的历史延伸到了所有的高速公路。"[40] 此举侧重早期具有里程碑意义的努力，打乱了人、地点和历史之间的联系。在里士满县委员会提出了一个标记声明：这里附近是莫诺金（Menokin），李·弗朗西斯·莱特富特（Francis Lightfoot Lee）的家乡，他是签署独立宣言的人。李是大陆会议的一个成员，从 1775～1779 年坚持斗争，一直到 1797 年他在莫诺金去世。在国王和王后县一个标志被竖立起来，上面写着，约 12 英里以东是原来的乔治·罗杰斯·克拉克（George Rogers Clark）的家，国家西北赋税的代表。他们一家离开这里到雅宝县（Albemarle）。杰斐逊的蒙蒂塞洛（Jefferson's Monticello）的遗迹不是在蒙蒂塞洛的道路上，而在附近夏洛茨维尔的雅宝县法院上：蒙蒂塞洛向东南 3 英里。在 1770 年，托马斯·杰斐逊在此开始建造住宅，于 1802 年完成，1772 年他带来了他的新娘。拉斐德于 1825 年访问这里。杰斐逊在那里度过了他的最后岁月，1826 年 7 月 4 日终死在那里，他的墓地位于此处。英国骑兵曾在 1781 年 6 月 4 日搜查过此地。在某些情况下，人们已经试图推测从主要高速公路绕行找到古迹，但往往在导航方面会给他们很少帮助：在 1864 年 6 月 10 日晚战斗前夕，韦德·汉普顿（Wade Hampton）的同盟骑兵在这附近安营扎寨。所以这种标记促进了弗吉尼亚州历史的"意识"，或一种历史氛围，甚至是一个历史的屏障，与此同时放弃了代表力量和精度的较传统的纪念性地标。

现代旅客和历史遗迹之间的连接变得更弱，委员会抹杀了驾驶汽车和阅读历史标记之间的不兼容性。该委员会旨在可视性良好的标记，并把它们放在靠近道路的地方。它采用了双面的格式，两个方向行驶的车，都能清晰看到。在考虑过使旅客可以读取标记所要客服的麻烦事之后，因为开支过大委员会拒绝了这个想法。如果人们停止驾驶，再去阅读，委员会成员担心该标记有可能带来危险。委员会在插入公路景观历史方面被证明颇有新意，它在 1929年出版了一本指南，其中包括所有的现有标记（图 10.4）的全文。在序言中表示：

在持续高速行驶时阅读是很难的，所以委员会决定出一本书给标志补充铭文，在道路标志上标出编号，这样游客只需记住标志的编号再从小册子上翻到那个编号去阅读内容，这样既能阅读又不影响汽车速度……这是一个使弗吉尼亚历史的地形得到实在的又是最少的阅读的好方法。在繁忙的时代，这被视为是一个非常方便的理想办法。[41]

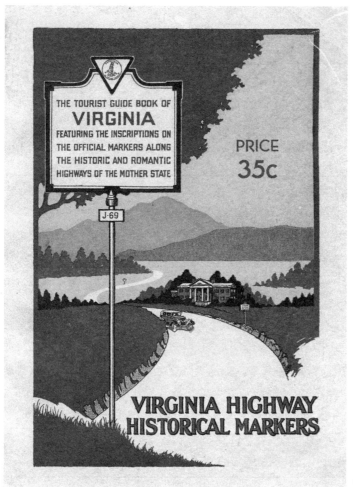

图 10.4　道路导航的概括描述，弗吉尼亚高速公路历史标志。1931 年，第四版。

　　因此，高速公路标志计划委员会不仅抛下地点、历史和当代观察员之间的连接，它更是用一个系统把分离的历史与它任何特定的地点进行连接，人们现在"可以以任何车速得到标记上的信息"。[42] 在历史的基础上向游客出售历史情形，该委员会的工作取得了更普遍的历史认识，甚至减少了任何特殊地方的历史力量。

　　在历史标记项目中具体和实际的地方与历史的分离，与其他委员会（尤其是主张与特定历史地点产生共鸣的委员会）的努力形成鲜明对比。1928 年，威廉·E·卡森和委员会推动一个想法，仿效威斯敏斯特教堂（Westminster Abbey），把"散落在整个国家"的弗吉尼亚州的名人坟墓，尤其是曾当过美国总统的人的坟墓，聚集一个单纯的"适宜中心"。在 1858 年，在伟大的公民爱国仪式中，已被埋葬在纽约 27 个年头的总统詹姆斯·门罗（James Monroe）的残骸，被转移到弗吉尼亚里士满的好莱坞公墓安葬。后来约翰·泰勒（John Tyler）总统也埋在附近。在 1903 年，再一次的公民爱国仪式，将门罗总统的妻子和女儿的坟墓也搬到了好莱坞公墓。[43] 坟墓的聚集将创造一个纯粹、强大的地方，弗吉尼亚州居民和来访者可以在官方的叙述中了解弗吉尼亚州重大的历史事件。通过与总统的密切联系促进弗吉尼亚州的发展并没有停止于已故总统，以及在弗吉尼亚州生长的后代们。1929 年，威廉·卡森积极引导总统胡佛将拉皮丹河（Rapidan River）沿岸在此作为他个人的户外休闲钓鱼场。卡森声称他为总统保留了"于此或者在东方，可以获得弗吉尼亚州最好的溪鲑渔场。溪流瀑布，湿地，但不陡峭，只有理想的红点溪鳟鱼"。卡森为伯德官员相中了另一个渔场，并在此概述了他的项目。他写道："总统宣传国家，弗吉尼亚州可以算是最好的位置。这里可以开发，我相信这里将是全国最精彩的地方。它将使弗吉尼亚州成为国家的视窗，并且作为一个户外休闲的地方。"[44] 无论是过去还是现在，将弗吉尼亚与总统联系起来的事件，在特殊的时间点在这片土地上实际的存在，对于促进历史的意义和真实性有重大作用。在公路历史标记方案的推行下，这些位于路边的历史叙述的路牌，使地理的精度被历史氛围模糊了。

委员会设立沿弗吉尼亚州高速公路的历史标记中，内战的叙述占据了主导地位。弗吉尼亚州，作为邦联的首都，是重大军事活动的重点，这里有很多地点是值得标记的。在委员会的工作之前，为许多公民和爱国组织，标志并纪念了整个弗吉尼亚州跟内战有关的地点。从19世纪末期到20世纪初，失落的文化政治一直与内战的历史频繁交战。这些项目涵盖了政治内容，包括一个同盟游击队的振兴运动，以及承认战争的历史却支持更广泛的分段与民族和解。在19世纪后期，各种内战的纪念碑竖立在南方，有纪念丧亲仪式的标志牌，还有在法院广场和战场上建立公民纪念馆和标志的方式。对于战争中的友情及高贵品质的不断赞扬模糊了战争的部分紧张氛围。当弗吉尼亚人赶上社会和经济迅速发展的时代，包括城镇的增长、不断上升的市场经济、行业的蔓延、民粹主义和激进政治的出现，在纯粹纪念荣耀浪漫的过去时，邦联政府抛下了耻辱感与军事亏损。吸引成千上万的会员的同盟聚会，会员不断增长的同盟组织，纪念碑和纪念馆的建立，历史书的推广和故事的讲述都反映了内战涉及相当一部分的人们。[45]

到20世纪20年代，邦联的一些人的热情已经超出了纪念活动。仍然记得战争的退伍军人及同时代的人们的数量急剧下降。南方的崛起和持续的国家政治经济一体化侵蚀了对曾经阶段性历史的坚持。此外，邦联的纪念活动越来越商业化，各种制造商从肥皂到棺木，都参加酒店业主和铁路运行商举办的所谓的纪念活动。然而，到了20世纪20年代，居民和游客仍对内战的历史很有兴趣。艾肯罗德考虑把内战历史做成"绘图卡"卖给游客。[46] 他的这个做法既满足人们的兴趣，又在这个过程中加速商业化，将商业利益从单独个体扩大到整个国家。在公路标志项目中，内战历史的纪念经历了十年之后，从纪念仪式过渡到战场原址、广场和高速路边。

1927年，公路标志计划开始时，一位热心人对于内战未能找到可靠的历史资料表示关心，例如一封给官员伯德的信上，查尔斯·约翰逊（Charles Johnson）写道："30年来，我一直在认真研习内战，来履行20年的期望。到大约一个星期前，我开车到当年的战场。我惊喜地发现，不只是主要公路有标记，将有重大历史事件的地点都展现在像我一样对历史感兴趣的人们面前。如果没有那个居住在栈道旁边的盲人农民，我不可能发现这么多有趣的事。"约翰逊建议虽然许多标志上都刻着真实的事件，但它缺乏一些社论和政治的中立保护，委员会后来才接受了这个提议。约翰逊随后写信给州长，"成百上千的游客参观弗吉尼亚州和历史悠久的战场，却在指导书的指导下也找不到我所提及的兴趣点。"[47] 威廉·卡森给伯德官员写信时也提到了这一点，"已有这么多讲解弗吉尼亚的东西，但是当游客来到这里却会失望，因为他们无法将他们所听到的和读到的东西呈现在眼前。"卡森希望3000块标记的设置是有计划的，游客会发现自己是"在一个浪漫的土地"，并减慢速度，因为无法"缩短行程而只能在这里度过一晚"。[48] 随着高速公路标志项目的发展，内战的历史确实满足了许多人眼中的那种浪漫，让人放慢了脚步。

随着人们放慢脚步来读取公路标志，通过对标志的改善项目，人们对内战有了更深的认识。游客参观弗吉尼亚州，并且拥有企业和金钱的人也从北方转移到弗吉尼亚。艾肯罗德制作的内战标志都经过处理，避免煽动情绪。事实上，他希望"精心的沿路标指向北方的游客体现联盟的公正的立场。"[49]这种做法在早期的弗吉尼亚的协会（例如美国联邦女子协会）承办的标记项目中并没有出现。当公路项目开展后，美国联邦女子协会强烈反对将内战称之为"内战"，应该称为"国家之间的战争"。[50]艾肯罗德通过不在标志上提及冲突的全称来回避这个潜在的命名麻烦。标记曾多次提到运动、威胁、战斗、联盟和同盟双方，但没有战争本身的名称。这种命名系统使委员会用输一场战斗的方式赢得一场战争。该委员会还抵制其他组织出售的指示驾驶者去历史古迹的道路标志。这种委员会适应北方游客的"公正"的表述，

252 不会受弗吉尼亚各种协会的历史视角下的纪念陈述的影响。

当艾肯罗德拜访卡森并向州长提问是州还是联邦政府应该拥有和控制里士满战场及周边的历史战地时，艾肯罗德没有被证明是公正的。他对联邦陆军部掌管这些战场并对其历史解释的前景感到非常失望。艾肯罗德致函卡森："很遗憾国家政府将掌权里士满，这是种不好的感觉，如果没有华盛顿当局干扰的话，里士满本应是一个我们能够根据自己的想法诉说我们的故事的地方。"他担心，如果陆军部接管了这些站点，自己的工作将被"完全扔掉。"这些意见只是在里士满的特殊情况下出现，因为委员会尽力以其公正的立场吸引获得旁人的认可。[51]

代表独特的历史和特殊的地方

抛开历史的观点，并不是所有人都热衷于向内战标志的扩散表示欢迎。事实上，艾肯罗德与委员会的咨询委员会一名成员对于与标志程序中内战历史的主导地位产生了长期的分歧。在1927年，南部铁路主席和弗吉尼亚州的业余历史学家，费尔法克斯·哈里森（Fairfax Harrison），就审查了为雪兰山谷（Shenandoah）准备的标志。他赞扬工作但坚称，"过分强调国内战争事件，或者更确切地说，我认为没有将足够的重点放在山谷的战前早期历史。我注意到1865年之前四个事件，考虑山谷的历史，这似乎不成比例。"艾肯罗德捍卫我们的标志同盟，声称该委员会是"记录时间"，并且验证内战标志"关乎旅游公众的切身利益"是比较容易的。早期的历史经常从老房子的历史入手，很难精确研究，但艾肯罗德希望，随着委员会的工作向前发展它可以"弥补我们的不足并完善历史信息，以使其囊括所有时期"。在后来与哈里森交流后，艾肯罗德进一步捍卫了内战标志的优势但他坚称，他本人接受更广泛的历史利益。他写道，我个人认为，政治历史的重要性远远低于经济和社会历史，但不幸的是，我们的历史学家仍然将政客的表演和流行的对于战争条件的兴趣摆在了首位。人们认为，就像修昔底德（Thucydides）所说，"战争是关于历史的全部……我要对此类事件予以重视，就像关注重要道路的建立，铁炉的建成，矿井的开工和其他工业的发展活动一样。"对他来说，哈里森并不介意对于内战战场的标志的标记，他反对的是记录每一个遭遇战的标志在那些"在当地有更为重大的名胜事件"的地点的扩散。标志活动满两年后，哈里森仍然不满意，他要求将自己从咨询委员会中除名。他认为问题是要迎合衡量公众对于标记程序反应的政客。哈里森写道，"就像我非常尊重你和你的被政治家掌控的课题，我也强烈地感到这些标记许多在歪曲弗吉尼亚的文明"。[52]

内战在历史上的统治地位部分来自于对于更近历史鉴定的松懈，但它也反映了委员会，甚至更广泛公众的明显的优先偏好。对于在最早期阶段的方案，艾肯罗德和委员会已决定标记一些殖民地的地点，特别是威廉斯堡附近，但不会试图全面标记殖民历史遗迹。同样，委

员会将只标记出一小部分选出的与革命战争相关的地点。关于历史人物个体的标记，大部分将留在后来的时期。[53] 这为主要公路沿途留下了丰富的内战标记。哈里森没有意识到的是，大量的内战标记并不起源于艾肯罗德和他的同事，而是那些特定地区的居民，他们想要以更广泛的地区和国家性的事件的角度看待他们的家园的意义，以吸引外地人和游人的光顾。例如1929年，怀特岛的圣卢克教堂教区，试图传播他们具有广泛全国意义的特殊教区历史。教区希望政府更改或除去宣称其教堂是"美国最古老的一个"的标志。该建筑中的一块砖刻有1632年的日期，然而，委员会并不准备接受教区的该年份是建筑日期，因此它是美国现存最老的清教徒教堂的申明。对于他们的教区坚称"我们并不是想要来到威廉斯堡和普利茅斯摇滚（Plymouth Rock）并殖民美洲的全部荣耀，或者使其成为什么"。1930年，圣彼得堡建筑供应公司总裁罗伯特·卡班尼斯（Robert Cabaniss）写给 H·J·艾肯（H.J.Eckem'ode）描述当地的历史标记记载的内战的事件：

> 看到沿着不同道路的大量标记，我认为肯定应该有一个标记在白橡路五岔口（White Oak Road at Five Forks），丁威迪县（Dinwiddie County），金兰（Vh'ginia）。吉列姆（Gilliam）的地方也要标志到……如你所知，两州之间的战争，有一个为期两天的战斗就在那里，最终打破同盟，拆毁南边铁路，引起了同盟军队从圣彼得堡一直撤退到阿波马托克斯。在五岔口华伦（Warren）将军被谢里登（Sheridan）将军剥夺权利，推上了军事法庭并引起长期的调查，终于免除华伦将军。希望你会对此进行合适的调查，在五岔口找到一个合适的标记。[54]

艾肯罗德最终拒绝了他的要求，理由是委员会的布置标记的政策只应用于这些标记能被游客看见的主干道上。事实上，白橡路是一条主要由本地居民通过的土路，意味着布置在那的标记无法吸引游人的视线。艾肯罗德也承认，如果铺平道路，这将是纪念吉列姆的合适地方，但在此期间，在东部6公里处的公路涉及五岔口战斗的标记已经足够。虽然哈里森对于弗吉尼亚方案上内战历史的主导地位感到不安，大量像卡班尼斯这样的个体和像美国南部邦联的妇女联合会这样的机构，希望政府能证明清楚他们的地点与更广泛地叙述州和国家历史之间的关系。对于许多人来说，内战的历史是最易于接受的历史，地方拥护的历史和作为委员会推动下产物的历史统治了早些年的公路标志。

除了站在公众利益角度，在一些特定地区还存在着针对本地公民利益而言同样强烈的支持，强调整个地区需要比他们早些年从项目中得到的更多的标记。1928年，J·D·埃格尔斯顿（J.D.Eggleston），汉普登－悉尼学院院长，同时也是保护与发展委员会历史性咨询委员会的成员，反对该委员会未能充分发掘南边弗吉尼亚古迹。埃格尔斯顿发现这之中尤其令人不安的是，他在当地协会的一个委员会担任看管弗吉尼亚古物，已确定在爱德华王子县许多地点值得标志可作为历史性标牌，其中包括旧法院大厦的站点，革命战争时期一个当地队长的坟墓，一个革命战争时期约克敦（Yorktown）投降后军事营地的地点，革命军官父亲的家，早期的主教堂地点。当艾肯罗德审查埃格尔斯顿的工作时，他报告称他认为这是一个研究模型，当委员会将注意力转向爱德华王子县时，他希望能够借鉴。

埃格尔斯顿终于等得不耐烦，并宣布，他和其他居民"深感失望"，该委员会持续地"完全忽略了这几个有深厚的历史意义的乡郡"。这个地区包括埃格尔斯顿自己的汉普登－悉尼学院，由帕特里克·亨利（Patrick Henry）和詹姆斯·麦迪逊（James Madison）创建。随着表达了他的感觉，埃格尔斯顿表示，"我想，我们觉得有点棘手，因为过去数次历史学家认为在里士满西南部没有历史它已经成为一种习惯。事实是，弗吉尼亚州南部在旧时代有着惊人丰厚的历史，但历史学家没有告诉我们。"艾肯罗德接受批评，但把它变成一个委员会在该州西南部的部分工作进展缓慢的原因。他回答说，"你说的有关南边的话是完全正确的，历史学家忽视了它。这是我们的进展缓慢的原因，我们不得不将已发现的做好准备，主要进行处理的信息在北弗吉尼亚……如你所知，南方的历史更难处理，因为数据远比在里士满和威廉斯堡附近所需准备的更为贫乏。"与其使用委员会的项目作为方法以对抗长期积累而来的州府历史的不平衡，艾肯罗德反而觉得要加强它，因为他工作环境下的广告业和旅游业打动了他，使他把重点放在"最值得旅行"的道路。他确实坚称，像项目开发的目的一样"南边将同任何州的部分一样予以覆盖。"[55]埃格尔斯顿和哈里森批评该计划，因为都发现自己心中的弗吉尼亚州的历史场所与被委员会开发成优先历史和地理并迎合旅游市场相冲突。

弗吉尼亚州历史公路协会的领导来自西部和南部弗吉尼亚州，从林奇堡和罗阿诺克开始。该协会可能建立了一个700英里的历史回路，以引导来自东部弗吉尼亚州到较偏远地方的游客，使用历史作为一个景点。保护委员会在经济发展利益的立场上继续行使历史和公路并行的职责。委员会对弗吉尼亚州东部地区的重新重视理所当然地面临了州府其他地区居民的抵制。然而，委员会将这些提出其他利益的建议摆上台面，尤其是除了经济发展利益之外，将公众反应列入公路标记的体系中。在1928年，艾肯罗德宣称"树立一个地方的标记事关某种荣誉"。[56]不同地区的居民要求为他们的社区公路安放标志，他们明确要求自己的特定区域景点获得承认。以此庆祝历史，标记似乎还可以增进居民潜在的地方自豪感的可能性。除了项目可能的经济效应外，他们显然对于增强对地方文化的自我感觉有兴趣。在这样的形式，意义和地方的重要性都体现在一个标志上，其在公路项目中的规划谈判同时涉及专业人士，政府官员，保护委员会的顾问和全州府的本地公民。

公路标志和历史教学的直接方法

艾肯罗德认为，公路标志计划既能推动弗吉尼亚州经济，也将提高历史学家的工艺水平。他认为，这是在从事伟大的开创性的工作，使公民接近历史。让他感到十分的失望的是，弗吉尼亚州的努力只是一部分历史界人士的初步反应。1927年，艾肯罗德出席美国历史协会年度会议，在那里他讨论了公路标志计划。他向同事吐露："历史学家对我来说是一个死沉的群体，他们似乎不知道我们做的是什么……我相信，我们的工作将罢工，这是在大多数方面来说。历史学家会在此之后给市民留下了深刻的印象。事实上，我们正试图做的事情是如何获得公众的支持，我认为我们应当做伟大而独特的东西，这将及时地吸引到整个国家的注意。"[57]

由于无法确定美国大萧条到什么时候结束，艾肯罗德认为，高速公路标志计划在爱国主义和公民教育的协议上提供了一个很好的方式。在1930年的写给弗吉尼亚美国革命的战士们文章中，艾肯罗德坚持说："这是美国历史上教给孩子们极为重要的事，从未像现在这样有效地更强地刺激爱国主义，在这个年龄段，过去的想法和习俗已被打破。"在艾肯罗德的观点来看，历史学家可以假设在发展历史教学中通过"直接法"的方法，将依靠书本，使社会凝聚"但仅以次要的方式"。历史学家需要制定一个"新的和更好的方式"，"以想象综合方式"进行历史教学。[58]艾肯罗德对约翰·D·洛克菲勒的热情，在圣威廉斯堡恢复后，体现了他的意义，这项工作承诺将成为部分对公民的教材和强大的社会稳定剂。在1933年，他

私下对洛克菲勒的威廉斯堡联营，W·A·R·古德温（W.A.R.Goodwin），

> 写殖民历史的图书已数以百计，学者曾在此期间为之工作，而且他们的劳动量与威廉斯堡恢复相比丝毫不差，尤其在它涉及历史教学方面时。我认为试图恢复这个国家有史以来最独特的项目，是十分有益的……它教导史上最务实的态度，并因此增加了美国机构的稳定性。它已经觉醒，没有别的可能做到这样对过去充满兴趣。[59]

艾肯罗德认为，公路标志，为了满足游客的需求，来到弗吉尼亚的威廉斯堡和其他古迹是一样的，"历史氛围的探寻过程"，也符合当地的学生在历史教育的需求。他希望，向导要不断发展，孩子们可以此学习历史访问历史事件的场景，在这些事件的地点可以接收难忘的指示。如果历史标记"能够被利用，弗吉尼亚的学生都将对他们国家的历史有一个明确的想法，如果这样便很容易看到爱国主义的传承"。[60]。

经历"历史氛围"之后，学生可以学习历史，艾肯罗德对于公路标志计划在游客之间作出区分强调一些非常现实的限制。他假设，要真正了解弗吉尼亚州历史，人们需要超越公路标志非常有限的文字，他们需要指导，感受建筑物及景观和地方的权力，还需要书籍和老师，像用在中学的方式。公路标志提供的历史事实，实际上简化了历史。长期战斗运动和众多的小规模冲突，可以标记，但在更广的范围内对于事业或内战的意义方面，将不适合在高速公路上标记。

认识到需要发挥教学对学生的作用，甚至使用艾肯罗德的直接教学方法，说明公路的历史是有限制性的。艾肯罗德希望对于北方人，弗吉尼亚州能做出公正的历史表明，提供有关联盟部队的许多事实，还有有关同盟力量。他还承认"一个简单的标记通常更好，特别是因为它省却了争议"。[61]当然，争论和辩论将历史赋予意义，但是当历史成为旅游和经济开发的一部分，就应刻意避免争议和辩论。所以标志项目的弱点是，几乎完全依赖于此，人们对历史认识是通过一个特殊的标志阅读而来的。也许其潜在意义，可以引起人们进一步探索历史标志场所之外的事情。但无论哪种方式，简单，短小精悍，或者长篇大论，似乎并没有引起最富有历史的连接，在历史事件的背景下他们几乎没有发掘或培养出什么。通过这种方式，就像历史普遍存在于景观中，它似乎要完全从视线消失。艾肯罗德坦言平凡的语境，无可争议的，填补了公路标志，简单的事实显然将远远胜于公民教学的愿景。但标志计划继续扩大增长，从 1000 个标记开始到当今已超过 2220 以上。显然，创造和坚持一个历史悠久的场所的兴趣是值得赞扬的，即使标志所引发的历史地点对于人们的重要性和意义并没有那么多。[62]

第11章

有毒的记忆

关于环境保护局（EPA）超级基金场地（Superfund Sites）的保护

从传统意义上来说，我们会保护那些具有历史或政治意义的场地，或者是建筑形式具有鲜明特色的建筑，近几十年来，我们开始保护那些非传统意义上的场地。关于对特殊场地的保护，已经达成了很多旧的共识理念，这些理念在学术上及公众中也被很好地诠释了，所以保护特殊场地很兴盛。我们开始关注我们周围的那些建筑和景观，希望这些建筑和景观能为我们更广泛更多样了解世界历史提供帮助。这属于20世纪60年代社会运动的一部分，这些社会运动为我们了解历史提供了很多不同的方法，同时也使历史经验的陈述方式更加多样化。出现了社会历史、劳工历史、妇女历史、种族研究、乡土建筑历史和日常景观，这些都不是传统意义上的政治历史、社会和经济精英的历史。建筑历史方面的学术作品的主题和建筑场地与之前高级建筑所奉行的规则不同。历史学家把日常生活、工作的人们，没有在政治、社会和经济方面享有特权的人们写入编年史。对历史遗迹的保护反映了这些发展。历史遗迹保护规模的扩展有一部分和简单的政治策略有关。由于保护需要公共资源，公众关注和政策支持，所以越来越追求世界的多样化和不同经历使保护具有有效性。除此之外，地方上会在发展旅游的地方建各种建筑，还会对当地废弃不用的建筑物或场地进行修缮改建。

在一个逐步限制工业化的世界，对工业场地的保护提供了足够的证据证实了保护的广阔视野。在国家公园管理局进行的美式建筑历史调查支持下，美联邦政府于1933年开始记录历史建筑。1969年，国家公园管理局建立了美式历史建筑工程记录，来记录工程和工业场地包括纺织厂，桥梁，大坝和其他功利建筑的系统文档。工业场地为美国社会和经济历史提供了一个新的非常重要的研究视角。工业性建筑的社团于1971年建立，目的是促进对工业遗迹的研究。保护主义者认为废弃不用的或未充分利用的工业场地可以改建成新的住宅楼或商务用楼。长期空置的19世纪和20世纪早期的新英格兰纺织厂和仓库，改建成上千所住宅楼，很多都是为老年人盖的。吉拉德里巧克力公司（The Ghirardelli Chocolate Company）在旧金山的工厂在20世纪60年代早期被改建成商店和餐馆，加强了公众对工业历史和工业建筑的兴趣。纽约铸铁地区的高层建筑物是家庭办公形式，还有很多城市的仓库区域，这些都是一种全新意义上的流行住宅空间。20世纪60年代的政治和经济精英们的这些活动，部分反映了历史学家、保护主义者和大众的优先权的平行转移。工业场地和工人阶级生活的历史在20世纪60和70年代得到了相当高的关注。[1]

图 11.1 弗雷斯诺市（Fresno）卫生填埋场地，1937 ~ 1987 年间堆放了 790 万立方码垃圾，2001 年被指定为国际历史地标。（作者摄于 2010 年）

本章就是讲述这种新的、扩展内涵的研究视角。主要研究了 21 世纪在加利福尼亚州建立垃圾山（图 11.1）和马里兰州黑格斯城（Hagerstown）化工厂的历史意义。这两处工业场地都在历史想象中呈现了出来。某种意义上也符合生态标准。它们还在环境保护局的有毒超级基金清除场地的名单上。清洁并回收再利用这些被污染的场地（环境保护局超级基金场地和其他污染的棕色地带）常常会造成文化和历史的缺失。清除了这些场地的有毒物质也清除了它们的历史。但情形也并不总是如此。如果超级基金名单上的建筑和场地后来能被改建成有用之地并为大众造福，而不是在重新发展中被破坏，是最理想的模式。我们将会保留场地重要的物质框架，以便更好地了解场地本身及其周边社区。除此之外，从之前建筑留下的残留物中，我们可以更好地了解人类对建筑和自然景观的使用，滥用和管理方式。在超级基金场地和棕色地带，所有工业使用的痕迹和污染都被清除干净后，场地对居民和参观者已经没有太大意义。与这些地方联系紧密的人们的生活都将失去重要的地理坐标。某些清洁和再开发政策会破坏这些场地的历史价值，本篇文章就是为了讨论这些政策的意义。本篇文章还仔细研究了近来在超级基金场地做的工作，反映了在清洁过程中遇到的问题和保留历史的可能性。

采用遮盖掩埋方法，有毒物质将会保留或中和在场地上，采用挖掘拖运的方法，场地上的污染物将会被挖出来运到其他地方（这样也许会给其他地方带来问题），这两种方法的结果是大致一样的，场地都是为了再发展使用，结果是清除了历史使用痕迹和曾有的污染物甚至清扫历史本身。场地可以成为一个更重要的政治之地，这种复垦方法忽略了场地的这种潜力。[2] 如果被污染的地方和政治有着密切关系，在复垦过程中，会使更多的社区参与其中，也会得到更多关于如何使用复垦后的场地的建议。

有毒的历史和历史缺失

在超级基金场地上，使公众加速忘记场地历史可以促进场地再利用和再发展，这在一开始被认为是一个明智的方法。对污染场地有了解的一些人会觉得这样做费时多，觉得少说少宣传效果会更好。不管怎么说，完全无视过去的历史是有问题的，而且会对我们现在做的复垦工作造成不好的影响。如果清除场地污染物的工人知道物质的流动方向和有毒的场地上污染物是怎样产生的，他们就可以做出更全面的努力，在公众当中也不会引起太大的恐惧。原材料引进、生产产品、产生副产品，这些都是工业的流程，把中毒的场地看成是工业流程的一部分，会对场地处理有更深刻的了解，从而为场地污染物如何处理、场地复垦和场地再利用奠定一定的基础。这种方法尽管很少用于超级基金场地，但是在过去的三十年里，历史学家和工业考古学家用了很多次。

向公众讲述中毒的场地历史、场地污染物和清洁可以帮助公民更好地了解过去和现在。场地历史以多种形式向公众展示，比如配有解释和图表的小册子、网站、社区会议的演讲等，向公众当中讲解历史决策、人与人、人与经济，以及人与自然进行互动，因为有了大自然才有了人类景观，包括污染物及紧随其后的清除污染。深刻了解场地的复垦历史和计划可以让我们的行动更有目标性，并对比我们先进行复垦的以及我们之后开始复垦的人们产生一定影响。1889 年，哈佛教授查尔斯·艾略特·诺顿（Charles Eliot Norton）发表一篇名为"美国缺少老房子"的文章，文章认为建筑和景观是人类的一种施为行为，其价值能影响好几代人。诺顿为美国缺少古老的住宅而感到悲哀。并表达了对公共生活和个人生活的社会效果短暂性的担忧。他写道"人类生活本身不可能是一个完整的整体，而是一个连接，向后肯定是过去，向前就是未来。任何破坏这个连接的东西都是恶魔"。[3] 时至今日，我们仍然要有这样的概念，因为我们正在利用超级基金进行场地清理。

超级基金场地历史的清除，就是诺顿所说的恶魔，他指出在一个地方生活的人们和家庭存在的短暂性。用了一个现代的比喻来论证他的分析。诺顿写道"要加强过去和未来的连接，就要增加个人的力量，个人的尊严和责任感。等到了未来的时候，让未来的每一个人都感觉欠过去的人数不清的债务。"[4] 被污染的地方对公众的健康造成很大的威胁，我们应该感谢前人给我们留下很多的前车之鉴，使我们在未来的社会、文化和经济出现问题时，有很多的参考。在现存的建筑物和地方上，有很多的工业处理物和污染物，必须采取措施对这些被污染过的历史遗迹进行治理。这就加强了公民的复垦意识。对场地进行治理，会采取很多的行动，这就会帮助这些地方成为关注的焦点，使该地具有政治上的意义。

当地和日常景观（就像我们处理超级基金场地一样），因为它们为大众所熟知，并很容易接近，所以对过去和未来的社区成员和公民来说，会很容易理解建造这些景观的原因。[5] 在社区里，被污染的场地可以再一次起非常重要的作用，可以使这个地方具有政治性，可以使自然环境生态平衡。

弗雷斯诺市卫生填埋场地

2001 年夏天，当内政部长吉尔·诺顿（Gale Norton）把弗雷斯诺市卫生填埋指定为国家历史坐标时，在华盛顿州和加利福尼亚州弗雷斯诺市引起了争议。1937 ～ 1987 年间，弗雷斯诺市卫生填埋建立了一座长 4200 英尺，宽 1250 英尺，45 ～ 65 英尺高的垃圾山，这座垃圾山和法纳尔大厅、波士顿老州议会大厦、美国第一任总统乔治·华盛顿的弗农山庄园被指定为国家历史地标（图 11.1）。[6] 在国家历史遗迹名录中共有 8 万个地方，这些地方得到了国家的高度关注。我想在这里简单回顾一下弗雷斯诺市的历史，以加强有关日常景观信息的传播。

在 20 世纪 60 年代，议会通过国家历史文物保护法案以后，弗雷斯诺市垃圾山被指定为

图 11.2　弗雷斯诺市卫生填埋场地草图。
为 1939 年美国公共工程协会会议做的施工准备（国家公园管理局）。

图 11.3　弗雷斯诺市垃圾
处理工厂 1935 年施工图。
1937 年引进很多垃圾
处理方法使弗雷斯诺市
卫生填埋场地规模扩大
（国家公园管理局）。

国家历史地标是很值得关注的。历史文物保护规模大幅扩大，逐渐增大对日常生活的历史和形式的调查、文件证明、定名和注解，因为保护历史文物和研究建筑历史，以及建造景观联系密切。通过这种方法，在历史文物保护方面，产生了很多社会历史的平民观点，并激发了民众的爱国情感，使其更具民族主义精神，并为历史文物保护提供了美学基础。[7] 弗雷斯诺市卫生掩埋在美国的政治历史上算不上什么大事儿，也不具有特别突出的美学价值。不管怎么说，1937 年出现的垃圾掩埋方式是固体垃圾处理的一种创新方式。在场地上挖了一个宽 20 ～ 24 英尺，10 ～ 35 英尺深的沟渠。沟渠填满垃圾后，经过平整、压实后，再用泥土覆盖（图 11.2 和图 11.3）。这个工程的主导理念是弗雷斯诺市工程师吉恩·维森斯（Jean Vincenz）提出的，把泥土分层夯实可以控制侵蚀，减少碎片垃圾。相比把垃圾直接倾倒在空地上或水里，或者进行焚烧，或者在空气中腐烂，还会残留下很多的灰烬再做进一步处理，这种垃圾掩埋的方法得到了公众的很大认可。[8] 很快在全国范围内成为各市学习的榜样。维森斯的这种垃圾处理方法，以及弗雷斯诺市首先采用这种方法对垃圾进行处理，是弗雷斯诺市卫生填埋场地能指定为国家历史地标的原因。

260

指定弗雷斯诺市卫生填埋场地为国家历史地标是为了拓宽国家历史地标项目的领域。筛选可以列入国家历史地标的地方工作在乔治·W·布什（George W.Bush）执政前已经开始了，乔治·布什执政后政府对整个环境问题的态度使这项工作变得很受关注。[9] 国家公园管理局和休斯敦大学公共历史学院院长马丁·V·梅洛西（Martin V.Melosi）教授一起进行了调研并把弗雷斯诺市卫生填埋场地列入提名名单中，[10] 马丁·V·梅洛西教授是市政环境卫生和基础设施方面的顶尖历史学家。梅洛西教授成功地把国家历史地标项目转变成一种新的没有地理边界限制的，能把某个区域变得有历史意义的一个项目。[11] 这种努力非常有益，因为垃圾处理是人类历史上的一个重要组成部分。弗雷斯诺市卫生填埋场地不仅具有重要的历史意义，对我们以后如何利用自然资源，如何处理废弃物和保护环境也有很大帮助。再回顾这个场地历史的时候，我们肯定会反思我们是如何处理垃圾的。

把弗雷斯诺市卫生填埋场地指定为国家历史地标看起来好像保护历史遗迹失去了原则，因为这不符合传统的保护理念，也跟民族主义思想和美学成就不相干。保罗·罗杰斯（Paul Roger）在圣荷西水星报（San Jose Mercury News）写道："其他总统都把珍珠港、恶魔岛和马丁·路德金的出生地列为国家历史地标。现在布什政府也有了自己神圣之地：弗雷斯诺市的大垃圾堆"。[12] 尽管弗雷斯诺市卫生填埋场地被指定为国家历史地标有诸多的优点，但是内政部长面对来自各方的压力，也开始犹豫起来，开始寻求某种方式把这个垃圾堆"暂时"从地标名单上撤销。弗雷斯诺市的居民也不太愿意他们居住的城市是因为垃圾堆才出名的。环保主义者认为政府的这项举动很有讽刺意味，因为政府不是去保护巨大的红杉树或者可以进行石油勘探的海岸线，而是把一个垃圾堆指定为历史地标。

还有一点惹争议的地方就是，弗雷斯诺市卫生填埋场地数年来一直接收当地工厂产生的电池酸液，医院的医疗废弃物和其他有毒物质。卫生填埋场地的设计师肯定没有预想到垃圾的分解会产生很多甲烷气体和挥发性有机化学物质，然后对当地空气和地下水造成污染。1987 年，环境保护局命令停用弗雷斯诺市卫生填埋场地。1989 年，环境保护局把弗雷斯诺市卫生填埋场地列入超级基金场地国家优先发展名单。环境保护局最后用造价 950 万美元把这个垃圾掩埋场地清理干净。安装了搜集甲烷气体的设备，为防止场地内的水流出去污染其他区域，还铺了土工膜和一层 4～5 英尺厚的土。由于布什政府把垃圾堆指定为国家历史地标，曾经一度引起很多的政治闹剧，因为这违反了国际环境条约，现在这个地标已经是一个超级基金清理场地。[13]

内政部长诺顿在 2001 年 8 月 28 日宣布弗雷斯诺市卫生填埋场地被撤出国家历史地标名单，9 月 11 日以后人们的注意力又集中到其他的政治事件上了，最后诺顿也没有以书面形式撤销这个指定。所以时至今日弗雷斯诺市卫生填埋场地依然还在国家历史地标名录上。

了解超级基金场地历史的必要性

我认为指定弗雷斯诺市卫生填埋场地为国家历史地标这件事应该让更多的公众知道。2001 年 8 月份时，当报纸和电视上都在讨论国家历史地标指定的名单的时候，确实引起了公众对弗雷斯诺市卫生填埋场地的很大关注，但是 9 月 11 号以后，对此事的关注迅速消失。令我感到最吃惊的事，管理场地的政府当局没有采取任何方式向数千名每周都去场地参观的公众讲述场地的历史。2002 年，弗雷斯诺市在这个区域建了一个 350 英亩的体育场，曾经的卫生掩埋场地都包括其中。这个体育场有五个操场，六个垒球场和七个足球场（图 11.4）。网

图11.4 弗雷斯诺市体育场鸟瞰图。体育场右侧为覆盖的卫生填埋场地（2003年，摄于弗雷斯诺市）。

图11.5 以耸起的弗雷斯诺市卫生填埋场地为背景的体育场（作者摄于2010年）。

站上把这个区域称为"具有环保意识的设施，曾经的垃圾掩埋场地包括其中"。还有一个供徒步登山的小径和"山顶眺望的地方"。[14]

但是对于徒步登山和站在山顶眺望的人们来说，他们在场地其实什么也没看到——没有标记，没有宣传册，没有历史照片，没有讲解人员来呈现弗雷斯诺市卫生填埋场地曾经辉煌的历史。没有任何迹象显示这个场地曾经在过去半个多世纪的时间里堆放了790万立方码[15]的垃圾。也没有迹象显示这个地方曾有过人类污染和清除垃圾的历史。没有人关注扔在体育场上成堆的佳得乐饮料瓶和易拉罐最终被处理到哪里。扩大国家历史地标的选择领域固然是好的，但是，我们现在要问，为什么一个预算为2500万美元的体育场却没有给人们讲述这个场地曾经的历史、如何进行垃圾处理以及如何处理人与自然资源，人与环境的关系？（图11.5）。

弗雷斯诺市卫生填埋场地作为一个超级基金场地，和其他有毒的清理场地一样，在文化和历史缺失中了。公众本不应该再去读那些学术期刊和当地的过期报纸来了解场地的历史，因为人们完全可以通过场地本身去了解历史。应该在场地上做一些标记，使人们在山顶眺望时能通过看这些标记了解场地历史。现代体育场都设有健身步道，步道边上设有15～20个带有健身说明的健身站。这些设施是为了个人健身和公众身体健康服务的。[16]弗雷斯诺市的这个体育场也有这样类似的带有健身说明标记的健身步道和健身设施，这些标记上可以写上场地历史，土地复垦以后场地还为公民健身提供了一套健身设施，还能在此进行公民公共健康教育。山顶的标记可以告诉人们你正站在一个790万立方码的垃圾山上。可以提供每户人家每天产生的垃圾量和如何处理这些垃圾。可以做一个标记告诉人们这个场地曾经遭到过污染，可能对公众健康造成威胁，再做一个标记告诉人们通过对土地进行复垦，现在已经可以用作体育场。这样人们就可以理解为什么今天场地上会有甲烷燃烧。让人们直面场地历史，可以更深入了解垃圾处理的历史，知道他们所交的税用在了何处。这项工程需要历史学家、设计师、生态学家和规划者的通力合作。

历史学家和设计师在环境清理时肯定面临很多由于环境污染造成的威胁。然而，考虑到此项工程给公民带来的利益，我们肯定能够找到方法来面对有毒垃圾场地给我们带来的挑战。很多超级基金场地和棕色地块垦复工程的主要目的不是为了解决环境问题，而是为了重新利用这些废弃的场地，因为这些废弃的场地已经是现存交通运输和公用基础设施的一部分。我认为这些场地也和社区基础设施历史有关，[17]所以需要公民、社区以及各种机构为场地恢复和续用努力工作。

从指定弗雷斯诺市卫生填埋场地为国家历史地标所引发的这些情况可以看出，在史迹保存和建立能保护环境的有毒场地之间要想达成某种共识是充满困难的。环境保护局的健康和环境目标是清除或保留有毒物质，这种做法和环保主义的意见有冲突，环保主义者是努力使此地发展为特定的场所，然后人们可以直接参与到该场所上的物质活动。环保主义者的目的是让人们了解场地上出现的物质活动，并对此进行设计，按顺序排列。保护工作集中于恢复和翻新。环保主义者希望修缮改建那些废弃的建筑和场地，使它们具有新的用途。人们清除场地上的有毒物质，目的就是彻底清除过去长期积累下的污染物，最低目标是中和该场地的毒性。当然，最初的目的肯定是清除污染，清除的过程中，建筑和场地景观肯定会受到破坏。保护和复垦之间的这种对立看起来很是让人头疼。

当我们从政治和公民角度来看超级基金场地的历史时，我们必须记住这样一个长期以来的传统，就是历史古迹保护工程与政治考量密切相关。1850 年，美国早期公共保护中有这样一件事。纽约立法机关购买了位于纽约纽堡市的华盛顿的美国革命战争总指挥所。立法委员认为这个建筑具有深刻的历史意义，是看得见的历史，能够"把美利坚合众国祖辈们的精神传递给后代子孙"，委员会宣布"当我们读到革命英雄的传记或革命历史故事而感到热血沸腾时，如果能站在革命先烈们曾经洒过鲜血或曾经做出重大成就的地方，我们的爱国之情会更加高涨"。[18]19 世纪 50 年代，保护这个总指挥所是极其重要的。1783，华盛顿自己的军队里，有一些人因为没有得到军饷而向议会反抗，华盛顿就是在这里阻止了这场反抗。环保主义者有一个明确的政治目的：弘扬爱国主义精神，缅怀华盛顿的领导，缓解日渐高涨的反对农奴制度情绪。他们写道："在有政治冲突、政治煽动的这段时期，这项举动对我们的公民有益处；在我们全国各个地方都能反复听到国家分裂的声音时，这项举动对我们的公民有益处；等到将来他们偶尔回顾这段革命斗争的历史时，思想会得到磨炼"。[19]

对总指挥部的保护比激起这项活动的政治议程还要成功。无论怎样，早期的保护战争揭示了这样一个事实，就是政治和公民会在保护运动中起重大作用。利用某地的政治性可以有效对中毒的场地进行清洁和再发展。

场地管理：培育黑格斯城的政治之地

学术界和公众对工业遗迹的兴趣促进了工业历史的发展，同时也使人、科技、建筑、场地和宏观的经济之间的动态关系更加复杂。从科技方面的历史学家，劳工和工业方面的历史学家的作品中可以看出他们对工业场地历史的要求相对严苛。通过历史研究法对工业、劳动力资源和环境历史进行的研究，得出这些场地是资源、劳动力、科技和环境重要的交叉点的结论，同时可以更准确的了解工业如何在建筑内部，陆地上，以及在广义交通运输系统、环境、金融和消费系统中运行。[20]今天，相同的方法被用于进一步了解被污染的工业场地的建筑、文化、经济和环境的历史。很多美国社区的历史都和工业紧密相连，工业是形成这些社区现存状态的主要因素，工业景观可以很大程度地帮助人们掌握区域历史。工业景观是判断场地是否被污染的重要因素。

2003 年，我和同事朱莉·巴格曼（Julie Bargmann），以及我们在弗吉尼亚大学建筑学院的学生，探索描述工业历史的方法，并为马里兰州黑格斯城超级基金场地再利用设计了方案。这个长达一年之久的项目主要研究黑格斯城中央化工厂超级基金场地（图 11.6）。主要工作是观察工业对场地内部及其周边地区环境的影响。很快我们发现，超级基金场地

图 11.6　马里兰州，黑格斯城，环境保护局超级基金场地中央化工公司。（2003 年，弗吉尼亚大学建筑学院摄）

可以从历史和再开发利用的角度被双重利用。正如原始工业的发展依赖于周边的工业、城镇里的工人以及交通和投资结构一样；揭示出这些条件之间的联系，可以为将来再开发的可能性和限制条件提供更加透明的分析。对于场地未来的再开发要从文化、历史和地理角度进行考虑。很多有超级基金场地的地方都面临着普遍性解除工业化的问题。对超级基金场地的历史分析可提供一个重要的框架，使市民把握宏观经济发展的方向从而决定社区发展的方向。

　　强调对超级基金场地上原有工业类型进行追踪、识别、解释以及再利用的另一个优势在于，它以一个渐进的、增加的方式为场地再利用提供了混合化使用的场景。由于未来的方案是在现存建筑和场地上进行的调整和综合利用，因此对场地的再设计会很复杂。对场地再次设计是为了重新利用现有的工业结构，使其用途更加多样化，更具有再发展的潜力。这种再设计对很多周边社区的利益相关者作用很大。我们学生对中央化工场地的设计，充分考虑了现存建筑和场地内不同程度的污染问题。这种做法与常见的单一地把回收再利用的场地改建成一个足球场、仓库区或新型购物中心的做法截然相反。我们这种方案的多用途性引起了黑格斯城居民的极大热情，他们一直很关注中央化工公司场地的未来用途，这种适应当地情况的再利用方法超出了在原有重新利用现存的建筑和场地所带来的利益：着手开始了环境管理，同时丰富了从事于场地复垦和场地再利用的市民生活。

　　随着这项工程的开展，我们有机会向社区的居民展示这项工程的前期准备工作以及设计方案。很明显，社会资本的重要形式在通过使用平实的语言让人们认识他们的超级基金场地和他们所在的社区的过程中产生。当超级基金场地和广义社区具有清晰的历史概念的

264

图 11.7　场地再利用为野生动物和鸟类栖息地，废弃的建筑作为观望台。格雷琴·凯利·吉马利（Gretchen Kelly Giumarro），设计师，弗吉尼亚大学建筑学院。

图 11.8　场地再利用为城市公园，可以过滤雨水和周边地区流过来的灰质海水。布莱恩·基瑞斯（Brian Gerich），设计师，2003 年，弗吉尼亚大学建筑学院。

265

时候，人们对它的理解和依赖感就会增强。我们通过提供指南手册、海报，以及网站去展现黑格斯城的工业和建筑历史。在 20 世纪 50 年代，中央化工场地的一个公司生产杀虫剂 DDT 并向场地内的一个池塘大量排放污染物，然后流向安蒂特姆溪（Antietam Creek），最后流进波托马克河（Potomac River）的事实帮助解释了很多的问题。对场地历史的了解和关联为更加明确的公众参与铺平了道路，并规范对场地和社区未来的管理。以理清公众对历史的了解为基础，不仅是为了缓解市民的愤怒和恐惧情绪，同时也是一个反思历史和规划未来的过程。

历史是构成一个地方政策的重要因素。它从历史的角度来展望人类能动性，同时让人们从或多或少地了解某个特定场地的历史，转变为更深层次的属于他们自己的公民行动。对于超级基金场地，一个设计可以显示环境复垦的过程，复垦场地可以加强公众对复垦的理解，以及维持场地所需的管理。朱莉·巴格曼和我所做的是鼓励设计，并向人们讲解我们的设计方案，让他们对被污染的场地有更深刻的了解。我们通过召开公共会议、建立专门网站、发放信息小册子、展览、由导游带领游览场地和在场地做标记等形式提出首次利用工业场地历史的概念，以帮助人们更好地了解有关这些场地的问题。

同时，我们建议设计师们在设计再利用方案时保存历史痕迹，这样可以使人们通过具体的历史痕迹更好地了解场地。在黑格斯城工作的学生在制定中央化工场地再利用方案时创造性的融入了工业生产痕迹和环境复垦因素。格雷琴·凯利·吉马利（Gretchen Kelly Giumarro）设计了一个名为"工业筑巢"的工程。这个理念源于当年的 DDT，不仅污染了中央化工场地还使多种鸟类不能吸收钙质，致使这些鸟下的蛋皮很软，严重影响秃鹰、鹗、游隼的繁殖。吉马利提议在场地建立一个多种鸟类栖息地，而不是把建筑物从场地上移除。她提议说，基于这些建筑和工业历史以及场地上的污染的联系，可以把建筑物变成鸟类栖息和观鸟者观察鸟类的场所（图 11.7）。其他建筑也可以改建成教育和娱乐中心。这种"救赎"设计方案保留了场地历史，赋予了这片场地比简单地开发成为与建筑物、景观和中央化工厂历史没有关联的鸟类栖息地更重要的意义。布莱恩·基瑞斯（Brian Gerich）从化工厂污染历史的另一面得到了灵感——化工厂流出的水污染了当地的河流这一事实。他制定了一个阶段性计划，根据计划，随着复垦过程的进行，场地在汇聚和过滤周边地区的雨水方面发挥越来

越重要的作用（图11.8）。场地上的建筑物可以为公司提供进行生态科技研究的场所。肯特·多尔蒂（Kent Dougherty）设计了一个体育场，这种设计不是要隐藏场地污染的历史，而是利用在场地复垦过程中产生的各种生物和矿石，建一个可以滑滑板、滑直排轮和骑自行车的场地。多尔蒂的设计不同于常见的先将场地夷为平地再加以重新利用的方法（图11.9和11.10）；相反，她保留了复垦过程中形成的地貌，而且使这些地貌有了新的用途，还可以通过做标记和贴展示图可以让人们了解场地历史。卡拉·鲁珀特（Cara Rupert）设计了一个"生态实验室园区"，随着复垦工作的进行，一个研究城市生态和污染的中心、一个实验室、一个图书馆和一个教育大楼将在原中央化工工厂处建起（图11.11）。在这些建筑里所体现出的历史痕迹将以"可触摸的词语"的方式向人们讲述场地历史——这些被再次利用的建筑就是活生生的历史。所有被污染的土地还将会被水冲刷或过滤，来消除土地上曾经被污染的味道。本·斯宾塞（Ben Spencer）的设计是对中央化工建筑和地面进行多种利用，包括开展农业、建野生动物栖息地、建再生能源工厂、建循环利用中心和公共市场（图11.12）。莎拉·查维特（Sarah Trautvetter）设计了一个动态景观，让人们逐渐愿意回到原中央化工地带，而这次不是作为中央化工场地而是作为文化中心和露天剧院。当土地被清理干净，复垦过程中的栅栏被移走之后，以前只能"站在屋子里"远远观察复垦过程的人们，现在全都可以参与到各种文艺活动中（图11.13）。这些提案的优点在于保留了特殊建筑、景观和中央化工工厂协会的历史和政治意义。原先的再开发方案都没有这样的设计，弗雷斯诺市卫生填埋场地就是一个例子，其完全忽略了场地景观的历史意义，开发的可能性，以及历史学家、生态学家、设计师和当地居民的建议。

267

　　很多中央化工工程把复垦作为土地历史的一部分，这些应该都是公开的。公民了解土地历史可以使他们社区的未来形式以及如何规划有更好的了解，这些了解是通过对人类知识、价值观、政治权利和人为景观之间复杂的联系得到的。从这种意义上来说，我们是由于历史和政治原因保护华盛顿总部的。19世纪中期的保护主义者忽略了多勒斯·海登（Dolores Hayden）提出的"场所的力量"，[21]没有认识到场地本身是可以触摸到的历史。对于历史学家、保护主义者、设计师和普通大众来说，可以通过这些工程过去的历史向人们提供规划未来的参考。

268

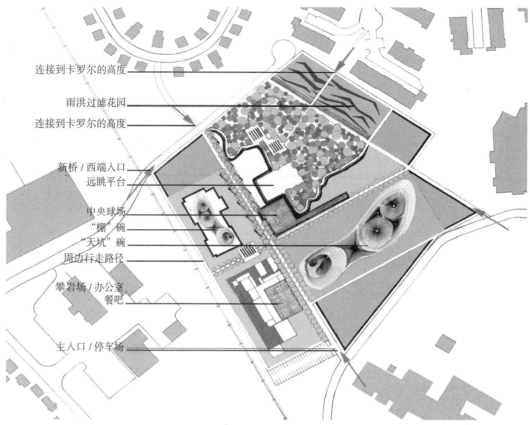

连接到卡罗尔的高度

雨洪过滤花园

连接到卡罗尔的高度

新桥 / 西端入口

远眺平台

中央球场

"棚" 碗

"天坑" 碗

周边行走路径

攀岩场 / 办公室

餐吧

主入口 / 停车场

图 11.9　场地再利用为特大体育场，连接周边地区，可以让参观者学习复垦过程。肯特·多尔蒂（Kent Dougherty），设计师，2003 年，弗吉尼亚大学建筑学院。

图 11.10　场地再利用为特大体育场，连接周边地区，允许参观者观看和探索场地复垦。肯特·多尔蒂，设计师，2003 年，弗吉尼亚大学建筑学院。

254　有毒的记忆

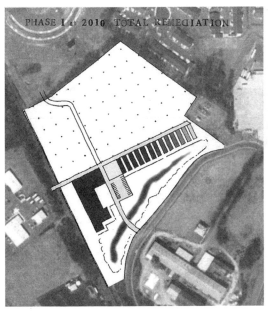

阶段一

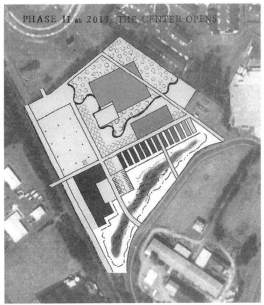

阶段二

图 11.11 场地再利用为实验室，可以检测生态系统和复垦技术。实验室建在已经清除干净的场地上。卡拉·鲁珀特（Cara Rupert），设计师，2003年，弗吉尼亚大学建筑学院。

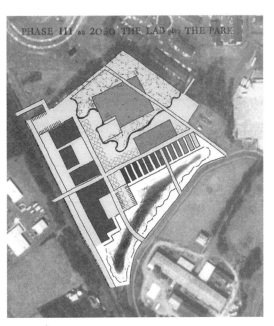

阶段三

宣传场地

我们复垦工业场地以及讲述工业场地的历史，就是为了让公民意识到并参与到一些和未来形势有关的紧迫问题中来。如果没有一代历史学家坚持研究日常景观的形式和意义，这个过程是不可能达成的。从这个意义上来说，我特别赞同约瑟夫·阿马托（Joseph Amato）在他的新书《对住宅的反思：写地方历史的一个例子》中对地方志的主张，阿马托认为：

> 当住宅和住宅所处的地方，地方和地方景观处在一个突变的状态下时，当地历

图 11.12　场地再利用为农场，可以生产当地食物。公众在复垦过程中可以进入场地。本·斯宾塞（Ben Spencer），设计师，2003 年，弗吉尼亚大学建筑学院。

史学家会非常关注具体的地方。这种紧张为深层对话提供了基础……（地方志）激发人们去了解当地出现各种行为原因的热情。通过这种方法，地方历史让人们在可能的领域中发挥智力。了解现状和造成这种现状的原因，地方历史为所有地方上重要的人们提供了黄金资产。[22]

269

图 11.13　场地再利用为文化中心和室外剧场。修复本身被视为履行义务，同时公众逐渐进入清洁干净的有毒化学废物的场地。莎拉·查维特（Sarah Trautvetter），设计师，2003 年，弗吉尼亚大学建筑学院。

地方历史能激励公民。

通过我们在了解超级基金土地日常景观的形式和历史上做出的努力，使更多的公众参与了进来。历史不再是零碎的、分离的、或是可以被收藏在自己家中书房里的东西，我们现在开始认真关注那些大多数人生活、工作和参观的地方。[23] 这个挑战在于突破学术范围视野的同时通过更加大众的方式和普通的地方进行信息传播，这些方式有：超级基金场地的改建设计，划分具有历史意义的地区，编写周边历史和建筑的指导书，在网络上做语音向导，简历以超级基金复垦过程为特色的网站，博物馆展览，设置讲述地方历史和建筑的中学课程，以及畅销期刊和演讲；许多伟大的作品都是通过这些方式完成的。将受污染的土地转换为文化之地和历史记忆，是一项具有重要政治意义和专业意义值得推广的工程。

注　释

第 1 章　绪论

[1] Carleton Knight III，"Philip Johnson 奏序曲"，《历史保护》38–34 页（1986 年 9 月 /10 月）。

[2] 《华盛顿邮报》，1987 年 3 月 7 日。

[3] 《纽约时报》，1985 年 11 月 29 日。

[4] Knight，"Philip Johnson 奏序曲"，34，36 页。

[5] Irwin Altman 和 Setha Low，《场所依附》（纽约：全体会议出版，1992 年）；Tony Hiss，《场所的体验》（纽约：兰登书屋，1991 年）；Ned Kaufman，"具有历史，文化和社会价值的场所：鉴定和保护，第一部分"，《纽约环境法》，第十二章 211 页，第三十三章 224 页（2001 年 11 月）；Ned Kaufman，《场所，种族和故事：历史保护的过去和将来》（纽约：劳特里奇出版社，2009 年）。

[6] 关于美国历史保护发展的卓越且简明的综述，Mike Wallace，"保留过去：美国历史保护的一段历史"，Mike Wallace，《米老鼠的历史和关于美国记忆的其他散文》（费城：天普大学出版社，1996 年），178–210 页；以及 Mike Wallace，"对保护（遗迹）的再次访问"，《米老鼠的历史》，37–224 页；也参见 Charles B.Hosmer.Jr.，《过去的存在：威廉斯堡之前的美国保护运动的一段历史》（纽约：普特南，1965 年）；Charles B.Hosmer Jr.，《保护到来的时代：从威廉斯堡到国民托管组织，1926–1949 年》（夏洛茨维尔：弗吉尼亚大学出版社，1981 年）；一篇优秀的评论文章，关于保护运动只关注建筑美学标准的误区，参见 Richard Longstreth，"美国建筑历史和历史保护的实践"，《建筑史学家社论》，58 期（1999 年 9 月）：326–333 页。

[7] David Lowenthal，《过去是另外一个国家》（剑桥：剑桥大学出版社，1985 年）；Michael Kamen，《记忆的神秘和弦：美国文化传统的转变》（纽约：科诺普夫出版社，1991 年）。

[8] 参见，例如，Jeffrey Blustein，《记忆的道德需求》（剑桥，剑桥大学出版社，2008 年），或者 Christopher Duerksen 和 Richard J.Roddewig，《用浅显的英语解说法律》（华盛顿：历史保护的国民托管组织，1994 年）。

[9] William J.Murtagh，《存续时间：美国保护理论和历史》（霍博肯：威利出版社，2006 年），尤其专注于个人和公众在历史保护方面主动性的变化动态。

[10] 参见，例如，Hosmer，《过去的存在》，该书指出，1850 年对曾作为华盛顿总司令部的位于纽约纽伯格的 Hasbrouck 住宅的保护，是紧随对 Mt.Vernon 的保护之后，并成为美国保护运动的开端。

[11] 《纽约时报》，1986 年 12 月 24 日。

[12] Kevin Melchionne，"生活在玻璃屋：家庭生活，室内装饰和环境美学"，《美学和艺术评论日报》，56 期（1998 年，春）：191-200 页；Alice Friedman，《女人与现代住宅的形成：一段社会和建筑的历史》（纽约：艾布拉姆斯，1998 年），126-159 页。

[13] Knight，"Philip Johnson 奏序曲"，38 期。

[14] 《纽约时报》，1987 年 7 月 16 日。

[15] 对这种流派作出里程碑贡献的是 Richard Cahan，《它们都倒塌了：Richard Nickel 拯救美国建筑的奋斗》（华盛顿，保护出版社，1994 年）；也参见 Neil Harris，关于拆除的启示性讨论，《建筑生活：构造仪式和文章》（纽黑文：耶鲁大学出版社，1999 年）；被破坏和保护的城市骨架，参见 Max Page，《曼哈顿的创造性破坏 1900-1940 年》（芝加哥：芝加哥大学出版社，1999 年），也参见 Michael Holleran，《波士顿的"多变时代"：美国保护和规划起源》（巴尔的摩：Johns Hopkins 大学出版社，1998 年）。

[16] 参见 Robert M.Fogelson，《市中心：它的兴起和衰落，1880-1950 年》（纽黑文：耶鲁大学出版社，2001 年），特刊，第七章，"创造荒芜：市中心和市区重建的起源"，317-380 页。

[17] 《曼哈顿的创造性破坏》，111-143 页。

[18] Norman Tyler，《历史保护：历史保护活动的历史、原则和实践》（纽约：诺顿出版社，2000 年）；Robert E.Stipe，《一种更富有的遗产：21 世纪的历史保护》（教堂山：北卡罗来纳大学出版社，2003 年）；也参见，Paul Spencer Byard，《附加的建筑：设计和管理》（纽约：诺顿出版社，1998 年）。

271

[19] 一次更有益的关于公众历史和庆典的讨论，参见 Dolores Hayden，《场所的力量：作为公众历史的城市景观》（剑桥：麻省理工学院出版社，1995 年）；Kirk Savage，《站立的士兵，跪下的奴隶：19 世纪美国的种族、战争和纪念碑》（普里斯顿：普林斯顿大学出版社，1997 年）；Ivan Karp，Christine Mullen Kreamer 和 Steven D.Lavine，《博物馆和团体：公众文化的政治学》（华盛顿：史密森学会出版社，1992 年）；Casey Nelson Blake，《民主的技巧：艺术，公众文化和国家》（费城：宾夕法尼亚大学出版社，2007 年）；David Glassberg，"公众历史和记忆研究"，《公众历史学家》，18 期（1996 年，春）：7-23 页；Lowenthal，《过去是一个另外一个国家》；James W.Loewen，《躺卧在美国大地：我们的历史遗址做错了什么》（纽约：新出版社，1999 年）。

第 2 章 场所中的爱国主义

[1] 参见 Charles B.Hosmer，Jr.，《过去的存在：威廉斯堡之前的美国保护运动的一段历史》（纽约：Putnam 出版社，1965 年）中的案例：1850 年 Hasbrouck 大楼，该大楼曾被用作华盛顿在纽约纽伯格的总部，而后 Vernon 先生对其进行了保护，拉开了美国历史建筑保护的序幕。

[2] Michael G Kamen，《记忆的神秘和弦：美国文化传统的转变》（纽约：诺普夫出版社，1991 年）特刊，第一部分；Mike Wallance，"保留过去：美国历史保护活动的历史"，《米老鼠的历史和关于美国记忆的其他散文》（费城：坦普尔大学出版社，1996 年），178-210 页；Sarah J. Purcell，《被鲜血尘封：美洲独立战争中的战役、牺牲和记忆》（费城：宾夕法尼亚大学出版社，2002）；为了解趣味性相对较弱的美国 19 世纪早期历史保护情况，可参见 Norman Tyler，Ted J Ligibel 以及 Ilene R Tyler，《历史保护：历史保护活动的历史、原则和实践》（纽约：诺顿出版社，2009 年），12 页。

[3] 《美国哨兵》，1824 年 8 月 28 日，再版于 Edgar Ewing Brandon 等，《Lafayette，国家的贵客：1824-1825 年间贯穿全美的 Lafayette 将军胜利之旅在当地报纸中的报道》，（牛津，俄亥俄州：牛津历史出版社，1950 年），第一卷，108 页。

[4] Sylvia Neely，"新旧世界的自由政策：1824 年 Lafayette 回访美国之行"，《早期共和国》，6 期（1986 年，夏）：151-171 页；关于美国历史保护运动中的爱国情结内容，参见 Hosmer，《过去的存在》，264 页；关于开创政治和社会单位的独立战争理念的重要性，可参见 Purcell，《被鲜血尘封》。

[5] Harold Kirker，《Charles Bulfinch 的建筑》（剑桥：哈佛大学出版社，1969 年），232–233 页；Charles A Place，《Charles Bulfinch，建筑师和市民》（波士顿：Houghton Mifflin 出版社，1925 年），124–125 页；Walter Muir whitehill，《波士顿：一段地形学方面的历史》（剑桥：哈佛大学出版社，1959 年；1968 年），42–43 页；Abram English Brown，《大厅和大厅市场》（波士顿，1900 年）。

[6] Charlene Mires，《美国记忆中的独立大厅》（费城：宾夕法尼亚大学出版社，2002 年），66 页。

[7] Stanley J. Idzerda，《Lafayette，两个世界的英雄：Lafayette 美洲告别之旅的艺术和庆典活动，1824–1825 年》（Flushing，N. Y：女皇博物馆，1989 年）；Anne C. Loveland，《自由的象征：Lafayette 在美国人心中的形象》（巴吞鲁日：路易斯安那州立大学出版社，1971 年）；Marian Klamkin，《Lafayette 的归来，1824–1825 年》（纽约：Scribner 出版社，1975 年）；Fred Somkin，《不平静的雄鹰：美国人自由理想的记忆和愿望，1815–1860 年》（伊萨卡岛：康奈尔大学出版社，1967 年），131–174 页。

[8] 《特兰西瓦尼亚大学小教堂中的秩序：为纪念 Lafayette 的到来而收集的原物品……》（来克星敦，Ky.，1825 年），8 页，被引用于 Somkin，《不平静的雄鹰》，167 页。

[9] 《Cahawba 出版社和亚拉巴马州信息社》，1825 年 4 月 9 日，再版于 Edgar Ewing Brandon，《自由朝圣者的旅程：1825 年贯穿全美的 Lafayette 将军当代胜利之旅在当地报纸中的报道》，（雅典，俄亥俄州：Lawhead 出版社，1944 年），151 页。

[10] 《新伦敦公报》，1824 年 8 月 25 日，再版于《纽约美国人》，1824 年 9 月 9 日，78 页。

[11] Somkin，《不平静的雄鹰》，137–139 页；Loveland，《自由的象征》，52–60 页。

[12] 《纽约美国人》，1824 年 9 月 9 日，再版于 Brandon，《Lafayette，国家的贵宾》，1：185–186 页。

[13] 《美国人报》，1824 年 8 月 24 日，再版于 Brandon，《Lafayette，国家的贵宾》，1：86–87 页。

[14] Marc H. Miller，"Lafayette 的告别之旅和美国艺术"，收录于 Idzerda，《Lafayette，两个世界的英雄》，145 页。

[15] 《广告人日报》，1824 年 9 月 20 日，再版于 Brandon，《Lafayette，国家的贵宾》，1：241 页。

[16] 《商业广告人报》，1824 年 8 月 24 日，再版于 Brandon，《Lafayette，国家的贵宾》，1：66 页。

[17] 《宾夕法尼亚信息社》，1825 年 2 月 4 日，再版于 Brandon，《Lafayette，国家的贵宾》，3：237 页。

[18] 在 19 世纪 50 年代，出于安全的考虑，那顶华盛顿帐篷先被置于专利局大楼保存展示，而后在 1876 年又被展示于费城百年纪念展览会会场。参见 Karal Ann Marling，《George Washington 曾在这里睡觉：1876–1976 年间的殖民地复兴和美国文化》（剑桥：哈佛大学出版社，1988 年）。

[19] 《和谐公报和中性自由民报》，1824 年 9 月 4 日，以及美国哨兵，1824 年 9 月 1 日，再版于 Brandon，《Lafayette，国家的贵宾》，1：160 页，177 页。

[20] 《和谐公报和中性自由民报》，1824 年 9 月 4 日，再版于 Brandon，《Lafayette，国家的贵宾》，1：160 页。

[21] 美国哨兵，1824 年 9 月 1 日，再版于 Brandon，《Lafayette，国家的贵宾》，1：158 页。

[22] Keith H. Basso，《场所的智慧：西部阿帕奇的地景和语言》（Albuquerque：新墨西哥大学出版社，1996 年），反映出不同文化体系中的场地意义、流传的故事以及社会融合性的内容。

[23] 引自 Sarah J. Purcell，"纪念、公共艺术和邦克山纪念碑的意义变化"，《公共历史学家》，25 期（2003 年，春）：62 页。

[24] 《美国哨兵》，1824 年 9 月 1 日，再版于 Brandon，《Lafayette，国家的贵宾》，1：117 页。

[25] Daniel Webster 于 1823 年的公函，引于 George Washington Warren，《美国建国初期的邦克山纪念联合会历史》（波士顿：Jarnes R.Osgood 出版，1877 年），41 页。

[26] George Edward Ellis，《邦克山战役的速写作品和纪念物：附有说明性的文件》（查尔斯镇：C. R Emmons 出版，1843 年）。 272

[27] Helen Mar Pierce Gallagher，《Robert Mills，华盛顿纪念物的设计者》（纽约：哥伦比亚大学出版社，1935 年），98–104 页，204–207 页。

[28] Ellis，《邦克山战役的速写作品和纪念物》，162 页。

[29] Horatio Greenough，《一位美国采石匠的旅行，观察和经历》（纽约：Putnam 出版，1852 年），37 页，被引用于 Purcell，《被鲜血尘封》，201 页。

[30] Warren，《邦克山纪念联合会的历史：William Wilder Wheildon，Solomon Willard 回忆录，邦克山纪念碑的设计者和负责者》（波士顿：邦克山纪念联合会，1865 年）；国家公园管理局，《来源于关于邦克山纪念联合会成立目的和组织形式，以及邦克山纪念碑建设的文件，1823–1846 年》，共两卷，（丹佛：国家公园管理局，1982 年）；尤其参见第一卷，75–78 页。

[31] Ellis，《邦克山战役的速写作品和纪念物》，156 页。

[32] 《Daniel Webster 的作品》，第七版，（波士顿：小的，棕色的，1853），第一卷，61，62，78 页。

[33] 《里士满问询报》，1824 年 10 月 26 日，再版于 Brandon，《Lafayette，国家的贵宾》，3：37 页。

[34] 《朴次茅斯与诺福克先驱报》，1824 年 10 月 25 日，再版于 Brandon，《Lafayette，国家的贵宾》，3：53 页。

[35] 《大陆会议期刊》，1781 年 10 月 29 日，第三卷，682 页。

[36]

[37] Auguste Levasseua，《Lafayette 1824 年和 1825 年在美国》（原版于 1829 年在法国出版）翻译版，Alan R. Hoffman，（曼彻斯特 N.H：Lafayette 出版社，2006 年），199 页。

[38] 《朴次茅斯与诺福克先驱报》，1824 年 10 月 25 日，再版于 Brandon，《Lafayette，国家的贵宾》，3：58 页。

[39] Levasseua，《Lafayette 1824 年和 1825 年在美国》，199，204 页。

[40] Levasseua，《Lafayette 1824 年和 1825 年在美国》，205–212 页。

[41] Robert D. Ward，《Lafayette 1824–1825 年弗吉尼亚之旅》（里士满：West，Johnson &Co. 1881 年），28，37 页。

[42] Levasseua，《Lafayette 1824 年和 1825 年在美国》，201–202 页。

[43] 《Lafayette 将军回忆录，对他造访美国和美国人民对他的接待事件的理解，8 月 15 日，约克镇庆祝活动，1824 年 10 月 19 日》（波士顿：E. G. House 出版，1824 年），254 页。

[44] 美国州政府报纸，白宫的代表，第二十五届国会，第二次会议，军事事件，第一卷，7，907 页，第 770 条 "关于在弗吉尼亚州约克镇建立美国独立战争、军队中的将军级军官纪念碑和大理石纪念柱的国会提议"。

[45] http：//www.nps.gov/york/historyculture/vicmon03.htm

[46] 国家公园管理局，"弗吉尼亚州约克镇的国家殖民历史纪念物建设和发展纲要" 1933 年，http：//www.nps.gov/history/history/park–histories/index.htm#c

[47] 《纽约商业广告报商》，1824 年 9 月 27 日，再版于 Brandon，《Lafayette，国家的贵宾》，2：36–37 页。

[48] 《美国公报》，1824 年 10 月 1 日，再版于 Brandon，《Lafayette，国家的贵宾》，2：72，73，77 页。

[49] Charlene Mires，《美国记忆中的独立大厅》（费城：宾夕法尼亚大学出版社，2002 年），为读者提供了独立大厅建筑形式转变、意义、价值的概观；Edward M. Riley，"独立大厅组织"，《美国哲学社会事务》，新系列，43 期（1953 年）：7–42 页；Haviland 1831 年报告，被引用于 Riley，"独立大厅组织"，34 页；同样可参见 Constance M. Greiff，《独立：一个国家公园的创造》（费城：宾夕法尼亚大学出版社，1897 年），35–36 页。

[50] 《里士满问询报》，1824 年 10 月 26 日，再版于 Brandon，《Lafayette，国家的贵宾》，3：66 页。

[51] 《Raleigh 登记簿》，1825 年 3 月 1 日，再版于 Brandon，《一次自由的朝圣》，22 页。

[52] 《商业广告人报》，1824 年 9 月 24 日，再版于 Brandon，《Lafayette，国家的贵宾》，2：19 页。

[53] 《马里兰共和报》，1824 年 12 月 21 日与 28 日，再版于 Brandon，《Lafayette，国家的贵宾》，3：203 页。

[54] 《弗吉尼亚先驱报》，1824 年 11 月 27 日，再版于 Brandon，《Lafayette，国家的贵宾》，3：144 页。

[55] 《南方纪事报》，1825 年 3 月 19 日，再版于 Brandon，《一次自由的朝圣》，47 页。

[56] 《弗雷德里克通讯》，1825 年 1 月 1 日，再版于 Brandon，《Lafayette，国家的贵宾》，3：221 页。

[57] 《伊利诺斯公报》，1825 年 5 月 14 日，再版于 Brandon，《一次自由的朝圣》，226 页。

[58] 《华盛顿公报》，1824 年 10 月 14 日，再版于 Brandon，《Lafayette，国家的贵宾》，3：24 页。

[59] 《美国哨兵》，1824 年 8 月 28 日，再版于 Brandon，《Lafayette，国家的贵宾》，1：108 页。

[60] 《期刊》[波基普西]，1824 年 8 月 22 日重印，再版于 Brandon，《Lafayette，国家的贵宾》，1: 224 页。

[61] 《每日广告》[奥尔巴尼]，1824 年 9 月 20 日，再版于 Brandon，《Lafayette，国家的贵宾》，1: 241 页。

[62] 《商业广告报》，1824 年 8 月 17 日，再版于 Brandon，《Lafayette，国家的贵宾》，1: 39 页。

[63] 《Niles 登记簿》，27 期（1824 年）：102 页，再版于 Brandon，《Lafayette，国家的贵宾》，2: 122 页。

[64] 《Raleigh 登记簿》，1825 年 3 月 11 日，再版于 Brandon，《一次自由的朝圣》，22 页。

[65] 《密西西比公报》，1825 年 4 月 23 日，再版于 Brandon，《一次自由的朝圣》，206 页。

[66] 《记者报》，1825 年 6 月 6 日，再版于 Brandon，《一次自由的朝圣》，361–362 页。

[67] 《萨凡纳佐治亚人报》，1825 年 3 月 19 日，再版于 Brandon，《一次自由的朝圣》，111 页。

[68] 《美国公报》，1824 年 9 月 27 日和 30 日，也可参见 Mires，《美国人记忆中的独立大厅》，67–73 页。

[69] 《美国公报》，1824 年 9 月 27 日。

[70] 《真正的美国人》，1824 年 10 月 2 日，再版于 Brandon，《Lafayette，国家的贵宾》，2：40 页。

[71] 《商业广告报》，1824 年 9 月 24 日，再版于 Brandon，《Lafayette，国家的贵宾》，2：20 页。

[72] Thos·Jefferson 致 Pierre Charles L'Enfant 的信函，1791 年 4 月，引自 H.Paul Caemmerer，《Pierre Charles L'Enfant 传》（华盛顿：国家出版社，1950 年），149 页。

[73] 《美国公报》，1824 年 10 月 14 日。

[74] "美国建筑"，《美国科技与艺术期刊》，17 期，（1830 年 1 月）：107–263 页。

[75] Marc H.Miller，"Lafayette 的告别之旅和美国艺术"，116–121 页。

[76] Purcell，《被鲜血尘封》，181–186 页。

[77] Purcell，《被鲜血尘封》，164–169 页。

[78] "美国建筑"，《美国科技与艺术期刊》，107 页。

第 3 章　归于文脉

[1] Micheal Holleran，"植根波士顿，发展于规划和公园"，Max Page 和 Randall Mason，《为历史保护撰史：美国历史保护史》（纽约：Routledge，2004 年），90–96 页；另可参见 Micheal Holleran，《波士顿的"变革时刻"：美国保护及规划之源》（巴尔的摩：Johns Hopkins 大学出版社，1998 年）。

[2] Robert R.Weyeneth，"祖辈的建筑：查尔斯顿的早期保护行动"，Max Page 和 Randall Mason，《为历史保护撰史》，257–281 页；关于对查尔斯顿历史地段设计问题的批判性解读，可参见 James Hare，"对历史的过度尊重：查尔斯顿历史地段设计回顾中体现的挑战"，David Ames 和 Richard Wagner，《设计和历史保护》（纽瓦克：特拉华州立大学出版社，2009 年），43–60 页。

[3] Chris Wilson，《圣菲市神话：建立现代性地区传统》（阿尔伯克基：新墨西哥州立大学出版社，1997 年），特刊，252–253 页。

[4] William J.Murtagh，《留住时间：美国保护历史及理论》（霍博肯，新泽西：Wiley 出版社，2006 年），7–98 页；关于协调式设计策略内容，可参见 Norman Tyler，Ted J.Ligibel 和 Ilene R.Tyler，《历史保护：历史保护活动的历史、原则和实践》（纽约：诺顿出版社，2009 年），107 页；另可参见 Daniel Bluestone，"底特律城市美化运动及商业化带来的问题"，《建筑历史学者会刊》，47 期，（1988 年 9 月）：245–262 页。

[5] 《关于历史性纪念物修复的雅典宪章》（雅典：历史纪念物建筑师及技师国际会议，1931年）。

[6] 澳大利亚国际古迹遗址理事会，《巴拉宪章：澳大利亚国际古迹遗址理事会关于重大文化遗存的宪章》（伯伍德，澳大利亚：澳大利亚国际古迹遗址理事会，2000年），3-4页。

[7] 国际古迹遗址理事会（ICOMOS），世界遗产名录报告，"蒙蒂塞洛及夏洛茨维尔的弗吉尼亚大学"，1986年12月29日，2页。

[8] Richard Guy Wilson，《ThosJefferson的学术村：一件建筑杰作的诞生》（夏洛茨维尔：弗吉尼亚大学贝利艺术馆出版，1993年）；另可参见 Richard Guy Wilson 和 Sara A.Butler，《校园指南：弗吉尼亚大学》（纽约：普林斯顿大学出版社，1999年）。

[9] 在学人数在学校年鉴中可查。

[10] Virginius Dabney，《Jefferson的校园：校史》（夏洛茨维尔：弗吉尼亚大学出版社，1981年），26页。

[11] Philip Alexander Bruce，《弗吉尼亚大学1819-1919年校史》，共五卷（纽约：麦克米伦出版社，1920-1922年），第四卷，54页。

[12] Fiske Kimball，"建筑师Jefferson"，《弗吉尼亚大学工程期刊》，6期，（1926年5月）：164页；感谢 Joseph Lahendro 与我分享此引述。Paul Venable Turner，《大学规划：美国规划传统》（剑桥：麻省理工学院出版社，1984年）。

[13] 参见 Lydia Mattice Brandt，"弗农山庄的变化产物：为唤醒人们美国记忆而设计的该地标复制品"（硕士论文，建筑历史专业，弗吉尼亚大学，2006年）；另可参见 Lydia Mattice Brandt，"对弗农山庄的再创造：芝加哥哥伦布纪念博览会上的弗吉尼亚展馆"，《温特图尔文件》，43期（2009年，春）：79-114页。

[14] 州长 J.L.Kemper 致 J.E.Payton，1876年10月9日，参见州长 J.L.Kemper，1874-1875年书信集，里士满市弗吉尼亚图书馆。

[15] 州长 Kemper 向州议会的致辞，再版于《弗吉尼亚州诺福克市日报》，1875年12月2日。

[16] 同上。

[17] 弗吉尼亚州在百周年世博会上未建立自己的展馆。此外出于对州议会决议的尊重，州长 Kemper 在世博会期间甚至拒绝宣布某天为弗吉尼亚日。州长 J.L.Kemper 致 J.E.Payton，1876年10月9日，参见州长 J.L.Kemper 1874-1875年书信集，里士满市弗吉尼亚图书馆。

[18] William M.Thornton，"全体教员向校长及监事会所作报告"，1895年10月31日，教员会议记录，14期（1895年9月15日——1899年6月15日）：106-111页，弗吉尼亚大学特别展藏图书馆。

[19] 教务处向监事会递交的决议，1895年11月4日，教员会议记录，14期（1895年9月15日——1899年6月15日）：122页。弗吉尼亚大学特别展藏图书馆。

[20] William R.Mead 致 A.H.Buckmaster 博士，1895年11月5日，参见学监记录，22册，"书信及财务凭据合集"，弗吉尼亚大学特别展藏图书馆。

[21] W.M.T（William M.Thornton），"重建工作"，校友刊物，2期（1896年2月）：134-135页。

[22] William M.Thornton，"全体教员向校长及监事会所作报告"，1895年10月31日，教员会议记录，14期（1895年9月15日——1899年6月15日）：110页，弗吉尼亚大学特别展藏图书馆。

[23] Francis H.S，麻省理工学院，"圆厅"，《校友刊物》，2期（1895年11月）：85页。

[24] "弗吉尼亚大学修复经费请求"，无确切日期（1895-1896年），"法学楼"，弗吉尼亚大学校长文件，RG-2/1/2.471附属分类I，15册，弗吉尼亚大学特别展藏图书馆。

[25] Stanford White，"弗吉尼亚大学的校园建筑"，《Corks & Curls》，11期（1898年）：127页。

[26] 《校园话题》，1895年11月9日。

[27] William M.Thornton，教员主席，教员委员会报告，1893年5月，教员主席书信集，第二十一卷，551页，弗吉尼亚大学特别展藏图书馆。

[28] William M.Thornton，"弗吉尼亚大学的物质文化"，《弗吉尼亚大学校友刊物》，1期（1894年7月）：

24–28 页。

[29] John Kevan Peebles，"建筑师 Thos·Jefferson"，《弗吉尼亚大学校友刊物》，1 期（1894 年 11 月）：68–74 页；另可参见 John Kevan Peebles，"建筑师 ThosJefferson"，《美国建筑师及建筑新闻》，47 期（1895 年 1 月 19 日）：29–30 页。

[30] Peebles，"建筑师 Thos·Jefferson"，74 页。

[31] Jeffrey L.Hantman，"弗吉尼亚大学布鲁克斯大厅——揭秘"，《阿尔伯马尔县县志》，47 期（1989 年）：62–92 页。

[32] 参见 James C.Southal，《弗吉尼亚大学 Lewis Brooks 博物馆 1878 年 6 月 27 日开馆仪式，关于世界文明时代的致辞》（里士满：弗吉尼亚大学校监会，1878 年），7–8 页。

[33] 《Jefferson 式风格》，1878 年 1 月 9 日。

[34] 参见 James C.Southal，《Lewis Brooks 博物馆开馆仪式》，9 页。

[35] Peebles，"建筑师 Thos Jefferson"，74 页。

[36] Philip Alexander Bruce，《弗吉尼亚大学 1819–1919 年校史》，共五卷（纽约：麦克米伦出版社，1920–1922 年），第三卷，170 页。

[37] 弗吉尼亚大学校监事会会议记录，1892 年 6 月 29 日，弗吉尼亚大学特别展藏图书馆。

[38] 阿尔伯马尔县土地交易记录，117 期，338 页；文中土地由 A.C.Chancellor 售至圣安东尼校友联合会；土地交易记录册存放于弗吉尼亚州夏洛茨维尔市的阿尔伯马尔县法院。

[39] Stanford White 致 Robert Robertson，建筑及场地委员会主管，1896 年 7 月 20 日，以及 Stanford White 致 W.C.N.Randolph，校监事会主席，1896 年 4 月 3 日，校建筑及场地委员会文集，RG–5/5，1 册，"麦金·米德与怀特建筑事务所书信"，弗吉尼亚大学特别展藏图书馆。

[40] Henry Russell Hitchcock，《19 及 20 世纪建筑》（巴尔的摩：企鹅出版社，1958 年），598 页；另可参见 Paul Spencer Byard，《建筑增建设计及规范》（纽约：诺顿出版社，1998 年）；另可参见 Richard Guy WilsonJefferson，"中央草坪组团：意象、诠释及内涵"，《Thos Jefferson 的学术村》，47–72 页。

[41] Stanford White 致 William M.Thornton，1896 年 2 月 26 日，建筑及场地委员会文集，RG–5/5，1 册，"麦金·米德与怀特建筑事务所书信"，弗吉尼亚大学特别展藏图书馆。

[42] 麦金·米德与怀特建筑事务所致 William M.Thornton，1896 年 3 月 11 日，教员组主席，RG–19，21 号书信集，1896 年 1 月 –1897 年 3 月。

[43] Warren H.manning 致 Edwin A.Alderman，1909 年 2 月 5 日，校长文件，RG–2/1/2.471 附属分类 I，6 册，弗吉尼亚大学特别展藏图书馆。

[44] Warren H.manning，"弗吉尼亚大学新规划方案报告，夏洛茨维尔，弗吉尼亚州"，1908 年 10 月 8 日，校长文件，RG–2/1/2.471 附属分类 I，6 册，弗吉尼亚大学特别展藏图书馆。

[45] 麦金·米德与怀特建筑事务所致 Edwin A.Alderman，1906 年 6 月 12 日，校长文件，RG–2/1/2.471 附属分类 I，6 册，"建筑及场地：体育馆"，弗吉尼亚大学特别展藏图书馆。

[46] K.Edward Lay，《建国功勋 Jefferson 设计的建筑：夏洛茨维尔和阿尔伯马尔县，弗吉尼亚州》（夏洛茨维尔：弗吉尼亚大学出版社，2000 年），157 页。

[47] 《校园话题》，1910 年 1 月 26 日和 1911 年 5 月 24 日，卢德洛与皮博迪建筑事务所致 [威廉·沃尔·卢德洛和查尔斯·萨缪尔·皮博迪]Edwin A.Alderman，1911 年 8 月 31 日，校长文件，"道森序列"，RG–2/1/2.471 附属分类 I，8 册，弗吉尼亚大学特别展藏图书馆。

[48] 校秘书致 Walter Dabney Blair，1921 年 5 月 16 日，校长文件，RG–2/1/2.472 附属分类 VI，5 册，"建筑及场地：体育馆"，弗吉尼亚大学特别展藏图书馆。

[49] Edwin A.Alderman 致 Walter Dabney Blair，1921 年 5 月 24 日及 20 日，校长文件，RG–2/1/2.472 附属分类 VI，5 册，"建筑及场地：体育馆"，弗吉尼亚大学特别展藏图书馆；关于早先对学校毕业

生设计校内建筑的讨论，可参见 Edwin A.Alderman 致 Charles Samuel Peabody，1912 年 4 月，校长文件，RG–2/1/2.471 附属分类 I，9 册，"教育"，弗吉尼亚大学特别展藏图书馆。

[50] Walter Dabney Blair 致 Edwin A.Alderman，1921 年 5 月 19 日，校长文件，RG–2/1/2.472 附属分类 VI，5 册，"建筑及场地：体育馆"，弗吉尼亚大学特别展藏图书馆。

[51] Walter Dabney Blair 致 Edwin A.Alderman，1921 年 5 月 20 日，校长文件，RG–2/1/2.472 附属分类 VI，5 册，"建筑及场地：体育馆"，弗吉尼亚大学特别展藏图书馆。

[52] Fiske Kimball 致 William A.Lambeth，1928 年 2 月 10 日，校长文件，RG–2/1/2.472 附属分类 VII，6 册，"宿舍（2）"，弗吉尼亚大学特别展藏图书馆。

[53] 同上。

[54] Fiske Kimball 致 Edwin A.Alderman，1928 年 3 月 5 日，校长文件，RG–2/1/2.472 附属分类 VII，6 册，"宿舍（2）"，弗吉尼亚大学特别展藏图书馆。

[55] 参见关于新图书馆和 PWA 资助项目（PWA Grant）出版册，校长文件，RG–2/1/2.49，7 册，"图书馆"，弗吉尼亚大学特别展藏图书馆。

[56] Harry Clemons 致 Nathaniel L.Goodrich，达特茅斯学院图书馆管理员，1932 年 6 月 20 日，校图书馆管理员文件，RG–12/1/1.681，3 册，"办公室管理文件 1927–1956 年"，弗吉尼亚大学特别展藏图书馆。

[57] Werner K.Sensbach 致 Ulrich Franzen，1974 年 3 月 15 日，及 Werner K.Sensbach，"图书馆扩建会议备忘录"，1974 年 1 月 31 日及 3 月 8 日，RG–12/1/3.791，特别记录，1 册，"特别委员会：本科专用图书馆，1972–1976 年"，弗吉尼亚大学特别展藏图书馆。

[58] 此处为 Carroll William Westfall 的评价，他对古典式设计在诸如弗吉尼亚大学等环境中的延续报以理解及支持，可参见 Carroll William Westfall，"为何工作营中需要关于建筑秩序的教育"，《建筑教育学报》，61 期（2008 年 5 月）：96–97 页。

[59] Robert E.Lee Taylor 致 James H.Corbitt，1944 年 8 月 31 日，校长文件，RG–2/1/2.541，1a 册，"1943–1944 年建筑项目"，弗吉尼亚大学特别展藏图书馆。

[60] Lewis A.Coffin 二世致 Robert K.Gooch 教授，1947 年 10 月 29 日，校长文件，RG–2/1/2.541，1a 册，"1947 年建筑项目"，弗吉尼亚大学特别展藏图书馆。

[61] Lewis A.Coffin 二世致 Colgate Darden，1948 年 1 月 21 日，校长文件，RG–2/1/2.541，1a 册，"1948 年建筑项目"，弗吉尼亚大学特别展藏图书馆。

[62] Jesse W.Beans 致 Vincent Shea，1951 年 6 月 20 日，校长文件，RG–2/1/2.581，28 册，"物理系（Physics）"，弗吉尼亚大学特别展藏图书馆。

[63] 艺术委员会会议记录，1952 年 3 月 26 日，州长 John S.Battle 文件，57 册，行政部门，1950–1954 年，"艺术委员会记录"，弗吉尼亚图书馆，里士满。

[64] 弗吉尼亚大学校监事会记录，1952 年 4 月 11 日，233 页，弗吉尼亚大学特别展藏图书馆。

[65] Theodore J.Young 致 Colgate Darden 二世，1952 年 5 月 27 日，RG–2/1/2.591，校长文件，5 册，1952 年，"物理楼——1952 年"，弗吉尼亚大学特别展藏图书馆。

[66] 艺术委员会会议记录，1959 年 11 月 13 日，州长 J.Lindsay Almond 二世，执行文件，1958–1962 年，8 册，"艺术委员会"，弗吉尼亚图书馆，里士满。

[67] 艺术委员会会议记录，1959 年 10 月 2 日，州长 J.Lindsay Almond 二世，执行文件，1958–1962 年，8 册，"艺术委员会"，弗吉尼亚图书馆，里士满。

[68] M.E.Kayhoe，"与 Ballou 先生的电话会议备忘，1959 年 10 月 26 日"，机电设备文件（Physical Plant A & E Service Papers），项目文件，1958–1979 年，RG–31/1/1.851，24 册，"生命科学楼（吉尔莫大厅）通讯集第一册（#1）"，弗吉尼亚大学特别展藏图书馆。

[69] Alfred Burger 致 M.E.Kayhoe，1962 年 8 月 6 日，RG–31/1/1.851，10 册，"二号（#2）化学系委员会"，

弗吉尼亚大学特别展藏图书馆。

[70] Vincent Shea 致 Stainback 和 Scribner，1963 年 4 月 29 日，RG-31/1/1.851，10 册，"与 Stainback 和 Scribner 的合约"，弗吉尼亚大学特别展藏图书馆。

[71] Stephen Bernard James，"路易康在弗吉尼亚大学：未实现的化学楼设计"（建筑史硕士论文，弗吉尼亚大学，1999 年 5 月）。

[72] Edgar F.Shannon 二世致 Louis I Kahn，1962 年 11 月 19 日，RG-31/1/1.851，11 册，"#2 化学楼（康）"，弗吉尼亚大学特别展藏图书馆；另可参见"这栋建筑外表冷漠，阻人进入，像座监狱"，出自化学楼委员会，"1962 年 11 月 1 日会议备忘"，RG-31/1/1.851，10 册，"#2 化学委员会"，弗吉尼亚大学特别展藏图书馆。

[73] 路易斯·康致 Edgar Shannon 二世，1962 年 11 月 27 日，校长文件，RG-2/1/2.661，7 册，弗吉尼亚大学特别展藏图书馆。

[74] 校监事会建筑及场地委员会会议记录，1963 年 4 月 19 日，校监事会记录，RG-1/1/3，11 册，"建筑及场地委员会会议记录"，弗吉尼亚大学特别展藏图书馆；Bernard Mayo，William Zuk，Charles Woltz 及 Thomas K.Fitz Patrick 致 Edgar F.Shannon 二世，1963 年 4 月 19 日，RG-31/1/1.851，10 册，"与 Stainback 与 Scribner 建筑事务所的合约（Contract Stainback and Scribner）"，弗吉尼亚大学特别展藏图书馆。

[75] Sasaki、Dawson & Demay 联合事务所，《弗吉尼亚大学发展建设规划》，1965 年 8 月。

[76] Richard P.Dober，Sasaki 事务所执行总监致 M.E.Kayhoe，1963 年 1 月 7 日，校长文件，RG-2/2/2.661，8 册，"关于 1962-1963 年总体规划的委员会记录"，弗吉尼亚大学特别展藏图书馆。

[77] 艺术委员会会议记录，1965 年 12 月 20 日，州长 Albertis S.Harrison 二世文件，90 册，书信集，1963-1965 年，"艺术委员会类"，弗吉尼亚图书馆，里士满。

[78] 校监事会建筑及场地委员会会议记录，1971 年 10 月 1 日，校监事会记录，RG-1/1/3，11 册，"建筑及场地委员会会议记录"，弗吉尼亚大学特别展藏图书馆。

[79] "1965 年 11 月 2-3 日马萨诸塞州沃特敦市会议记录"，机电设备文件，项目文件，1958-1979 年，4 册，"委员会：建筑——图书馆"，弗吉尼亚大学特别展藏图书馆。

[80] J.Norwood Bosserman 致 Werner K.Sensbach，1967 年 9 月 22 日，机电设备文件，项目文件，1958-1979 年，5 册，"#3 建筑图书馆 1967 年 9 月 1 日致 1968 年 6 月 30 日"，弗吉尼亚大学特别展藏图书馆。

[81] Frank W.Rogers 致 Edgar Shannon，1967 年 4 月 17 日，校监事会记录，RG-1/1/3，11 册，"建筑及场地委员会书信集（1）"，弗吉尼亚大学特别展藏图书馆。

[82] Hardy C.Dillard 致 Frank W.Rogers，1967 年 1 月 16 日，校长文件，RG-2/1/2.701，28 册，"法律系——一般文件 1966-1967 年"，弗吉尼亚大学特别展藏图书馆。

[83] Frank E.Hartman 致艾格斯与希金斯建筑事务所，1949 年 4 月 2 日，校长文件，RG-2/1/2.561，4 册，"1949 年场地规划"，弗吉尼亚大学特别展藏图书馆；艾格斯与希金斯建筑事务所，"场地总体规划修改汇报"，1949 年 4 月 5 日，校长文件，RG-2/1/2.561，4 册，"1949 年场地规划"，弗吉尼亚大学特别展藏图书馆；关于该议题的后期版本可参见校监事会建筑及场地委员会会议记录，1974 年 1 月 23 日，校监事会记录，RG-1/1/3，11 册，"建筑及场地委员会会议记录"，弗吉尼亚大学特别展藏图书馆。

[84] Hardy C.Dillard 致 Frank W.Rogers，1967 年 1 月 16 日，校长文件，RG-2/1/2.701，28 册，"法律系——一般文件 1966-1967 年"，弗吉尼亚大学特别展藏图书馆。

[85] Frank W.Rogers 致 Weldon Cooper，1966 年 3 月 11 日，校监事会记录，RG-1/1/3，11 册，"建筑及场地委员会一般书信集 1959-1971 年"，弗吉尼亚大学特别展藏图书馆。

[86] Edgar Shannon 致 Thomas K.Fitz Patrick，1967 年 4 月 4 日，校长文件，RG-2/1/2.701，11 册，"建筑顾问委员会，1966-1967 年"，弗吉尼亚大学特别展藏图书馆。

275

[87] Hugh Stubbins 联合事务所，建筑师，剑桥，马萨诸塞州，"法律系、军法署学院（Judge Advocate General's School），工商管理研究生院及 Coordinate Facilities 总体规划"，1967 年，校长文件，RG-2/1/2.711，14 册，"特别委员会——法律系及工商管理研究生院建筑综合体，科佩里山（Copeley Hill）"，弗吉尼亚大学特别展藏图书馆。

[88] 关于法律系及工商管理研究生院建筑综合体设计的会议总体记录，1968 年 2 月 28 日，校长文件，RG-2/1/2.711，14 册，"特别委员会——法律系及工商管理研究生院建筑综合体，科佩里山"，弗吉尼亚大学特别展藏图书馆。

[89] 关于教育系新楼设计的会议记录，1967 年 5 月 17 日，机电设备文件，项目文件，RG-31/1/1.851，1958-1979 年，33 册，"教育楼，1966 年 7 月 -1971 年 1 月"，弗吉尼亚大学特别展藏图书馆。

[90] 弗吉尼亚艺术委员会会议记录，1961 年 5 月 5 日，出自 A.Edwin Kendrew 致 M.E.Kayhoe，1961 年 5 月 12 日，校长文件，RG-2/1/2.651，6 册，"建筑及场地委员会规划部"，弗吉尼亚大学特别展藏图书馆。

[91] 委员会关于学校未来发展的会议记录，1965-1968 年，RG-20/18/2.751，弗吉尼亚大学特别展藏图书馆。

[92] W.Davidson Call 致 T.Braxton Woody，1968 年 7 月 8 日，关于女性入学的文字资料，T.Braxton Woody，ms.1982-A，1 册，"校友回复"，弗吉尼亚大学特别展藏图书馆。

[93] Bill Lyle 致 T.Braxton Woody，1968 年 6 月 28 日，关于女性入学的文字资料，T.Braxton Woody，ms.1982-A，1 册，"校友回复"，弗吉尼亚大学特别展藏图书馆。

[94] Kenneth Suskin 致 T.Braxton Woody，1968 年 9 月 12 日，关于女性入学的文字资料，T.Braxton Woody，ms.1982-A，1 册，"校友回复"，弗吉尼亚大学特别展藏图书馆。

[95] 弗吉尼亚大学校监事会记录，1952 年 4 月 11 日，233 页，弗吉尼亚大学特别展藏图书馆。

[96] Frederick Doveton Nichols，"圆厅：又一次成为学校中心"，《弗吉尼亚大学校友新闻》，1955 年 3 月，5 页；"策划将圆厅修复至其最初的 Jefferson 式样"为校监事会记录中原文，1955 年 12 月 17 日，438 页，弗吉尼亚大学特别展藏图书馆。

[97] Frederick D.Nichols，《弗吉尼亚的凤凰重生》，学校宣传册，1955 年；另可参见 Elizabeth Wilkerson，"Jefferson 设计的圆厅：原貌重现"，《校友新闻》，1976 年 1 月 /2 月。

[98] Francis L.Berkely，"Frederick Doveton Nichols，1911-1995 年"，出自 Francis L.Berkely 二世文件，mss.12747-b，-c，-d，4 册，弗吉尼亚大学特别展藏图书馆。

[99] 艺术委员会会议记录，1955 年 2 月 11 日，州长 Thomas B.Stanley 文件，1954-1958 年，7 册，"艺术委员会记录"，里士满市弗吉尼亚图书馆。

[100] 校监事会记录，1955 年 2 月 12 日，395 页，弗吉尼亚大学特别展藏图书馆。

[101] Frederick D.Nichols，"Jefferson 式建筑及场地案例陈述"，未出版手稿，1985 年 10 月，Nichols 文件，弗吉尼亚大学特别展藏图书馆。

[102] 《华盛顿邮报》，1973 年 9 月 22 日；亦可参见《里士满时报，专题报道》，1966 年 3 月 16 日；《Cavalier 日报》，1974 年 4 月 10 日和 19 日。

[103] 《纽约时报》，1976 年 11 月 25 日。

[104] Vincent Scully, Jr.，"海滨和新避风港"，Andres Duany and Elizabeth Plater-Zyberk，《城镇及其形成原则》（纽约：Rizzoli 出版社，1990 年），17-20 页。

[105] Robert A.M.Stern，"一些是借的，一些是新的"，《视域杂志》（1977 年 12 月）：52 页。

[106] Robert A.M.Stern，《美国建筑的新方向》（纽约：George Braziller 出版社，1969 年），31 页。

[107] 作为一位建筑师和一位理论家，罗伯特·文丘里在建筑学脱离现代主义重新定位的过程中发挥了重大作用。1966 年他出版的《建筑复杂性与矛盾性》展示了对建筑历史及经典案例的兴趣。文丘里对于建筑的象征意义及其关键要素的研究，使人们重新关注历史与现在的连续性及其在当代建

276

筑设计中的应用。与此同时，历史地段的设计控制要求促进了一种理想的和谐审美的形成，并对建筑师在历史环境中的设计产生影响。（以上观点参见）Neil Levine，"罗伯特·文丘里和'历史主义回归'"；Christopher Mead，《罗伯特·文丘里的建筑》（阿尔伯克基：新墨西哥州立大学出版社，1989 年），45–67 页；Pevsner Nikolaus，"历史主义的回归"，《英国皇家建筑师协会学报》，68 期（1961 年）：230–240 页。罗伯特·文丘里，《建筑复杂性与矛盾性》（纽约现代美术馆，1966 年）。

[108] 《华盛顿邮报》，1986 年 9 月 6 日，2004 年弗吉尼亚大学拆除天文台餐厅，取而代之的是一个更大的但很不适宜的由 Dagit-Saylor 设计的建筑（2005 年）；亦参见 Alison K.Hoagland，"讽刺的历史主义：后现代主义和历史保护"，收录于 David Ames and Richard Wagner，《设计和历史保护》（纽瓦克：特拉华州立大学出版社，2009 年），113–144 页。

[109] James C.Wheat III 与校监会的备忘录："建筑设计原则和理由"，1998 年 10 月 8 日，建筑及场地管理委员会，委员会记录，RG-1/1/3，15 册，"建筑和土地管理委员会信件"，弗吉尼亚大学特别展藏图书馆。

[110] 《美国商业资讯》，2006 年 11 月 8 日。

[111] 《华盛顿邮报》，2006 年 11 月 10 日，因为我在弗吉尼亚大学任教，我需要声明对这一课题的研究始于 2005 年。

[112] 这封信再次出现在"致校监会、校管理部门及大学社区的公开信"中，2005 年 9 月 7 日，《午餐：过失》，1 期（2006 年）：18 页（弗吉尼亚大学建筑学院学生刊物）。

[113] Carroll William Westfall，"为什么命令属于工作组"，《建筑教育学报》，61 期（2008 年 5 月）：95–107 页。

第 4 章 现代布鲁克林的荷兰家园

[1] David Lowenthal，《过去是另外一个国家》（剑桥：剑桥大学出版社，1985 年），399 页。

[2] Michael Kammen，《记忆的神秘和弦：美国文化传统的转变》（纽约：Konpf 出版社，1991 年），259 页；相同的观点随后也被 Michael Wallace 含糊地提及过，"历史保护文化的历史折射"，Susan Porter Benson，Stephen Brier 和 Roy Rosenzweig，《呈现过去：关于历史和公共的论断》（费城：坦普尔大学出版社，1986 年），165–199 页；同样可参见 Micheal H.Frisch，"历史的记忆"，《呈现过去》，5–7 页；David W.Blight，"'为了一些超越战斗土地的事物'：Frederick Douglass 和内战的记忆"，《美国历史记录》，75 期（1989 年 5 月）：1156–1178 页。

[3] Randall Mason，《纽约的曾经和未来：历史保护和现代城市》（明尼苏达州：明尼苏达大学出版社，2009 年），xxv；Mason 提出一个警示信条"记忆基础设施"来描述这个过程。

[4] Nedda C.Allbray，《Flatbush：布鲁克林的心脏》（查尔斯顿.：Arcadia 出版社，2004 年），10 页，120–121 页。

[5] John J.Snyder，[保护主义]委员会报告，弗拉特布什地区税务协会，1909 年 12 月，布鲁克林历史性社区。

[6] Benjamin F.Thompson，《长岛的历史》（纽约：E.French，1839 年），461 页。

[7] Thomas M.Story，《长岛地区的国王城镇——弗拉特布什镇的历史》（纽约：Thomas R.Mercein，Jr，1842 年），54，177 页。

[8] 为了探讨更多有关发展的信息，请参见 Kevin Stayton，《被设计的荷兰：两栋布鲁克林历史住宅的传统和改变》（纽约：布鲁克林博物馆，1990 年），例如，75–88 页；Aram Harutunian，"建筑中的荷式美国地方风格"，《荷兰和美国》（洛杉矶：UCLA 公共服务出版社，1982 年），9–19 页；Roderic H.Blackburn 和 Ruth Piwonka，《原产地的记忆：美洲殖民地上的荷兰艺术和文化》（奥尔巴尼：奥尔巴尼历史和文化机构，1988 年），117–118 页；Clifford W.Zink，"纽约和新泽西州的荷兰机构

267

建筑"，《Winterthur 作品》，22 期（Winter 出版社，1987 年）：265-294 页；在地方性和高品质风格之间的关系问题上，也可参见 Dell Upton，"弗吉尼亚州地区 18 世纪的地方建筑"，《Winterthur 作品》，17 期（1982 年，夏 / 冬）：95-119 页。

[9] Strong，《弗拉特布什镇历史》，176 页。

[10] Joseph Downs，"美国的希腊复兴"，《大都会博物馆的历史公报》，（1944 年 1 月）：173-176 页。

[11] Kings Country Deeds，24 册，452 页，1828 年 7 月 8 日。

[12] 《纽约市富裕阶层的财富和传记》（纽约：太阳出版公司，1846 年），7 页。

[13] 参见 Flatbush Assessment Rolls，1858-1880 页，多功能图书馆，纽约市。

[14] 对于相似的城郊转变的讨论，请参见 Tamara Plakins Thornton，《培养绅士：1785-1860 年波士顿精英们乡村生活的意义》（纽黑文市：耶鲁大学出版社，1989 年）。

[15] Henry Stiles，《1683-1884 年纽约市国王区和布鲁克林街区的公民、政治、专业、教会历史以及商业和工业记录》，共三卷，（纽约：W.W.Munsell&Co，1884 年），第一卷，352，362 页；第三卷，1299 页。

[16] Andrew Jackson Downing，《乡村住宅的建筑风格》（纽约：D.Appleton&Co，1850 年），设计 xxxi 部分，338-340 页：Flatbush Assessment Rolls，1858 年，国王区城镇记录，纽约市多功能建筑。

[17] 参见 Gwendolyn Wright，《格言和模型住房：1873-1913 年芝加哥国内建筑和文化冲突》（芝加哥：芝加哥大学出版社，1980 年）；Clifford Edward Clark，Jr，《1800-1960 年的美国家庭住宅》（教堂山镇：北卡罗来纳大学出版社，1986 年），3-71 页。

[18] David Schuyler，《使徒的味道：1815-1852 年 Andrew Jackson Downing》，（巴尔的摩：Johns Hopkins 大学出版社，1996 年）。

[19] 参见 Joseph T.Bulter，《Washington Irving's 田园诗》（特瑞镇，纽约市，1974 年）；W.Barksdale Maynard，"'很棒又低调的风格！'，美国殖民地块 19 世纪早期建筑风格的重新发现"，《建筑历史的社会进程》，59 期（2000 年 9 月）：351-352 页。

[20] Gertrude Lefferts Vanderbilt，《弗拉特布什的社会历史》（纽约：D.Appleton 公司，1881 年），5-6 页，9 页。

[21] 同上，59，60，62 页。

[22] 《布鲁克林公民》，1916 年 1 月 22 日。

[23] Strong，《弗拉特布什镇历史》，176 页。

[24] 《纽约时报》，1938 年 8 月 1 日；Manuscript Census，美国纽约的国王街区，在国家建筑微型公司欢迎度普查的统计中，1870 年：Ditmas，《家园的历史性》。

[25] 弗拉特布什镇调查记录，1850 年。

[26] John Vanderbilt Will，国王街区的遗嘱认证法庭，图书馆 6，313 页，1842 年 6 月 11 日。

[27] John Vanderbilt Will，国王街区的遗嘱认证法庭，图书馆 6，226 页，1812 年 5 月 15 日。

[28] Gertrude Lefferts Vanderbilt，《来福特家族，我哥哥孩子们的姑姑为孩子们写的》（弗拉特布什，纽约，1897 年），20 页。

[29] 至于将房地产业不断增长的循环形式视为一种商品，参见 Elizabeth Blackmar，《为租用的曼哈顿 1785-1850 年》（伊萨卡：康奈尔大学出版社，1989 年），161，251 页；同样可以参见 William John McLaughlin，"纽约市的荷兰皇族：在弗拉特布什殖民地的社区、经济和家庭，"（哥伦比亚大学博士论文专题演讲集，1981 年），57 页。

[30] John C.Vanderveer Will，图书馆 9，215 页，遗嘱认证记录，国王区城镇住宅。

[31] Henry A.Meyer，《Vanderveer 公园：它的成长回忆录》（布鲁克林：Robert L.Stillson 出版社，1901 年）。

[32] 《布鲁克林公报》，1898 年 4 月 9 日。

[33] Marc Linder and Lawrence S.Zacharias，《关于卷心菜和国王社区：现代布鲁克林的建筑风格和形成》

（洛瓦城：爱荷华大学出版社，1999 年），31，91，127，156，157，178，203，219，223，246 页。

[34] 《纽约时报》，1910 年 10 月 9 日。

[35] Susan Catin Will，国王街区的遗嘱认证法庭，图书馆 9，42 页，1844 年 2 月 26 日。这是一种在弗拉特布什地区之外的从商业参与中演变而来的保护模式，这一模式同样是 Mathew Clarkson 在 1840 年代当他把房地产转交给他当农民的妹夫时明显考虑过的，他妹夫后来在 1860 年代将房地产转交给了 Matthew 的孩子们。

[36] 《布鲁克林每日鹰报》，1915 年 12 月 8 日。

[37] 弗拉特布什镇调查记录，1845 年，纽约市多功能建筑。

[38] Vanderbilt，《弗拉特布什的社会历史》，228 页。

[39] 《布鲁克林每日鹰报》，1915 年 12 月 19 日。

[40] Vanderbilt，《弗拉特布什的社会历史》，229 页。

[41] 美国调查，1880 年，1900 年，1910 年；纽约州调查，1905 年，纽约市布鲁克林国王区城镇住宅。

[42] 《布鲁克林每日鹰报》，1911 年 9 月 28 日。

[43] 纽约州调查，1905 年。

[44] 纽约州调查，1915 年，纽约市布鲁克林国王区城镇住宅。

[45] "Ditmas 住宅，弗拉特布什地区的一座即将被移除的地标性住宅"，1915-1916 年，剪报文件。布鲁克林历史性社会。

[46] 《布鲁克林每日鹰报》，1931 年 9 月 30 日。

[47] 1914 年，他去世后，Ditmas 控制了老农舍街区周围许多居住地块和所有权；也可以参见 John H.Ditmas，决算账户、遗嘱认证调查记录、国王街区乡村住宅，1915 年 6 月 14 日。

[48] McLaughlin，"纽约市的荷兰皇家"，42-49 页；Strong，《弗拉特布什镇历史》，11 页；Allary，弗拉特布什，11-15 页。

[49] 《布鲁克林每日鹰报》，1906 年 4 月 8 日。

[50] 对于 20 世纪的发展，参见哥伦比亚大学建筑研究生院、规划与保护、历史保护部门，《弗拉特布什：从荷兰定居点到商业带过程中的建筑和城市发展》（纽约；哥伦比亚大学独家出版印刷，1990 年）。

[51] Charles A.Ditmas，"历史委员会的报告"，来自《弗拉特布什杂志》，6 期，1928 年 3 月，3 页。

[52] Ditmas，《农户住宅的历史》，15 页。

[53] Charles B.Hosmer，Jr，《过去的呈现》（纽约：Putman 出版社，1965 年），131-132 页。

[54] Homer，《过去的呈现》，从最开始成立于 1856 年的沃纳夫人协会组织，到成立于 1910 年的新英格兰历史地块的保护性协会制订了兴趣改变图表；James M.Lindgren，"'一种推动想象的精神'：弗吉尼亚地区和新英格兰地区的历史保护和文化重生活动，1850-1950 年，"在 Max page 和 Randall Mason 出版公司出版，《给保护运动一段历史：美国历史保护史》（纽约：Routledge，2004 年），107-127 页；同样可参见 John S.Patterson，"从战争的土地到和平的土地：作为一个历史圣地的盖茨堡，"Warren Leon 和 Roy Rosenzweig，《美国的历史博物馆：一个辩证的论断》（乌尔班纳：伊利诺伊大学出版社，1989 年），128-157 页。

[55] Vanderbilt，《弗拉特布什的社会历史》，5-6 页。

[56] Alice P.Kenny，"被忽视的传统：哈得孙河谷地区的荷兰物质文化"，《Winterthur 作品集》，20 期（1985 年，春）：54 页；John King Van Rensselaer 夫人，《1609-1760 年间，在家庭和社会中的 Mana-ha-ta 妇人》，（纽约：Scribner 出版社，1898 年），vi-vii 页。

[57] 弗拉特布什税务协会年度报告，布鲁克林历史社会报道。

[58] Barbara Welter，"真实的女性时代的崇拜，1820-1860 年间"，《美国时刻》，18 期（1966 年，夏）：131-175 页；Nancy F.Cott，《女性时代的纽带：新英格兰地区的女性天下，1780-1835 年》（纽黑文：耶鲁大学出版社，1977 年），第二章；Linda Kerber，"分离的半球，女性的世界，女性的地域：

女性历史的比喻"，《美国历史杂志》，75 期（1988 年 7 月）：9–39 页。

[59] Charles A.Ditmas 致 Russell Sage 夫人，未标明日期的信件，1910 年，国王街区历史社会论文出自布鲁克林历史社会。

[60] Charles A.Ditmas，"历史性的弗拉特布什"，手稿，1910 年，国王街区历史社会论文出自布鲁克林历史社会。

[61] John J.Snyder，[保护主义报告]，弗拉特布什税务报告协会，1906 年 7 月，弗拉特布什税务报告协会记录，出自布鲁克林历史社会。

[62] Ditmas，《农舍住宅的历史》，73 页。

[63] 《弗拉特布什新闻》，1908 年 1 月 11 日。

[64] John J.Snyder，[保护主义报告]，弗拉特布什税务报告协会，1906 年 7 月。

[65] 《布鲁克林每日鹰报》，1911 年 3 月 8 日。

[66] Franklin W.Hopper 致 John J.Snyder Jr，1911 年 5 月 11 日，Olmsted Brothers 致 Franklin W.Hopper，1911 年 5 月 8 日，弗拉特布什税务报告协会记录，出自布鲁克林历史社会。

[67] 《弗拉特布什新闻》，1908 年 6 月 27 日。

[68] 住宅公寓记录，5187 街区，地块 1，布鲁克林多功能建筑。

[69] 《布鲁克林每日鹰报》，1911 年 9 月 12 日。

[70] Edmund D.Fisher，《弗拉特布什：过去和现在》（布鲁克林：Midwood Club，1902 年出版），87 页。

[71] Wright，《道德主义与现代住宅》；Clark，《美国家庭住宅》。

[72] 《布鲁克林每日鹰报》，1903 年 4 月 2 日。

[73] 哥伦比亚大学，建筑学研究生院，《弗拉特布什：从荷兰定居点到商业带过程中的建筑和城市发展》，42–47 页；Allbray，《弗拉特布什》，137–149 页。

[74] 《纽约时报》，1912 年 11 月 17 日。

[75] 《布鲁克林每日鹰报》，1903 年 4 月 2 日。

[76] 《纽约时报》，1905 年 12 月 28 日。

[77] 纽约州安全保障局，《1915–1925 年间该州详细数目居住地的安全保障报告书》（奥尔巴尼，纽约市，J.B.Lyon.Co.1916 年，1926 年）。

[78] 弗拉特布什的税务报告协会的记录报告，1909 年 12 月 2 日。

[79] "在酒吧住宅区中"，一些没有明确定义的剪贴簿进行了裁剪，布鲁克林历史性社会；也可参见《纽约时报》，1894 年 11 月 11 日；《Allbray，弗拉特布什》，135 页。

[80] 甘尼森，当今的弗拉特布什，62 页。

[81] Mildred Stapley，"弗拉特布什的老旧荷兰住宅"，《美国的乡村住宅》，1911 年 10 月 1 日，59–61 页，90、92、94 页。

[82] 《布鲁克林每日鹰报》，1911 年 9 月 28 日。

[83] Charles A.Ditmas 致 Atlantic，高尔夫和太平洋公司联合出版，1917 年 1 月 16 日，国王区历史性社会的论文，布鲁克林历史学会。

[84] 《纽约时报》，1934 年 11 月 27 日，美国商务部，美国第十三次人口普查，部分手稿也被归还了，布鲁克林细目地区，1019 号，7A 街；《纽约时报》，1904 年 2 月 11 日。

[85] 国王区的纽约州人口普查，1915 年，在国王区最高人民法院大楼中。

[86] 关于城区社会认同感问题的解释，请参见 John F.Kasson，《粗暴和文明：美国城镇 19 世纪规划的形式》（纽约市：Hill&Wang 出版社，1990 年），93 页。

[87] 历史社会委员会的认证是被一个会员提名然后被另一个会员再次确认；然后他们就会填写一个被申请委员会管理者记录的长期申请表格。在和哥伦比亚大学教授 William H.Kilpatrick 接触的过程中，社会主体起到了进行弗拉特布什教会转变的记录工作。同时社会主体也赞助了关注殖民和革新战争

题材的很多讲座。国王区历史性社会论文，布鲁克林历史学会。

[88] 参见 Thomas Andrew Denenberg，《Wallace Nutting 和古代美国的发明史》（纽黑文：耶鲁大学出版社，2003 年）。

[89] 《布鲁克林每日鹰报》，1915 年 11 月 21 日。

[90] Louis Lefferts Downs 致 Alfred T.White，1916 年 9 月 29 日；Alfred T.White 致 W.H.Fox.1916 年 9 月 30 日；W.H.Fox 致 Alfred T.White，1916 年 10 月 3 日。

[91] 《1905 年布鲁克林艺术和科学博物馆年鉴》（布鲁克林，1906 年），40 页；《1906 年布鲁克林艺术和科学博物馆年鉴》（布鲁克林，1907 年），46 页。

[92] 参见 Elizabeth Stillinger，《古董收藏家》（纽约：诺普夫出版社，1980 年），215–221 页；Wendy Kaplan，"R.T.H.Halsey：美国装饰艺术收集观念学"，《Winterthur 作品》，17 期，（1982 年，春）：43–53 页；Henry Watson Kent 和 Florence N.Levy，《一个美国艺术界的绘画、家具、银器、和其他物品展示目录，MDCXXV-MDCCCXXV》（纽约：大都会博物馆，1909 年）。

[93] Kaplan，"R.T.H.Halsey"，45–46 页；Hosmer，《过去的呈现》，216–218 页。

[94] "布鲁克林艺术和科学备忘录"，第十二卷，72，75，99 页；"美国早期家具购买清单，从 1914–1918 年"，出自指导者论文，"家具"，370 号文件夹，布鲁克林博物馆档案；Dianne H.Pilgrim，"时期房间：一个关于过去的幻想"，Donald C.Peirce 和 Hope Alswang，《美国室内设计，从新英格兰到南部地区》（纽约：Universe Books，1983 年），2–3 页；Dianne H.Pilgrim，"从过去的遗传：美国时期房间"，《美国艺术周刊》，10 期（1978 年 5 月）：4–23 页；同样可参见《布鲁克林艺术和科学协会博物馆 [周年] 报告》（1915–1920 年）。

[95] 《城市和乡村生活》1905 年 9 月 16 日，20 页。

[96] 《纽约时报》，1906 年 5 月 18 日。

[97] 关于普拉特礼物，请参见 Luke Vincent Lockwood 致 William H.Fox，1914 年 4 月 16 日；关于保护和展示问题，请参见 Luke Vincent Lockwood 致 Elizabeth Haynes，1934 年 5 月 5 日，布鲁克林博物馆的装饰艺术部门。

[98] 古荷兰保护委员会会议记录，1917 年 4 月 2 日，秘密出版；《布鲁克林每日鹰报》，1918 年 2 月 25 日。

[99] 《布鲁克林每日鹰报》，1916 年 10 月 8 日和 19 日；《纽约时报》，1916 年 7 月 9 日。

[100] Raymond Ingersoll 致 F.A.M.Burrell，1917 年 10 月 17 日。

[101] Luke Vincent Lockwood 致 William H.Fox 1920.5.18，布鲁克林博物馆的装饰艺术部门。

[102] 《纽约时报》，1915 年 6 月 25 日。

[103] Annette Stott，《荷兰狂热：美国艺术和文化历史上不为人知的荷兰时期》（伍德斯托克，纽约：Overlook 出版社，1998 年）78–100 页，152–183 页；《Wallace Nutting 与古代美国的发明》，87、88、193 页；Stillinger，《古董收藏家》，X–XV 部分；Kaplan，"R.T.H，Halsey"，43–53 页；William Bertholet Rhoads，《殖民复兴》（纽约：Garland 出版公司，1977 年）。

[104] 《布鲁克林每日鹰报》，1918 年 1 月 18 日。

[105] 《布鲁克林每日鹰报》，1915 年 11 月 21 日，1917 年 12 月 19 日；在保护主义的分割行进中，参见 Lowenthal，《过去是另外一个国家》，404–405 页。

[106] J.B.Jackson，"废墟的必要性"，《废墟的必要性》（艾摩斯特市：马萨诸塞大学出版社，1980 年），101–102 页；Daniel Abramson 在一篇很使用的论文中探索了一些相同地段的特质，"制造历史，而不是记忆：记忆中的独特历史"，《哈佛设计周刊》（1999 年，秋）：78–83 页。

[107] 《纽约时报》，1932 年 2 月 24 日。

[108] 《纽约时报》，1932 年 2 月 24 日，1932 年 6 月 10 日，1932 年 12 月 7 日。

第 5 章　保护哈德孙

[1] Randall Mason，《纽约的曾经和过去：历史性保护和现代化城市》（明尼阿波里斯市：明尼苏达大学出版社，2009 年），9–19 页。

[2] David Harmon，Francis P.McManamom，和 Dwight T.Pitcaithley，《古董收藏家行动：一个世纪的美国考古历史，历史保护和自然保护》（图森：亚利桑那大学出版社，2006 年），1–34 页，267–285 页。

[3] 国家公园行动，111 页，[H.R.15522]。

279

[4] William Cronon，"狂野带来的困扰；或者是回到那个错误的自然界"，《不寻常的大地：从新思考人类在自然界的位置》（纽约：诺顿出版社，1995 年），69–90 页；也可参见 Roderick Nash，"狂野的价值"，《环境审视》，3 期（1997 年）：14–25 页。

[5] Carolyn Merchant，《美国环境历史：一篇介绍》（纽约：哥伦比亚大学出版社，2007 年），134–156 页；Philip Pregill 和 Nancy Volkman，《历史的景观学》（纽约：威利出版社，1999 年），653–671 页。

[6] 《纽约时报》，1898 年 5 月 5 日；参见新泽西州地理调查，《1897 年，州地质年度报告》（特伦顿：John L.Murphy 出版公司，1898 年），150 页。

[7] 《纽约每日论坛》，1898 年 5 月 30 日。

[8] Arthur P.Abbott，《世界上最伟大的公园：帕利塞特州公园：它的目的，历史和成就》（纽约：Historian 出版公司，1914 年），7 页。

[9] 《纽约时报》，1898 年 5 月 5 日。

[10] 1900 年纽约立法机构会议法规，第一百七十章。

[11] 《奈亚晚间周刊》，1902 年 5 月 17 日；《罗克兰镇时报》，1902 年 5 月 15 日和 4 月 19 日，1905 年 4 月 8 日。

[12] 《纽约每日论坛》，1894 年 10 月 14 日。

[13] 关于历史保护和拒绝走向现代资本方面，请参见 Mike Wallace，"保存过去：一段美国历史性建筑保护的历史"和"重新探索保护主义"，Mike Wallace，《米老鼠的历史和关于美国记忆的其他散文》（费城：坦普尔大学出版社，1996 年），178–210 页，224–237 页；同样可参见 Karal Ann Marling，《George Washington 在这里：回顾殖民和美国文化》（剑桥：哈佛大学出版社，1988 年），83–84 页。

[14] Andrew Carnegie，"财富"，《北美回顾》（1889 年 7 月）：653–664 页；同样可参见 David Nasaw，"Andrew Carnegie 福音书"，第二十章，《Andrew Carnegie》（纽约：Penguin 出版社，2006 年），343–360 页。

[15] Mason，《纽约的曾经和过去》，XXV–XXVIII 部分。

[16] 《纽约时报》，1898 年 5 月 5 日。

[17] Thomas Cole，"关于美国风景的专著"，《美国月杂志》，1 期（1836 年 1 月）：1–12 页；也可参见 Alan Wallach，"Thomas Cole 'Catskills 河岸的反田园主义"，《艺术公告》，84 期（2002 年 7 月）：339–341 页。

[18] George Perkins March，《人类和自然；或者，那些被人类活动所改变的物质地理》（纽约：Scribner，1864 年）；David Lowenthal，George Perkins Marsh：《保护先知》（西雅图：华盛顿大学出版社，2000 年）；Marcus Hall，《地质的修改：一场回复环境地貌的跨大西洋运动》（夏洛茨维尔：弗吉尼亚大学出版社，2005 年）。

[19] March，《人类和自然》，43 页。

[20] March，《人类和自然》，235 页。

[21] Frances F.Dunwell，《哈得孙河的高地》（纽约：哥伦比亚大学出版社，1991 年），139–140 页；Robert O.Binnewies：《栅栏：100 年中的 100000 公顷》（纽约：福特汉姆大学出版社，2001 年）：7–8 页。

[22] Philip G.Terrie，《充满争议的地形：阿迪朗达克山脉地区人和自然的新历史》（雪城，纽约，雪城

大学出版社，1997 年），102，115 页。

[23] Dunwell，《哈得孙河的高地》，138，143 页。

[24] Raymond J.O'Brien，《美国式崇高：哈得孙河谷地处的景观和风景》（纽约：哥伦比亚大学出版社，1981 年），237，244 页。

[25] 《纽约每日论坛》，1899 年 7 月 4 日。

[26] 《纽约每日论坛》，1899 年 7 月 25 日。

[27] 《纽约晚邮报》，1894 年 2 月 5 日。

[28] 为了探讨波士顿地区的发展，请参见 Henry C.Binford 撰写的《第一个郊区：波士顿外围的居住社区，1815–1860 年》（芝加哥：芝加哥大学出版社，1985 年），31–41 页，202–204 页，222 页，229 页。

[29] William H.Appleton 致 William E.Dodge，1894 年 7 月 19 日，44 册，George W.Perkins 的论文集，手稿整理部门，巴特勒图书馆，哥伦比亚大学，纽约市。

[30] William E.Dodge 致 John Smock，1894 年 10 月 12 日，44 册，手稿整理部门。

[31] 《纽约时报》，1895 年 10 月 8 日。

[32] 帕利塞特保护协会的解决办法，1894 年 6 月 12 日，44 册，手稿整理部门。

[33] William E.Dodge 致 Charles Eliot Norton，1894 年 6 月 18 日；William E.Dodge 致 Frederick Law Olmsted，1894 年 6 月 23 日，44 册，Perkins 论文集。

[34] Olmsted 引自《纽约每日论坛》，1894 年 10 月 14 日。

[35] Cleveland H.Dodge 致 John D.Rockefeller，1906 年 5 月 18 日，洛克菲勒家族报告，第 2 个目录组团，125 册，1116 号文件，纽约，塔里敦镇，洛克菲勒档案。

[36] 《纽约晚邮报》，1901 年 1 月 22 日。

[37] 《纽约时报》，1900 年 7 月 10 日。

[38] 《新泽西州 19 世纪的立法运动和近一个世纪的行动和在新的机构模式下的第 51 个行动》（Camden，N.J.：F.F.Patterson，1895 年），第 xxviii 章。

[39] 《1895 年度新泽西州河岸专员的年度报告及其附件》（Trenton，N.J.：John L.Marphy 出版公司，1896 年），8 页；《新泽西州的行动报告》，1898 年，第一百九十一章。

[40] William C.Spencer 致 Cleveland H.Dodge，1895 年 2 月 5 日，44 册，Perkins 论文集。

[41] 公司分类账目册，契据登记簿，31 册，138 页，哈得孙镇公共记录办公室，新泽西州。

[42] 《纽瓦克晚新闻》，1895 年 5 月 20 日。

[43] David Schuyler，《新城市景观》（巴尔的摩，John Hopkins 大学，1986 年），174–178 页。

[44] J.James R.Croes 致 William E.Dodge，1896 年 5 月 27 日，44 册，Perkins 论文集。

[45] J.James R.Croes 致 William E.Dodge，1896 年 4 月 8 日，第 44 个空间，Perkins 论文集。

[46] 参见 John T.Fry，海军发展部门的秘书，致 John A.T.Hall 主席，军事事件委员会，房屋重建机构，1897 年 12 月 18 日和 12 月 27 日，美国房屋重建机构记录，第 55 宗，第 223 个记录组库，95 册，华盛顿国家档案馆；《纽约时报》1896 年 2 月 20 日；《纽约时报》，1895 年 12 月 15 日；同样可参见《帕利塞特》，10 期，Binnewies。

[47] 《纽约晚邮报》，1896 年 2 月 19 日，1896 年 4 月 24 日，1898 年 2 月 4 日。

[48] William E.Dodge 致 Frederick Law Olmsted，1894 年 6 月 23 日，44 册，Perkins 论文集。

[49] 《纽瓦克晚新闻》，1896 年 2 月 22 日。

[50] 《纽瓦克晚新闻》，1896 年 2 月 19 日。

[51] 《纽约晚邮报》，1897 年 9 月 23 日。

[52] 《美国风景和历史协会第六个年度报告》（纽约，1901 年），15 页。

[53] A.D.F.Hamlin，"欧洲历史文化古镇和建筑保护"，1902 年 1 月 15 日，6 册，美国风景和历史保护社会档案（从此以后的部分，ASHPS）。

[54] Edward Hagaman Hall 致 Reverend Howard Duffield，1905 年 4 月 26 日；Reverend Howard Duffield 致 Edward Hagaman Hall，1905 年 4 月 29 日；8 册，ASHPS。

[55] 《美国风景和历史协会年度报告》（纽约，1907 年）。

[56] Edward Hagaman Hall 致 Reverend Howard Duffield，1905 年 4 月 26 日，8 册，ASHPS。

[57] 《纽约晚邮报》，1901 年 5 月 18 日；《纽瓦克晚邮报》，1897 年 11 月 19 日。

[58] W.Allen Butler 致 Edward H.Hall，1900 年 12 月 18 日，6 册，ASHPS。

[59] 《哈肯萨克市晚间记录》，1901 年 5 月 1 日。

[60] Theodore，"政府信息"，1900 年 1 月 3 日，《纽约州的政府记录，123 项税收记录，1900 年》（奥尔巴尼：James B.Lyon，1900 年），52–53 页。

[61] Binnewies，《帕利塞特》，17 期，简述在新泽西州有很多版本的记录同时谴责的力量在这里被激烈地争论。根据 Binnewies 所述，是妇女协会的办事大厅在财政方面帮助了重新维持激烈的争论力量。

[62] 《纽约晚邮报》，1900 年 4 月 4 日。

[63] John A.Garraty，《右手人类：George W.Perkins 的人生》（纽约：Harper&Bro，1960 年），83 页；同样可参见美国手稿部门反馈，纽约州，1900 年，细目索引指导 1048 页，9 号工作表。

[64] 《纽约晚邮报》，1901 年 1 月 22 日，《纽约晚间版太阳周刊》，1901 年 4 月 25 日。

[65] George W.Perkins，"纽约州帕利塞特公园委员会备忘录"，1900 年 10 月 18 日，44 册，Perkins 论文集。

[66] George W.Perkins，[运行计划]，1900 年，44 册，Perkins 论文集。

[67] Frederick S.Lamb 致 George W.Perkins，1900 年 10 月 16 日，1900 年 12 月 3 日，George W.Perkins 致 Edward H.Hall.，1900 年 12 月 5 日，44 册，Perkins 论文集；Charles R.Lamb 致 George W.Perkins，1903 年 7 月 15 日，George W.Perkins 致 Charles R.Lamb，1903 年 7 月 3 日，并且 George W.Perkins 致 Edward H.Hall，1904 年 11 月 26 日，45 册，Perkins 论文集。

[68] Elizabeth B.Vermilye 致 George W.Perkins，6 月 [24–25 页]，1900 年，44 册，Perkins 论文集;《纽约时报》，1900 年 5 月 4 日。

[69] George W.Perkins 致 Elizabeth B.Vermily，1900 年 6 月 26 日，以 及 Elizabeth B.Vermily 致 George W.Perkins，1900 年 6 月 28 日，44 册，Perkins 论文集。

[70] 保护帕利塞特联盟，"一个帕利塞特吸引人的地方"，1900 年 8 月；George W.Perkins 致 S.Wood.McClave，1900 年 9 月 12 日，44 册，Perkins 论文集。

[71] Elizabeth B.Vermily 致 George W.Perkins，1901 年 1 月 9 日，George W.Perkins 致 Elizabeth B.Vermily，1901 年 1 月 17 日，Elizabeth B.Vermily 致 George W.Perkins，1901 年 1 月 24 日，44 册，Perkins 论文集。

[72] Elizabeth B.Vermily 致 George W.Perkins，1901 年 3 月 12 日，George W.Perkins 致 Elizabeth B.Vermily，1901 年 5 月 14 日，44 册，Perkins 论文集；S.Wood.McClave 致 George W.Perkins，1902 年 2 月 21 日，45 册，Perkins 论文集。联盟同时发行了一个说明小册子来强调在帕利塞特保护运动中女性的角色，并且在 1899 年的研究委员会上也再次强调；参见帕利塞特保护联盟，《帕利塞特是如何被保护的》（纽约：n.p，1905 年）。

[73] 新泽西州，卑尔根市，契约书，13 册，168 页，1891 年 2 月 12 日，卑尔根镇乡村住宅，哈肯萨克市。

[74] "木匠兄弟关于布拉德斯特里街道认证报告"，44 册，Perkins 论文集。

[75] 1900 年纽约州，美国手稿管理委员会恢复，细目指导 113 页，30 号工作表。

[76] George W.Carpenter 致 George W.Perkins，1900 年 10 月 5 日，44 册，Perkins 论文集。

[77] George W.Perkins 致 George W.Carpenter，1900 年 10 月 24 日，44 册，Perkins 论文集。

[78] 帕利塞特州内公园委员会会议记录，1900 年 12 月 3 日，44 册，Perkins 论文集。

[79] [木匠兄弟协议备忘录]，44 册，Perkins 论文集。

[80] 80 Frances F.Dunwell，《哈得孙河的高地》（纽约：哥伦比亚大学 出版社，1991 年），117 页；Ron Chernow，《Morgan 住宅：一个美国银行的王朝和当代财政的提升》（纽约：Atlantic Monthy 出

280

版社，1990 年），32，52 页；美国手稿管理委员会恢复，纽约州，1900 年，细目指导 16 页，4 号工作表；《纽约时报》，1894 年 7 月 1 日。

[81] 《商业》，1901 年 1 月 9 日；同样可参见《论坛报说明补充》，1901 年 1 月 6 日。

[82] "政府部门信息，1901 年 1 月 2 日"，《在第 124 阶段的纽约州立参议院周期报告》（奥尔巴尼：James B.Lyon，1901 年），31–32 页。

[83] George W.Perkins 致 J.P.Morgan，1901 年 5 月 14 日，44 册，Perkins 论文集。

[84] 美国风景和历史保护协会会议记录，1905 年 1 月 23 日；George F.Kunz 致 J.Pierpont Morgan，1905 年 1 月 24 日；J.Pierpont Morgan 致 George F.Kunz，1905 年 1 月 25 日，8 册，ASHPS。

[85] 《奈亚晚间周刊》，1906 年 3 月 8 日。

[86] 《奈亚晚间周刊》，1898 年 3 月 10 日。

[87] 《奈亚晚间周刊》，1906 年 3 月 22 日。

[88] 《奈亚晚间周刊》，1906 年 1 月 29 日和 1906 年 5 月 30 日。

[89] 美国手稿管理委员会恢复，纽约，1910 年，细目指导 96 页，15 号工作表。

[90] "James P.McQuaide"，S.Tompkins，《纽约洛克岛近 19 世纪历史记录，纽约》（奈亚，N.Y：Van Deusen & Joyce，1952 年），154–155 页；美国手稿管理委员会恢复，纽约，1900 年，细目指导 61 页，9 号和 10 号工作表；"Arthur C.Tucker 和 James P.McQuaide，作为纽约麦克支付公司的上述发言人"，Marcus T.Hun，《在纽约最高法院一个关于审理案件的投诉报告》，六十一卷（奥尔巴尼：J.B.Lyon，1901 年），521–528 页。

[91] 《奈亚晚间周刊》，1902 年 2 月 25 日。

[92] 《罗克兰镇时报》，1902 年 3 月 15 日。

[93] James P.McQuaide 致 John D.Rockefeller，Jr.Mar，1902 年 3 月 3、14、21 日；John D.Rockefeller，Jr 致 James P.McQuaide，1902 年 3 月 18 日；John D.Rockefeller 致 Timothy L，Moodruff，1902 年 3 月 19、24、26 日；John D.Rockefeller 致 Benjamin B.Odell，1902 年 3 月 31 日；记录组库第 2 本，125 册，1116 号文件，洛克菲勒档案馆，Pocantico Hills，纽约。

[94] 《罗克兰镇时报》，1902 年 4 月 19 日；《纽约时报》，1902 年 4 月 3 日；《奈亚晚间星报》1902 年 2 月 25 日和 4 月 16 日。

[95] James P.McQuaide 致 John D.Rockefeller Jr.1902 年 3 月 28 日，记录组库第 2 本，125 册，1116 号文件，洛克菲勒档案馆，Pocantico Hills，纽约。

[96] 《奈亚晚间周刊》，1902 年 4 月 3 日；《纽约时报》，1902 年 4 月 3 日；《纽约，1902 年政府记录，Benjamin B.Odell 公共论文集》（奥尔巴尼：J.B.Lyon，1907 年），201–202 页。

[97] 《奈亚晚间星报》，1902 年 4 月 15 日。

[98] 《罗克兰镇时报》，1902 年 4 月 19 日。

[99] 《纽约时报》，1906 年 1 月 14 日。

[100] 《纽约时报》，1933 年 6 月 12 日。

[101] George F.Kunz，"在州自然资源保护过程中对与风景与美的保存"，1908 年 5 月，10 册，ASHPS 论文集；同样可参见 George F.Kunz，"公共公园和风景保护中的商业价值"，《科学月刊》，16 期（1923 年 4 月）：374–380 页。

[102] Starr J.Murphy 致 Timothy L.Woodruff，1906 年 5 月 10 日，记录组库第 2 本，125 册，1116 号文件，281 洛克菲勒档案馆，Pocantico Hills，纽约。

[103] 《奈亚晚间周刊》，1906 年 7 月 4 日。

[104] Michael G.Kammen，《记忆的神秘和弦》（纽约：诺普夫出版社，1991 年），44–45 页。

[105] J.DuPratt 致 George Perkins，1903 年 12 月 24 日，45 册，Perkins 论文集；同样可参见 John Brisben Walker，"纽约的探索者 1903–1909 年"，《世界》，36 期（1903 年 12 月），143–160 页。

[106] George W.Perkins 致《特伦顿时报》的编辑，1909 年 10 月 6 日，45 册；George W.Perkins 致 General Stewart L.Woodford.1909 年 7 月 21 日，28 册，Perkins 论文集。

[107] Kammen，《记忆的神秘和弦》，246-247 页，Karal Ann Marling，《华盛顿曾在这里睡觉；殖民复兴和美国文化，1876-1976 年》，（剑桥：哈佛大学出版社，1988 年），201-202 页。

[108] "帕利塞特州公园的贡献"，Edward Hagaman Hall，《Hudson-Fulton 庆典：纽约州立法委员会关于 Hudson-Fultion 庆祝的第四次年度报告》（奥尔巴尼：J.B.Lyon，1910 年），393-412 页。

[109] George W.Perkins 致 Theodore Roosevelt，1909 年 2 月 25 日，45 册，Perkins 论文集；Perkins 在《帕利塞特州际公园委员会的十次年度报告》中重新明确了地址（奥尔巴尼：J.B.Lyon，1910 年），8 页。

[110] 《帕利塞特州际公园委员会的十次年度报告》（奥尔巴尼：J.B.Lyon，1910 年），8 页；"Hamilton McKown Twombly"，《美国地理国家百科全书》（纽约：James T.White& 公司，1943 年），30 册，17 页。

[111] Marjorie W.Brown，《Arden 住宅：Harriman 家族的居住表达》（纽约：哥伦比亚大学出版社，1981 年），11-16 页；George Kenan，E.H.，《Harriman 个人传记》（波士顿：Houghton Mifflin，1922 年）。

[112] Helen M.Gould 致 John D.Rockefeller，1909 年 12 月 29 日；John D.Rockefeller 致 Andrew Carnegie，1909 年 12 月 23 日；Andrew Carnegie 致 John D.Rockefeller 1909 年 12 月 28 日，记录组库第 2 本，125 册，1116 号文件，洛克菲勒档案馆，Pocantino，N.Y。

[113] 《标准联盟》，1910 年 1 月 9 日和 1910 年 11 月 6 日。

[114] George W.Perkins 致 Woodrow Wilson，1912 年 4 月 4 日，46 册，Perkins 论文集。

[115] Charles P.Heydt 致 George W.Perkins，1911 年 5 月 12 日，45 册，Perkins 论文集。

[116] John D.Rockefeller，Jr 致 George W.Perkins，1912 年 12 月 5 日；George W.Perkins 致 John D.Rockefeller，1912 年 12 月 6 日，记录组库第 2 本，125 册，1116 号文件，洛克菲勒档案馆，Pocantico Hills，N.Y；同样可参见 Mary W.Harriman 致 George W.Perkins，1912 年 6 月 24 日；46 册，Perkins 论文集。

[117] J.DuPratt White 致 George W.Perkins，1912 年 4 月 16 日，46 册，Perkins 论文集。

[118] 《奈亚晚间周刊》，1906 年 5 月 8 日。

[119] George Perkins 致 John D.Rockefeller.Jr，1915 年 7 月 2 日；记录组库第 2 本，125 册，1116 号文件，洛克菲勒档案馆。

[120] Louise Hasbrouck Zimm，"Wilson P.Foss"，《纽约东南部：阿尔斯特镇，达奇斯镇，奥林奇镇，洛克兰郡和帕特南镇的历史》（纽约：Lewis 历史出版社，1946 年），3 册，458-465 页；《洛克兰郡时报》，1904 年 3 月 17 日和 1930 年 9 月 27 日。

[121] 《纽约晚间邮报》，1896 年 5 月 2 日 和 1914 年 8 月 27 日，《纽约时报》，1914 年 8 月 16 日；George W.Perkins 致 L.H.S 麻省理工学院，1914 年 9 月 1 日；George W.Perkins 致 Hoyle Tomkies 夫人，1914 年 8 月 26 日；J.DuPratt White 致 George W.Perkins，1914 年 8 月 [档案 20 页]，47 册，Perkins 论文集。

[122] Nancy Wynne Newhall，《为每个美国人做的遗产贡献：John D.Rockefeller 保护活动》（纽约：Konpf 出版社，1957 年），Steven C.Wheatly，"Rockefeller，John D.Jr"，《美国国家地理》，18 期（1999 年），697-700 页；http://archive.reckefeller.edu/bio/jdrjr.php；Mattew M.Palus，"真实性，合法化和 20 世纪的旅行：The John Rockefeller Jr，运输大道，缅因州阿卡迪亚国家公园"Paul A.Shackel，《真实，合法化，神圣，记忆和美国景观的塑造》（盖恩斯维尔：佛罗里达大学出版社，2001 年），79-196 页。

第 6 章　大拱门和邻里社区

[1] Charles B.Hosmer，Jr.，《保护时代的到来：从威廉斯堡到国家信任，1926-1949 年》（夏洛茨维尔镇：弗吉尼亚大学出版社，1981 年），626-649 页；关于保护主义特殊性的争论，可参见 Richard W.Longstreth，[奥尔默斯《保护时代的到来》]，《Winterthur 作品集》，17 期（1982 年，冬），293 页；J.Meredith Neil，[奥尔默斯保护时代的到来的书籍观点]，《美国国家历史观点》，88 期（1983 年

10 月），1100 页；同样可参见 Charles E.Peterson，"在建筑之前：在圣路易斯河岸上游地区早期的建筑师和工程师"，David Ames 和 Richard Wagner，《设计和历史保护》（纽约：特拉华大学出版社，2009 年），161–176 页；Joseph Heathcott 和 Maire Agnes Murphy，"走廊争斗，革新地区：工业和圣路易斯制造大都会的计划和政策，1940–1980 年"，《城市历史周刊》，31 期，2005 年 1 月，151–189 页。

[2] 1935 年历史古迹行动第一部分，49 节，666 页；16USC.461–467 页。

[3] Hosmer，《保护时代的到来》，626 页。

[4] "行政会议草案的手稿摘要，咨询委员会，国家公园服务，1937 年 10 月 28 日和 29 日"，国家公共服务记录（从此往后，NPS），国家历史古迹，Jefferson 国家扩展记忆，第 79 个记录空间，2639 册，国家档案馆，华盛顿。

[5] Sharon A.Brown，《Jefferson 国家历史古迹扩展记忆认证委员会，第一部分》（华盛顿，United States 室内设计办公室，1984 年），第一章，16 页，[互联网分页]；关于这个项目的动机变更，可参见 Regina M.Bellavia 和 Gregg Bleam，《关于 Jefferson 国家扩展记忆的文化景观报告，圣路易斯，密苏里州》（华盛顿，国家公园服务社，1996 年），14–16 页。

[6] 参见 Daniel Bluestone，"网球鞋上的学术，历史保护和学术研究"，《建筑历史社会周刊》，（1999 年 9 月）：303–307 页。

[7] Charles Peterson1933 年的指导书重新出现在，"美国历史建筑调查继续进行中"，《建筑历史社会周刊》，16 期（1957 年 10 月），57 页。

[8] Brown，《Jefferson 国家扩展记忆》，第一章，2 页 [互联网分页]。

[9] 圣路易斯公民联合会，《一个为圣路易斯拟定的城市计划：被执行委员会任命的公民联盟草拟城市计划书》（圣路易斯：Woodward & Tiernan 1907 年），72–75 页。

[10] 关于城市美化的相似议题，参见 Daniel Bluestone，"底特律城市美化环境和问题委员会"，《建筑历史社会周刊》，47 期（1988 年 9 月）：245–262 页。

[11] Harland Bartholomew，《一个为中央河流前部指定的计划，St Louis，Missouri》（圣路易斯，城市规划委员会，1928 年），2，6，7，28–34 页。

[12] 圣路易斯公民联合会，《公共空间操作报告，公民生活改善委员会，1903 年》（圣路易斯，公民改善委员会，1903 年），7 页。

[13] 圣路易斯公民联合会，《圣路易斯公告牌》（圣路易斯公民联盟，1910 年），7 页。

[14] 圣路易斯公民联合会，《为公民服务的一年：年度会议上的发言和报告》（圣路易斯公民联盟，1907 年），45–46 页。

[15] 关于圣路易斯的盛会历史，请参见 David Glassberg，《美国历史盛会：20 世纪早期对用传统的使用》（Chaple Hill：北卡罗来纳大学出版社，1990 年），159–199 页；Donald Bright Oster，"美妙的夜晚：圣路易斯盛会和 1914 年假面晚会"，《密苏里州历史社会宣传册》，31 期（1975 年 4 月）：175–205 页。

[16] "1934 年 12 月 19 日，美国领土扩展会员会会议记录"，类型化表格，41–43 页，杰弗森国家拓展记忆委员会报告，杰弗森国家拓展历史古迹档案馆，圣路易斯，密苏里州。

[17] 基地被桑伯恩地图公司定位，《Vincennes 地图保存，印第安纳》（纽约：桑伯恩地图公司，1927 年），9 号地图。

[18] Edwin C.Bearss，《George Rogers Clark 纪念碑：历史结构反映历史数据》（华盛顿，美国设计协会，1970 年）。

[19] 《纽约时报》，1933 年 9 月 4 日。

[20] "美国领土扩展会员会会议记录"，2–3 页。

[21] Michael Kammen，《记忆的神奇和弦：美国文化中的传统变迁》（纽约：诺普夫出版社，1991 年），444–480 页；Hal Rothman，《保护不同的过去：美国历史纪念碑》（乌尔班纳：伊利诺伊大学出版社，1989 年）。

282

[22] "美国领土扩展会员会会议记录"，31，48，52，56 页。

[23] "美国领土扩展会员会会议记录"，8–9 页。

[24] 美国领土扩展会员会，《1935 年 4 月 13 日被认证的圣路易斯召开的美国委员会报告》（圣路易斯：委员会，1935 年），没有标记页数。

[25] John L.Nagle，"圣路易斯美国国土扩展纪念碑报告"，1935 年 8 月 20 日，NPS 记录，国家历史基地，Jefferson 国家开拓纪念馆，第 79 个记录组团，2632 册。

[26] （美国总统颁布的具有法律效能的）行政命令，第 7253 条，1935 年 12 月 21 日，重新由 Clifford L.Lord 公司出版，《居住执行法令》（纽约：Books 有限公司，1944 年），616 页。

[27] W.F.Pfeiffer 致 Harold L.Lckes，1935 年 12 月 35 日；Paul O.Peters 致 Harold L.Lckes，1935 年 12 月 21 日；W.H.Gage Glue 有限公司致室内设计部门，1935 年 9 月 21 日；圣路易斯 Coffee & Spice 公司致 Harold L.Lckes，1935 年 12 月 21 日；G.S.Robins & Company 致 Harold L.Lckes，1935 年 12 月 21 日；W.E.Beckman 致 Harold L.Lckes，1935 年 12 月 21 日；Julius Johnson 致 Franklin D.Roosevelt 总统，1922 年 12 月 22 日；NPS 记录，国家历史古迹，Jefferson 国家领土拓展纪念碑，第 79 个记录组团，2632 册。

[28] Brown，《Jefferson 国家拓展认证纪念碑》，第二章，13–14 页 [内部标记页数]。

[29] Charles E.Peterson，"美国建筑博物馆"，1936 年 6 月，NPS 记录，国家历史古迹点，Jefferson 国家拓展纪念碑，第 79 个记录组团，2633 册；同样可以参见 Charles E.Peterson，"美国当代建筑博物馆：一个合适的研究和公共教育研究机构"，《八方环球：美国建筑结构周刊》，8 期（1936 年 11 月）：12–13 页；Peterson，"建筑之前"，167–160 页。

[30] Charles E.Peterson 致 Edward C.Kemper，1936 年 9 月 26 日，NPS 国家历史古迹记录，Jefferson 国家拓展纪念碑，第 79 个记录组团，2633 册。

[31] Charles E.Peterson 致 John L.Nagle，1937 年 5 月 11 日，NPS 记录，国家历史古迹，Jefferson 国家拓展纪念碑，第 79 个记录组团，2634 册；Charles E.Peterson 致 John L.Nagle，1936 年 11 月 12 日，NPS 记录，国家历史古迹，Jefferson 国家拓展纪念碑，第 79 个记录组团，2633 册。

[32] Charles E.Peterson，"美国建筑博物馆"，1936 年，NPS 记录，国家历史古迹，Jefferson 国家拓展纪念碑，第 79 个记录组团，2633 册。

[33] Charles E.Peterson 致 John L.Nagle，1936 年 10 月 28 日，NPS 记录，国家历史古迹，Jefferson 国家拓展纪念碑，第 79 个记录组团，2633 册；《圣路易斯环球民主党》，1936 年 10 月 28 日和 1941 年 3 月 23 日；《圣路易斯邮件调度》，1941 年 1 月 1 日；John Albury Bryan，"1800 年到 1900 年间圣路易斯建筑"，1961 年，历史古迹部门文件报告，美国，室内设计部门。

[34] John L.Nagle 致 Charles E.Peterson，1936 年 12 月 3 日，NPS 记录，国家历史古迹，Jefferson 国家拓展纪念碑，第 79 个记录组团，2633 册。

[35] Thomas E.Tallmadge 致 John L.Nagle，1936 年 12 月 28 日，NPS 记录，国家历史古迹，Jefferson 国家拓展纪念碑，第 79 个记录组团，2633 册；同样可参见 Brown，《Jefferson 国家拓展纪念碑认证记录》第二章，11–12 页 [内部标记页数]；Bellavia 和 Bleam，《Jefferson 国家拓展纪念碑文化景观报告》，18 期，既在处理 Tallmadge 的报告，同时又在处理公园基地上的清洁工作，不管是 Brown 还是 Bellavia 和 Bleam 都在讨论这个事实，就是 Nagle 在推动 Tallmadge 为了更广阔保护计划来选择早期的支持，作为 Nagle 努力的一部分来保证项目在 Roosevelt 总统的执行命令下能够集中在商业部分。

[36] John L.Nagle 到国家公园服务部的主管，1936 年 12 月 8 日，NPS 记录，国家历史古迹，Jefferson 国家拓展纪念碑，第 79 个记录组团，2633 册。

[37] Ned J.Burns 致 Charles E.Peterson，1937 年 2 月 11 日，NPS 记录，国家历史古迹，Jefferson 国家拓展纪念碑，第 79 个记录组团，2633 册。

[38] Hosmer，《保护时代的到来》，633 页。

[39] Charles E.Peterson 致 John L.Nagle，1936 年 10 月 28 日，NPS 记录，国家历史古迹，Jefferson 国家拓

展纪念碑，第 79 个记录组团，2633 册。

[40] 参见 Jefferson 国家托张纪念碑委员会，"一个为了 Thomas Jefferson 纪念碑的建筑设计竞赛和那些为了国家拓展有贡献的先驱们"，[1935 年 10 月]；John G.Lonsdale 致 Arno B.Cammerer，1935 年 5 月 29 日，NPS 记录，国家历史古迹，Jefferson 国家拓展纪念碑，第 79 个记录组团，2632 册。

[41] John L.Nagle，"Jefferson 国家拓展纪念碑核心主题方面"，1938 年 3 月 16 日，对话圣路易斯北部地区 Kiwanis 俱乐部，通过 WIL 广播进行传播，NPS 记录，国家历史古迹，Jefferson 国家拓展纪念碑，第 79 个记录组团，2636 册。

[42] Hermon C.Bumpus E.Bolton，Archibald M.McCrea 致 Arno B.Cammers，1937 年 9 月 2 日，NPS 记录，国家历史古迹，Jefferson 国家扩展纪念，第 79 个记录部分，第 2635 册；同样可参见 Hermon C.Bumpus，《美国国家百科地理全书，成为美国的这段历史》（纽约：James T.White & Co，出版有限公司，1945 年），32 册，331–332 页，1940 年，Bumpus 收到了由美国景观和历史保护委员会颁发的 the Cornelius Amory Pugsley 金制奖杯，奖励他在国家公园教育工作方面的贡献。

[43] Hermon C.Bumpus 致 John L.Nagle，1937 年 10 月 2 日，NPS 记录，国家历史古迹，Jefferson 国家扩展纪念，第 79 个记录部分，2635 册。

[44] John L.Nagle 致 Hermon C.Bumpus，1937 年 10 月 6 日，NPS 记录，国家历史古迹，Jefferson 国家扩展纪念，第 79 个记录部分，2635 册。

[45] Hermon C.Bumpus 致室内设计行动秘书会，1939 年 11 月 10 日；John L.Nagle，"为了纪念指导的纪念碑"，1939 年 11 月 23 日，NPS 记录，国家历史古迹，Jefferson 国家扩展纪念，第 79 个记录部分，2637 册。

[46] Hosmer，《保护时代的到来》，643 页；同样可参见 Brown，《Jefferson 国家扩展纪念历史委员会》，第二章，35 页 [内部编号]。

[47] Daniel Bluestone，"公民文化和美学保存：Ammi B. 年轻的 1850 年代传统习俗房屋设计"，《Winterthur 作品集》，25 期（1990 年，夏\秋），131–156 页。

[48] Perry T.Rathbone 致 Julian C.Spotts，1941 年 1 月 17 日，NPS 记录，国家历史古迹，Jefferson 国家扩展纪念，第 79 个记录部分，2656 册。

[49] 圣路易斯邮报分派，1941 年 1 月 20 日和 1 月 22 日和 1 月 23 日；圣路易斯环球民主党，1941 年 1 月 19 日和 20 日；Laura Inglis 致国家公园保护组织，1941 年 1 月 17 日，Julius Polk Jr 致 Harold L.Ickes，1941 年 1 月 20 日，Nelle J.Krabbe 致 Julian C.Spotts，1941 年 1 月 21 日，NPS 记录，国家历史古迹，Jefferson 国家扩展纪念，第 79 个记录部分，2656 册。

[50] Julius Polk Jr 致 Harold L.Ickes，1941 年 1 月 20 日，NPS 记录，国家历史古迹，Jefferson 国家扩展纪念，第 79 个记录部分，2656 册；W.Rufus Jackson[圣路易斯邮政所所长] 致 John L.Nagle，1938 年 2 月 18 日，《圣路易斯邮报分社》，1941 年 1 月 21 日。

[51] Daniel Cox Fathy，Jr 致 Fount Rothwell，1936 年 9 月 14 日，NPS 记录，国家历史古迹，Jefferson 国家扩展纪念，第 79 个记录部分，2633 册；"在圣路易斯召开的博物馆委员会会议报告"，1938 年 1 月，28–29 页，1938 年 2 月 1 日，NPS 记录，国家历史古迹，Jefferson 国家扩展纪念，第 79 个记录部分，2659 册；Charles E.Peterson "Nagle 先生纪念碑，圣路易斯典型住宅"，1940 年 8 月 9 日，NPS 记录，国家历史古迹，Jefferson 国家扩展纪念，第 79 个记录部分，2656 册。

[52] Charles E.Peterson 致 Julian C.Spotts，1940 年 11 月 20 日，NPS 记录，国家历史古迹，Jefferson 国家扩展纪念，第 79 个记录部分，2656 册。

[53] Newton B.Drury，"Demary 先生纪念碑" 1940 年 12 月 13 日，NPS 记录，国家历史古迹，Jefferson 国家扩展纪念，第 79 个记录部分，2656 册，国家公园管理委员会声明古老传统住宅的拆迁"，1941 年 1 月 23 日，NPS 记录，国家历史古迹，Jefferson 国家扩展纪念，第 79 个记录部分，2641 册。

[54] Ronald F.Lee 致 Newton B.Drury，1941 年 2 月 4 日，NPS 记录，国家历史古迹，Jefferson 国家扩展纪

念，第 79 个记录部分，2642 册。

[55] Brown，《Jefferson 国家扩展历史纪念委员会》，第三章，12 页 [内部编号]。

[56] 《圣路易斯环球日民主党》，1941 年 3 月 23 日。

[57] Roy E.Appleman，"审查和讨论，西方建筑博物馆 Byan 创办说明书，Jefferson 国家扩展纪念，"1956 年 12 月 17 日，NPS，JNEM 档案，3 册。

[58] 《圣路易斯环球日民主党》，1947 年 1 月 23 日和 4 月 3 日。

[59] John A Kouwenhoven 致 Conrad L.Wirth 1958 年 10 月 6 日；Jackson E.Price 致 John A Kouwenhoven，1958 年 10 月 20 日；Thomas C.Vint 致 Albert Simons，1958 年 4 月 24 日；M.H.Harvey 致 Conrad L.Wirth，NPS，JNEM 档案，3 册。

[60] Harold L.Ickes 致 John L.Cochran，1936 年 8 月 1 日，NPS 记录，国家历史古迹，Jefferson 国家扩展纪念，第 79 个记录部分，2633 册。

[61] 《圣路易斯邮报分配》，1939 年 7 月 9 日和 10 月 10 日。

[62] 《圣路易斯星周刊》，1940 年 1 月 25 日。

[63] 《圣路易斯星周刊》，1938 年 5 月 2 日。

[64] Charles W.Porter，"Jefferson 国家扩张纪念碑项目的目的和主题，圣路易斯，密苏里州，一起的还有在该基地的国家公园服务内的国家历史项目的适当范围内的评论，"1944 年 2 月 27 日，NPS 记录，国家历史古迹，Jefferson 国家扩展纪念，第 79 个记录部分，2647 册。

[65] John A.Bryan 致 Julian C.Spotts，1945 年 2 月 1 日，NPS 记录，国家历史古迹，Jefferson 国家扩展纪念，第 79 个记录部分，2653 册，；同样可参见 "Jefferson 国家扩展纪念项目的目的和主旨"。

[66] Newton B.Drury 致 Tilden 先生，1945 年 2 月 19 日，NPS 记录，国家历史古迹，Jefferson 国家扩展纪念，第 79 个记录部分，2653 册；Bellavia and Bleam，《Jefferson 国家扩展纪念碑文化景观报告》，25–28 页。

[67] John L.Nagle 致 Hermon C.Bumps，1938 年 2 月 24 日，NPS 记录，国家历史古迹，Jefferson 国家扩展纪念，第 79 个记录部分，2636 册。

[68] 参见 Alvin Stauffer 和 Thomas A.Pitkin，"圣路易斯 Jefferson 国家扩展纪念碑执行命令授权过程中的历史问题"，1939 年 4 月 11 日，NPS，JNEM 档案，3 册；Porter，"Jefferson 国家扩展纪念项目的目的和主旨"；执行命令的不准确性早期被纪念碑项目的反对者提出作为拒绝该项目的一个理由，参见《华盛顿邮报》，1936 年 9 月 22 日。

[69] 临时展示计划，国家扩展展室，Jefferson 国家扩展纪念碑，1942 年 4 月，NPS 记录，国家历史古迹，Jefferson 国家扩展纪念，第 79 个记录部分，2658 册。

[70] Julian C.Spotts，"纪念碑项目的概念，同时一起的还有 Porter 博士 1944 年 11 月 7 日的报告文件"1945 年 2 月 6 日，NPS 记录，国家历史古迹，Jefferson 国家扩展纪念，第 79 个记录部分，2653 册。

284 [71] Julian C.Spotts，"导演备忘录" [Newton B.Drury]，1945 年 2 月 9 日；Ned J.Burns[Note on Spott's Memo]，NPS 记录，国家历史古迹，Jefferson 国家扩展纪念，第 79 个记录部分，2653 册。

[72] 关于竞赛和内容，参见 Helene Lipstadt，"合作制作和现代纪念：Jefferson 国家扩展纪念碑竞赛和 Saarinen's 门口样式"，Eric Mumford，《圣路易斯现代建筑：华盛顿大学和美国战后建筑，1948–1973 年》（芝加哥：芝加哥大学出版社，2004 年），5–25 页。

[73] Jefferson 国家扩展纪念碑联合会，《Jefferson 国家扩展纪念碑项目建筑设计竞赛，圣路易斯，密苏里州，1947 年》，NPS 记录，国家历史古迹，Jefferson 国家扩展纪念，第 79 个记录部分，2641 册；至于创办说明书中的公园服务中的协作部分，例如，Newton B.Drury 致 Luther Ely S 麻省理工学院 h 1946 年 2 月 26 日，NPS 记录，国家历史古迹，Jefferson 国家扩展纪念，第 79 个记录部分，2653 册。

[74] Richard Knight，《沙里宁的请求：一本回忆录》（圣弗朗西斯 William Stout 出版公司，2008 年），38–40 页；Helene Lipstadt，"门楼形式，设计先看美国座现代纪念碑"，Eeva-Liisa 和 Donald

Albrecht，《Eero Sarrinen：改变未来》（纽黑文：耶鲁大学出版社，2006 年），222–229 页，；Lipstadt，"合作设计现代纪念碑"，5–25 页；Antonio Roman，《Eero Saarinen：一座具有多功能性质的建筑》（伦敦：Laurence 皇家出版公司，2002 年），124–141 页；《纽约时报》中鲁莽的论断，1953 年 4 月 26 日。

[75] Jefferson 国家扩展纪念碑联合会，《建筑设计竞赛》；就像威廉斯堡那样的重建利益和城市公务员的威廉斯堡视角解读，参见《圣路易斯星周刊》，1947 年 2 月 17 日。

[76] 沙里宁引述了《圣路易斯邮报分派》，1948 年 3 月 7 日，参见 Aline B.Louchheim's 发表在《纽约时报》中的回顾报告，1948 年 2 月 29 日。

[77] 《圣路易斯星周刊》，1948 年 2 月 19 日。

[78] 参见 Lipstadt，"联合设计现代纪念碑"，17，19 页；Mary Mc Leod，"关于纪念碑的竞争：越南战争纪念碑"，Helene Lipstadt，《体验传统》（纽约：纽约建筑联盟，1989 年），115–137 页。

[79] Bellavia 和 Bleam，《Jefferson 国家扩展纪念碑文化景观报告》，48，53，64 页。

[80] Charles E.Peterson，《建筑之前》，161 页。

[81] NPS 保留的记录表单包括美国历史上被认为是"额外的地点"的限制数目的古迹，在 2008 年密苏里州表单中，除了 Gateway Arch，仅仅包括了 36 个地点。

[82] Walter Metcalfe 的陈述部分，Peter Raven 博士和 Robert Archibald 博士关心圣路易斯上游河域和 Gateway Arch 的基础部分，2008 年 5 月 8 日，Danforth Foundation，密苏里州圣路易斯。

[83] 《圣路易斯邮报分派》，2008 年 5 月 8 日。

第 7 章 芝加哥的保护与拆除

[1] 《芝加哥论坛报》，1856 年 4 月 26 日。

[2] 例如，参见：William J.Murtagh，《持续时间：美国保护理论与历史》（Pittstown, N.J.: Main Street 出版社，1988 年），62–64 页。

[3] 这样的阅读最近已经体现在 Randall Mason 的工作中，《曾经和未来的纽约：保存历史和现代化的城市》（明尼阿波利斯：明尼阿波利斯大学出版社，2009 年），以及 Vincent Leszynski Michael，"保护未来：历史街区在纽约和芝加哥在 20 世纪末期"，硕士论文，旅行的艺术历史，伊利诺斯芝加哥大学，2007 年。

[4] Daniel Bluestone，"战后芝加哥保护与更新，"《建筑教育杂志》，47 期（1994 年 5 月）：210–223 页；Theodore W.Hild，"拆除巡山剧院和出生在芝加哥的保护运动"，《伊利诺伊历史杂志》，88 期（1995 年，夏）：78–100 页；Richard Cahan，《它们都倒塌了：Richard Nickel 为拯救美国建筑的努力》（纽约：Wiley，1994 年）；Michael，"保留未来"。

[5] 《芝加哥论坛报》，1855 年 6 月 13 日。

[6] 《芝加哥论坛报》，1906 年 5 月 7 日。

[7] 《芝加哥论坛报》，1855 年 1 月 31 日。

[8] 《芝加哥论坛报》，1875 年 3 月 19 日。

[9] 《芝加哥论坛报》，1872 年 9 月 18 日。

[10] 《芝加哥论坛报》，1906 年 5 月 7 日。

[11] Vincent Michael，"芝加哥水塔和水泵站，" Alice Sinkevitch 等，《芝加哥 AIA 指南》（纽约：Harcourt Brace，1993 年），107–108 页。

[12] 《芝加哥论坛报》，1911 年 6 月 21 日。

[13] 《芝加哥论坛报》，1910 年 10 月 1，9 日；1911 年 6 月 21 日和 8 月 3 日；1926 年 5 月 7 日；1926 年 7 月 29 日；1949 年 2 月 27 日。

[14] 《芝加哥论坛报》，1928 年 5 月 6，7，29 日；1929 年 3 月 13 日。

[15] 《芝加哥论坛报》再版，1928 年 5 月 18 日。

[16] 《芝加哥论坛报》，1924 年 4 月 20 日。

[17] 《芝加哥论坛报》，1928 年 5 月 6 日。

[18] 《芝加哥论坛报》，1928 年 6 月 30 日。

[19] 《芝加哥论坛报》，1935 年 4 月 10 日。

[20] 引自 Edward J.Kelly 市长致芝加哥市议会文件，1937 年 11 月 8 日，《伊利诺伊州芝加哥市市议会年刊，1937–1938 年》（芝加哥：Fred Klein 公司，1938 年），4725 页。

[21] Edward J.Kelly 市长致芝加哥市议会文件，1936 年 4 月 15 日，《伊利诺伊州芝加哥市市议会年刊……1935–1936 年》（芝加哥：Fred Klein 公司，1936 年），1588 页。

[22] 《伊利诺伊州芝加哥市市议会年刊……1936–1937 年》（芝加哥：Fred Klein 公司，1937 年），3654–3656 页。

[23] 《芝加哥论坛报》，1899 年 8 月 13 日。

[24] Edward J.Kelly 市长致芝加哥市议会文件，1937 年 1 月 25 日，《伊利诺伊州芝加哥市市议会年刊……1936–1937 年》，3140 页。

[25] Edward J.Kelly 市长致芝加哥市议会文件，1937 年 11 月 24 日，《伊利诺伊州芝加哥市市议会年刊……1937–1938 年》，4780–4784 页。

[26] Edward J.Kelly 市长致芝加哥市议会文件，1936 年 4 月 15 日，《伊利诺伊州芝加哥市市议会年刊……1936–1937 年》，3451 页。

[27] 《芝加哥论坛报》，1932 年 11 月 18 日。

[28] 参见 Robert Bruegmann，"马奎特的建筑和芝加哥学派的神话"，《入门》，5/6 号（1991 年，秋）：7–18 页；Robert Bruegmann，"芝加哥学院派的神话"，Charles Waldheim 和 Katerina Ray 等，《芝加哥建筑：历史，修正，备选》（芝加哥：芝加哥大学出版社，2005 年）：15–29 页；Daniel Bluestone，《构建芝加哥》（纽黑文：耶鲁大学出版社，1991 年），105–151 页。

[29] 《工业化的芝加哥》（芝加哥：Goodspeed 出版，1891 年），第一卷，168 页。

[30] 《芝加哥论坛报》，1925 年 5 月 29 日。

[31] H.Laurence Miller, Jr.，"关于'芝加哥学院派经济'"，《经济政策杂志》，70 期（1962 年 2 月），70–71 页。

[32] 《芝加哥论坛报》，1912 年 9 月 22 日。

[33] 《芝加哥论坛报》，1914 年 6 月 28 日，亦参见 1914 年发表在《芝加哥论坛报》一篇名为"Sheridan 路上的 Maher's Stevenson 住宅，标为芝加哥学院派住宅建筑的一个有趣案例"；也可参见《芝加哥论坛报》，1914 年 7 月 5 日。

[34] 《芝加哥论坛报》，1938 年 9 月 13 日。

[35] Bruegmann，"芝加哥学院派的神话"。

[36] 现代艺术博物馆，《早期现代建筑，芝加哥 1870–1910 年》[打字文件目录]，（纽约：现代艺术博物馆，1933 年）。

[37] 《芝加哥论坛报》，1933 年 6 月 10 日。

[38] Hugh Morrison，《Louis Sullivan，现代建筑先驱》（纽约：现代艺术博物馆和 W.W.Norton，1935 年），270 页。

[39] Sigfried Giedion，《空间，时间与构造：新传统的成长》（剑桥：哈佛大学出版社，1941 年）：Carl Condit，《摩天大厦的崛起》（芝加哥大学出版社，1952 年）；Carl Condit，《芝加哥学院派建筑：一部城市商业和公共建筑的历史，1875-1925 年》（芝加哥：芝加哥大学出版社，1964 年）；亦参见 Reyner Banham，"走进卢普区"，《芝加哥》，2 期（1965 年，春）：24–28 页；Bluestone，《芝

285

加哥建设》，106-108 页。

[40] "退缩的巨头"，《新闻周刊》，1958 年 12 月 8 日，76 页。

[41] Raymond A Mohl，"战后城市的种族与房子：一部爆炸的历史"，《伊利诺伊州历史社会杂志》，94 期（2001 年，春）：8-30 页；Amanda Irene Seligman，"向 Dracula、Werewolf、Frankenstein 道歉：战后芝加哥的 White Homeowners 和 Blockbusters"，《伊利诺伊州历史社会杂志》，94 期（2001 年，春）：70-95 页。

[42] "纷扰的威胁"，《生活杂志》，1955 年 4 月 11 日，125-134 页。

[43] "芝加哥中心重建的新狂热"，《建筑论坛》，116 期（1962 年 5 月），114-115 页。

[44] "芝加哥学院派"，《内陆建筑》，1 期（1957 年 10 月），15-16 页。

[45] "芝加哥学院派"，《内陆建筑》，1 期（1957 年 10 月），15-16 页。

[46] Edward C.Logelin，"这就是芝加哥的动力"，《内陆建筑》，1 期（1957 年 10 月），9-10 页。

[47] 《芝加哥论坛报》，1957 年 10 月 30 日。

[48] 引自《芝加哥太阳时报》，1957 年 10 月 30 日。

[49] 《芝加哥太阳时报》，1957 年 10 月 31 日。

[50] "Formidables 论坛"，《内陆建筑》，1 期（1958 年 4 月）：14-17 页。

[51] George E.Danforth，"Mies van der Rohe"，《内陆建筑》，7 期（1963 年 11 月），6 页。

[52] 《芝加哥论坛报》，1957 年 3 月 19 日。

[53] 参见 Frederick T Aschman 致 Van Allen Bradley，1956 年 1 月 11 日，以及 Thomas B.Stauffer，"联名声明书 [备忘录]"，1956 年 4 月 24 日，Leon Despres 论文，40 册，芝加哥历史协会。

[54] 《芝加哥论坛报》，1957 年 3 月 2 日。

[55] 《芝加哥论坛报》，1957 年 3 月 2 日。

[56] 《海德公园先驱报》，1957 年 12 月 25 日。

[57] 《芝加哥论坛报》，1957 年 7 月 18 日和 8 月 19 日。

[58] 海德公园建伍社区会议，"Kenwood Block Groups 城市更新计划中的问题与建议"，1956 年 2 月，住房和家庭、金融机构记录，城市更新示范案例文件，记录组 207，17 册，国家档案馆，华盛顿特区。

[59] 参见 Margaret M.Myerson，"海德公园城市再开发"，硕士论文，政治科学系，芝加哥大学，1959 年 3 月；Peter H.Rossi 和 Robert H.Dentler，《城市更新的政策》（纽约：Glencoe 自由出版社，1961 年）；参见 Margery Frisbie，《芝加哥的小路：城市牧师的部门》（密苏里州堪萨斯城：Sheed 和 Ward，1991 年），94-110 页；John H.Sengstacke，"我们告诉了城市更新的故事吗？"，《60 年代的芝加哥城市更新》（芝加哥：大都会社区中心更新，1961 年）：55-61 页；《芝加哥论坛报》，1957 年 1 月 31 日。

[60] 大学公寓手册，I.M.Pei，建筑师；Ruth Moore 论文，4 册，芝加哥历史协会。

[61] 《芝加哥论坛报》，1960 年 7 月 23 日。

[62] 海德公园建伍社区会议.《过去的片段》（芝加哥议会，1962 年）。

[63] Ruth Moore，"第二次生命的地标"，《芝加哥》，2 期（1965 年，春）：28-31 页。

[64] 美国历史上著名的建筑调查记录，国会图书馆，华盛顿特区。

[65] 《芝加哥论坛报》，1964 年 2 月 23 日，5 月 28 日。

[66] 参见 Cahan，《它们都倒塌了》，139-141 页，Nickel 也宣称没钱来保护这栋房子；参见《芝加哥论坛报》，1964 年 2 月 23 日。

[67] 《芝加哥论坛报》，1964 年 8 月 27 日。

[68] Thomas B Stauffer 致 Burch 先生，1955 年 11 月 27 日；Thomas Stauffer 致 Jack Ringer，1967 年 1 月 3 日；1 册，芝加哥遗产委员会；Thomas Stauffer 致 Judge Augustine Bowe，1962 年 6 月 20 日，2 册，芝加哥遗产委员会。

[69] Earl H.Reed，"从三个角度看——建筑上的肖像"，《第四年度的老城假日，艺术博览会》（芝加哥：Menomonee 俱乐部，1953 年），37，39 页。

[70] Jessie Scott Blouke 致 William Heyer，1963 年 10 月 8 日，OTTA 论文。

[71] Pierre Blouke 总统致 Triangle Members，1955 年 5 月，OTTA 论文。

[72] 《芝加哥论坛报》，1930 年 5 月 22 日。

[73] 《芝加哥论坛报》，1930 年 12 月 7 日。

[74] Earl H.Reed,"美国建筑学会美国历史建筑调查伊利诺斯北部芝加哥报告"，1936 年 6 月 16 日，7 入口，州组织文件，1933-56，5 册（伊利诺伊州），RG 515，国家档案馆，引自 Lisa Pfueller Davidson 和 Martin J.Perschler，"新政时代的美国历史建筑调查：记录'建设者的完整简历'艺术"CRM1（2003 年，秋）：55 页；"Reed, Earl Howell, Jr."，《在芝加哥及其附近的那个人是谁》（芝加哥：A N.Marquis 公司，1936 年），832-833 页。

[75] 《芝加哥论坛报》，1954 年 6 月 10 日。

[76] 《芝加哥论坛报》，1954 年 5 月 7 日。

[77] Seymour Goldstein 和 Doe Goldstein，"老城建筑"，《第十六年度的老城假日，艺术博览会》（芝加哥：Menomonee 俱乐部，1965 年），84 页。

[78] John A.Holabird, Jr.，"老城建筑"，《第十五年度的老城假日，艺术博览会》（芝加哥：Menomonee 俱乐部，1964 年），4-7 页。

[79] Herman Kogan，"历史的感觉，或多或少"，《第十年度的老城假日，艺术博览会》（芝加哥：Menomonee 俱乐部，1959 年），55，55，59 页。

[80] Walter Lister, Jr.，"老城"，《第十一年度的老城假日，艺术博览会》（芝加哥：Menomonee 俱乐部，1960 年），28 页。

[81] Walter Lister，Jr.，"老城"，30 页。

[82] 《芝加哥论坛报》，1954 年 11 月 19 日和 5 月 13 日；1965 年 6 月 13 日。

[83] 《芝加哥论坛报》，1961 年 8 月 31 日，1961 年 8 月 31 日。

[84] 1961 和 1964 年参考文献都来自老城 Triangle 董事会领导者致 Triangle 居民，1964 年 4 月 28 日，OTTA 论文。

[85] 中北邻里协会，"中北图像"，1961 年，LCPA，中北邻里协会，第一章，特色馆藏和档案德保罗大学图书馆，芝加哥，伊利诺伊州。

[86] 《芝加哥论坛报》，1959 年 1 月 29 日；1960 年 3 月 17 日；1964 年 12 月 6 日。

[87] 城市更新管理，房屋和房地产金融中介，《关于城市更新的 20 个问题和答案》（华盛顿：美国政府印刷局，1963 年 2 月）。

[88] Barbara Snow，"保护和城市更新：能否共存"，《古玩》，84 期（1963 年 10 月），442-453 页。

[89] 普罗维登斯城市规划委员会，《学院山，历史地段更新的示范性研究》（普罗维登斯：哨兵平版印刷服务，1959 年）；城市更新管理，房屋和房地产金融中介，《贯穿城市更新的历史保护》（华盛顿：美国政府印刷局，1963 年 1 月）。

[90] 普罗维登斯城市规划委员会，《学院山，芝加哥城市更新部门，一个预备性研究：社区的建筑特色保护》（芝加哥：城市更新部门，1964 年）。

[91] 例如这种视角，参见 Sara Little，"不要把自己束缚在过去"，《美丽家居》，1952 年 2 月，66-72 页，134 页；Joseph Mason，"好房子永存"，《好管家》，1950 年 7 月，84-86 页；"这所现代房子 150 岁了"，《美丽家居》，1950 年 11 月，236-239 页；Cynthia Kellogg，"有一段过去的现代房子"，《纽约时报杂志》，1960 年 1 月 24 日，50-51 页；"现今变迁的房子"，《房子和花园》，1954 年 10 月，174-179 页。

[92] Earl H.Reed 致（负责）保护的官员的通函，1956 年 9 月 26 日，历史资源委员会，1948-1969 年，

286

AIA 档案室，华盛顿。

[93] "铂尔曼建筑走了，但是它的传说延续"，《太阳时报》，1955 年 10 月 9 日。

[94] 有历史意义的美国建筑调查记录，美国国会图书馆，华盛顿；《芝加哥论坛报》，1958 年 6 月 19 日；1959 年 1 月 12 日；1958 年 8 月 22 日；1965 年 1 月 31 日；1965 年 2 月 14 日，10 月 3 日，5 月 15 日。

[95] Leonard S.Eisenberg[Manager.Arthur Rubloff & Co.] 致 Georgie Anne Geye，1961 年 12 月 8 日，芝加哥遗产委员会；参见 Georgie Anne Geyer，"历史建筑给城市特征带来的破坏"，《芝加哥每日新闻》，1961 年 12 月 6 日。

[96] Hild，"盖瑞克剧院的拆除和芝加哥保护运动的开端"，78–100 页。

[97] Cahan，《它们都倒塌了》，103–119 页。

[98] Mies 的立场，引自《芝加哥太阳时报》，1960 年 6 月 14 日；"Corbu and Stauffer 关于盖瑞克剧场的评论"，《进步建筑》，42 期（1961 年 6 月）：208 页。

[99] 《芝加哥太阳时报》，1960 年 6 月 9 日，11，3，14，18 页。

[100] Richard Nickel 致 Edward D.Stone，1960 年 5 月 10 日，1 册，RN 论文，芝加哥历史协会。

[101] 引自 Elinor Rickey，"芝加哥因什么而骄傲"，《Harper 的杂志》，1961 年 12 月，34–39 页。

[102] 参见读者来信，《芝加哥太阳时报》，1960 年 5 月 17 日。

[103] Richard H.Howland 致 David B.Wallerstein，1960 年 6 月 28 日，国民托管组织图书馆，马里兰大学，学院公园。所有者已经拒绝了来自历史保护国民托管组织的关于更新建筑和在更高的租金条件下吸引新房客的请求。Richard H.Howland，该组织的会长，坚称他们的理念不是来自于"仅仅是古文物研究者的将保存完整的建筑作为建筑纪念碑的建议"，而是来自于"现今世界的现实主义者"。

[104] 《伊利诺伊州公民对于 Marbro 公司和阿特拉斯救援公司，原告，v.George L.Ramsey，芝加哥城市建筑理事，被告的关系》；受理上诉的伊利诺斯法院，第一区域，第二区域；28 Ill.App.2d 252；171 N.E.2d 246；1960 年 I11.App。

[105] 参见 Cahan，《它们都倒塌了》。

[106] Ruth Moore，"关于被夷平的建筑因未来而被保护的建筑艺术"，《芝加哥太阳时报》，1960 年 9 月 25 日。

[107] Dorothy Johnson，"关于结构自相矛盾的手册"，《芝加哥》，3 期（1966 年，冬）：53-54 页。

[108] Thomas J.Schlereth，"人工城市"，James R.Grossman，Ann Durkin Keating 和 Janice L。Reiff，《芝加哥百科全书》（芝加哥：芝加哥大学出版社，2004 年），288 页。

[109] Norman Ross，"芝加哥是一座正在被毁坏的建筑遗址"，《内陆建筑师》，6 期（1962 年 9 月）；相似的情绪在《芝加哥太阳时报》，1964 年 11 月 27 日版中被表达。

[110] Ruth Moore，"公民正在学习"，《内陆建筑师》，4 期（1961 年 4 月）1–9 页。

[111] Richard Nickel 致 John Vinci，1960 年 6 月 21 日，RN 论文，2 册，芝加哥历史协会。

[112] 《芝加哥论坛报》，1960 年 11 月 20 日。

[113] 《芝加哥论坛报》，1962 年 10 月 4 日和 1962 年 10 月 8 日；1963 年 8 月 15 日；1964 年 5 月 14 日。

[114] 《芝加哥论坛报》，1963 年 3 月 17 日。

[115] Ruth Moore，"一座再生的城市"，《芝加哥太阳时报》，1958 年 10 月 14 日。

[116] 《芝加哥论坛报》，1895 年 1 月 25 日；也参见 Bluestone，《构建芝加哥》，174 页。

[117] Noble W.Lee 致 Thomas B.Stauffer，1963 年 3 月 11 日；Thomas B.Stauffer 致 Noble W.Lee，1963 年 3 月 12 日和 1963 年 4 月 2 日，芝加哥遗产委员会；David Norris 致 Richard Nickel，1961 年 12 月 29 日，Richard Nickel 论文，芝加哥历史协会。

[118] 《芝加哥论坛报》，1968 年 5 月 25 日和 1969 年 2 月 27 日。

[119] 参见 Vincent Scully，《美国建筑和都市生活》（纽约：普雷格出版社，1969 年）。

[120] "来自参议员 Paul H.Douglas 政府办公室的新闻稿"，1961 年 7 月 10 日，在国民托管组织图书馆，

美国马里兰大学，学院公园。

[121] Earl H.Reed 致 David D.Henry，1961 年 3 月 6 日；Thomas B.Stauffer 致 Richard J.Daley，1961 年 3 月 6 日；Ben Weese 致《芝加哥太阳时报》的编辑，1961 年 10 月 5 日；芝加哥遗产委员会会议记录，1961 年 9 月 7 日，芝加哥遗产委员会文件；也参见《芝加哥论坛报》，1961 年 6 月 22 日；《芝加哥太阳时报》，1961 年 2 月 14 日和 1961 年 9 月 14 日。

[122]《芝加哥太阳时报》，1957 年 10 月 31 日。

[123] Carl Condit，"人民的主张，致编著的信"，《芝加哥太阳时报》，1960 年 9 月 23 日；Richard Nickel 致凯布尔建筑开发商的信，对他们新建筑的设计表示称赞，Richard Nickel 致 Ray Henson，大陆保险公司，1962 年 2 月 12 日，2 册，Richard Nickel 文件，芝加哥历史协会。

[124] Ben Weese，"共和国建筑"，《内陆建筑师》，4 期（1960 年 12 月），9 页。

[125] Rand，McNally 公司，《芝加哥及其市郊指南》（芝加哥：Rand，McNally，1927 年）；Arthur Muschenheim，《芝加哥建筑指南》（芝加哥：Skidmore，Ownigs Merrill，1962 年）；芝加哥艺术学院，《芝加哥建筑指南精选》（芝加哥：艺术学院，1963 年）。

[126] Richard Nickel 致 Samuel A.Lichtmann，1962 年 11 月 9 日；Richard Nickel 致 Thomas Stauffer，1962 年 6 月 17 日；Thomas Stauffer 致 Judge Augustine Bowe，芝加哥建筑景观委员会会长，1962 年 6 月 20 日；Tom Stauffer 致 Prof.Condit，1962 年 11 月 18 日；Carl Condit 致 Thomas Stauffer，1962 年 11 月 29 日，芝加哥遗产委员会。

[127]《芝加哥论坛报》，1969 年 2 月 21 日。

287 **第 8 章　芝加哥麦加蓝色公寓**

[1] 一场讨论，参见 Daniel Bluestone，"网球鞋中的学问：历史保护和学术研究"，《建筑历史学家协会》，58 期（1999 年 9 月）：300-307 页；也参见 Patricia Mooney-Melvin，"专业的历史保护学家和'命运的大门'"，《公众历史学家》，17 期（1995 年，夏），9-24 页；Richard Caha，《它们都倒塌了：Richard Nickel 拯救美国建筑的努力》（华盛顿：保护出版社，1994 年）；Daniel Bluestone，"第二次世界大战后芝加哥的保护与更新"，《建筑教育》，47 期（1994 年 5 月）：210-223 页；Theodore W.Hild，"盖瑞克剧场的拆除和芝加哥保护运动的兴起"，《伊利诺斯历史日报》，188 期（1995 年）：79-100 页。

[2] William H.Jordy，"商业风格和'芝加哥学派'"，《美国历史观点》，1 期（1967 年）：390-400 页；聚焦于一个单一而多产的公司，建筑历史学家 Robert Bruegmann 在他的书中提出了一个关于芝加哥建筑和城市生活的更微妙且富有洞察力的观点，《建筑和城市：芝加哥的 Holabird 和 Roche，1880-1918 年》（芝加哥：芝加哥大学出版社，1997 年）；也参见 John Zukowsky，《芝加哥建筑文章集锦，1872-1922 年：大都市的诞生》（慕尼黑：施普林格出版社，1987 年）；Neil Harris，一个芝加哥公寓完善处理的相对缺乏的特例，《芝加哥公寓：湖滨地区奢华生活的一个世纪》（纽约：叶形装饰出版社，2004 年）。

[3]《工业化的芝加哥：建筑的利益》（芝加哥：极速出版公司，1891 年），1：240 页。

[4] Carroll William Westfall，"芝加哥更优质的高层公寓大楼，1871-1923 年"，《建筑》，21 期（1992 年 1 月）：178 页；也参见 Westfall，"从家到塔：芝加哥最好的酒店和高层公寓大楼的一个世纪"，《芝加哥建筑，1872-1922 年》，266-289 页。

[5]《芝加哥论坛报》，1905 年 3 月 3 日。

[6] Elizabeth C.Cromley，《单独在一起：纽约早期公寓的历史》（Ithaca，N.Y.：康奈尔大学出版社，1990 年）；Gwendolyn Wright，《建筑的梦想：美国一所房屋的社会历史》（纽约：万神殿，1981 年），96-113 页，135-151 页。

[7] 《芝加哥论坛报》，1891 年 9 月 12 日；也参见《工业化的芝加哥》中的建筑部分，1：591-592 页，和 Carl W.Condit，《建筑方面的芝加哥学派：一段芝加哥地区商业和公共建筑的历史，1875-1925 年》（芝加哥：芝加哥大学出版社，1964 年），156-157 页。

[8] Westfall，"芝加哥更优质的高层公寓大楼"，184 页。

[9] 公寓广告倡导"独家新闻"，郊区经常出现在《芝加哥论坛报》中。例如，芝加哥 Pattington 公寓的广告宣称，"这些美丽的建筑坐落于北岸的独家住宅部分"（《芝加哥论坛报》，1905 年 3 月 17 日）。广告对于 Clarendon Avenue 公寓宣称其公寓是毗邻单一家庭住宅的"大型私人草坪"（《芝加哥论坛》，1907 年 4 月 21 日）。

[10] 《芝加哥论坛报》，1891 年 9 月。

[11] 1898 年，在完成了 Brookline 的波士顿郊区的里士满法院公寓后，Ralph Adams Cram 和 Bertram Grosvenor Goodhue 宣布，庭院计划"在这个国家是相当不寻常的，虽然在国外很常见。"随着"大块英国殖民地的影响"，里士满法院采取了"品质的力量，尊严和静止的态度，尽管法院不是被迫履行可耻的职能。"引用 Douglass Shand Tucci，《建在波士顿：城市和郊区，1800-1950 年》（波士顿：纽约图解协会，1978 年），118-119 页。

[12] E.S.Hanson，"就像编著看到的那样"，《公寓建筑》，1 期（1911 年 1 月）：18 页。

[13] Herbert Croly，"一些公寓在芝加哥"，《建筑记录》，21 期（1907 年 2 月）：119-130 页。

[14] "麦加旅馆"的广告，印在 McNally 公司的《哥伦比亚博览会和芝加哥城的标准地图》（芝加哥：Rand McNally 公司，1893 年）的背面，将楼厅称为"散步楼厅"。复制品在芝加哥历史学会。

[15] 《芝加哥论坛报》，1888 年 7 月 15 日。

[16] 《芝加哥论坛报》，1891 年 9 月。

[17] Daniel Bluestone，《构建芝加哥》（纽黑文：耶鲁大学出版社，1991 年），105-51 页。

[18] Johann Friedrich Geist，《拱廊：建筑类型的历史》（剑桥：麻省理工学院出版社，1983 年），3-114 页。

[19] Cromley，《单独在一起》，48，55，61，129，145，148，164，195，200 页；Elizabeth Hawes，《纽约的，纽约：公寓住宅如何改变了生活城市》（1869-1930 年）（纽约：诺夫出版社 1993 年），134-135 页，161-167 页；Iain C.Taylor.，"十九世纪利物浦的有害健康的住房问题和房屋住所"，《在多层建筑中生活：英国工人阶级》，Anthony Sutcliffe 编著（伦敦：Croom Helm，1974 年），41-87 页；Devereux Bowly，Jr，《救济院：芝加哥的补贴住房，1895-1976 年》（Carbondale，Ill：南伊利诺斯大学出版社，1978 年），1-4 页；Cristina Cocchioni 和 Mario De Grassi，《La Casa 人民银行的罗马帝国》（罗马：Kappa 1984 年）；Johann Friedrich Ceist 和 Klaus Kurvers，《Das 柏林市民公寓楼，1862-1945 年》（慕尼黑普利斯特出版社 1984 年）。

[20] 《芝加哥论坛报》，1892 年 8 月 21 日；《经济学家》，1901 年 6 月 15 日，775 页。

[21] "建筑新闻概要"，《内陆建筑师和新闻记录》，20 期（1892 年 12 月），58 页；Condit.，《建筑方面的芝加哥学派》，157-158 页；参见 C.W.Westfall，"Pine Grove Av 的文明的 2800 街区"，《内陆建筑师》，18 期（1974 年 7 月），13-18 页；1894 年 Sanborn 的火灾保险地图只记录了布鲁斯特的创立，表明它在 1894 年仍然是不完整的；蓝皮书直到 1897 年都没有记录居民。

[22] Frank A.Randall，《芝加哥建筑发展的历史》（乌尔班纳，伊利诺伊：伊利诺伊大学出版社，1949 年），298 页。

[23] Glen E.Holt 和 Dominic A Pacyga，《芝加哥：街区的历史指南：卢普区和南部》（芝加哥：芝加哥历史协会，1979 年），49-57 页。

[24] "阿穆尔布道团的公寓"，收录于《内陆建筑师和建设者》，8 期（1887 年 1 月）：101 页。

[25] Harper Leech 和 John Charles Carroll，《阿穆尔和它的时代》（纽约：D.Appleton & Co.，1938 年），211-212 页。

[26] 《芝加哥论坛报》，1891 年 9 月 12 日，1901 年 4 月 21 日，麦加酒店广告（参见 14 页）；库克县

契约书，芝加哥伊利诺伊州。

[27] 人口计划底稿，美国第十二次人口普查，1900 年，芝加哥，伊利诺伊州库克县 84 区。

[28] Allan H.Spear，《黑色芝加哥：黑人贫民区的形成，1890-1920 年》（芝加哥：芝加哥大学出版社，1967 年）；Thomas Lee Philpott，《贫民窟和贫民区：芝加哥的移民，黑人和改革者，1880-1930 年》（纽约：牛津大学出版社，1978 年）。

[29] 人口计划底稿，美国第十三次人口普查，1910 年，芝加哥，伊利诺伊州库克县 214 区。

[30] 《芝加哥论坛报》，1911 年 4 月 8 日，1912 年 2 月 2 日，参见 Franklin T.Pember，《在华盛顿和纽约昆斯伯里镇的历史和档案中，不同小镇的历史记录》，由 Gresham Publishing Co. 编著（印第安纳州里士满，格雷沙姆出版，1894 年），287–291 页。

[31] 芝加哥地标委员会，《黑色中心历史街区》（芝加哥：芝加哥地标性建筑委员会，1994 年），45 页。

[32] 广告捕捉到了麦加从白到黑的转变；参见《芝加哥论坛报》，1911 年 4 月 9 日和《芝加哥的防卫》，1912 年 5 月 11 日。黑人地带的种族转变，参见《黑人都市历史区》，45 页。

[33] Philpot，《贫民窟和贫民区》，177–179 页；《芝加哥论坛报》，1919 年 7 月 29 日；芝加哥种族关系协会，《黑人在芝加哥，对种族关系和种族骚乱的研究》（芝加哥：芝加哥大学出版社，1922 年）。

[34] 归因于第一个黑人租户进入麦加公寓；基于广告，看来显然发生在 1911–1912 年间；《生活》杂志在 1951 年报道称，1912 年第一批黑人搬进来；参见"麦加：芝加哥 Showiest 公寓已经放弃了所有，除了上帝"，《生活》杂志，1951 年 11 月 19 日，133 页；1950 年《哈珀》引用了一位租户在 1917 年说的话，"白人还没有走多久"；参见 John Bartlow Martin，"芝加哥最奇怪的地方"，《哈珀杂志》，201 期（1950 年 12 月）：89 页。

[35] 人口计划底稿，美国第十四次人口普查，1920 年，芝加哥，伊利诺伊州库克县 84 区。

[36] 《黑色都市历史区》，5–6 页。

[37] 《芝加哥论坛报》，1943 年 3 月 29 日。

[38] Gwendolyn Brooks，《在麦加公寓》（纽约：Harper & Row，1968 年），5–31 页。

[39] Irene Macauley，《伊利诺伊理工大学的遗产》（芝加哥：伊利诺伊理工大学，1978 年），36 页。

[40] Macauley，《伊利诺伊理工大学的遗产》，39–40 页。

[41] "共和国领导人 James D.Cunningham 的素描画像"，Philip Hampson，《成功之路》（芝加哥：芝加哥论坛报公司，1953 年），37–39 页。

[42] James Cunningham 向董事会作出的报告，1937 年 5 月 17 日，阿穆尔技术学院理事会的会议记录，1934-1940 年；除了规定的其他方面外，这份报告和其他引用的手稿收录于在伊利诺伊理工大学档案馆，Paul V.Calvin 图书馆，伊利诺伊理工大学，芝加哥。

[43] Bowly，《救济院》，27–32 页；Arnold R.Hirsch，《第二个贫民窟的形成：芝加哥的种族和住房，1940-1960 年》（纽约：剑桥大学出版社，1983 年）。

[44] 理事会的年会记录，1937 年 10 月 11 日，阿穆尔技术学院理事会的会议记录，1934-1940 年。

[45] Henry T.Heald，"截至 1940 年 8 月 31 日的总统年度报告"，伊利诺伊理工大学理事会的会议记录.第一卷，1940–1941 年。

[46] 参见，例如，伊利诺伊理工大学理事会特殊会议的会议记录，1943 年 7 月 9 日，伊利诺伊理工大学理事会的会议记录，第二卷，1942-1943 年。

[47] 建筑和场地会议记录，1944 年 5 月 17 日；伊利诺伊理工大学理事会，1943-1947 年，12 册；参见关于最初校园提议的类似担忧，James Cunningham 理事会的报告，1937 年 5 月 17 日，阿穆尔技术学院理事会的会议记录，1934-1940 年。

[48] James Cunningham 向受托者委员会作出的报告，1937 年 5 月 17 日，阿穆尔技术学院理事会的会议记录，1934-1940 年。

[49] 伊利诺伊理工大学，执行委员会的董事会，会议记录，1941 年 9 月 24 日，4 册，1941-1944 年。

[50] 都市住房委员会，"麦加建筑案例"，《房地产新闻》，2期（1942年8月）：1-2页；伊利诺伊理工大学董事会的通讯文稿，二册；也参见芝加哥城市住房委员会，"附属委员会关于有色人种住房情况的调查报告"，《芝加哥城市住房委员会的会议记录》，1941年6月19日，4982-4987页；Hirsch，《第二个贫民窟的形成》，20，22页。

[51] Newton C.Farr 致 Henry T.Heald，1942年7月31日，和 Henry T.Heald 致 Newton C.Farr，1942年7月31日，伊利诺伊理工大学理事会，2册。

[52] 《芝加哥的防卫》，1943年5月1日。

[53] 《芝加哥的防卫》，1943年5月15日。

[54] 《芝加哥的防卫》，1943年5月15日；Newton Farr，"关于麦加公寓的报告"，收录于理事会常规会议的会议记录，伊利诺伊理工大学，1943年4月12日。

[55] 《芝加哥的防卫》，1943年6月5日；起草的"命令书的请愿书"，伊利诺伊理工大学理事会，2册。

[56] 伊利诺伊理工大学致麦加建筑的租户，1943年5月，伊利诺伊理工大学理事会，2册。

[57] 伊利诺伊理工大学理事会的特殊会议的会议记录，1943年7月9日，和1943年8月9日，伊利诺伊理工大学理事会的会议记录，第二卷，1942-1943年；"黑带"引用来自 James Cunningham 给理事会的报告，1937年5月17日，阿穆尔技术学院理事会的会议记录，1934-1940年。

[58] "在确定可接受的报价中，美国陆军部需要额外着重考虑的"，伊利诺伊理工大学受托者委员会，1册。

[59] Henry T.Heald 致 Henry L.Stimson，1943年9月7日；Henry T.Heald 致 Sydney G.McAllister，1943年9月6日，1期。

[60] Henry T.Heald，《开拓芝加哥的荒芜地区》（芝加哥：都会住房委员会，1946年），芝加哥历史学会城市住房委员会的没有标记页数的小册子。

[61] Wilford G.Winholtz 致芝加哥土地清拆协会成员，1948年1月26日，南部规划委员会文件，1947年7月–1950年4月，伊利诺伊理工大学理事会，12册。

[62] Henry T.Heald 致芝加哥房屋管理局，1944年10月4日，伊利诺伊理工大学会议记录，建筑和土地委员会，1944年10月4日，建筑和土地委员会受托者董事会，1943-1947年，12册。

[63] Bowly，《救济院》，61-63页。

[64] Kevin Harrington，"秩序、空间、比例——密斯在 IIT 的课程"，《Mies van der Rohe：作为教育家的建筑师，展览目录，1986年6月12日–7月6日》（芝加哥：伊利诺伊理工大学，1968年），49-68页。

[65] 建筑师 Skidmore，Owings 和 Merrill，"初步报告的大纲，伊利诺伊理工大学房地产报告"c.1945年；也参见《伊利诺伊理工大学，建筑和土地委员会》，1944年10月4日，建筑和土地委员会受托者董事会，1943-1947年，12册。

[66] "伊利诺伊州技术学院重新规划16个城市街区"，《Architectural Forum》，85期（1946年9月）：102-103页。

[67] SOM，"初步报告的大纲，伊利诺伊理工大学房地产报告"，c.1945年；伊利诺伊理工大学建筑和土地委员会，1943-1955年，12册。

[68] SOM，"初步报告的大纲"。

[69] 见 Oscar C.Brown 致 Milton Mumford，1948年2月9日；和 Wilford C.Winholtz 致 Oscar C.Brown，1948年2月13日；校长 Henry T.Heald Papers 论文，南部规划委员会文件，63册；Oscar C.Brown，《关于芝加哥黑人住房的一些现状》（芝加哥：Oscar C.Brown 公司，1953年），Oscar C.Brown 公司的没有分页的小册子，芝加哥历史学会。

[70] 建筑和场地委员会理事会的会议记录，1950年2月17日，收录于伊利诺伊理工大学建筑和土地委员会，1943-1955年。

[71] 《芝加哥论坛报》，1950年5月23日。

289

[72] 引自《芝加哥每日新闻》，1951年8月14日。

[73] 《芝加哥城市委员会进程日报》，1950年3月24日，5998页，和1950年10月25日，7057页。

[74] 《芝加哥防卫》，1950年5月27日。

[75] 《芝加哥论坛报》，1950年5月23日。

[76] 参见如上，"麦加公寓的结束"，《新闻周刊》，1952年1月14日，23–24页。

[77] "麦加公寓的结束"，23–24页；《芝加哥太阳时报》，1951年12月30日。

[78] Martin，"芝加哥最奇怪的地方"，86–97页。

[79] Martin，"芝加哥最奇怪的地方"，86页。

[80] 引自"麦加公寓的结束"，24页。

[81] "麦加公寓，芝加哥的Showiest公寓已经放弃了所有除了上帝"，133页。

[82] Jim Hurlbut，"WMAQ无线电脚本，1950年6月6日"，校长Henry T.Heald Papers，40册。

[83] Kevin Harrington，"S.R.克拉会堂"，收录于《芝加哥美国建筑师协会指南》，由Alice Sinkevitch编著（圣地亚哥，1993年），376–377页；芝加哥地标委员会，《S.R.克拉会堂，伊利诺伊理工大学，3360 S.State St.，预备职员信息总结》（芝加哥地标委员会，1996年）。

[84] Eero Saarinen，引自Macauley，《伊利诺伊理工大学的遗产》，78页。

[85] Bluestone，"第二次世界大战后芝加哥的建筑保存与更新"。

第9章 一个弗吉尼亚的法院广场

[1] 《纽约时报》，1998年11月1，2，3，6，7，8和10日。参见Thos·Jefferson基金会，"Thos·Jefferson和莎丽·海明斯研究委员会报告"，2000年1月，http：//www.monticello.org/plantation/hemingscontro/hemings_report.html；亦参见Annette Gordon-Reed，《Thomas Jefferson和Sally Hemings：一场美国的争论》（夏洛茨维尔：弗吉尼亚大学出版社，1997年）；Annette Gordon-Reed，《The Hemings of Monticello：一个美国家庭》（纽约：诺顿出版社，2008年）。

[2] J.B.Jackson，"若干美国景观"，Ervin H.Zube，《景观：J.B.Jackson选集》（爱摩斯特：曼彻斯特大学出版社，1970年），43页。

[3] Joseph S.Wood，《新英格兰村落》（巴尔的摩：Johns Hopkins大学出版社，1997年），1–8页；亦参见Joseph S.Wood和M.Steinitz，"我们得到的世界：在新英格兰的房屋、共同点和村落"，《历史地理杂志》，18期（1992年）：105–120页；Dona Brown，《新英格兰：十九世纪的区域旅游》（华盛顿特区：史密森学会出版社，1995年）；William Butler，"山丘上的另一个城市：Litchfield，康奈迪克州和殖民复兴"，《美国的殖民复兴风格》（纽约：诺顿出版社，1985年），15–51页；Martyn Bowden，"发明传统与学术大会上关于新英格兰的地理学思想"，《地理学杂志》，26期（1992年2月），187–194页。

[4] Patricia Mooney-Melvin，"过去的传奇：保护，旅游和历史"，《公共历史》，13期（1991年，春）：35–48页；Richard J.Roddewig，"售卖美国遗产……没有售完"，《保护论坛》，2期（1988年，秋）：2–7页；Peter H.Brink，"美国的遗产旅游：为把保护和旅游结合起来的基层努力"，《APT公告》，29期（1998年），59–63页。

[5] Martha Norkunas，《公众记忆的政策：在加利福尼亚州蒙特利的旅游、历史和种族划分》（奥尔巴尼：纽约州立大学出版社，1993年）。

[6] 一篇关于弗吉尼亚处理詹姆斯敦和谢南多厄河国家公园历史的出色文章，Audrey J.Horning，"神圣还是负罪：新旧南方神话般的景观"，Paul A Shackel编著，《神话、记忆和美国景观的形成》（盖恩斯维尔：佛罗里达大学出版社，2001年），21–46页。

[7] PMA规划与建筑师和Graham景观建筑，《为弗吉尼亚州夏洛茨维尔规划的历史法院广场加强计划》

（Newport News.Va.，2000 年），5 页。

[8] PMA，《历史法院广场》，1，3 页。

[9] Michele H, Bogart,《纽约的公共雕塑与市民理想，1890-1930》(芝加哥: 芝加哥大学出版社，1989 年），55–59 页；William H.Wilson，《城市美化运动》（巴尔的摩: 约翰霍普金斯大学出版社，1989 年）；Daniel Bluestone，"底特律城的美丽与商业问题"，《美国建筑历史学会杂志》，47 期（1988 年九月），245–262 页。

[10] 《每日进步》，1908 年 11 月 10 日；参见 A.Robert Kuhlthau 和 Harry W.Webb，"环绕夏洛茨维尔市的雕塑：南部联邦纪念碑群"，《阿尔比马尔国家历史杂志》，48 期（1990 年）：1-57 页。

[11] 《每日进步》，1907 年 4 月 22 日。

[12] 《每日进步》，1908 年 8 月 25 日。

[13] 《每日进步》，1909 年 1 月 1 日。

[14] 《每日进步》，1908 年 8 月 25 日。

[15] 《每日进步》，1909 年 1 月 12 日。

[16] 《每日进步》，1909 年 1 月 9 日。

[17] Kirk Savage，《站立的士兵，跪地的奴隶》（普林斯顿: 普林斯顿大学出版社，1997 年），162–208 页。

[18] Savage，《站立的士兵》。

[19] 《队列排序方案——南部联邦纪念碑揭幕：1909 年 5 月 5 日，星期三》，小册子，夏洛茨维尔阿尔比马尔，历史集合，Jefferson-Madison 地区图书馆，弗吉尼亚州夏洛茨维尔。

[20] Homer Richey 等，《联邦老兵 John Bowie 的奇特露营回忆录》（夏洛茨维尔：Michie Co.，1920 年），51 页。

[21] 美国第十三次人口普查，1910 年，夏洛茨维尔时间表。

[22] 法院广场周边居民的姓名与种族构成的数据来自从 20 世纪早期就开始记录姓名和种族的夏洛茨维尔市目录和美国人口普查结果。

[23] 阿尔比马尔县议会会议记录，1914 年 3 月 18 日，位于阿尔比马尔县 Clerk 的办公室。

[24] 《每日进步》，1914 年 3 月 19 日。

[25] James Alexander，《早期的夏洛茨维尔：James Alexander 的回忆，1828–1874 年》（夏洛茨维尔，Va.：Michie Co.，1963 年），5 页。

[26] 这部分账目是根据美国人口普查记录、夏洛茨维尔目录和夏洛茨维尔土地契约与税收记录整理而来。

[27] 《每日进步》，1916 年 12 月 9 日。

[28] 《每日进步》，1918 年 7 月 6 日。

[29] 《每日进步》，1919 年 2 月 13 日。

[30] Paul Goodloe McIntire 致 Edwin A.Alderman，1918 年 6 月 10 日，以 及 Edwin A.Alderman 致 Paul Goodloe McIntire，1918 年 6 月 4 日，RG-2/1/2.472 子系列 IV，2 册，特殊集合，弗吉尼亚大学图书馆。

[31] Paul Goodloe McIntire 致 W.O.Watson，1919 年 3 月 27 日，RG-2/1/2.472 子系列 IV，2 册，特殊集合，弗吉尼亚大学图书馆。

[32] Anson Phelps Stokes 致 Edwin A.Alderman，1919 年 2 月 20 日，RG-2/1/2.472 子系列 IV，2 册以及 Edwin A.Alderman 致 Paul Goodloe McIntire，1919 年 3 月 4 日，RG-1001，Alderman Papers，特殊集合，弗吉尼亚大学图书馆。

[33] William R Wilkerson 和 William G.Shenkir，《Paul G.McIntire：商人与慈善家》（夏洛茨维尔：McIntire 学校商业基金会，1988 年），29–30 页。

[34] 《1919 年 11 月 21 日，弗吉尼亚州夏洛茨维尔市 Midway 公园 Lewis-Clark 雕塑揭幕式》，W.M.Forrest 编著，（夏洛茨维尔：夏洛茨维尔市，1919 年），10 页。

[35] 《每日进步》，1926 年 1 月 29 日。

[36] 《华盛顿先驱报》，1920 年 5 月 9 日。

[37] 《每日进步》，1919 年 2 月 13 日。

[38] 《每日进步》，1919 年 2 月 13 日。

[39] W.O.Watson 致 Paul Goodloe McIntire，1917 年 10 月 16 日，阿尔比马尔夏洛茨维尔历史学会（ACHS 的前身）。

[40] 《每日进步》，1921 年 10 月 19 日。

[41] Savage，《站立的士兵》，133，150，196 页。

[42] W.O.Watson 致 Charles Keck，1920 年 10 月 7 日，以及 Charles Keck 致 W.O.Watson，1920 年 10 月 8 日，ACHS；《每日进步》，1966 年 11 月 16 日。

[43] L M.Bowman 致 Charles Keck，1921 年 7 月 16，L M.Bowman 致 Charles Keck，1920 年 11 月 3 日，以及 Paul Goodloe McIntire 致 W.O.Watson，电报，1916 年 7 月 .ACHS。

[44] 《每日进步》，1921 年 10 月 19 日。

[45] 《每日进步》，1921 年 3 月 28 日。

[46] 参见阿尔比马尔县会议记录，十五卷，1855 年 11 月 6 日，240-241 页；阿尔比马尔县监事会会议记录（1872-1882 年），1874 年 7 月 29 日，103 页；1878 年 11 月 19 日，第 223-224 页；阿尔比马尔县监事会会议记录（1892-1900 年），1892 年 9 月 30 日，27 页，和 1895 年 4 月 25 日，102 页。

[47] 阿尔比马尔县监事会会议记录，1921 年 4 月 29 日和 8 月 17 日 .。

[48] 《每日进步》，1921 年 5 月 4 日。

[49] 《每日进步》，1921 年 4 月 4 日。

[50] 《每日进步》，1907 年 2 月 20 日和 4 月 22 日。

[51] 《每日进步》，1907 年 4 月 11 日。

[52] 《每日进步》，1906 年 3 月 12 日。

[53] 《每日进步》，1927 年 11 月 29 日。

[54] 《每日进步》，1921 年 4 月 4 日。

[55] 《每日进步》，1924 年 10 月 28 日。

[56] 《每日进步》，1924 年 7 月 15 日和 16 日。

[57] 为了更全面的讨论，参见 Daniel Bluestone，"夏洛茨维尔摩天大楼，1919-1929: 历史景观的自我意识、想象力与现代形式，"《阿尔比马尔县历史杂志》，66 期（2008 年）: 1-34 页。

[58] 《每日进步》，1924 年 10 月 28 日。

[59] 《希尔的夏洛茨维尔市目录，1931 年》（里士满：希尔目录 Co.，1931 年），41 页。

[60] 《每日进步》，1924 年 4 月 8 日。

[61] K.Edward Lay，《Jefferson 县建筑：弗吉尼亚州夏洛茨维尔和 阿尔比马尔县》（夏洛茨维尔：弗吉尼亚大学出版社，2000 年），第 157-158 页。

[62] 《每日进步》，1937 年 6 月 16 日。

[63] 阿尔比马尔县监事会会议记录（1934-1943 年），（1938 年 2 月 17 日），第 234 页，以及（1938 年 3 月 2 日），236 页。

[64] 《每日进步》，1938 年 3 月 12 日。

[65] 阿尔比马尔县监事会会议记录（1934-1943 年），（1938 年 5 月 18 日），第 254 页。

[66] 阿尔比马尔县监事会会议记录（1934-1943 年），（1938 年 5 月 18 日），第 253 页。

[67] 关于建筑师 R C.Vandegrift，参见《每日进步》，1901 年 7 月 27 日；关于解雇，参见《每日进步》1932 年 2 月 22 日；关于 Peyton 的购入，参见夏洛茨维尔文契汇编，第八十九卷，200 页；若想了解附加信息，参见 "Francis Bradley Peyton Junior 的临终遗愿"，夏洛茨维尔意愿书，第九卷，263-268 页，弗吉尼亚州夏洛茨维尔巡回法院 Clerk 办公室。1962 年在 Peyton 死后，其公寓被改造

为办公室。亦参见 Howard Newlon，《一个人的呼唤：大学浸礼会与它的前辈——1900-2000 年间的弗吉尼亚州夏洛茨维尔大街浸礼会》（弗吉尼亚州夏洛茨维尔：大学浸礼会，2000 年），Aaron Wunsch 鼓励我去继续从事大街浸礼会的发展研究。

[68] 《每日进步》，1938 年 10 月 5 日。

[69] 阿尔比马尔县监事会会议记录（1934–1943 年），（1938 年 5 月 18 日），256 页。

[70] 《每日进步》，1938 年 10 月 5 日。

[71] Marc Leepson，《挽救蒙蒂塞洛：Levy 家族的历史任务——Jefferson 故居的重生》（纽约：自由出版社，2001 年）。

[72] 《每日进步》，1938 年 9 月 13 日。

[73] 《每日进步》，1938 年 11 月 4 日。

[74] 《每日进步》，1938 年 11 月 4 日。

[75] 《每日进步》，1938 年 11 月 4 日。

[76] 《每日进步》，1938 年 8 月 2 日。

[77] 《每日进步》，1938 年 8 月 5 日。

[78] http：//www.vahistory.org/massive.resistance/timeline.html。

[79] 《每日进步》，1960 年 6 月 11 日。

[80] 《每日进步》，1960 年 6 月 11 日，特刊，Francis H.Fife 致编辑的信，"贫民窟问题的解决方案"；亦参见 Mayor Thomas J.Michie 关于城区美化的广播讲话文字记录，《每日进步》，1960 年 6 月 10 日。

[81] James Robert Saunders，《弗吉尼亚州夏洛茨维尔的城区美化和黑人文化的结束：口述的维尼格山历史》（Jefferson，N.C.：McFarland，1988 年）。

[82] 《每日进步》，1960 年 6 月 10 日。

[83] 《每日进步》，1960 年 6 月 15 日。

[84] 更多资料可参见：Robert M.Fogelson，《城区：起起伏伏，1880–1950 年》（纽黑文市：耶鲁大学出版社，2001 年）；Kevin Fox Gotham. "没有贫民窟的城市：密苏里州堪萨斯城的城区美化、公寓建设与城区复苏"，《美国经济与社会杂志》，60 期（2001 年 1 月）：286–316 页。

[85] Mary Jones 的故事收录于美国人口普查记录，夏洛茨维尔目录和维尼格山的城市更新记录，ACHS。

第 10 章　被历史驱动

[1] 参见 Marguerite S.Shaffer，"轮子上的国家"，Marguerite S.Shafferd，《先看美国：旅游和民族认同》，第四章（华盛顿：史密森学会出版社，2001 年），130–169 页；John A.Jakle，《旅游：在 20 世纪的北美旅游》（林肯：内布拉斯加新闻大学，1985 年），120–145 页。

[2] 《洛杉矶时报》，1923 年 9 月 16 日。

[3] William E.Carson 致报社编辑，1929 年 11 月 8 日，弗吉尼亚国家图书馆，档案部门，出版处，"高速公路标志记录，1928–1968 年，信件"，10 册。

[4] 《纽约时报》，1929 年 12 月 22 日。

[5] Timothy Davis，"弗农山回忆：美国纪念景观概念的转变"，Joachim Wolschke-Bulmahn，《纪念意义的地方：寻找特性及景观设计》（华盛顿：敦巴顿橡树园研究图书馆和收藏，2001 年），131–184 页。

[6] William M.E.Rachal，"弗吉尼亚公路上的历史标志"，1941 年，弗吉尼亚国家图书馆，档案部门，出版处，"高速公路历史标志，记录，1928–1968 年，信件"，2 册。

[7] James M.Lindgren，《保留旧的统治：历史的保存和弗吉尼亚州的传统主义》（夏洛茨维尔：弗吉尼亚大学出版社，1993 年）。

[8] 参见 Henry S.Randall，《Thos·Jefferson 的一生》，共三卷（纽约：Derby&Jackson，1858 年），第一卷，

336–337 页。

[9] Edward S.Jouett 致 Frederick Page 夫人，1910 年 6 月，引自《每天进步》，1910 年 6 月 10 日。

[10] 《每日进步》，1910 年 6 月 3 日。

[11] 《弗吉尼亚州大会联合决议行为，开始于 1926 年 1 月 13 日，星期三，美国国会大厦》（里士满：Davis Bottom，公共监督出版社，1926 年），第一百六十九章，1936 年 3 月 17 日，307 页。

[12] Walter W.Ristow，"美国公路地图和向导"，《科学美》，62 期（1946 年 5 月）：397–406 页；Warren J.Belasco，《美国在路上：从汽车宿营地到汽车旅馆，1910–1945 年》（剑桥：麻省理工学院出版社，1979 年）。

[13] 《华盛顿邮报》，1924 年 6 月 15 日。

[14] 弗吉尼亚历史高速公路协会，《弗吉尼亚州大会官方指定访问弗吉尼亚历史圣地和风景名胜的公路之旅》（林奇堡，Va.：J.P.Bell Co.，1928 年）；Junius P.Fishburn，《弗吉尼亚历史》，第六卷，《弗吉尼亚传记》（芝加哥：美国历史协会，1924 年），455 页。

[15] 《国家保护和发展委员会会议纪要，1926 年 7 月 16 日 –1927 年 12 月 31 日》，1927 年 3 月 5 日，弗吉尼亚国家图书馆，档案部门。

[16] Mrs.T.A.Chrdry，《美国革命女子协会在堪萨斯州标记 Santa Fe Trail 的故事》（托皮卡：起重机公司，1915 年）；《纽约时报》，1909 年 7 月 11 日。

[17] 参见 Marguerite S.Shaffer，"轮子上的国家"，第四章，《先看美国》，130–168 页；Jakle，《旅行者》，120–145 页；Michael Kammen，《记忆的神秘和音：美国文化传统的转变》（纽约：诺普夫出版社，1991 年），274–276 页；Drake Hokanson，《林肯公路：穿越美国的主要公路》（爱荷华州：爱荷华大学出版社，1988 年）；参见多个国家注册历史地点的资源提名，"美国联邦女子协会制作的 Jefferson 戴维斯高速公路纪念标志，1913–1947 年"。

[18] 国家保护和发展委员会，《会议记录和会议方案》，1926–1933 年，共十卷，1926 年 10 月 15 日 –1927 年 12 月 31 日，1926 年 10 月 15 日，弗吉尼亚国家图书馆，档案部门（hereafter VSL 档案）。

[19] Daniel J.Boorstin，《图像：美国伪事件指导》（纽约：Harper&Row，1961 年），112 页。

[20] W.E.Carson 致 C.J.Millard，1928 年 3 月 9 日，"保护和开发，其他"，10 册。

[21] 国家保护和发展委员会，《会议记录和会议方案，1926–1933 年》，1926 年 10 月 15 日 –1927 年 12 月 31 日，1927 年 7 月 27 日，VSL 档案。

[22] 《弗吉尼亚州的保护和发展委员会会议纪要，1928 年 1 月 –12 月》，1928 年 1 月 20 日。

[23] 法官 A.C.Carson 致州长 Harry F.Byrd，1927 年 7 月 14 日，执行文件，州长 Harry Flood Byrd，8 册，VSL 档案。

[24] "备忘录：保护和发展委员会的组织和运作，1927 年 5 月 2 日"，国家保护和发展委员会，《会议记录和会议方案，1926–1933 年》，1926 年 10 月 15 日 –1927 年 12 月 31 日，1927 年 5 月 5 日，VSL 档案。

[25] William J.Showalter 引自 William E.Carson（主席，国家保护和发展委员会），《弗吉尼亚的保护与发展：弗吉尼亚保护与发展工作提纲，1930 年 1 月 –12 月》，1933 年（里士满：部门采购和印刷，1934 年），3 页。

[26] William E.Carson 通过报纸编著，1929 年 11 月 8 日，"历史高速公路标志记录，1928 年 –1968 年，信件"，出版物分支，2 册，VSL 档案。

[27] William E.Carson 写给报社编辑，1929 年 11 月 8 日，历史文件部门，10 册，VSL 档案；Carson，《弗吉尼亚的保护与发展》，7 页。

[28] "弗吉尼亚州的公共发展项目"，国家保护和发展委员会，《会议记录和会议方案，1926–1933 年》，1926 年 10 月 15 日 –1927 年 12 月 31 日，1927 年 12 月 22 日，VSL 档案。

[29] 《美国驾驶者》，1928 年 4 月，54 页。

[30] F.E.Turin，诺福克 - 朴次茅斯商会的广告牌管理，致 Harry F.Byrd，1928 年 4 月 30 日，"其他：发

展与保护"，历史文件部门，10 册，VSL 档案。

[31] 国家保护与发展委员会，历史和考古部门 [H.J.Eckenrode，主管；Colonel bryanConrad，主管助理]，《弗吉尼亚历史公路标志铭文的关键》（里士满：部门采购和印刷，1929 年），3 页。

[32] "H.J.Eckenrode 博士关于考古学和历史学的划分以及历史标志的工作的备忘录，1927 年 1 月"，国家发展与保护委员会，《会议记录和会议方案，1926–1933 年》，1926 年 10 月 15 日 –1927 年 12 月 31 日，VSL 档案。

[33] 同上。

[34] D.S.Freeman 致 Eckenrode，1927 年 9 月 7 日，保护与发展部门，历史文件部门，信件，1927–1950 年，10 册，VSL 档案。

[35] 董事会授权将合适的纪念物或标记置于英联邦的名胜古迹上，1922 年，第一百二十七章，210 页。

[36] 州长 Harry F.Byrd 致 W.W.Sale 夫人，1927 年 5 月 12 日，执行文件，州长 Harry Flood Byrd，5 册，"战场标志任务"，VSL 档案。

[37] Wm.Byrd 致 E.O.Fippin，1927 年 8 月 26 日，保护与发展部门，历史文件部门，信件，1927–1950 年，5 册，VSL 档案。

[38] Carson 致 Eckenrode，1927 年 12 月 9 日，Eckenrode 致 Carson，1928 年 12 月 28 日，保护与发展部门，历史文件部门，信件，1927–1950 年，10 册，VSL 档案。

[39] Carson 致 Eckenrode，1929 年 11 月 6 日，保护与发展部门，历史文件部门，信件，1927–1950 年，10 册，VSL 档案。

[40] "弗吉尼亚的杰出历史标志把历史带给驾驶者"，《高速公路杂志》，23 期（1932 年 6 月）：123–125 页。

[41] 《弗吉尼亚高速公路标志铭文的关键》。

[42] Eckenrode 致 Will C.Barnes，美国地理董事会，1929 年 7 月 22 日，保护与发展部门，历史文件部门，信件，1927–1950 年，1 册，VSL 档案；参见 Eckenrode 致 G.R.Michaels，1930 年 9 月 8 日，保护与发展部门，历史文件部门，信件，1927–1950 年，6 册，VSL 档案。

[43] Mary H.Mitchell，《好莱坞公墓：南部神社的历史》（里士满：弗吉尼亚国家图书馆，1985 年），3 页；《华盛顿邮报》，1903 年 11 月 19 日；《纽约时报》，1858 年 7 月 3 日。

[44] William E.Carson 致 Herbert Hoover，1929 年 1 月 28 日；William E.Carson 致 Harry F.Byrd，1929 年 1 月 21 日及 28 日，执行文件，州长 Harry Flood Byrd，"其他：发展与保护"，10 册，VSL 档案。

[45] Gaines M.Foster，《灵魂同盟：败北，失败的事业和新南方的出现，1865–1913 年》（纽约：牛津大学出版社，1987 年）；参见 Kirk Savage，《站立的士兵，跪下的奴隶：19 世纪美国的种族，战争和纪念碑》（普林斯顿：普林斯顿大学出版社，1997 年）。

[46] Eckenrode 致 Carson，1931 年 7 月 8 日，保护与发展部门，历史文件部门，信件，1927 –1950 年，10 册，VSL 档案。

[47] Charles H.L.Johnston 致 Harry Byrd，1927 年 7 月 9 日，保护与发展部门，历史文件部门，信件，1927–1950 年，5 册，VSL 档案。

[48] Carson 致 Byrd，1927 年 9 月 10 日，州长 Harry Byrd 文件，10 册，VSL 档案。

[49] "H.J.Eckenrode 博士关于考古学和历史学的划分以及历史标志的工作的备忘录，1927 年 1 月"，国家发展与保护委员会，《会议记录和会议方案，1926–1933 年》，1926 年 10 月 15 日 –1927 年 12 月 31 日，VSL 档案。

[50] H.F.Lewis 夫人 [弗吉尼亚竖立的历史标志] 致 Mrs.Randolph，1927 年 9 月 27 日，保护与发展部门，历史文件部门，信件，1927–1950 年，5 册，VSL 档案。

[51] Eckenrode 致 Carson，1931 年 1 月 5 日，Carson 致 Eckenrode，1931 年 1 月 27 日，保护与发展部门，历史文件部门，信件，1927–1950 年，10 册，VSL 档案。

292

[52] Fairfax Harrison 致 Eckenrode，1927 年 12 月 4 日；Eckenrode 致 Harrison，1927 年 12 月 5 日；Fairfax Harrison 致 Eckenrode，1927 年 12 月 23 日；Eckenrode 致 Harrison，1928 年 6 月 18 日；Harrison 致 Eckenrode，1928 年 6 月 19 日；Eckenrode 致 Harrison，1928 年 7 月 18 日；Eckenrode 致 Harrison，1928 年 7 月 19 日；Harrison 致 Eckenrode，1929 年 7 月 3 日，保护与发展部门，历史文件部门，信件，1927–1950 年，11 册，VSL 档案。

[53] "H.J.Eckenrode 博士关于考古学和历史学的划分以及历史标志的工作的备忘录，1927 年 1 月"，国家发展与保护委员会，《会议纪录和会议方案，1926–1933 年》，1926 年 10 月 15 日 –1927 年 12 月 31 日，VSL 档案。

[54] A.S.Johnson 致 H.J.Eckenrode，1929 年 5 月 30 日；A.S.Johnson 致 Eckenrode，1929 年 5 月 1 日；Eckenrode 致 Johnson，1929 年 5 月 16 日；Eckenrode 致 Johnson，1929 年 6 月 1 日；保护与发展部门，历史文件部门，信件，1927–1950 年，5 册，VSL 档案 . 建造时间是现在一般认为约 1680 年。Robert Cohaniss 致 H.J.Eckenrode，1930 年 12 月 9 日，保护与发展部门，历史文件部门，信件，1927–1950 年，2 册，VSL 档案。

[55] Eggleston 致 Eckenrode，1929 年 7 月 3 日，Eckenrode 致 Eggleston，1929 年 7 月 5 日；参见 Eggleston 致 Eckenrode，1928 年 12 月 4 日，Eckenrode 致 Dr.J.D.Eggleston，汉普登 – 悉尼，弗吉尼亚，1927 年 3 月 11 日；文件与记录部门，保护与发展部门，历史文件部门，信件，1927–1950 年，3 册，VSL 档案。

[56] Eckenrode 致 Dr.Douglas S.Freeman，1928 年 9 月 16 日，保护与发展部门，历史文件部门，信件，1927–1950 年，10 册，"WE Carson，1928 年"，VSL 档案。

[57] Eckenrode 致 Carson，1927 年 12 月 30 日，保护与发展部门，历史文件部门，信件，1927–1950 年，10 册，"WE Carson，1927 年"，VSL 档案。

[58] Hamilton J.Eckenrode，"历史教学的直接方法"，1930 年 12 月，弗吉尼亚国家图书馆，文件与记录部门，保护与发展部门，历史文件部门，信件，1927–1950 年，1 册，VSL 档案。

[59] Eckenrode 致 Dr.W.A.R.Goodwin，1933 年 1 月 25 日，保护与发展部门，历史文件部门，信件，1927–1950 年，10 册，VSL 档案。

[60] Eckenrode，"历史教学的直接方法"。

[61] Eckenrode 致 Mr.Jay W.Johns，"Ash Lawn"，夏洛茨维尔，弗吉尼亚，1938 年 3 月 16 日；保护与发展部门，历史文件部门，信件，1927–1950 年，5 册，VSL 档案。

[62] 为了对公路标志计划的深刻阅读，参见 Robin W.Winks，"公共史学"，《公共历史学家》，14 期（1992 年，夏）：93–105 页；James B.Jones，Jr.，"美国田纳西州注册编号的路边的历史标记：两个公共的历史项目的研究"，《公共历史学家》，10 期（1988 年，夏）：19–30 页。

第 11 章 有毒的记忆

[1] 参见 William J.Murtagh，"康复和适应使用"，《持续时间：在美国历史和理论的保护》（纽约：威利出版社，2006 年），99–106 页。

[2] 地方政治策略方面，参见 Daniel Kemmis，《社会和地方政治》（诺曼：俄克拉荷马大学出版社，1990 年）；Keith H.Basso，《智慧坐落的地方：西方阿帕奇的风景和语言》（阿尔伯克基：新墨西哥大学出版社，1996 年）；Ned Kaufman，"历史地区、文化、社会的价值：特性与保护，第一部分"，《纽约环境法》第十二章（2001 年 11 月）：221–223 页。

[3] Charles Eliot Norton，"美国缺失的旧房子"，《斯克里布纳杂志》，1889 年 5 月：638 页。

[4] Charles Eliot Norton，"美国缺失的旧房子"，638 页。

[5] Kemmis，《社区与地方政治》。

293

[6] Martin V.Melosi，"美国文化背景下的弗雷斯诺卫生填埋场"，《公共历史学家》，24 期（2002 年，夏）：17-35 页。

[7] Mike Wallace，历史保护：美国的历史保护，《米老鼠的历史和关于美国记忆的其他散文》（费城：坦普尔大学出版社，1996 年），178-210 页；Mike Wallace，"再访保护区"，《米老鼠的历史》，224-237 页；Daniel Bluestone，"学院的网球鞋：历史的保存和学院"，《建筑史学家社会杂志》，58 期（1999 年 9 月）：300-307 页。

[8] Martin V.Melosi 和国家公园服务机构，"弗雷斯诺卫生填埋场",国家历史景区提名,国家公园服务机构,2000 年 8 月。

[9] Melosi，"美国文化背景下的弗雷斯诺卫生填埋场"，21-22 页。

[10] Melosi 不仅做了具有里程碑意义的弗雷斯诺指定卫生填埋场的研究；他 2002 年在《公共历史学家》上发表的文章是以弗雷斯诺卫生填埋场作为一个国家历史地标这个具有争议的大事件为基础的。此文章的所有细节都可以在 Melosi 的文章中找到，列举的除外。

[11] 参见 Martin Melosi，《卫生城市：美国从殖民时代到现在的城市基础设施》（2000 年）。

[12] Paul Rogers，"以垃圾站作为国宝的财富"，《圣荷西水星报》，2001 年 8 月 28 日，引用 Melosi，"美国文化背景下的弗雷斯诺卫生填埋场"，19 页。

[13] 同上；以及 Mark Grossi，"转储清理检查"，《夫勒斯诺蜜蜂》，2005 年 3 月 19 日。

[14] http：//www.fresno.gov/parks-rec/parkdisplay.asp?RecNo=117.

[15] Melosi，"弗雷斯诺卫生填埋场"，国家历史地标提名。

[16] 健身路径，Douglas N.Knudson，"公园小径健身"，http：//www.ces.purdue.edu/extmedia/FNR/FNR-106.html.

[17] Randall Mason，"历史保护，公共记忆和现代纽约的建设"，《给保护运动一段历史：美国历史保护史》（纽约：劳特利奇，2004 年）：143-157 页。

[18] Richard Caldwell，《纽约一个真实的历史故事：收购华盛顿设在纽堡的总部》（米德尔敦，纽约：Stivers，Slauson&Boyd，1887 年），21 页。

[19] Caldwell，《一段真实的历史》，21 页。

[20] 环境历史学家 William Cronon 的作品，《自然的大都市：芝加哥与大西部》（纽约：诺顿出版社，1991 年），从历史角度举例。

[21] Dolores Hayden，《场所的力量：作为公众历史的城市景观》（剑桥：麻省理工学院出版社，1995 年）。

[22] Joseph A.Amato，《住宅的反思：写入本地历史的一个案例》（伯克利：加利福尼亚大学出版社，2002 年），186 页。

[23] 一个关于方法的启蒙性讨论，参见 Ned Kaufman，《场所，种族和故事：历史保护的过去与未来》（纽约：劳特利奇，2009 年）。

索 引

[Page numbers in italic refer to captions. Page numbers preceded by "C" refer to color section.]

Adams, John Quincy, 29
Addams, Jane, 181
Adirondack State Park, 109
Adler & Sullivan, 176, 179
aesthetic rationale for preservation
    Chicago preservation efforts, 16, 159
    efforts to preserve buildings on site
        of Jefferson National Expansion
        Memorial, 136, 142–43
    Johnson's argument, 14, 15
    origins of, 136
Alderman, Edwin, 55, 220, 225
Allison, William O., 119–20
Amato, Joseph, 268
American Institute of Architects, 143, 169
American neoclassicism, 36
American Scenic and Historic Preserva-
    tion Society, 15, 104, 114–16, 117,
    118, 122
Anderson, Beckwith & Haible, 66
Annapolis, Maryland, 30–31
Antiques Act (1906), 104
apartment buildings
    courtyard design, 187–88, 191
    design evolution, 186–87
    lighting strategies, 189–90
    public space in, 188–89
    social concerns in evolution of,
        185–86, 197–98
    see also Mecca Flats Apartments
        (Chicago)
Appleton, William H., 111
Architects' Collaborative, 58
Armour Flats (Chicago), 194, 194, 196,
    198

Armour Institute (Chicago), 194, 195,
    198–200, 204
Armour Mission (Chicago), 193,
    193–94, 198
Association for the Preservation of
    Virginia Antiquities, 242
Association for the Protection of the
    Adirondacks, 123
Athens Charter, 40
Australia National Committee of the
    International Council of Monu-
    ments and Sites, 40
Ayers/Saint/Gross, architects, 74, 75

Bach, Ira, 178
Ballou, Louis W., 64–65
Ballou and Justice, 71
Bargmann, Julie, 263, 265
Barkley, Alben W., 140
Barksdale, Alfred, 70
Bartholomew, Harland, 137
Bauler, Paddy, 177–78
Baumann & Huehl, 190
Beams, Jesse, 62
Becket, Ellerbe, 75
Belluschi, Pietro, 66, 67
Beman, Solon S., 175
Blair, Walter Dabney, 56, 220
Bok, Edward, 101
Bosserman, Joseph, 67, 68
Boston, Massachusetts
    Bunker Hill Monument, 25, 25–28,
        27, 38–39
    protection of historic viewscapes, 40
    see also Faneuil Hall (Boston)

Boyington, William W., 160, 176
Bradbury, Eugene, 52–54, 219
Brannan, Ray O., 228, 229
Brewster Apartment Building (Chicago),
    192, 192
Brooklyn, New York. see devaluation of
    Dutch homesteads of Flatbush
Brooks, Albert, 217
Brooks, Gwendolyn, 198
Brooks, Lewis, 48
Brown, Amanda, 217
Brown, Austin, 217
Brown, Lizzie, 217
Brown, Oscar C., 204
Brown, Robert, 217
Bryant, Harold C., 151
Bulfinch, Charles, 20
Bumpus, Hermon C., 145
Bunker Hill Monument (Boston), 25,
    25–28, 27, 38–39
Burnham, Daniel H., 212
Burnham, Franklin Pierce, 185
Burnham & Root, 190, 193, 194
Burnley, Nathaniel, 231
Burns, Ned J., 143, 154
Burra Charter, 40–41
Burrell, F. A. M., 101
Burruss, Elmer E., 232, 235
Burton & Quincy Railroad Building
    (Chicago), 190, 190
Byrd, Harry F., 242, 243, 248
Byrd, Warren, 77

Cabaniss, Robert, 253
Caldwell, Alfred, 178

Call, W. Davidson, 70
Camden, South Carolina, 32, 33
Campbell, Douglas, 101
Carnegie, Andrew, 107–8, 128
Carpenter, Aaron, 106, 119–21
Carpenter, George, 106, 119–21
Carson, William E., 242, 243, 245, 248,
    250, 251
Carson Pirie Scott department store
    (Chicago), 170
Cassell, Charles Emmett, 48
Catin, Susan, 88–89
Centennial Exposition (Philadelphia),
    44–45
Central Chemical Company Superfund
    site, C7, 263, 263–68, 264
Chamber of Commerce Building (Chi-
    cago), 190, 190
Charleston, South Carolina, 40
Charlottesville, Virginia
    Lane High School and Vinegar Hill
        renewal, 233–39, 235, 237, 238
    Lewis and Clark monument, 219,
        220
    library, 220
    McIntire's City Beautiful contribu-
        tions, 219–26
    racial context of urban renewal proj-
        ects, 234, 236–39
    see also Charlottesville Court
        Square; University of Virginia
        (Charlottesville)
Charlottesville Court Square, C3, 211,
    218, 222
    Confederate memorial controversy,
        212–16
    County Clerk's Office, 231–33, 233
    courthouse architecture, 211, 212,
        213, 230–31
    courthouse 1938 restoration, 227–28,
        229–30, 231
    design evolution, 211, 213, 233
    destruction of black residences,
        217–18
    High Street Baptist Church, 231,
        232
    Jackson Park, C3, 219, 223, 224,
        224–26, 225, 233
    landscape, 212
    law offices, 226, 226, 227
    Lee Park, 219, 221
    McKee Block, 217, 218, 218–19,
        222, 223
    misrepresentations in restoration,
        211, 231
    Monticello Hotel, 228–29
    origins, 211

racial context of historical develop-
    ment, 212, 216–19, 223–24, 225–26,
    233
restoration spending, 211
significance of, in preservation analy-
    sis, 17, 211, 239
social and economic evolution of
    Charlottesville and, 212
Cheney, Lynne, 210
Chicago, Burlington & Quincy Railroad
    Building (Chicago), 190, 190
Chicago, Illinois
    aesthetic of eclipse, 159–60
    awareness of architectural heritage,
        163–65, 171
    Carson Pirie Scott department store,
        170
    Charter Jubilee historical markers,
        163–64
    Chicago Architecture Foundation,
        183
    Chicago Dynamic Week events,
        167–68, 171
    Chicago Heritage Committee, 179–83
    Clarke House, 164, 164
    coalitions for preservation after
        World War II, 158–59
    Commission on Chicago Architec-
        tural Landmarks, 171, 172, 182–83
    Dearborn Homes, 202
    demolished landmarks, 175–83
    emergence of Chicago School of
        Architecture, 165–66
    fire (1871), 160
    Hull House, 181–82, 182
    nineteenth century growth, 158
    post-World War II development,
        166–68
    preservation fights of 1950s, 169–71
    preservation movement, 16, 158,
        178–79
    preservation of Chicago School build-
        ings, 159, 175–76, 177, 182, 183
    preservation of working-class neigh-
        borhoods, 172–75, 183
    Pulitzer Building, 166, 166
    Pullman Building, 175, 175–76
    racial issues, 167, 168, 196, 201, 209
    Robie House, 169, 169–70
    salvage of architectural ornament,
        178
    Sandburg Village, 175–76
    Schiller Building/Garrick Theater
        preservation campaign, 176–79,
        177
    significance of preservation experi-
        ence, 159, 183

skyline, 159
skyscrapers, 164, 165–66, 168
South Side Planning Board, 201–202
Treaty Elm, 161–63, 162, 163
urban renewal efforts, 174, 198–99
water tower, 160, 160–61, 161
see also Mecca Flats Apartments
    (Chicago)
Chicago Historical Society, 158, 159,
    161
Chicago Public Library, 180–81
City Beautiful Movement, 40, 48, 136,
    212, 215
    in Charlottesville, 216–17, 219–26
City League (St. Louis), 136–38
Civil War, 44, 48–49
Clark, George Rogers, 138–39, 139,
    221, 249
Clark, Nobles, 196
Clark, Pendleton S., 235–36
Clark, W. G., C1, 77
Clark, William, 138
Clarkson, Catherine, 81
Clarkson, Matthew, 81–84
Clemons, Harry, 57, 58
Cobb, Henry Ives, 179
Coffin, Lewis A., Jr., 61
Cohn, Benjamin, 95
Cole, Thomas, 109
Collins, Peter J., 90, 97–98
Colonial history
    myths and misrepresentations, 210
    restoration of Charlottesville Court
        Square, 211, 228, 229–33
    town plans, 210
Columbian Exposition, 44, 194, 212, 222
Columbus Memorial Building (Chicago),
    176, 176
columns, commemorative, 26
condemnation and eviction actions
    Charlottesville planning, 217–18, 234
    Jefferson National Expansion Memo-
        rial, 141–42
    Mecca Flats Apartments, 200–201,
        204–5, 206–7
    Palisades Interstate Park, 117, 130
Condit, Carl, 166, 182
conservation guidelines, 40–41
Cooke, Alistair, 168
Coolidge administration, 138–39
Le Corbusier, 177
Court Square, Charlottesville. see Char-
    lottesville Court Square
Crittenden, Walter H., 100–101
Croes, John James Robertson, 113
Cronon, William, 104
Crooke, Philip S., 88–89

Crown, Henry, 207
Culbertson, Frank, 139
Cunningham, James, 198, 207, 207
Custer, George Armstrong, 44

Dabney, Archibald D., 234
Dabney, R. Heath, 243
Daley, Richard, 178
Danforth, George, 168
Danforth, John, 157
Darden, Colgate, 61, 63, 64, 69
Daughters of the American Revolution,
    93, 94, 101, 229–30, 231, 233, 242,
    244
Davis, Alexander Jackson, 84
Davis, Lillian, 204–5
de Kalb, Johann, 32, 33
DeMay, Kenneth, 66
Despres, Leon, 169, 171, 177, 178–79
destruction of buildings
    black residences of Charlottesville
        Court Square, 217–18
    Chicago preservation movement, 16
    to construct monuments, 17
    to construct St. Louis Gateway Arch,
        132–35
    Dutch homesteads of Brooklyn, 78,
        97–98
    landmarks demolished in Chicago,
        175–83
    Mecca Flats Apartments, 206–7
    narrative construction to rationalize,
        16
    racial context of condemnations and
        urban renewal in Charlottesville,
        234, 236–39
    selective approach in urban renewal
        programs, 174–75
devaluation of Dutch homesteads of
    Flatbush
    architectural characteristics of home-
        steads, 80–81, 84, 87
    architectural historicism of successor
        residences, 97–98
    attitudes toward Dutch heritage and,
        92, 94
    Birdsall house, 89–90, 89, 97
    changing fashions leading to, 80–86
    Chester Court development and, 98
    Clarkson estate, 81, 81–84, 82, 96
    community covenants for new con-
        struction, 95–96, 98
    conflicting narratives in preservation
        of, 16
    deagriculturalization and changing
        familial bonds contributing to,
        86–88

Ditmas house (Ditmas Avenue),
    90–91
Ditmas house (Flatbush Avenue),
    85, 85–86
    Flatbush Avenue settlement pattern,
        90–92
    historical development of Flatbush,
        78, 80, 88, 90–92
    lack of continuous use and ownership
        as factor in, 88–92
    Lefferts homestead and reloca-
        tion, 79, 79–80, 93, 94, 95–96, 99,
        99–102
    opportunities for preservation, 98–99
    participants in, 80
    preservation efforts, 78–79, 92–95,
        99–103
    revaluation of Dutch culture in early
        20th century, 101–2
    routes to, 79
    significance of, in preservation analy-
        sis, 78
    Vanderbilt (Jeremiah) homestead, 90,
        90, 97
    Vanderbilt (John) homestead, 79–80,
        83, 84
    Vanderveer homestead, 87, 87–88,
        93, 94–95
    village design evolution, 82–84
Dickmann, Bernard, 139
Dillard, Hardy, 68
Ditmas, Charles A., 86, 93, 94, 95, 98, 99,
    100, 102
Ditmas, John D., 85, 90–91
Dober, Richard, 66
Dodge, William E., 111, 112, 113, 117
Dougherty, Kent, 265–67, 266
Douglas, James M., 147
Douglas, Paul, 181
Douglas, Stephen A., 194
Downing, Andrew Jackson, 84
Downs, Louise Lefferts, 100
Drury, Newton B., 149, 152
Duany, Andrés, 76
Duff, Ernest, 234
Duke, R. T. W., Jr., 226, 227–28, 243
Duncan, Hugh, 177, 178–79
Durand, George S., 91
Dutch homesteads of Brooklyn. see
    devaluation of Dutch homesteads
    of Flatbush

Eckardt, Wolf Von, 71
Eckenrode, James, 246–48, 251, 252,
    253, 254
ecological preservation, early advocacy,
    109

Edbrooke, Willoughby J., 185
Eggers & Higgins, 61
Eggleston, J. D., 253
Eustice, Alfred L., 200
Everett, Edward, 25
Ewell, Nathaniel, 236
Ezekiel, Moses, 176

Faneuil Hall (Boston), 20, 20
Farr, Newton C., 199–200
Federal Building (Chicago), 179–80,
    180, 181
Federation of Women's Clubs, New
    Jersey State, 114, 115–16, 118
financing preservation campaigns
    certificate plan, 118
    Charlottesville Court Square restora-
        tion, 211
    Palisades land purchases, 118,
        124–25, 128–29
First International Congress of Archi-
    tects and Technicians of Historic
    Monuments, 40
Fishburn, Junius P., 243
Fisher, Edmund D., 95
Fisk, Willard C., 112
Flatbush. see devaluation of Dutch
    homesteads of Flatbush
Flatbush Taxpayers' Association, 94,
    95, 96
Fogliardi, J. B., 36
Forgey, Benjamin, 72–73
Foss, Wilson P., 122, 129–30
Fourier, Charles, 191
Francisco Terrace (Chicago), 191
Franzen, Ulrich, 58
Frederick, Maryland, 32–33
Fredericksburg, Virginia, 31–32
Freeman, Douglas S., 246, 248
Fresno Sanitary Landfill, C6, 257,
    258–63, 259, 261

Gaines, Cecelia, 114, 116
Gateway Arch. see Jefferson National
    Expansion Memorial arch
Gay, Thomas Benjamin, 63
Gerich, Brian, 265, 265
Geyer, Georgie Anne, 176
Giedion, Sigfried, 143, 166
Glessner, Richard, 183
Goldberger, Paul, 72
Goldman, Israel, 196
Goodsell, Louis, 123
Goodwin, W. A. R., 254–55
Gould, Helen M., 128
Graebner, William, 154–55
Graves, Michael, 74

Green, Andrew H., 114
Green, Dwight, 201
Greenough, Horatio, 26
Greenwald, Herbert, 170
Greenwich, Connecticut, 22–223
Grigg, Milton, 231
Giumarro, Gretchen Kelly, 264, 265
Gunnison, Herbert F., 95, 97, 101

Hagar, Albert, 129
Hagerstown, Maryland, C7, 263–68
Haggerty, Alice, 105–6
Hall, Edward Hagaman, 115
Hall, James, 33
Hamlin, A. D. F., 115
Hare, Herbert, 154
Harriman, Edward Henry, 107, 128
Harriman, Mary Williamson, 128
Harrison, Fairfax, 252
Hartman-Cox, 58–60
Hasking, James G., 111
Haviland, John, 30
Hayden, Dolores, 268
Heald, Henry Townley, 200, 201, 202, 204
Healy, A. Augustus, 100–101
Heller, Samuel, 201
Henry, George W., 190
Higgins, Frank, 125
Hirons, Frederic C., 139
Historic American Buildings Survey, 136, 170–71, 173, 176, 183, 256
Historic American Engineering Record, 256
historic highway markers in Virginia, 241
   accuracy, 247–49
   antecedent programs, 244
   Civil War commemorations, 246–47, 250–53
   commercial outdoor advertising and, 245
   criticisms of, 252
   design, 244–45
   educational purpose, 254–55
   federal programs for historical interpretation and, 252
   first, 242–43
   goals, 241, 243, 245–46, 254
   limitations, 255
   local interest, 253–54
   program development, 241, 242–48, 255
   proximity of markers to events, 248–49
   regional disparities, 253
   road guide, C6, 249, 250

safety considerations, 249
significance of, 241–42
women's participation, 248
historic places
   Chicago Charter Jubilee historical markers, 163–64
   development of national highway system, 244
   evolution of interpretation, 210
   heritage tourism, 210, 211
   Hudson River Palisades preservation rationale, 108–9, 125–26
   interests of early Americans, 18
   monuments as best means for interpreting, 132, 134
   narrative of Revolutionary War, 24
   politics of place, 265, 268
   preservation rationale, 14, 15
   proximity of commemorative markers to, 248–49
   rationale for Superfund site designation as national landmark, 258–60
   replicas, 102
   role of narrative in preservation of, 132
   scenic preservation and preservation of, 15–16, 104
   scholarship versus preservation, 184
   significance of Lafayette tour in inspiring interest in, 20, 21–22, 24–25, 30–32
   sociocultural factors in preservation decisions, 17
   transportation access, 240
   use of, in civic improvement program, 138, 139
   see also historic highway markers in Virginia; monuments and markers
Historic Sites Act (1935), 132–34, 135
Holabird, John A., Jr., 173
Holabird & Roche, 179
Holl, Steven, 73
Hoover administration, 250
Hosmer, Charles B., Jr., 134, 144
Howe, George, 154
Hull House (Chicago), 181–82, 182
Hunt, Richard Morris, 29
Hurlbut, Jim, 206

Ickes, Harold, 141, 151
Illinois Institute of Technology, 200–205, 206–7, 208
Independence Hall (Philadelphia), 20, 30
industrial sites, 256, 263–68
Ingalls, Roger, 173
Inglis, Laura, 147
Inland Steel Building (Chicago), 171

integrity of site, 17
interpretation
   accuracy of, tourism and, 210, 211
   evolution of, 210
   misrepresentations in restoration, 211, 231
   monuments as mechanism of, 132, 134
   value of Superfund site interpretation, 257–58, 261–62, 263–65, 268
   see also historic highway markers in Virginia; narrative construction
Irving, Washington, 84

Jackson, J. B., 102, 210
Jackson, Thomas, C3, 17
Jefferson, Thomas, 16–17, 36, 142, 210
Jefferson National Expansion Memorial
   arch, 133, 155
   American architectural history as theme of, 142–43, 144, 150–51
   arch design, 153, 153–54
   commemorative purpose, 132, 139–40, 144–45
   competing narratives in planning for, 143–44
   conflict of memorial and historic preservation goals, 151–52
   courthouse building and, 137, 146, 146, 153
   criticism of, as urban renewal project, 134–35, 140
   customs house, 146–50, 147
   demolition of site for, 132–35, 135, 144, 148, 150, 151
   designs, 140–41, 145, 153–56
   efforts to preserve buildings on site of, 136, 142–43, 145–50
   financing, 141
   future prospects, 157
   historical mission, 140, 141
   as Jefferson memorial, 142
   landscape design, 156
   local resistance by property owners, 141–42
   national historical narrative in development of, 144–45, 152–53, 156–57
   national support, 140, 141
   Old Rock House, 145–46, 147
   origins, 136–40
   recent proposals for, 157
   remnants of demolished buildings, 150
   riverfront rehabilitation proposals preceding, 135, 136–37
   significance of, in preservation analysis, 17, 134, 136, 157

site plan, 156

socioeconomic context of early pro-
posals for, 135–36, 140

St. Louis Cathedral and, 142, 143

Johnson, Charles, 251

Johnson, Craven & Gibson, 69

Johnson, Floyd, 69

Johnson, Philip, 14, 15, 16

Johnson, Stanhope S., 228, 229

Jones, Bettie, 217

Jones, Charles N., 239

Jones, Mary S., 239

Jouett, Jack, 242–43

Kammen, Michael, 78

Kansas Daughters of the American
Revolution, 244

Kearney, John Watts, 52–54

Keck, Charles, 219

Keck, George Fred, 169

Kelly, Edward J., 163, 164

Kemper, James, 44

Kendrew, Edwin, 63

Khan, Louis, 65–66

Kiley, Dan, 156

Kimball, Fiske, 44, 56–57, 70, 154

Kings County Historical Society, 99–100

Kirkland, Wallace, 206

Kliment Halsband, 73

Koester, George, 162

Kogan, Herman, 173

Kouwenhoven, John A., 150

Kunz, George F., 124, 126

LaBeaume, Louis, 140–41, 154

Lafayette, Marquis de, tour of U.S., C1,
15, 17, 19, 21, 32, 242

artworks commissioned in connec-
tion with, 23–24

aspirations for permanent monu-
ments arising from, 36–39

Bunker Hill Monument, 25, 25–26

celebration of development and civic
improvements in, 32–34

commemorative landscapes and
classical monuments prepared for,
34–36

contemporary attitudes toward his-
toric preservation and commemora-
tion, 21

democratic values and, 23

emergence of reverence for places of
history, 24–25, 30–32

encounters with veterans of Revolu-
tion, 23

places visited, 21–22

public interest in, 20–21, 22–23

significance of, 18, 20, 21, 39, 79

use and meaning of Revolutionary
War relics, 24–25

Yorktown battlefield visit, 28–29

Lahn, Martin, 89

Lamb, Frederick S., 118

Lambeth, William, 224

League for the Preservation of the
Palisades, 118

Lee, Francis Lightfoot, 249

Lefferts, Gertrude, 84–85, 86–87, 89, 93

Lefferts, James, 100

legal action

attempts to demolish Mecca Flats
apartment building (Chicago),
200–201, 204–5

attempts to preserve Garrick Theater
(Chicago), 177–78

condemnation challenges, 141–42

early efforts to preserve areas
around landmarks, 40

early preservation decisions, 14

legislation to protect Palisades, 110,
112, 114, 121–22, 128

Leigh, B. W., 28

Leterman, J. J., 219

Levasseur, Auguste, 28–29

Lindell, Arthur G., 200

Linder, Marc, 88

Lindgren, James, 242

Livers, John L., 219

Lobdell, Edith, 173

Lockwood, Luke Vincent, 100–101

Logelin, Edward C., 168

Long, John T., 191, 192

Lott, John A., 86

Lowenthal, David, 78

Ludlow, William Orr, 55

Lyle, Bill, 70

Maher, George W., 165

Man and Nature (Marsh), 109

Manning, Warren H., 52

Marsh, George Perkins, 109

Martense, Gerrit, 86, 88–89

Martin, John Barlow, 205–206

Mason, Randall, 78

Maury, Mytton, 130

Mazza, Salvator, 122

McClure, Thomas, 196

McComb, John, Jr., 115

McElvery, John, 89

McIntire, Paul Goodloe, 219–26

McKee, Andrew, 218

McKee, Andrew Robert, 218

McKim, Mead & White, 50–52

McQuaide, James, 122–24

Mead, William, 46

Meals, Jesse, 206

Mecca Flats Apartments (Chicago),
185, 203, 207

Armour Institute purchase, 198–200

atria, 188–93, 189

attempts to demolish, 200–201, 204–5

courtyard, 187–88, 191

demolition, 206–7, 207

design features, 185, 186, 187–88

economic problems, 194–95

evolution of apartment living, 185–88,
192–93, 197–98

evolution of surrounding neighbor-
hoods, 193–97, 198, 200, 201–2

Illinois Institute of Technology and,
200–205, 206–9, 208

mythic narrative, 205–6, 209

neighborhood plan, 186

preservation rationale, 16

significance of, in preservation analy-
sis, 184–85, 209

songs and stories inspired by, 197–98

squatters in, 205

tenant characteristics, 195–96, 200,
205

Melosi, Martin V., 260

Mencken, H. L., 165

Merriam, Charles, 140

Metropolitan Museum, 100

Meyer, Henry A., 88, 101

Michie, Thomas J., 237

Midwood Club, 96–97

Mies van der Rohe, 168, 176–77, 179–80,
202, 203, 203–4, 204, 207, 208,
209

Miller, Marc, 23

Miller, Polk, 212

Mills, Robert, 26, 33, 46

Modern architecture

Chicago School, 165–66, 168

conflict with preservation in Chicago,
178

hostility towards at University of
Virginia, 63, 65, 74,76

plan for Illinois Institute of Technol-
ogy, 202–4

Modernist Glass House (New Canaan,
Connecticut), 15

Monroe, Harriet, 165

Monroe, James, 20, 25, 249

Monticello, 210, 249

monuments and markers

American movement towards perma-
nence, 36–39

Bunker Hill Monument (Boston),
25–28

citizen soldier monuments, 215–16
classical monuments and commemorative landscapes prepared for Lafayette, 34–36
commemorative columns and arches, 26   Confederate memorial in Charlottesville, 212–17
destruction of historic buildings to accommodate, 17
as expression of commemorators' values, 26–28
narrative framing, 17, 133
proximity to commemorated place, 248–49
scenic landscapes as, 104
significance of Lafayette tour, 18, 20
site integrity and, 17
sociocultural factors in design and placement, 17
as superior means of expressing historical meaning, 132, 134
versus undisturbed historical landscape, 26
Yorktown battlefield, 28–30
see also historic highway markers in Virginia; Jefferson National Expansion Memorial arch
Moore, Ruth, 170
Moore Ruble Yudell, 75–76
Morgan, J. P., 107, 120, 121–22, 124, 128
Morrison, Hugh, 166
Mount Vernon, 102, 104
Mount Vernon Ladies' Association, 104, 242
Murphy, Thomas, 89

Nagel, Charles, Jr., 154
Nagle, John L., 141, 142–43, 152
narrative construction
Civil War monuments, 216, 250–51
dominance of Chicago School architecture in Chicago preservation, 182, 183
evolution of historic interpretation, 210
failure to preserve, 134
historic myths and misrepresentations, 210
linkage of historic and scenic preservation, 107
market forces as threats to preservation, 107
meaning of wilderness, 104
myth of Mecca Flats Apartments (Chicago), 205–6, 209
national identity, in Jefferson National Expansion Memorial, 144–45

old landmarks as indicators of growth of progress, 160
origins of Jefferson National Expansion Memorial, 135–36, 140, 143–44
Revolutionary War, 24
significance of, in historic preservation, 16, 132
soldier monuments, 215–16
use and meaning of historic relics, 24
Virginia's historic highway marker program, 246–47
National Historic Landmarks, 157, 258–59, 260
National Historic Preservation Act, 14, 259
national identity
evolution of preservation goals, 256
use and meaning of historic relics, 24
value of Superfund site interpretation, 258
National Parks Act (1916), 104
National Park Service
aesthetic approach to historic preservation, 136
guidelines for preservation, 16
Jefferson National Expansion Memorial construction and administration, 141, 142–43, 148–49, 151–52, 157
protection of industrial sites, 256
role in preservation, 140
National Trust for Historic Preservation, 15
Neutra, Richard, 154
Newburgh, New York, 262–63
New York City Landmarks Preservation Commission, 14, 102–3
Niagara Falls Reservation, 109
Nichols, Frederick Doveton, 70–71
Nickel, Richard, 171, 176, 177, 178, 182–83
Norris, David, 178, 180
Norton, Charles Eliot, 112, 258
Norton, Gale, 258, 260

O'Brien, Raymond, 110
Odell, Benjamin, 124
Ogden, William B., 164
Old Dutch House Preservation Committee, 100–101
Olmsted, Frederick Law, 112, 113
Olney, Stephen, 23
ornament, salvage of, as preservation, 178, 207

Palisades, Hudson River, 105, 106, 107, 108, 109, 130, 131

appeals to federal government protection for, 113
Cornwallis headquarters, 126, 127
difficulty of preservation effort, 109–10
geological features, 105
historic association, 108–9, 125–26
Indian Head formation, 106, 108
League for the Preservation of the Palisades, 118
legislative action to protect, 110, 112, 116, 116–17, 121–22, 128
Palisades Protective Association, 111–12
preservation rationale, 106–7, 108–9, 113, 114, 125–26
private contributions to preserve, 105, 110–12, 117–18, 121–22, 127–29, 131
property rights arguments to protect, 111–12
public strategies to preserve, 105, 112, 113, 114
quarrying activity, C1, 105–6, 109–10, 111, 111–12, 118, 119–21, 122–24, 129–30
significance of, in preservation analysis, 15–16, 105, 131
as stabilizing force for changing New York, 108
use of historic preservation strategies in campaign to save, 106–7
women's role in preservation efforts, 114, 116, 119
see also Palisades Interstate Park Commission
Palisades Interstate Park Commission
accomplishments, 106, 131
Carpenter Brothers negotiations, 119–21
condemnation and eviction actions, 130
financing of land purchases, 118, 124–25, 128–29
formation, 114–17
funding, 117
Hook Mountain jurisdiction, 122–25, 129–30
membership, 117
park development, 126–29, 131
preservation strategy, 117
property acquisitions, 117–25
public park dedication, 126
secrecy of negotiations, 117–19
Twombly donation, 126–28
see also Palisades, Hudson River
Palladio, Andrea, 43

Papin, William Booth, 147
Parker, Solomon, 217
park system, 109
Patton & Fisher, 194, 194, 204
Paul, John, 236
Peabody, Charles Samuel, 55
Peebles, James Clinton, 204
Peebles, John Kevan, 48, 56
Pei, I. M., 170
Pember, Franklin T., 196
Pennsylvania Station (New York), 14
Perkins, George W., 107, 117, 117–19,
    121–22, 126, 128, 129, 130
Peters, Paul O., 141
Peters, William E., 50
Peterson, Charles E., 15, 136, 142, 144,
    150
Peyton, Bradley, Jr., 231
Pfeiffer, William F., 141
phalanstery, 191
Philadelphia, Pennsylvania
    Independence Hall, 20, 30
    temporary arches prepared for Lafay-
        ette, 34–36, 35
Pierson, Mattie, 196
Pike, Charles B., 163
Pilie, Joseph, 36
Polk, Julius, Jr., 148
Polshek, James Stewart, 76
Porter, Charles W., 151–52
portraiture, 23
Post, George B., 166
Postmodernism
    mission, 72
    University of Virginia projects,
        72–74
Pratt, Frederic B., 101
Pratt, William Abbott, 55, 230
preservation, generally
    aesthetic rationale, 14, 15, 16, 136
    among forms of chronicling history,
        18
    challenges during rapid social
        change, 158
    conservation and maintenance, 210
    core values, 14–15, 17
    in early American history, 18
    expanding scope of preservation
        interests, 256–57
    goals, 18
    gradual replacement of historic build-
        ing through remodeling, 228
    meaning of preserved place changed
        by, 184
    as negotiation between past and
        future, 158
    perceived self-interest in, 124

political motivation, 262–63, 268
rationales, 132
remediation of contaminated sites
    and, 262
requirements for, 78
role of narrative in, 132
sociocultural purpose, 78
standards and guidelines, 16
see also preservation movement
preservation movement
    Charlottesville Court Square evolu-
        tion, significance of, 211, 239
    Chicago experience, significance of,
        159, 183
    choice of public or private strategies,
        105
    civic engagement and bonding
        through, 116
    coalitions, 159
    common features of historic and
        scenic preservation, 15–16, 104,
        107
    conservation approach in Chicago,
        174
    continuous use and ownership of
        sites as factor in, 88–92
    early alliances for historic and scenic
        preservation, 104
    early efforts to protect of natural
        areas, 104–5
    elitism of patriotic societies, 242
    as facilitating change, 78
    in Flatbush, 78–79, 88, 92–103
    focus on everyday domestic life,
        93–94
    Jefferson National Expansion Memo-
        rial arch, significance of, 134, 136,
        157
    Kings County Historical Society,
        99–100
    Lafayette tour, significance of, 18, 39
    Mecca Flats Apartments, significance
        of, 184–85, 209
    Modernist movement in Chicago
        versus, 178
    modern movement, 14
    opposition to, 14
    Palisades conservation, significance
        of, 15–16, 105, 131
    Postmodernism and, 72
    residential architecture of Chicago's
        Old Town, 172–75
    as resistance to change, 78
    role in confronting historic myths
        and misrepresentations, 210
    Superfund sites, significance of, 15,
        257

women's presence in, 93–94, 114, 116,
    119, 248
private sector role in preservation
    charges of elitist self-interest in,
        124
    curatorial land acquisition approach,
        117–19
    limitations, 131
    Palisades campaign, 105, 107–8,
        110–12, 117–18, 121–22, 124–25,
        127–28, 131
public housing, 202
public interest
    Chicago landmark preservation
        campaigns, 160–62
    in Lafayette tour, 20–21, 22–23
    preservation rationale based on, 14,
        15
    private purchases for preservation
        and, 131
    role of narrative in preservation, 132
Pulitzer Building (Chicago), 166, 166
Pullman Building (Chicago), 175,
    175–76
Purcell, Sarah, 38

Randolph, William M., 243
Rathbone, Perry T., 146–47, 150
Reagan administration, 210
Reed, Earl, 169, 172, 175, 183
rehabilitation and restoration
    Charlottesville courthouse, 227–28,
        229–30, 231
    standards and guidelines, 16, 40–41
    University of Virginia Rotunda,
        45–48, 70–72
Reilly, Hugh, 106, 106
replicas of significant buildings, 102
Republic Building (Chicago), 179, 179
Robertson, Jacquelin, 72
Robie House (Chicago), 169, 169–70
Robinson, Charles Mulford, 212
Robinson, Ida, 217
Rockefeller, John D., 40, 107, 123–24,
    125, 128, 129, 131
Rogers, Frank W., 68
Rogers, Paul, 260
Roosevelt, Theodore (Governor of New
    York), 116
Roosevelt (F. D.) administration, 132,
    139, 140, 141
Roosevelt (T.) administration, 104
Root, John W., 165
Ross, Norman, 178
Ross, William, 32
Ruble, John, 76
Rubloff, Arthur, 176

Ruppert, Cara, 267, 267
Russell-Hitchcock, Henry, 143

Saarinen, Eero, 134, 154, 209
salvage, 178, 207
Sandburg, Carl, 168, 168, 182
Santa Fe, New Mexico, 40
Sasaki, Dawson & DeMay, 66–67
Sasaki, Walker Associates, 174
Savage, Kirk, 215–16
Savannah, Georgia, 34
scenic preservation
    early efforts, 104–5
    historic preservation and, 15, 104,
        107
    nationalist sentiments in rationale for,
        108–9
    see also Palisades, Hudson River
Scheffer, Ary, 23
Schiller Building/Garrick Theater (Chi-
    cago), 176–79, 177
Scully, Vincent, 72
Secretary of Interior Standards for Reha-
    bilitation, 40
Shaffer, Sallie R., 231
Shahn, Ben, 206
Shannon, Edgar, 65, 66, 69, 69–70
Shawneetown, Illinois, 33
Shelton, Humphrey, 216
Shepley, Rutan & Coolidge, 180
Sherman, William, 77
Shirley, Henry G., 244–45
Silliman, Benjamin, 37
Skidmore, Owings & Merrill, 171, 204
skylights, 188, 189–91
skyscrapers, 164, 165, 168, 182, 228
slavery, 88
Slayton, William, 175
Smith, Alfred E., 124
Smith, Luther Ely, 138–39, 153
Smith, Samuel, 28
Snyder, Alex C., 100
Snyder, John J., 94–95, 96
sociocultural context
    architecture and urban planning in
        postwar Chicago, 166–68
    automobile tourism, 240
    Charlottesville Court Square conflict,
        17
    Colonial Revival, 101
    community-building through preser-
        vation campaign, 116
    deagriculturalization and changing
        familial bonds, 86–88
    elitism of patriotic societies, 242
    emergence of Jeffersonian architec-
        ture, 233

evolution of apartment living, 186,
    197–98
evolution of architectural fashion in
    Flatbush, 84–86
evolution of architecture of Univer-
    sity of Virginia, 44–46
evolution of historic site interpreta-
    tion, 210
expanding scope of preservation
    interests, 256–57
historic myths and misrepresenta-
    tions, 210
ideology of design at University of
    Virginia, 60
immigration to U.S., 101
interest in westward expansion and
    frontier settlement, 138
meaning of wilderness, 104–5
motivations for preservation, 78
mythic narrative of Mecca Flats
    Apartments, 205–6, 209
nationalist sentiments in rationale for
    scenic preservation, 108–9
opposition to urban renewal, 236
origins of Jefferson National Expan-
    sion Memorial, 135–36, 138, 140
perception of market forces as
    threats to preservation, 107
philanthropy as vindication of private
    wealth, 128–29
political goals of preservation,
    262–63, 268
politics of place, 265
preservation as obligation of wealth,
    107–8
preservation as obligation to poster-
    ity, 115–16
public space in apartment buildings,
    188–89
race relations in Chicago, 167, 168,
    196
racial context of Charlottesville Court
    Square evolution, 212, 216–19,
    223–24, 225–26
racial issues in school siting and
    urban renewal, 234, 236–39
routes to devaluation of historic
    landscape, 79
significance of Mecca Flats Apart-
    ments (Chicago), 184–85
University of Virginia architectural
    tradition, 70
value of Superfund site interpreta-
    tion, 257–58
see also narrative construction
Sorg, Paul J., 195
Southall, James C., 49

Spencer, Ben, 267, 268
Spooner, G. Wallace, 230–31
Spotts, Julian C., 153, 153–54
St. Louis, Missouri. see Jefferson
    National Expansion Memorial
    arch
St. Louis Cathedral (St. Louis), 142,
    143
standards and guidelines
    community covenants for design, 40,
        95–96, 98
    international charters, 40
    National Park Service, 16
    for new construction in historic
        areas, 40
    Secretary of Interior Standards for
        Rehabilitation, 40
Staples, Charles G., 180–81
Stauffer, Thomas B., 169, 171, 178–79,
    180, 181, 183
Stern, Robert A. M., 72–73, 73, 73–74,
    74
Strickland, William, 30, 35
Strong, Thomas, 80, 81
Stubbins, Hugh, 68–69
Suesberry, Porter, 217
Sullivan, Louis, 170–71, 209
Superfund sites
    Central Chemical Company site,
        263, 263–68, 264
    erasure of site history in remediation
        of, 257–58
    Fresno Sanitary Landfill, C6, 257,
        258–63, 259, 261
    future of preservation, 268
    instructive value, 257, 258
    significance of, in preservation analy-
        sis, 15, 257
surroundings of preserved buildings
    beginnings of interest in, 40
    lessons from University of Virginia
        experience, 16–17, 77
    mediocre architecture as result of
        constraints on, 41
    standards and guidelines, 40–41
    see also University of Virginia
        (Charlottesville)

Tallmadge, Thomas E., 143, 144, 178
Taylor, Robert, 28, 29
Taylor, Robert E. Lee, 56, 61
Thomas, John Rochester, 48
Thompson, A. R., 25
Thompson, Benjamin, 80
Thompson, Fannie Geiger, 244
Thornton, William Mynn, 48
Tilden, Samuel, 114

tourism
    accuracy of historical interpretation
        and, 210, 211
    automobile and, 240
    goals of Virginia's historic highway
        marker program, 241, 245–46
Trautvetter, Sarah, 267, 269
Trenton, New Jersey, 36
Trustees of Reservations, 104
Tucker, Arthur C., 122–23
Tudor, William, 25
Tufts, Marion, 173
Turnock, Enoch Hill, 192, 192
Twombly, Hamilton McKown, 126–27
Tyler, John, 249

Underwood, Lou, 217
United Daughters of the Confederacy,
    212, 214, 215, 244, 251
United Nations Educational, Scientific,
    and Cultural Organization, 43
University of Virginia (Charlottesville),
    C1, 41
    admission of women, 69–70
    aerial view, 62
    Alderman Library, 57–58, 58, 59
    Alderman Road dormitories, 69
    alumni architects, 56
    Anatomical Theater, 60, 61, 61
    architectural significance, 43
    Brooks Museum, 48–49, 49
    Cabell Hall, 51, 51, 52
    Campbell Hall, C1, 66–68, 67, 68, 77,
        77
    challenges of growth, 42
    Civil War and Reconstruction, 44–45,
        48–49
    Clemons library, 58
    Darden School complex, 73–75, 74,
        75
    Dawson's Row dormitories, 55,
        55–56, 230
    design precedents, 43
    design strategies for new buildings,
        43–44, 47–77
    Entrance Building, 54, 54
    Fayerweather Gymnasium, 48, 48
    fraternity house designs, 50, 50
    Gilmer Hall, 64
    growth, 41–42, 42
    ideology of design, 60
    John Paul Jones Arena, 75
    Kearney house and, 52–54, 53
    Khan and, 65–66

    law and business schools, 68–69, 69
    Life Sciences Building, 64, 64–65
    Manning's contributions, 52–53
    McCormick Road dormitories, 61,
        62
    McIntire gifts, 220–21
    McKim, Mead & White contribu-
        tions, 50–52
    Memorial Gymnasium, 56, 57
    minimizing visibility of new buildings,
        51–52, 56–61, 66
    Modern design and, 61–69, 72
    Observatory Hill Dining Hall, 72,
        73
    Physics Building, 61–64, 63
    Postmodernism and, 72–74
    post-World War II expansion, 61
    preservation of Jefferson's vision, 41,
        43
    rebuilding of Rotunda after fire,
        45–48, 47
    recent resistance to faux Jeffersonian
        architecture, 76–77
    Rotunda, 43, 43, 45, 70–72
    significance of, in preservation analy-
        sis, 16–17, 42–43, 77
    Small Special Collections Library,
        58–61, 59
    sociocultural context of building
        design, 44–46, 70
    South Lawn Project, 75–76
    suburbanization of campus, 68
urban renewal
    in Charlottesville, 236–39
    in Chicago, 16, 170, 174, 198–99
    Jefferson National Expansion Memo-
        rial criticized as, 134–35, 140
    preservation considerations in fed-
        eral programs, 174–75
    use of historic sites in, 138, 139

Van Brunt, Albert, 86
Van Brunt, Henry, 29
Vandegrift, Robert Carson, 231, 232
Vanderbilt, Florence, 126–27
Vanderbilt, Gertrude Lefferts. See Lef-
    ferts, Gertrude
Vanderbilt, Jeremiah, 89–90
Vanderbilt, John, 84, 86
Vanderveer, John C., 87–88, 93
Vanderveer, Peter, 88
Van Rensselaer, Mrs. John King, 93
Vaux, Calvert, 112
Venice Charter, 40

Vermilye, Elizabeth B., 116, 118–19
Vincennes, Indiana, 138–39, 139
Vincenz, Jean, 259
Vinci, John, 176–77, 178
Virginia. see Charlottesville, Virginia;
    Charlottesville Court Square; his-
    toric highway markers in Virginia;
    University of Virginia (Charlot-
    tesville)
Virginia Historic Highway Association,
    243–44, 253–54
VMDO Architects, 75
Voorhees, Foster M., 116

Walker, Jesse, 196
Walker, John Brisben, 126
Wank, Roland, 154
Warren, Joseph, 25
Washington, George, 30–31, 32, 262
Watson, William O., 224
Weber, William F., 232
Webster, Daniel, 25, 26–27
Weese, Benjamin, 179, 181, 182
Weissenborn, Leo, 169
West, John, 218–19
Westfall, Carroll William, 76, 186
White, Alfred T., 100–101, 191
White, J. DuPratt, 126, 129
White, Stanford, 47, 51
Wilbur, John, 86
wilderness, 104
Willard, Solomon, 26
Williamsburg, Virginia, 40
Wimbish, Christopher, 200–201, 204–5
Winton, Henry, 113
Woltz, Thomas, 77
women's presence in preservation
    efforts, 93–94, 114, 116, 119, 248
Wood, Joseph S., 210
Woodruff, Timothy L., 123
Woods, Micajah, 214
World Heritage List, 43
Wright, Frank Lloyd, 168, 168, 169, 179,
    191
Wurster, William, 154

Yale Apartment Building (Chicago),
    191, 192
Yellowstone National Park, 104, 109
Yorktown, Virginia, 28–30
Young, Theodore, 64

Zacharias, Lawrence S., 88
Zeckendorf, William, 169–70